国家出版基金资助项目

湖北省学术著作出版专项资金资助项目

数字制造科学与技术前沿研究丛书

数字制造的基本理论与关键技术

周祖德　谭跃刚　著

U0282609

武汉理工大学出版社

·武汉·

内 容 提 要

本书首先详细介绍了数字制造的形成背景及数字制造的定义和内涵，然后对数字制造的基本理论、先进技术、可靠性技术、制造信息管控等相关内容做了较全面的阐述，重点介绍了数字制造的几何计算原理与方法、数字制造信息学、制造系统可靠性、数字制造系统动力学模型及其分析、数字制造的网络数控系统和资源智能管控、数字制造系统的误差分析与数据处理等内容，并结合数字制造技术的发展，分析了数字制造的前沿问题，同时展望了数字制造的应用前景。

本书可供从事制造技术领域研究和开发的科研人员和工程技术人员参考，也可供高等院校相关专业的教师和研究生参考。

图书在版编目(CIP)数据

数字制造的基本理论与关键技术/周祖德，谭跃刚著. —武汉:武汉理工大学出版社,2016.12
(数字制造科学与技术前沿研究丛书)
ISBN　978-7-5629-5406-4

Ⅰ.①数…　Ⅱ.①周…　②谭…　Ⅲ.①数字技术—应用—机械制造工艺　Ⅳ.①TH16-39

中国版本图书馆 CIP 数据核字(2015)第 272957 号

项目负责人:田　高　王兆国　　　　　　　　　　责 任 编 辑:王兆国
责 任 校 对:梁雪姣　　　　　　　　　　　　　封 面 设 计:兴和设计
出版发行:武汉理工大学出版社(武汉市洪山区珞狮路 122 号　邮编:430070)
　　　　　http://www.wutp.com.cn
经 销 者:各地新华书店
印 刷 者:武汉中远印务有限公司
开　　本:787×1092　1/16
印　　张:18
字　　数:460 千字
版　　次:2016 年 12 月第 1 版
印　　次:2016 年 12 月第 1 次印刷
印　　数:1—1500 册
定　　价:69.00 元

总　　序

当前,中国制造 2025 和德国工业 4.0 以信息技术与制造技术深度融合为核心,以数字化、网络化、智能化为主线,将互联网＋与先进制造业结合,正在兴起全球新一轮数字化制造的浪潮。发达国家特别是美、德、英、日等制造技术领先的国家,面对近年来制造业竞争力的下降,最近大力倡导"再工业化、再制造化"的战略,明确提出智能机器人、人工智能、3D 打印、数字孪生是实现数字化制造的关键技术,并希望通过这几大数字化制造技术的突破,打造数字化设计与制造的高地,巩固和提升制造业的主导权。近年来,随着我国制造业信息化的推广和深入,数字车间、数字企业和数字化服务等数字技术已成为企业技术进步的重要标志,同时也是提高企业核心竞争力的重要手段。由此可见,在知识经济时代的今天,随着第三次工业革命的深入开展,数字化制造作为新的制造技术和制造模式,同时作为第三次工业革命的一个重要标志性内容,已成为推动 21 世纪制造业向前发展的强大动力,数字化制造的相关技术已逐步融入制造产品的全生命周期,成为制造业产品全生命周期中不可缺少的驱动因素。

数字制造科学与技术是以数字制造系统的基本理论和关键技术为主要研究内容,以信息科学和系统工程科学的方法论为主要研究方法,以制造系统的优化运行为主要研究目标的一门科学。它是一门新兴的交叉学科,是在数字科学与技术、网络信息技术及其他(如自动化技术、新材料科学、管理科学和系统科学等)与制造科学与技术不断融合、发展和广泛交叉应用的基础上诞生的,也是制造企业、制造系统和制造过程不断实现数字化的必然结果。其研究内容涉及产品需求、产品设计与仿真、产品生产过程优化、产品生产装备的运行控制、产品质量管理、产品销售与维护、产品全生命周期的信息化与服务化等各个环节的数字化分析、设计与规划、运行与管理,以及整个产品全生命周期所依托的运行环境数字化实现。数字化制造的研究已经从一种技术性研究演变成为包含基础理论和系统技术的系统科学研究。

作为一门新兴学科,其科学问题与关键技术包括:制造产品的数字化描述与创新设计,加工对象的物体形位空间和旋量空间的数字表示,几何计算和几何推理、加工过程多物理场的交互作用规律及其数字表示,几何约束、物理约束和产品性能约束的相容性及混合约束问题求解,制造系统中的模糊信息、不确定信息、不完整信息以及经验与技能的形式化和数字化表示,异构制造环境下的信息融合、信息集成和信息共享,制造装备与过程的数字化智能控制、制造能力与制造全生命周期的服务优化等。本系列丛书试图从数字制造的基本理论和关键技术、数字制造计算几何学、数字制造信息学、数字制造机械动力学、数字制造可靠性基础、数字制造智能控制理论、数字制造误差理论与数据处理、数字制造资源智能管控等多个视角构成数字制造科学的完整学科体系。在此基础上,根据数字化制造技术的特点,从不同的角度介绍数字化制造的广泛应用和学术成果,包括产品数字化协同设计、机械系统数字化建模与分析、机械装置数字监测与诊断、动力学建模与应用、基于数字样机的维修技术与方法、磁悬浮转子机电耦合动力学、汽车信息物理融合系统、动力学与振动的数值模拟、压电换能器设计原理、复杂多环耦合机构构型综合及应用、大数据时代的产品智能配置理论与方法等。

围绕上述内容,以丁汉院士为代表的一批我国制造领域的教授、专家为此系列丛书的初步形成,提供了他们宝贵的经验和知识,付出了他们辛勤的劳动成果,在此谨表示最衷心的感谢!

《数字制造科学与技术前沿研究丛书》的出版得到了湖北省学术著作出版专项资金项目的资助。对于该丛书,经与闻邦椿、徐滨士、熊有伦、赵淳生、高金吉、郭东明和雷源忠等我国制造领域资深专家及编委会讨论,拟将其分为基础篇、技术篇和应用篇 3 个部分。上述专家和编委会成员对该系列丛书提出了许多宝贵意见,在此一并表示由衷的感谢!

数字制造科学与技术是一个内涵十分丰富、内容非常广泛的领域,而且还在不断地深化和发展之中,因此本丛书对数字制造科学的阐述只是一个初步的探索。可以预见,随着数字制造理论和方法的不断充实和发展,尤其是随着数字制造科学与技术在制造企业的广泛推广和应用,本系列丛书的内容将会得到不断的充实和完善。

《数字制造科学与技术前沿研究丛书》编审委员会

前　言

本书从数字制造的形成背景、定义和内涵出发，提出了数字制造的理论体系，详细阐述了构成数字制造的基本理论与关键技术，具体包括：数字制造的形成背景、数字制造计算几何学、数字制造信息学、数字制造系统的机械动力学、数字制造系统的可靠性基础、数字制造的网络数控理论与技术、数字制造系统测量误差理论与数据处理、数字制造资源智能管控、数字制造的关键技术、数字制造的前沿与应用前景等内容。

全书共分 10 章，第 1 章重点介绍了制造科学与技术的进化路线、第三次工业革命与数字制造、各种制造模式与数字制造的区别等；第 2 章主要介绍了数字制造几何基础、数字制造计算模型、制造过程的复杂性求解以及制造数据的可计算性、可控性和可预测性等；第 3 章全面介绍了制造信息的合理表述、优化配置，制造信息的度量和物化，制造信息的自组织与合成，制造信息的数据挖掘以及制造信息的共享与安全；第 4 章包括数字制造机械系统中常见的动力学问题、数字制造机械系统的动力学原理与方法，数字制造机械系统动力学分析与设计及数字制造机械系统动力学数值仿真算法；第 5 章重点介绍了数字制造系统可靠性的概念、数字制造系统可靠性的数学基础、数字制造系统可靠性的置信度和置信区间以及数字制造系统可靠性分析方法等；第 6 章主要介绍了数字制造智能控制的定义、特点，数字制造智能控制的主要研究内容，数字制造递阶智能系统以及数字制造模糊控制理论等；第 7 章主要介绍了数字制造系统测量误差理论与数据处理，数字制造系统测量误差的基本性质与理论基础，数字制造系统误差的合成与分配，数字制造系统的测量不确定度及数字制造系统动态测试与数据处理基本理论和方法；第 8 章主要介绍了数字制造资源智能管控的概念、架构，数字制造资源智能管控模型，数字制造资源智能管控建模方法以及数字制造资源智能管控系统等；第 9 章重点介绍了数字化设计技术、数字化工艺技术、基于嵌入式的数字化控制技术、数字化加工与 3D 打印技术、数字化资源共享技术、数字化监测技术等；第 10 章主要介绍了云制造与云服务、生物制造与生物机电一体化、数字制造的新材料科学和技术、数字制造的极端制造以及数字制造的可持续制造等。周祖德、陈涛、娄平、宋春生、谭跃刚、龙毅宏、金新娟、魏勤、郭顺生、刘明尧、魏莉、徐文君等分别编写了本书的相关章节，周祖德、谭跃刚负责相关章节的修改并负责全书的统稿。

本书适合于机电、自动化和计算机通信专业的博士、硕士研究生使用，也可作为计算机控制与应用、机电一体化、数字制造、智能制造、先进制造技术与系统等领域的研究人员和专业技术人员的参考书。

编　者

2015 年 9 月

目　　录

数字制造的形成背景

20 世纪中叶以来，随着微电子、自动化、计算机、通信、网络、信息等科学技术的迅猛发展，全球掀起了以信息技术为核心的新浪潮。以"网络化"、"信息化"为标志的 21 世纪，极大地改变了人类获得、处理、交流及利用信息和知识的方式，使人们的生活方式、生产方式及社会结构发生了史无前例的变化。在此基础上，各个行业的新概念、新理论、新技术、新思想和新方法层出不穷。冠以数字的各种新理念不断出现，如数字图书馆、数字流域、数字家居、数字企业、数字经济，以及作为描述整个地球上各类信息的时间序列与空间分布的共同框架的数字地球等概念和研究工作不断被推出，并已开始进入我们的生活。随着市场需求的快速变化和全球性的经济竞争以及高新技术的迅猛发展，以信息技术为核心的新浪潮也进一步推动了制造业的深刻革命，极大地拓展了制造活动的深度和广度，促进了制造业朝着自动化、智能化、集成化、网络化和全球化的方向发展。从而导致了制造信息的表征、存储、处理、传递和加工的深刻变化，使制造业由传统的能量驱动型逐步转向为信息驱动型。数字化已逐渐成为制造业中产品全生命周期不可缺少的驱动因素，数字化制造也就成为一种用以适应日益复杂的产品结构、日趋个性化和多样化的消费需求及日益形成的庞大制造网络的一种全新制造模式。

当前，全球正在兴起新一轮数字化制造浪潮。发达国家特别是美、英、德、日等先进制造技术发达的国家，面对近年来制造业竞争力的下降，大力倡导"再工业化、再制造化"战略，明确提出智能机器人技术、人工智能技术、3D 打印技术是实现数字化制造的关键技术，并希望通过这三大数字化制造技术的突破，巩固和提升制造业的主导权。以美国为例，2014 年 2 月 25 日，总统奥巴马宣布了构建制造业中心的最新进展：首先是 2013 年 5 月承诺的 3 个国家制造业中心，继新一代电子电力制造业中心在 1 月份成立之后，国防部下属的数码制造与设计创新中心和轻量级现代金属制造业中心正式成立；除此之外，2014 年 4 个制造业中心构建计划中的首个——先进复合材料制造业中心也于今天成立。至此，2013 年 3 个国家制造业中心筹建计划已经完成，2014 年的 4 个制造业中心也拉开帷幕。由此可见，美国对先进制造技术和数字设计与制造的高度重视。

目前，虽然 3D 打印技术等数字化制造、智能制造技术尚未成熟，应该说，在产品设计、复杂和特殊产品生产、个性化服务等方面已显现其独特优势。据美国国家情报委员会预测，到 2030 年，3D 打印技术有可能改变发展中国家和发达国家的制造业工作模式。应该说，当前已经出现了新工业革命的端倪，但要经历较长时间才能对经济发展产生逐步深刻的影响，对其认识也是一个动态深化的过程。但由于其蕴含的一系列革命性变化，将有可能对不同国家、不同产业，特别是制造业的竞争力产生深远影响，对此已经引起了制造业领域专家的高度重视和动态跟踪。

可以这样认为,大力发展数字设计与制造已经成为全球制造业的共识,必将引发制造业一场新的革命。目前,对于数字制造,国内外学术界尚没有明确的定义。这里不妨引用中国科学技术出版社于 2004 年出版,由周祖德编著的《数字制造》一书中的相关描述。所谓数字制造,指的是在虚拟现实、计算机网络、快速原型、数据库和多媒体等支撑技术的支持下,根据用户的需求,迅速收集制造资源信息。对制造产品信息、工艺信息和资源信息进行分析、建模、规划和重组,实现对产品设计和功能的仿真、评估以及原型制造,进而通过数字化技术快速生产出达到用户所要求性能的产品的整个制造过程[4]。也就是说,数字制造实际上就是在对设计和制造过程中进行数字化的描述而建立起的数字空间中完成产品的全生命周期的设计和制造过程。要深入了解数字制造的形成背景,首先需要对制造科学与技术的进化路线有一个粗略的了解。

1.1　制造科学与技术的进化路线

由美国 Prentice-Hall 出版社于 2001 年出版的《21 世纪制造》一书中,P. K. Wright 在全面论述什么是制造的基础上明确地提出,制造是一门艺术、一种技术、一门科学和一种商务,他第一次对制造的进化路线给出了非常清晰的论述[1]。

1.1.1　制造作为一种技巧和一种技术

制造是人类生存和发展的基础,"直立和劳动创造了人类,而劳动是从制造工具开始的"。可以这样认为,没有制造就没有人类的生存。制造随着人类的进步而进步;制造技术,则随着人类社会的发展而发展。自从有人类以来,制造就伴随人类的生存而发展。人类为了生存,用石器制造简单的工具用来打猎,制造原始的器具用作炊具,加工粗糙的毛皮用于取暖,大约在史前石器时代,这种简单的制造工具和制造方法的出现使人类得以生存,使人类的群居生活成为可能。这种制造方法和制造工艺经历了相当长的发展时期,从石器时代到青铜器时代再到铁器时代。这一历史阶段的制造,是以个人的技艺、独门技巧和工艺而存在,因此可以这样认为,在人类历史的长河中,在相当长的历史时期,制造是作为一种技巧、一门独有的艺术而存在。

制造作为一种技术的出现,大概可以追溯到 18 世纪 70 年代至 20 世纪 70 年代这段历史时期。将制造从一种纯艺术或至少是工匠活动转变成一种技术的分水岭,应该是 1770—1820 年间发生于英国的工业革命。由于蒸汽机的发明和逐步被工业界采用,以及由蒸汽机驱动的各类机械在各工业领域的广泛应用,从而大大提高了生产率,并促进了工商业活动的发展。在这段时期,随着当时人们的健康条件与生活环境的逐日改善,人口数量不断增加,这种日益增加的人口为大众市场营销和形成大批量生产产品的工厂,以及充实工厂所需的劳动力提供了条件。可以这样认为,人口的增加、工厂的形成以及市场的繁荣进一步促进了产品的大规模运作和有中产阶级经营的小工商活动的兴起,制造活动已经不能只靠个人的技艺而取得成功,需要更多人的合作,需要先进技术推动。由于第一次工业革命的兴起,作为一种技巧、一门艺术而存在的制造,很自然地逐步发展,成了一种可以为更多人掌握、为更多人服务和应用的一门技术。

随着制造技术的进步和人类的不断发展,要想在制造业中取胜,光靠优良的技术是不够的。要真正在制造业中取胜,必须要在制造理念和制造本身的概念上适应科学和技术的快速发展,因此从 20 世纪 80 年代至今,伴随着其他相关科学的发展,制造作为一门科学也就自然形成了。19 世纪 80 年代以来,在制造领域涌现出众多新方法、新概念、新理念,极大地推动了制造业的发展。这些新概念和新理念(如自动化制造、敏捷制造、并行制造、计算机集成制造、虚拟制造、智能制造等)相互促进发展,充实了制造的内涵,促进了制造概念的升华。从此开始,制造不再是一种简单的技能或技术,而是逐步形成了一门科学,包括工程科学、管理科学、信息科学在内的制造科学。

1.1.2 制造中的系统科学和管理科学

Harrington、Merchant 和 Bjorke 等人最早将计算机用于制造业,他们提出用计算机集成制造(Computer Integrated Manufacturing,CIM)概念将整个制造系统的所有运作自动化、优化、集成。CIM 概念是联系制造学、系统学以及其他相关学科的桥梁。以 Harrington、Merchant 和 Bjorke 为代表的 CIM 时代包涵了每种制造工艺的物理过程(如机加工、焊接或半导体制造)、控制问题(如对机器人在各类制造机械中的伺服控制)以及柔性制造系统(Flexible Manufacturing System,FMS)的排序(如对机加工零部件或 IC 晶片的生产)。其结构化的分类将最初的 CIM 概念与相关科学问题相联系,使制造从工程学发展成制造学,从单元技术发展成为系统学。

从制造工艺的物理过程可知,原始的科学方法和原理确实可以用于制造工艺分析。例如,材料加工及半导体各工艺的物理过程就可以用物理理论来解释,如原子的位错理论对塑性变形的解释及晶格物理对晶体管的解释。同时,当金属通过塑性变形过程(如机加工与锻压)而改变形状时,可采用通用的标准方法(如有限元分析)来预测各种材料加工与处理工艺中的应力,制造工程中的力学方法和理论也就逐步形成。另外,结合机械加工过程中对连杆、凸轮及驱动机械控制动力学分析与摩擦学理论以及液压系统的分析与控制,另一门制造业中关于机械控制的理论也就自然建立了。

此外,柔性制造系统(FMS)规划涉及用离散事件仿真、统计建模、优化及排队理论等分析方法。近几年来,人工智能领域又增添了所谓基于约束的推理这一科学方法。随着制造系统中支持调度操作的数学理论的成熟,它在制造系统生产排序过程中起着非常重要的作用。尽管在制造中存在以上许多的工程科学方法,但如果不与系统管理和系统组织方法相结合,则它们不能真正发挥作用。

20 世纪 80 年代后期,以全面质量管理(TQM)、准时生产(JIT)、并行工程(CE)及精益制造为代表的管理和组织科学与以 CIM 为代表的工程科学相结合,开始对美国制造业的进步产生重要影响,为 20 世纪 90 年代的经济增长奠定了基础。丰田汽车公司原来所倡导的"丰田生产系统"是通过柔性制造系统"拉动(pull)"产品生产来减少在制品,而不是像传统制造中所做的将不必要的部件"推进(push)"已经很拥挤的生产线。及时(Just-In-Time,JIT)制造通常用来描述这种运作方式。精益制造(Lean Manufacturing,LM)是强调减少在制品与库存。同时,丰田公司还倡导一种质量控制新方法。在传统的质量控制(QC)定义中,零部件制造完成后再对它进行检验,看其是否符合设计的尺寸范围。如果检验不合格,则将其报废。与其相反,今天丰田公司所用的"新"方法则将注意力集中在生产活动中的测量。因此,工作重点不是等到制造完毕后再进行检验和将不合格的零部件报废,而是将检验贯穿于零部件所有经过的工序全过程。另外,机器要预先调整好以防止次品的出现。这种实践被称为在线(in-process)

质量控制或全面质量管理(TQM)。不仅如此,它还将责任分摊到每个工人和(或)每台机器上,而不是等问题留到由检验员去发现。于是,TQM 加入到 CIM 中,后者包括并行工程(Concurrent Engineering,CE)、企业集成(虚拟公司)和顾客需求。在新的理念中,并行工程有时也叫同步设计,用于解决制造领域中的系统集成和实时控制与管理服务。大多数美国公司过去习惯于"隔墙制造"(over-the-wall manufacturing)。总之,CIM 加入管理和组织科学,形成了新的制造集成,即系统科学的理论和概念。

开放式结构制造与敏捷制造的新概念贯穿了整个 20 世纪 90 年代。快速重组(reconfigurable)企业要能对"交货期、质量及产品品种"有要求的新消费者做出反应。到了 20 世纪 90 年代中期,基于 Internet 的制造成为以上这些新概念的扩展,强调通过 Internet 来分享设计与制造服务。Internet 与视听会议的出现及方便的航空旅行给日益增加的全球性商务铺平了道路。大型企业可以分布在全球各地而协调工作,例如利用一个国家的优秀设计队伍而将生产转移到劳动力相对便宜和制造效率更高的另一个国家去。进入 21 世纪,制造科学逐步发展成为除了组织和管理科学还包括信息科学在内的,更为广泛的一门科学。

1.1.3　制造科学的多学科交叉

结构开放的制造、敏捷制造、网络化制造和虚拟制造都是激动人心的新兴制造理念和制造模式。诸如 Web 的新的工程科学技术提供了生产和服务的新渠道。然而,制造信息、制造过程和制造管理要比以前更需要一种全新的和更广阔的视野。数字化制造与数字制造科学已经悄然进入我们的生活。现代科学技术的迅速发展,特别是由于微电子技术、计算机技术、网络技术和信息技术的迅速发展,使得制造理论、制造技术、制造工业、制造科学的面貌、内涵也随之发生了根本性、革命性的变化。

制造科学得益于计算科学和数学的相关理论的发展。多媒体计算机系统和通信网络能实现并行性、分布式、虚拟协作、远程操作和监控。电子商务和计算机网络可以实现数字化制造企业中的远程销售、生产、维护和管理。为了表达、计算和推导物理参数和制造过程中的调度和管理,必须强调利用来自计算科学和数学中的智能方法建立计算模型。计算制造学和制造智能学围绕制造科学应运而生。

信息理论也促进了制造领域的发展。从更大范围来说,所有的制造活动都涉及人的因素,也涉及信息处理、表征和传递等。制造资源的优化配置和有效运作都与信息理论有关。这些相关的研究将由以信息技术为基础的制造信息学来解决。

制造过程和生物过程的相似性给制造领域中的诸如适应性、自制性、智能性等问题提供了新的解决方法。显而易见,这些问题属于仿生制造学的研究范围。

制造也不能缺少高质量的管理和运作。企业、合作和制造资源整合中存在的人因、合作和竞争并不仅仅是一种技术问题。技术管理学是研究这些问题的基础。近几年来有普及趋势的3D 打印等智能化加工方式,高度融合了信息技术与制造技术。其主要特点是,用计算机程序直接控制生产设备,完成特殊的、高难度的加工流程。其核心优势在于,既可以用相对较低的成本生产少量产品,又可以随时重复生产、不断改进设计。这就使得个性化产品的生产时间缩短、成本下降,产品的多样化设计空间大为扩展。智能化加工进一步提高了生产制造的数字化、个性化程度,降低了参与生产制造的技能门槛、资金门槛,使符合市场需求的新发明、新创意,能够更快地转化为成熟的产品设计。

显然,制造学科发展成多学科交叉的趋势是不可避免的。随着制造科学和技术的发展和进步,越来越多的其他学科知识将应用到今日的制造领域中,从而形成新的制造科学的基础。

由此可见,基于以上特点,制造已经成为一个以多学科为基础的系统学科,并逐步成为系统的制造科学。

1.1.4 制造与商务的关系

在技术进步的任何时刻,总是存在某一"推"、"拉"因素的综合,从而一方面产生促进制造设计与制造过程的有效方法,另一方面产生更加苛刻的消费者。从数字化制造发展趋势来看,在生产制造方式上,智能化加工、个性化产品将在整个制造业中占据更加重要的地位。在电气革命达到高潮、信息技术革命开始孕育和萌发的 20 世纪,发达国家先后在交通工具、家用电器、电子信息产品等主流工业产品领域,建立了强大的批量生产能力,已经能够满足人们的基本需求。进入 21 世纪以后,人们新增的物质需求,集中体现为产品的特质,而非数量、质量。因此,只有满足人们对个性化产品的消费需求,才能使物质生产充分服务于更高层次的精神需求,从而开拓新的经济增长空间。

随着数字制造的广泛深入,电子商务风起云涌,传统的制造企业如果不能适应这一变革,必将在激烈的市场竞争中被淘汰。因此美国汽车三巨头已联合起来开展电子商务。通用电气公司还专门成立了通用信息服务公司,为制造企业提供有关电子商务的各种服务。康柏、惠普、日立、三星等 12 家国际知名的信息产业公司联合宣布,联手组建一家电子商务公司,运作开放式的网上交易,旨在降低购销成本,实现及时业务处理,减少库存以及提供更高质量的服务。

制造企业特别是中小型传统企业,根据自身的特点,逐步开始采用以下三种方式切入商务和电子商务。

一是拓展新市场、新产品和新服务。例如,制造厂商不仅销售产品,还可以在网上为客户提供产品快速开发的技术服务,建立产品创新联盟。接受用户反馈信息,与之成为互动关系。又如,制造厂商可在互联网上对原物料直接进行多家产品评估、审核、签订电子商务合同,直至生产制造部件,从而节减了物料采购环节和人力物力资源。

二是网上客户服务和客户关系管理。例如客户可以访问制造企业的虚拟产品展览室,下载产品的三维模型,参与产品的设计,及时了解产品的制造进度和质量。此外,客户的意见可以直接、同步地反映给各有关部门,而不仅仅是销售人员,从而使问题能够及时得到处理,并自动建立客户档案,实现客户关系管理的自动化。

三是网上供应链管理。越来越多的中小型制造企业采取产品设计和装配两头在内,零部件加工制造在外的制造策略。大量零部件外包加工后,运用电子商务可以加强采购和物流方面的协作,实现数据自动处理和交换,加快资金周转,保证交货准时并大幅度降低运营成本,以挖掘新的利润空间。

上述三项战略在实质上都是为了消除传统经济中制造企业难以克服的障碍,例如:订单处理速度低下、销售区域差异导致价格差异、不必要的中间商盘剥,从而提高了交易和市场的效率。

对企业而言,制造与商务和电子商务的关系不是孤立的,商务与电子商务涉及产品生产和商务过程整体产业链的各方。它改变了制造厂商、供应商和客户之间单纯的钱货交易关系,使得供应商可以参与产品的制造和运输,客户能够参与所买产品的设计和制造,企业与企业之间建立更加密切的伙伴关系,营销仅仅是整个链上的最后一个环节。

互联网和电子商务缩短了制造企业与最终客户之间的距离,客户有可能参与所购买产品的设计,使产品更加适合客户的个性和爱好。由于这种制造模式所生产的每一个(或一小批)产品是不一样的,由若干模块组成不同的款式,按照不同的客户需要来制造,所以称为大量定制。采用电子商务和企业应用可以将传统的商务过程缩短上百倍时间,并节约大量的旅行和通信费用。

电子商务不是简单的商务电子化,而是企业后台整个运营系统的信息化以及流程重组和优化。由于制造业和零售业全球采购的趋势,迫使构成产业链的所有企业进一步加强管理、降低经营成本,增加抗竞争、抗风险的能力。因此,有远见的企业家已经将注意力从单纯的销售策略转向提高企业创新、采购管理水平,并通过电子商务活动从中挖掘新的利润空间。

以电子商务和企业应用集成为基础的供应链管理系统,已经成为明天赢家的关键。体现为是否拥有高效率、低成本的供应链和营销渠道,这将形成企业新的核心竞争力。企业如果不能适应全球采购网和电子商务的发展趋势,将有被淘汰出局的危险。制造商必须根据客户全球采购、集中采购和电子采购的发展趋势及时调整战略,抓住商机,开拓新的销售渠道。

中小型企业的发展态势,使企业领导者必须将注意力转向加强产业链的合作,转向提高价值链的管理,加强供应链管理,通过电子商务和企业应用集成,建立网络联盟企业,联合起来去竞争,必将引导制造业成为新经济时代的成功者。制造作为一种商务,既推动了商务的迅速发展,也促进了制造业本身的快速进步。

可以这样认为,数字制造作为新的制造科学与技术和新的制造模式,已成为推动21世纪制造业向前发展的强大动力。其重要特征表现在:产品数字表达的无二义性,可重用性(形式化描述与表示);产品开发和产品性能的可预测性(可制造性分析与产品性能预估),制造活动对于距离、时间和位置的独立性(网络环境);制造全生命周期知识对于各个学科的依赖性和交叉性(信息科学、材料科学、管理科学和系统科学等)。

1.2 第三次工业革命与数字制造

第一次工业革命始于18世纪下半叶英国纺织业的机械化。过去数以百计的织工在家中进行的费时费力的手工劳作被集中到一家棉纺厂里进行,由此诞生了工厂。第二次工业革命发生在20世纪初,当时亨利·福特掌握了流水线技术,由此开启了批量生产的时代。先前这两次工业革命提升了人们的生活水平,推动了社会的进步和发展。现在,第三次工业革命正在展开,而第三次工业革命的一个重要内容就是制造业的数字化。制造业的数字化所带来的变革不仅仅是制造领域,而是涉及材料、信息、自动化、管理、商务等诸多领域。

每次新工业革命对不同产业的影响有差异。第三次工业革命的数字化制造,其优势体现在对市场需求的快速反应和提供个性化产品,因此对那些贴近市场最终需求的产业影响较大。数字化制造将使得某些行业(特别是生产生活资料的行业)规模经济变得不明显,个性化定制、分散生产成为新特点。为更贴近市场、更快响应市场需求,企业会更多地选择在消费地进行本地化制造。从而将对全球产业分工格局和全球生产体系产生重大影响。

此外,第三次工业革命具有合作、分散、开放的特征,提出了体制机制适应性的新要求。第三次工业革命的组织模式与以往有很大不同,扁平化结构、分散合作式商业模式更为普遍,创新型中小企业的作用更为突出,生产者与消费者的互动关系更为紧密,对市场需求的快速反应能力更为重要。这些变化对体制机制的适应性提出了新要求。20世纪末,戴尔公司在个人计算机生产中提出"大规模个性化定制生产"的理念:在信息技术的支持下,通过整合外部供应链和内部装配管理流程,批量生产不同外观的、不同硬件配置的计算机。这种生产制造理念在"福特式"大批量自动化生产、"丰田式"需求拉动型精益生产的基础上,进一步提高了生产制造的数字化、智能化、个性化程度,开启了属于第三次工业革命时代的"大规模个性化"生产运营模式。但就生产制造的技术和流程而言,戴尔公司的模式仍属于电气革命时代所确立的生产制造方式。

近几年来有普及趋势的3D打印等全数字化加工方式,高度融合了信息技术、材料技术与制造技术。其主要特点是:用计算机程序直接控制生产设备,完成特殊的、高难度的加工流程。其核心优势在于:既可以用相对较低的成本生产少量产品,又可以随时重复生产、不断改进设计。这就使得个性化产品的生产时间缩短、成本下降,产品的多样化设计空间大为扩展。数字化加工进一步提高了生产制造的数字化、个性化程度,降低了参与生产制造的技能门槛、资金门槛,使符合市场需求的新发明、新创意,能够更快地转化为成熟的产品设计。此外,工业机器人在生产加工中的运用,可以完成某些过程复杂、费时耗力的标准化生产流程,也有利于解放劳动力。工业领域的一部分研发人员和制造工人,可以不再考虑"如何造",多考虑"造什么",从而增强了企业的研发能力,提升劳动的层次和价值[2]。

美国波音公司在Boeing777~787和洛克希德马丁公司在JFS(F35)的研制过程中,采用数字制造将研制周期缩短了1/3,研制成本降低了50%,开创了航空数字制造的先河。在数字制造的第二次浪潮中,波音公司在新一代战神航天运载工具的研制和C130的航空电子升级中,采用MBD/MBI(基于模型的定义和作业指导书)大大减少因反复带来的一切弊病,可以降低创新产品的风险和加快创新产品投放市场的步伐。所以,数字制造缩短装配工期57%,将数字制造推向制造现场的更深层次。

从技术进步趋势看,数字制造是一种"增量创新"。虽然在未来相当长的时间内,3D打印机、工业机器人都不会完全取代传统的数控机床、自动化生产线,但增量部分足以成为经济增长、产业升级的关键。随着个性化需求在工业产品消费需求中的比例不断上升,与数字制造相关的装备制造、材料合成以及信息技术服务,都具有广阔的发展前景。随着全球化加速和信息化的不断深入,现有的工业生产模式正发生着深刻的变化。《经济学人》于2012年发表的《第三次工业革命》中描述了制造业数字化将引领第三次工业革命,在后续报道中更进一步指出智能软件、新材料、灵敏机器人、新型制造方法和基于网络的制造业服务模式将形成合力,产生促进人类经济社会进程变革的巨大力量。

西门子成为位于芝加哥的数字化制造实验室的顶级合作伙伴以及独家的产品生命周期管理(PLM)软件供应商。西门子PLM软件首席执行官Chuck Grindstaff出席了美国白宫的发布会并表示:"我们很荣幸能够以技术合作伙伴和投资者的双重身份参与该数字化实验室项目,其目的在于促进创新并重振美国制造业。西门子的软件能够提高生产力和制造效率,加快产品上市速度,并提升灵活性。作为该项目的顶级合作伙伴和唯一的PLM供应商,西门子将持续提供战略性领导力和人力资源支持,推动并助力实现数字化实验室的潜力和愿景。"

从美国建立数字化制造实验室可以看出,随着科学技术的迅猛发展、市场需求的快速变化和全球性经济竞争的日趋激烈,新一代制造系统必须体现数字化、柔性化、敏捷化、客户化、网络化与全球化等基本特征。制造业在走向快速响应的市场和参与全球制造的竞争中,对数字制造系统和数字制造技术的需求将日益迫切。伴随着网络化、信息化的飞速发展，必将推动数字制造技术的快速发展和广泛应用，未来的 5~10 年内，在不断完善数字制造基本理论和概念体系的基础上，数字制造技术将日趋完善，数字制造系统将成为新一代制造系统的主流，也必将成为各国在制造领域竞争的重要标志。我们可以这样认为，制造业的数字化将是一场波及全球的革命，从数字制造的形成和发展看，今后它将从以下几个方面向前推进，并引领第三次工业革命：

一是更灵巧的数字化装备机器人。今天的工业机器人，就像曾经的大型计算机一样，价格昂贵、安装费钱而且移动不便，下一代机器人就如同现在的个人电脑，非常适合于中小型企业。下一代制造业机械设备将会完全不同，不仅仅是相对便宜且易于操作，而且会和人们一道工作且取代人们的部分工作。它们会抓取、装运、暂存、拾取零部件以及进行清理打扫等，这些技能让它们可以应用于更广泛的领域。

二是满足数字制造的新材料的出现。目前，已经有很多新材料出现。碳纤维就是一个很好的例子，它已经被广泛应用于山地自行车、钓鱼竿、航空器和越来越多的汽车之上。碳纤维和钢材一样结实，但比后者轻一半。如果用这种材料制造一架飞机，可以飞得更远，若制造一辆汽车，可以跑得更快，这会帮企业降低成本。其他新材料包括纳米颗粒，它会赋予产品一些新的特性。现在已经有一种利用纳米颗粒制造的玻璃，可以实现自动除尘。

三是基于网络的制造业服务商。在互联网上，这些服务商促成了完整的产业链。通过互联网，一家欧洲公司可以从另一家位于美国的公司获得设计图纸和样品，并在中国找到一家加工企业。在线制造业服务商，就像 MFG.com 一样，撮合全球大大小小的企业展开合作并相互购买产品和服务。

由此可见，数字化革命正在我们身边发生——软件更加智能、机器人更加巧手、网络服务更加便捷、制造业巨大的变革正在形成，它将改变制造商品的方式，并改变制造就业的格局，它将会取代传统的制造业所采用的各种各样的机械和制造模式，颠覆性地改变制造业的生产方式。

第三次工业革命对于制造业的影响和突破，可以从以下几个方面来认识。

未来制造业的突破之一：今后，如在沙漠中央工作的工程师发现自己缺少某件工具，他不必再让人从离他最近的城市送来，或者坐等快件寄来，而是只要坐下来，用自己的掌上电脑，简单地下载工具设计图，然后通过 3D 打印机，把工具"打印"出来即可。工程因为缺少一套设备而停工，或者客户抱怨说他们再也无法找到过去所购商品的配件，这样的情况终有一天会彻底改变，这就是数字化的"添加型制造"，它是未来制造业的突破之一。而且，随着 3D 打印的推广应用和不断升级换代，3D 打印制造的应用范围之广将让人难以置信。传统生产设备正变得愈加精致灵巧：3D 打印机通过层层叠加材料来制造产品，无需那些敲击、弯折与切削等工序，它彻底改变制造生产流程、模式和从事制造业人们的思维方式和就业方式[3]。

未来制造业的突破之二：生产方式的转变以及生产组织的变化。生产方式像个轮子一样，兜了个圈子又回到了原点。从大规模的生产方式又转到了更加个性化的生产方式。未来的工厂将更加关注个性化定制。由于采用了新材料、新生产工艺、易操作的机器人以及在线制造服务协作的普及，制造业小批量生产变得更加合算，生产组织更加灵活，劳动投入更少。

未来制造业的突破之三：第三次工业革命不仅影响到如何制造产品，还将影响到在哪里制造产品。未来人们要想从事制造业，需要掌握更多的技能。大量的企业家能在网上与那些特立独行的技术怪才交换设计图，然后在家里把它们变成产品，接着把这些产品销售到全世界。

未来制造业的突破之四：一项全新的、被称作"模块化横向矩阵"（MQB）的生产战略正在形成。某些机械部件的生产，比如发动机支架的参数进行了标准化处理，希望能在一条产品线上生产所有支架。这将是一种全新的生产模式。

上述突破使我们仿佛看到，随着产品设计和制造过程的数字化，第三次工业革命现正如火如荼地进行着，历史的车轮几乎回到了原点，从大规模制造模式转向更加个性化的生产模式，工厂将由更灵巧的软件主宰，数字化将给制造业带来颠覆性影响。这也是为什么美国将数字制造放到如此重要的地位的真正原因。

1.3 各种制造模式与数字制造的区别

新兴科学技术在 20 世纪末的迅猛发展使其在制造领域得到了广泛的渗透、应用和衍生，它们以微型电子技术、信息通信技术、新型材料技术和系统科学方法论等为代表，拓展了制造活动的深度和广度，彻底改变了现代制造的设计方法、产业结构、制造方式、工艺设备及组织结构，涌现了一大批新的制造理念、技术和模式。

先进的制造理念、技术、系统及制造模式，在制造产业发展过程中，具有重要地位和关键作用。美国、日本、德国、韩国、西欧以及我国都曾先后提出有关的研究计划，并将先进制造系统技术领域上升到国家战略高度。通过这些计划项目的研究发展，众多先进的制造系统、模式和方法被提了出来，如美国提出的敏捷制造模式、日本采用的智能和仿生制造系统、德国提出的分形制造系统，以及各国先后提出的网络制造、快速制造、虚拟制造、绿色制造及现代集成制造系统模式等。这些制造系统模式及理论方法的研究为数字制造科学与技术的发展和创新制造战略的建立提供了理论依据和技术支持。

先进制造模式和系统是跨学科的研究领域，涉及的知识和技术内容众多、彼此融合，近年来关于制造领域的理论研究和应用研究都得到了广泛的关注，尤其是数字制造的理论和技术得到了更为广泛的关注[4]。

1.3.1 网络化制造和 E-制造

随着制造企业的制造范围和销售范围不断扩大，全球化的生产和销售已成为众多跨国公司的生产经营战略。新型的制造业需要转变制造模式，以适应在全球化经济浪潮中的生存和发展优势。网络化制造即是在此趋势下产生的一种制造模式，先进的网络化制造模式为制造型企业提供了具体的技术手段和方法。该方法允许企业在 Internet 环境下开展产品设计、生产制造、产品经营和营销管理等业务活动，允许企业将原本地域分散的、彼此孤立的大量企业彼此连接起来，使之融入国际制造业竞争链，成为网络化制造系统中的一个个节点。

制造过程的分布和集中、自治与协同、混沌和有序的统一在网络化制造模式系统中得到了体现。网络化制造系统所要解决的关键问题包括：系统的体系功能结构、系统构建实施方法、系统的运行组织管理、产品的生命周期管理、协同网络商务技术、制造模式的系统设计、开发系统的集成与使能技术、网络化制造的设计实现方法、产业资源安全共享与优化配置技术、企业动态联盟与协同技术、资源封装与接口技术、数据采集处理与数据库管理技术、网络安全与信任技术等。

网络化制造系统的核心是电子智能集成产品的设计、网络化制造和网络化服务，全球虚拟制造网络结构能够在制造企业从产品向服务转变的过程中发挥更重要的作用。另一方面，在线制造优化中心集成了先进的制造仿真处理软件、机器远程监控系统和网络化集成通信技术。制造模式的客户端可以通过互联网远程监测制造过程并进行在线分析控制,进而实现虚拟制造优化环境。在网络化制造环境中,分布式用户可以通过标准接口进行彼此操作,访问并操作控制虚拟世界中的对象,也可以通过 Web 服务器进行数据共享、模拟设计和原型系统的制造等操作。

网络化制造系统由于其技术和模式系统的优越性,受到了广泛的研究。Luqi 等人建立了网络化制造系统的多视角建模、仿真制造工程的知识库集成,将应用虚拟工程技术和知识集成技术相结合,可以满足系统在模拟产品制造过程中的建模和控制生产。范玉顺等人结合网络制造产业的发展趋势,提出了一种以网格技术为基础,基于多代理系统协调控制框架与支撑工具的制造网络体系结构。

如图 1.1 所示,网络化制造构架是以几个虚拟或实际团队的合作、协调、交流即 3C(Cooperation, Coordination, Communication)为基础的,它强调基于网络的协同设计、工艺规划、制造、监测、诊断和信息安全,确保全生命周期的所有工作都能通过网络合作顺利安全地实施并完成。在网络化制造中,网络是基础,协同是保证,安全是核心。网络化制造需要高速稳定的网络环境支撑,以确保制造产品全生命周期数据的可靠交换和实时获取;在整个产品设计、制造、营销、维护的过程中,网上协同机制是十分重要的,因此网络制造的协同是保证。在网络化制造过程中,大量的制造信息需要在网上交流和共享,任何信息的篡改或泄密,都将给整个产品的设计和制造带来巨大的损失,甚至是不可挽回的,因此信息安全乃是网络化制造中的重中之重。

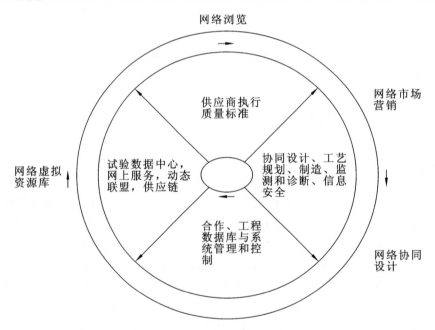

图 1.1　网络化制造框架

E-制造和网络化制造是两种不同的表述方式,但其基本功能是大同小异的。所谓 E-制造,强调的是一种全新的企业运作模式,它是在制造企业进行全面数字化和网络化的环境下,利用电子网络化的生产方式进行产品设计、市场经营、智能管理等一系列现代数字企业的活动运作模式。E-制造中的企业信息化将计算机网络技术应用于现代工业制造环境中,并管理和控制全局的信息流、物料流和能源流。借助于 E-制造和企业信息化建设,制造产业可以适应市场的不断变化和发展形成透明的信息流,从而使产品的开发生产、质量监管、发货控制、客户服务及供货管理等均在网络上实时进行。

E-制造的研究主要关注于使用 Web 技术管理制造过程,Kulvatunyou 等人使用语义 Web 的方式(XML)描述制造过程,在 Web 服务器中完成制造过程的理解和运作发布。Qiu 等人考虑到产品市场的动态变化,使用虚拟生产线技术实现数字制造技术并完成逻辑生产线的动态组织。Lee 等人通过 Web 服务智能技术设计实现了产品和服务的智能系统。Koc 等人建立了一个 E-管理框架用以产品生命周期的管理。

1.3.2 敏捷制造

敏捷制造是使企业具备综合应变能力的一种制造哲理。通过敏捷制造的模式和系统,企业可以具备较强的敏捷性,能够对市场快速响应。敏捷制造企业可实现组织形态的动态重组、产品制造方式的自适应管理、分布式制造资源的可重构、产品制造系统的敏捷性和集成性以及产业活动的灵活性和协同性等。敏捷制造系统基本框架如图 1.2 所示。

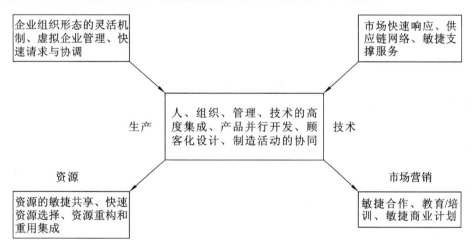

图 1.2 敏捷制造系统基本框架

敏捷制造功能的实现经历了几个重要的发展阶段。刚开始的发展阶段,人们将原始制造系统划分成为小的敏捷制造单元,各个敏捷制造单元之间通过特殊硬件和实时软件进行相互控制。逐步发展为与信息科学与技术的融合,在制造信息系统的基础上,开发了一种车间互联体系,研究了制造设备的集成架构,系统中的各个设备之间使用资源描述框架完成适用的、智能的联接,使资源可实现重构和重组。随着 Agent 技术的发展,采用多 Agent 理论对分布式制造资源进行集成建模,以便敏捷制造系统能够满足分布式制造系统的资源集成要求。进而使用智能搜索算法中的遗传算法,从虚拟制造企业的多个异构制造资源中敏捷地选择出符合企业要求的制造资源。

从本质上讲,敏捷制造是在一种新生产模式下,由开发、生产该产品所需的知识的价值和企业组织形态的灵活机制来决定产品成本、产品利润和竞争能力,而不是由材料、设备或劳动力来决定上述因素。当认识到自己的企业无法在人员工资和劳动力成本上与其他企业竞争之后,可以尽可能地获取利润中的知识部分,形成组织形态的灵活机制,并且迅速地将知识融进产品使其转变为利润。企业敏捷性的核心是对不可预测因素的快速响应。企业的敏捷性可理解为企业在不断变化和不可预测的全球化竞争环境中成功获得市场的一种主动型综合应变能力,这种综合应变能力包括:企业对市场需求的快速响应性以及企业组织形态的动态可重组性、可重用性与可扩展性,企业管理方式的自适应性和制造资源的分布性、可配置性及可重构性,制造系统柔性与集成性及制造活动的协同性等。企业的组织与管理形态,相关制造资源的可重构、可重用、可扩充特性具有举足轻重的地位。

1.3.3　虚拟制造

虚拟制造是实际制造过程在计算机上的本质实现,即采用计算机仿真与虚拟现实技术,在高性能计算机以及高速网络的支持下,在计算机上群组协同工作,实现产品的设计、工艺规划、加工制造、性能分析、质量检验,以及企业各级过程的管理与控制等产品制造的本质过程,以增强各级制造过程的决策与控制能力,因此,虚拟制造也被简单地定义为在计算机里面实现的一种制造。

虚拟制造虽然不是实际的制造,但却实现了实际制造的本质过程,它是一种在虚拟环境下,通过计算机虚拟模型来模拟和预估产品功能、性能及可加工性等各方面可能存在的问题,来提高人们的预测和决策水平,使得制造技术走出主要依赖于经验的狭小天地,使人们能够在虚拟环境中去实现产品设计、制造和功能测试的全过程。

虚拟制造既涉及与产品开发制造有关的工程活动的虚拟,又包含与企业组织、经营有关的管理活动的虚拟。虚拟制造可以分为虚拟加工、虚拟生产和虚拟企业三个层次。虚拟制造技术包括产品全信息模型、支持各层次虚拟制造的技术体系、支持各层次集成的产品数据管理技术。

由此可见,虚拟制造通过计算机虚拟模型来模拟和预估产品功能、性能及可加工性等各方面可能存在的问题,从而提高人们的预测和决策水平,它为工程师们提供了从产品概念形成、设计到制造全过程的三维可视及交互的环境,使制造技术从主要依赖于经验,发展到全方位预报的新阶段。

虚拟制造为用户提供了一种计算机上从事生产规划、制造加工的环境,完善的虚拟制造系统主要具有以下特点:

(1) 集成性

内容包括建模、可视化仿真、生产制造集成规划、企业资源规划、优化评价等多种相关技术集成。

(2) 层次性

主要指建模对象的层次性(工厂、车间、单元、设备,宏观、微观)和用户对象的层次性(使用者、设计者、财务经理、总经理)。

(3) 动态性

在三维、多视角、多信息通信的虚拟环境中,制造系统及过程的仿真可以真实地反映出实时系统运作所具有的动态特征,而不仅是静态信息。

(4) 虚拟的真实性

利用虚拟现实技术,实现真实制造到虚拟制造的映射,达到人机和谐,发挥人的主动性,使人在虚拟的环境中可以从事并感受真实制造中的各种活动。

虚拟制造的主要关键技术包括建模技术、仿真技术、可制造性评价、系统集成技术和虚拟现实技术等。

1.3.4　计算机集成制造系统

计算机集成制造系统（Computer Integrated Manufacturing System，CIMS）是一种基于 CIM 机理构成的计算机化、信息化、智能化、集成化的制造系统。它不仅是一个工程技术系统，更是一个企业整体集成优化系统。CIMS 的核心是"集成"，其集成特性主要包括人员集成、信息集成、功能集成和技术集成等。

图 1.3 为 SME 和 CASA 研制的 CIM 框图，它便于更精确地理解 CIM 及 CIMS 的概念。

计算机集成制造系统（CIMS）的定义中应包含三个要素：①它是多个自动化子系统的有机组合；②它将制造工厂的生产经营活动都纳入多模式、多层次、人机交互的自动化系统之中；③系统的目的是提高经济效益、提高柔性和追求企业的动态总体优化。

CIM 是企业组织、管理与运行的一种哲理，它借助计算机软、硬件，综合运用现代管理技术、制造技术、信息技术、自动化技术、系统工程技术等，将企业生产经营全过程中有关人、技术和管理三要素以及有关的信息流、物流和资金流有机地集成并优化运行，以实现产品的高质量、低成本、短交货期，提高企业对市场变化的

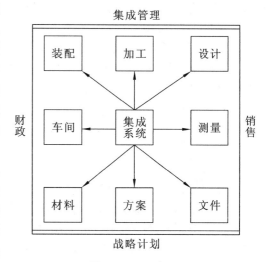

图 1.3　CIM 框图

应变能力和综合竞争能力。CIMS 是在 CIM 哲理指导下建立的人机系统，是一种新型制造模式。它从企业的经营战略目标出发，将传统的制造技术与现代信息技术、管理技术、自动化技术、系统工程技术等有机结合，将产品从创意策划、设计、制造、营销到售后服务全过程中有关的人和组织、经营管理及技术三要素有机结合起来，使制造系统中的各种活动、信息有机集成并优化运行，以达到产品上市快、成本低、质量高、能耗少的目的，提高企业的创新设计能力和市场竞争力。

CIMS 是以企业的生产经营活动作为一个整体，对企业各种信息进行加工处理，借助于计算机进行集成化制造、生产和管理的。CIMS 中 Computer 仅是一个工具，Manufacturing 是目的，Integrated 则是 CIMS 区别于其他生产模式的关键所在。集成是 CIMS 的核心，这种集成绝不仅是物（设备）的集成，更主要的是以信息集成为特征的技术集成和功能集成，计算机网络是集成的工具，计算机辅助的各单元技术是集成的基础，信息交换是桥梁，信息共享是关键。

计算机集成制造的关键技术及 CIMS 的基本构成包括：快速进行产品开发的 CAD/CAM/CAE/CAPP 等计算机辅助技术，促进企业现代化管理的 MRPII/ERP 现代企业管理技术，加快产品开发的虚拟制造技术，以及系统运行的先进控制技术及系统集成技术等。它的主要输入是产品需求概念，主要输出是完全装配、检测好的、可以使用的成品。CIMS 的基本构成技术主要包括保障经营管理、工程设计、产品制运、质量保证和物资正常实现五个功能系统，以及一个由计算机网络和数据库系统组成的支撑环境。

1.3.5　绿色设计与制造

制造业为人类的繁荣昌盛做出巨大贡献的同时，也产生了大量的无害废品和有害废品。

过去,人们重视如何处理和排除工业上的有害和无害废品,不幸的是这些并不能有效地防止环境污染。因此,为了有效地保护环境,一定要在制造的各个阶段进行污染控制。产品在它的有效生存期的各个阶段都在影响着环境,因此有必要使用能在各个阶段评估环境被影响的工具和方法来支持设计和制造,这就是一种具有环保意识的先进制造技术——绿色设计与制造(Environmentally Conscious Design and Manufacturing,ECDM)。

ECDM 的好处是使生产制造过程安全和清洁,保护工作者,减少对环境和健康的危害,以最低费用提高产品质量,提高公共形象及生产率。ECDM 的实现将允许制造商将污染减到最小并变废品为有用的产品。

ECDM 是指谨慎地尝试在不牺牲质量、费用、可靠性性能或能源利用效率的前提下,减少工业活动的生态影响。ECDM 强调从原材料中萃取有用产品,避免产生资源的浪费,或利用废品制造其他的产品。它是包括连续或分离的制造产品的设计、综合、加工和使用的社会和技术等方面的一种制造。与传统的采用填塞式进行污染控制的方法不同,ECDM 在产品的设计和制造阶段预先采取防范措施,使产品对环境的污染最小化,这样可增强产品在环保意识市场中的竞争能力。

绿色设计与制造的实现主要有如下几个方面:一是零废品生命周期,即将产品对环境的影响在产品的有效期内减少到零,创建一个尽可能持续的产品周期;二是废品生命期控制,即通过清洁技术来减少有害物质的不良影响;三是绿色设计与制造的分级系统,图 1.4 所示为环保产品设计的分级系统的框图。第一层以创造环保产品为目标进行全面考虑;第二层表示为实现目标要使用的过程;第三层由五个设计因素组成,这五个设计因素既可以有利于后续要使用的过程又有助于实现整个目标。这个分级系统显示了处理废弃产品的方法,设计者或者将产品废弃,或者再利用,或者回收部分或整个产品。

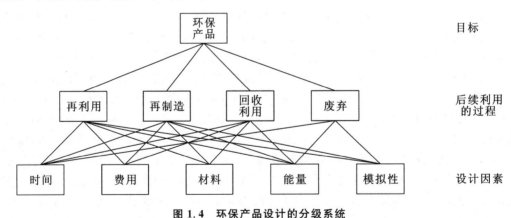

图 1.4   环保产品设计的分级系统

1.3.6   其他先进制造

其他先进制造技术与系统还有很多,如智能制造、生物制造和可持续制造、云制造等。有关智能制造的描述是,智能制造源于人工智能的研究。一般认为智能是知识和智力的总和,前者是智能的基础,后者是指获取和运用知识求解的能力。智能制造应当包含智能制造技术和智能制造系统,智能制造系统不仅能够在实践中不断地充实知识库,具有自学习功能,还有搜集与理解环境信息和自身的信息,并进行分析判断和规划自身行为的能力。

生物制造定义为包括仿生制造、生物质和生物体制造,涉及生物学和医学的制造科学和技术均可视为生物制造,用 Bio-manufacturing 表示。另外,所谓狭义的生物制造,主要指生物体制造,是运用现代制造科学和生命科学的原理和方法,通过单个细胞或细胞团簇的直接和间接受控组装,完成具有新陈代谢特征的生命体成形和制造,经培养和训练,完成用以修复或替代人体病损组织和器官。

可持续制造是以经济、环境、社会平衡为目标的新型制造模式,已经在全球得到了高度重视和发展。可持续制造包括基于环境的可持续制造和基于节能降耗的可持续制造。其主要内容包括将环境观念贯穿于整个产品设计和制造中,最大限度地考虑资源的循环利用,把废物产生降至最低,而不仅仅是产品的设计、制造,也包括产品的物流、维护、再回收和循环利用及售后服务等。基于节能降耗的可持续制造,重点研究制造装备能耗和生产效率联合模型、装备能效状态检测与数据获取、可持续制造能力时序数据分析与动态描述及数据驱动的动态评估方法等。

云制造是一种利用网络和云制造服务平台,按用户需求组织网上制造资源(制造云),为用户提供各类按需制造服务的一种网络化制造新模式。云制造技术将现有网络化制造和服务技术同云计算、云安全、高性能计算、物联网等技术融合,实现各类制造资源(制造硬设备、计算系统、软件、模型、数据、知识等)统一的、集中的智能化管理和经营,为制造全生命周期过程提供可随时获取的、按需使用的、安全可靠的、优质廉价的各类制造活动服务。

综上所述,从数字制造的概念出发,可以认为网络制造是数字制造的全球化实现;虚拟制造的数字工厂和数字产品是数字制造的一种具体体现;敏捷制造和 E-制造是数字制造的一种动态联盟;计算机集成制造是数字制造的技术基础之一,云制造是数字制造中一种崭新的资源共享和服务模式。

在数字制造环境下,数字制造是在广域内形成由数字织成的网,涉及制造领域的个人、企业、车间、设备、经销商和市场都将成为网上的一个个节点,由产品在设计、制造、销售、服务过程中所赋予的数字信息必将成为主宰制造业整个制造活动生命周期中最活跃的驱动因素,影响和决定制造产品全生命周期的所有活动。数字制造与以因特网为基础的网络技术结合,使设计、制造和销售、服务各个环节的信息与知识在数字化描述的基础上得以集成和沟通,使异地的不同企业、不同个人的资源可以共享,使满足全球化市场、用户需求为牵引的快速响应制造活动成为可能。可以这样认为,数字制造从不同角度综合上述制造技术和系统的部分属性,更多关注制造产品全生命周期的数字建模、数字加工、数字装备、数字资源、数字维护与服务乃至数字工厂的研究[5]。

参 考 文 献

[1] P K Wright. 21st Century Manufacturing. American:Prentice-Hall Press,2001.

[2] Manufacturing:The Third Industrial Revolution[EB/OL]. The Economist. [2012-04-21]. http://www.economist.com/node/21553017-html.

[3] 里夫金杰. 第三次工业革命:新经济模式如何改变世界[M]. 北京:中信出版社,2012:113.

[4] 周祖德. 数字制造[M]. 北京:科学出版社,2004.

[5] Zude Zhou, Shane Xie, Dejun Chen. Fundamentals of Digital Manufacturing Science and Technology[J]. Springer Series in Advanced Manufacturing,2012.

2 数字制造计算几何学

2.1 数字制造几何基础

在数字制造研究中,与制造装备、制造工艺、制造系统相关的几何量、物理量和物理过程以及人的经验与技能等均需要离散化表示为可由数字计算机处理的数据和模型。例如,对于航空发动机叶轮、大型舰船螺旋桨、汽车覆盖件精密模具,以及其他一些具有复杂外形的产品,就是用数学方法来描述它们的外形,并在此基础上建立它们的几何模型。

经典微分几何研究的是曲线、曲面的局部性质和几何不变性。计算机的诞生标志着复杂曲线、曲面的计算可以在计算机上实现。20 世纪 60 年代末和 70 年代初,法国雷诺汽车公司的工程师 Bezier 和美国麻省理工学院的 Coons 教授开展的曲线、曲面设计工作开创了计算机辅助几何设计学科。计算机辅助几何设计主要研究曲线、曲面的计算机表示、逼近和计算。这里主要介绍数字制造研究中涉及的微分几何和计算机辅助几何设计方面的知识。

2.1.1 微分几何基础

2.1.1.1 曲线的局部微分几何

1. 参数化曲线与曲线的参数表示

在人们的日常活动中"曲线"时常可见。借用物理学的语言,"曲线"被视为一个质点在一个时间段内随着时刻变化而进行位移所形成的轨迹,即曲线是动点运动的轨迹。将这种看法进一步抽象化,便引出数学上对于曲线的一种定义。

(1) E^3 中参数化曲线的定义

在 E^3 中笛卡尔直角坐标系 $O\text{-}xyz$ 下,取单位正交向量 $\boldsymbol{i}$、$\boldsymbol{j}$、$\boldsymbol{k}$ 为基向量。给定三个函数 $x(t)$、$y(t)$、$z(t) \in C^k(a,b)$,作向量值函数,有

$$r:(a,b) \rightarrow E^3 \tag{2-1}$$

$$r \rightarrow r(t) = x(t)\boldsymbol{i} + y(t)\boldsymbol{j} + z(t)\boldsymbol{k} = [x(t), y(t), z(t)] \tag{2-2}$$

则其位置向量终点全体 $C = \{[x(t), y(t), z(t)] \in E^3 \mid t \in (a,b)\}$ 称为 E^3 中的一条 C^k 类参数化曲线,简称参数曲线,并将 t 称为 C 的参数。C 可用其向量形式的参数方程表示为 $r = r(t)$,$t \in (a,b)$,或写为分量形式的参数方程

$$\left. \begin{array}{l} x = x(t) \\ y = y(t) \quad t \in (a,b) \\ z = z(t) \end{array} \right\} \tag{2-3}$$

参数曲线 C 上对应于参数值 t 的点是指向径 $r(t) = OP(t)$ 的终点 $P(t)$,即空间中的点

$[x(t), y(t), z(t)] \in E^3$,表示为实点 $P(t)$ 或向量值 $r(t)$ 或参数值 t。

C^0 类参数曲线也称为连续曲线,C^∞ 类参数曲线也称为光滑曲线。为简便起见,后不声明时总考虑 C^3 类参数曲线,并简称为曲线。实际上,在数学分析或者解析几何中,我们所接触到的曲线,要么其本身就是参数化的,要么总可以进行适当的局部参数化。

(2) 正则曲线

为了便于对参数曲线行为进行复杂性的分析,往往考虑对曲线做出必要的限制。

定义 1:给定参数曲线 $C: r = r(t)$,$t \in (a, b)$。若 $r'(t_0) = 0$,则称 $t = t_0$ 的对应点 $r(t_0)$ 为 C 的一个奇(异)点;若 $r'(t_0) \neq 0$,则称 $t = t_0$ 的对应点 $r(t_0)$ 为 C 的一个正则点。若 C 上每点都正则,则称 C 为正则曲线,并称参数 t 为正则参数。

参数曲线是动点的轨迹,正则点的几何意义就是当参数在该点处做微小变动时动点的位置同时做真正的变动。一般地,存在奇点的参数曲线在奇点附近的性质需要单独加以讨论,且奇点若对应于参数的一个区间则等价于对应参数的一个点;而对于连续可微参数曲线,正则点附近总存在较小弧段使正则性得到满足,这是由于导向量函数的模具有连续性。因此,正则曲线足以作为曲线局部的主体。

正则曲线的意义还在于能够方便地确定曲线的所谓切线。设曲线 $C: r = r(t)$,$t \in (a, b)$ 正则,考虑过点 $r(t_0)$ 和 $r(t_0 + \Delta t)$ 的割线当 $\Delta t \to 0$ 时的极限位置,亦即切线的位置。由于点 $r(t_0)$ 处的导向量定义为:

$$r'(t_0) = \frac{\mathrm{d}r}{\mathrm{d}t}(t_0) = \lim_{\Delta t \to 0} \frac{r(t_0 + \Delta t) - r(t_0)}{\Delta t} \tag{2-4}$$

而正则性保证 $r'(t_0) \neq 0$,故曲线 C 在切点 $r(t_0)$ 处的切线方向向量确定为 $r'(t_0)$。该切线的向量形式参数方程为:向径 $f(u) = r(t_0) + u r'(t_0)$,$u \in R$。

定义 2:称单位切向量 $\dfrac{r'(t_0)}{|r'(t_0)|}$ 为正则曲线 $C: r = r(t)$ 在切点 $r(t_0)$ 处的单位切向,记为 $T(t_0)$;称单位切向的指向为正则曲线的正向。

正则曲线的正向即为当参数增加时位置向量终点的走向。因此,正则曲线是一种标示了方向的曲线,即有向曲线。

定义 3:给定正则曲线 $C: r = r(t)$,若参数变换 $t = t(u)$ 满足:
① $t(u)$ 是 C^3 阶的;
② $t'(u)$ 处处非零。

则称之为容许参数变换。且当 $t'(u) > 0$ 时称为保向变换,当 $t'(u) < 0$ 时称为反向变换。

容许参数变换只有保向或反向两种情况,这只要注意到 $t'(u)$ 处处非零蕴含着恒正或恒负即得。容许参数变换保持正则性和可微性不变,这只要注意到复合求导关系 $\dfrac{\mathrm{d}r[t(u)]}{\mathrm{d}u} = \dfrac{\mathrm{d}r[t(u)]}{\mathrm{d}t} \dfrac{\mathrm{d}t(u)}{\mathrm{d}u}$ 即得。

2. 曲线的曲率和 Frenet 标架

在许多自然科学问题和日常生活中,刻画曲线的弯曲程度是描述和解决问题的需要。直观地看,曲线的弯曲程度是曲线的几何属性。观察一些熟知曲线的弯曲状况,可以注意到弯曲状况与单位切向的方向变化密切相关:单位切向方向不变的曲线只能是直线;单位切向方向

"匀速"变化的曲线只能是圆周或是圆柱螺线;不同半径的圆周的单位切向方向变化率以半径较小的为大,等等。当然,以上观察都是在 E^3 中进行的。

(1) 曲率

为了衡量单位切向方向的变化率,需要将曲线上"动点的运动速率"进行统一规定。自然的想法是利用弧长参数化,考虑单位切向及其方向相对于弧长的变化率,给定 E^3 的一条弧长 s 的参数化曲线 $C: r = r(s)$,其单位切向 $T(s)$ 关于弧长的导向量为 $T'(s) = \dfrac{\mathrm{d}T}{\mathrm{d}s} = \dfrac{\mathrm{d}^2 r}{\mathrm{d}s^2}$。

定理 1:设弧长为 s 的参数化曲线 $C: r = r(s)$ 的单位切向量场 T 从 $T(s)$ 到 $T(s+\Delta s)$ 的夹角为 $\Delta\theta(s, \Delta s) \in (-\pi, \pi)$,则

$$\lim_{\Delta s \to 0} \left| \frac{\Delta\theta}{\Delta s} \right| = |T'(s)| \tag{2-5}$$

定义 4:正则曲线 $C: r = r(t)$ 的单位切向量场 $T[t(s)]$ 关于弧长 s 的导向量 $\dfrac{\mathrm{d}T}{\mathrm{d}s} = \dfrac{\mathrm{d}^2 r}{\mathrm{d}s^2}$ 称为曲线 C 在 $r[t(s)]$ 处的曲率向量;曲率向量之长 $k = \left| \dfrac{\mathrm{d}T}{\mathrm{d}s} \right|$ 称为曲线 C 在 $r[t(s)]$ 处的曲率;当曲率非零时,其倒数 $\rho = \dfrac{1}{k}$ 称为曲线 C 在 $r[t(s)]$ 处的曲率半径。

已知正则曲线上的弧段长度在 E^3 的正交标架变换下不变,弧长元素在保向正则参数变换下不变,并且弧长元素和单位切向在反向正则参数变换下同时变号,因而曲率和曲率向量的定义不依赖于正则参数的选取,并且可以期望曲率是曲线合同的不变量。事实上有下述结论。

定理 2:设弧长为 s 的参数化曲线 $C: r = r(s)$ 与 $C^*: r^* = r^*(s)$ 合同,则两条曲线在对应点 $r(s)$ 与 $r^*(s)$ 处的曲率 $k(s)$ 与 $k^*(s)$ 总相等。

(2) Frenet 标架

为了利用标架场的运动行为刻画曲线的几何性质,一种自然的想法是在曲线上建立与自身几何属性密切相关的标架场。为此,进一步考虑曲线的切向量场和法平面场,曲线在指定点的法平面是指过该点且垂直于切线的平面。

注意到弧长 s 的参数化曲线 $C: r = r(s)$ 上的单位切向 $T(s)$ 的模是恒定的,从而其曲率向量 $T'(s) \perp T(s)$,可知曲率向量落在法平面内。当曲率向量非零时,即当曲率非零时,利用曲率向量的单位化向量就可以建立符合需要的单位正交右手标架场。从而引出下列两组定义。

定义 5:正则曲线 $C: r = r(t)$ 在 t_0 处的曲率为 $k(t_0) = 0$ 时,称 $r(t_0)$ 或 t_0 为曲线 C 的一个逗留点;否则称 $r(t_0)$ 或 t_0 为曲线 C 的一个非逗留点。

定义 6:对无逗留点的正则曲线 $C: r = r(t)$,曲率向量 $\dfrac{\mathrm{d}T}{\mathrm{d}s}$ 的单位化向量 $N(t)$ 称为曲线 C 在 $r(t)$ 处的主法向量;向量 $B(t) = T(t) \times N(t)$ 称为曲线 C 在 $r(t)$ 处的从法向量或副法向量或次法向量。单位正交右手标架 $\{r(t), T(t), N(t), B(t)\}$ 称为曲线 C 在 $r(t)$ 处的 Frenet 标架。在 $r(t)$ 处的法平面上,以主法向量 $N(t)$ 为方向向量的直线称为曲线 C 在 $r(t)$ 处的主法线;以从法向量 $B(t)$ 为方向向量的直线称为曲线 C 在 $r(t)$ 处的从法线或副法线或次法线。过 $r(t)$ 处的切平面中,以主法向量 $N(t)$ 为法向量的平面称为曲线 C 在 $r(t)$ 处的切平面中;以从法向量 $B(t)$ 为法向量的平面称为曲线 C 在 $r(t)$ 处的密切平面。

2.1.1.2　曲面的局部微分几何

1. 曲面的参数方程和矢量方程

一般曲面可表示为 $z=f(x,y)$ 或 $F(x,y,z)=0$。但在数字制造中,用参数表示更具优越性。曲面的参数方程含有两个参数 u 和 w,其表达式为:

$$
\left.
\begin{array}{l}
x=x(u,w)\\
y=y(u,w)\\
z=z(u,w)
\end{array}
\right\}
\tag{2-6}
$$

参数 u 和 w 的变化区间常取为单位正方形,即 $u,w\in[0,1]$,曲面的矢量方程是以 x,y,z 为坐标的双参数矢函数:$r=r(u,w)=[x(u,w),y(u,w),z(u,w)]$。式中三个分量 x,y,z 都是参数 u 和 w 的二元可微函数。当 (u,w) 在单位正方形 $u,w\in[0,1]$ 中连续变化时,与其对应的点 (x,y,z) 就形成一张曲面。为了防止由于法矢量的不确定性而引发各种困难,设 $r(u,w)$ 中的分量 $x(u,w)$,$y(u,w)$ 和 $z(u,w)$ 在区间 $u,w\in[0,1]$ 内都是连续可微的,且法矢 $r_u\times r_w\neq 0,u,w\in[0,1]$,$r_u$ 和 r_w 分别为曲面的 u 向切矢和 w 向切矢。这样设置的几何意义为:在区间 $u,w\in[0,1]$ 内,曲面 $r(u,w)$ 处处存在法矢量,这样的参数化称为正则的。

2. 曲面上参数曲线的切矢

(1) 曲面参数曲线

二元函数 $z=f(x,y)$ 表示一张曲面,但一张曲面的方程却难以用一个二元函数表示。对于自由曲面,大多用双参数方法表示。设曲面的矢量方程为:

$$
r=r(u,w)=[x(u,w),y(u,w),z(u,w)]\quad u,w\in[0,1]
\tag{2-7}
$$

当 $u=u_0$ 时,代入上式得到

$$
r=r(u_0,w)=[x(u_0,w),y(u_0,w),z(u_0,w)]
$$

这是单参数 w 的矢函数,表示曲面上一条沿 w 参数方向的空间曲线,称为 w 向线或 w-曲线。类似地,可以定义 u 向线,即:

$$
r=r(u,w_0)=[x(u,w_0),y(u,w_0),z(u,w_0)]
$$

u 向线和 w 向线统称为曲面的参数曲线,亦称等参数线。u 向和 w 向两族曲线构成了整张曲面。$u=0$ 和 $u=1$ 的参数曲线 $r=r(0,w)$ 和 $r=r(1,w)$ 以及 $w=0$ 和 $w=1$ 的参数曲线 $r=r(u,0)$ 和 $r=r(u,1)$ 统称为边界曲线。相邻边界曲线间的交点 $r(0,0)$,$r(0,1)$,$r(1,0)$ 和 $r(1,1)$ 称为曲面的四个角点。图 2.1 为参数空间和直角坐标空间的映射关系。

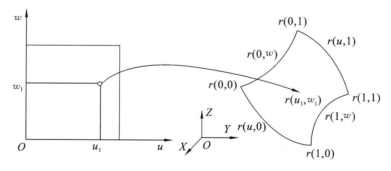

图 2.1　参数空间和直角坐标空间的映射关系

（2）二元函数的偏导数

设有二元函数 $r = r(u,w)$，则由微积分学可知，r 对 u 和 w 的偏导数分别为：

$$\left.\begin{aligned}
\frac{\partial r}{\partial u} &= r_u(u,w) = \lim_{\Delta u \to 0} \frac{r(u+\Delta u,w) - r(u,w)}{\Delta u} \\
\frac{\partial r}{\partial w} &= r_w(u,w) = \lim_{\Delta w \to 0} \frac{r(u,w+\Delta w) - r(u,w)}{\Delta w}
\end{aligned}\right\} \tag{2-8}$$

通常，偏导数 $r_u(u,w)$ 和 $r_w(u,w)$ 仍是 u,w 的二元函数，继续对 u,w 求偏导数，可得到四个二阶偏导数：

$$\left.\begin{aligned}
\frac{\partial}{\partial u}\left(\frac{\partial r}{\partial u}\right) &= \frac{\partial^2 r}{\partial u^2} = r_{uu} \\
\frac{\partial}{\partial w}\left(\frac{\partial r}{\partial u}\right) &= \frac{\partial^2 r}{\partial u \partial w} = r_{uw} \\
\frac{\partial}{\partial u}\left(\frac{\partial r}{\partial w}\right) &= \frac{\partial^2 r}{\partial w \partial u} = r_{wu} \\
\frac{\partial}{\partial w}\left(\frac{\partial r}{\partial w}\right) &= \frac{\partial^2 r}{\partial w^2} = r_{ww}
\end{aligned}\right\} \tag{2-9}$$

其中 r_{uw} 和 r_{wu} 称为二阶混合偏导数，在二阶连续时，两者相同。

（3）参数曲面的切矢

对于式（2-6）所示曲面参数方程，u 向线的切矢为 $r_u = (x_u, y_u, z_u)$，w 向线的切矢为 $r_w = (x_w, y_w, z_w)$。很显然，r_u 和 r_w 的三个分量都是 u,w 的二元函数。给定一组数 (u,w)，即可计算曲面上通过该点的两条参数曲线的切矢 r_u 和 r_w，如图 2.2 所示。

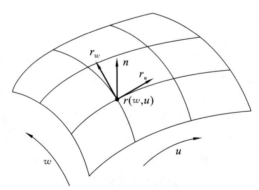

图 2.2　参数曲线的切矢

3. 二元函数的全微分

给定二元函数 $r = r(u,w)$，则函数对 u 和 w 的偏微分分别为：

$$\left.\begin{aligned}
\mathrm{d}r_u &= \frac{\partial r}{\partial u}\mathrm{d}u = r_u\mathrm{d}u \\
\mathrm{d}r_w &= \frac{\partial r}{\partial w}\mathrm{d}w = r_w\mathrm{d}w
\end{aligned}\right\} \tag{2-10}$$

两者之和称为全微分，记作

$$\mathrm{d}r = r_u\mathrm{d}u + r_w\mathrm{d}w \tag{2-11}$$

4. 复合函数的偏导数

给定复合函数 $r = r[u(t), w(t)]$，r 是一个变量 t 的复合函数，求 r 对 t 的导数，就转变为

求一元函数的导数 $\partial r / \partial t$。由全微分公式：

$$\mathrm{d}r = r_u\,\mathrm{d}u + r_w\,\mathrm{d}w$$

两边同时除以 $\mathrm{d}t$，得到

$$\frac{\mathrm{d}r}{\mathrm{d}t} = r_u\frac{\mathrm{d}u}{\mathrm{d}t} + r_w\frac{\mathrm{d}w}{\mathrm{d}t} \tag{2-12}$$

或写作 $r' = r_u u' + r_w w'$

若 $r = r(u,w)$ 中，u,w 是另两个变量 s,t 的函数，即 $r = r[u(s,t),w(s,t)]$，则其偏导数分别为：

$$\left.\begin{aligned}\frac{\partial r}{\partial s} &= \frac{\partial r}{\partial u}\frac{\partial u}{\partial s} + \frac{\partial r}{\partial w}\frac{\partial w}{\partial s}\\[2mm]\frac{\partial r}{\partial t} &= \frac{\partial r}{\partial u}\frac{\partial u}{\partial t} + \frac{\partial r}{\partial w}\frac{\partial w}{\partial t}\end{aligned}\right\} \tag{2-13a}$$

或写作

$$\left.\begin{aligned}r_s &= r_u u_s + r_w w_s\\r_t &= r_u u_t + r_w w_t\end{aligned}\right\} \tag{2-13b}$$

5. 曲面上曲线的切矢和曲面的切矢

（1）曲面上的曲线

对于式（2-7）所表示的曲面，令参数 u,w 为另一参数 t 的函数，即 $u = u(t)$，$w = w(t)$，将其代入式（2-7）中得到

$$r = r(u,w) = [x(t),y(t),z(t)] \tag{2-14}$$

当 t 变动时，就得到曲面上的一条单参数曲线，称为曲面上的曲线。

（2）曲面上曲线的切矢

曲面上曲线的切矢可按式（2-15）计算：

$$r' = \frac{\mathrm{d}r}{\mathrm{d}t} = [x'(t),y'(t),z'(t)] \tag{2-15}$$

应用复合函数求导公式，则曲面上曲线的切矢可表示为：

$$r' = r_u\frac{\mathrm{d}u}{\mathrm{d}t} + r_w\frac{\mathrm{d}w}{\mathrm{d}t} \tag{2-16}$$

式中 $r_u = \left(\dfrac{\partial x}{\partial u},\dfrac{\partial y}{\partial u},\dfrac{\partial z}{\partial u}\right)$ 和 $r_w = \left(\dfrac{\partial x}{\partial w},\dfrac{\partial y}{\partial w},\dfrac{\partial z}{\partial w}\right)$ 分别为参数曲线的 u 向和 w 向切矢。该式表明，曲面上过某点的任何一条曲线的切矢都处在有切矢 r_u 和 r_w 所张成的平面内，该平面称为曲面在该点的切平面。

（3）曲面的法矢

上述切平面的法矢就是曲面在该点的法矢，其方向和大小由 $r_u \times r_w$ 求得，单位法矢则为：

$$n = \frac{r_u \times r_w}{|r_u \times r_w|} \tag{2-17}$$

（4）曲面法矢、切平面和法线的计算

给定曲面 $r = r(u,w)$ 上的一点 $P(x_0,y_0,z_0)$，其 u 向切矢和 w 向切矢分别为 $r_u = (x_u,y_u,z_u)$ 和 $r_w = (x_w,y_w,z_w)$，则曲面在 P 点处的法矢为：

$$r_u \times r_w = \begin{vmatrix} i & j & k \\ x_u & y_u & z_u \\ x_w & y_w & z_w \end{vmatrix} = \left(\begin{vmatrix} y_u & z_u \\ y_w & z_w \end{vmatrix},\begin{vmatrix} z_u & x_u \\ z_w & x_w \end{vmatrix},\begin{vmatrix} x_u & y_u \\ x_w & y_w \end{vmatrix}\right) = (A,B,C) \tag{2-18}$$

式中

$$A = \begin{vmatrix} y_u & z_u \\ y_w & z_w \end{vmatrix} = y_u z_w - y_w z_u$$

$$B = \begin{vmatrix} z_u & x_u \\ z_w & x_w \end{vmatrix} = z_u x_w - z_w x_u$$

$$C = \begin{vmatrix} x_u & y_u \\ x_w & y_w \end{vmatrix} = x_u y_w - x_w y_u$$

那么,曲面的切平面方程为:

$$A(x - x_0) + B(y - y_0) + C(z - z_0) = 0 \tag{2-19}$$

法线方程为:

$$\left. \begin{aligned} x &= x_0 + At \\ y &= y_0 + Bt \quad t \in (-\infty, +\infty) \\ z &= z_0 + Zt \end{aligned} \right\} \tag{2-20a}$$

或

$$\frac{x - x_0}{A} = \frac{y - y_0}{B} = \frac{z - z_0}{C} \tag{2-20b}$$

6. 曲面的等距面

给定曲面方程 $r = r(u, w) = [x(u, w), y(u, w), z(u, w)]$,则曲面 $r(u, w)$ 上任意点 P 处的单位法矢为:

$$n = \frac{r_u \times r_w}{|r_u \times r_w|} \tag{2-21}$$

若等距曲面与给定曲面的法向距离为 a,则等距曲面的方程为:

$$R = R(u, w) = r(u, w) + an \tag{2-22}$$

如图 2.3 所示。

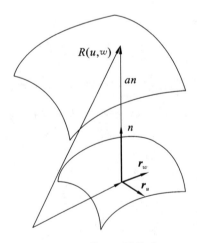

图 2.3　等距面的构造

2.1.1.3　曲面论基本公式

1. 曲面的第一基本公式

曲面上曲线的表达式为:

$$r = r(u,w) = [x(t), y(t), z(t)]$$

若以 s 表示曲面上曲线的弧长,则由复合函数求导公式可得弧长微分公式:

$$(ds)^2 = (dr)^2 = (r_u du + r_w dw)^2$$
$$= r_u^2 (du)^2 + 2r_u r_w du dw + r_w^2 (dw)^2$$

令 $E = r_u^2, F = r_u r_w, G = r_w^2$,则有:

$$(ds)^2 = E(du)^2 + 2F du dv + G(dv)^2 \tag{2-23}$$

在古典微分几何中,式(2-23)称为曲面的第一基本公式,或第一基本量。在曲面上,每一点的第一基本量与参数化无关。在整张曲面上,第一基本量是参数 u 和 w 的连续函数。

2. 曲面第一基本公式的应用

(1) 计算曲线的弧长

弧长的计算公式为:

$$s = \int_{t_1}^{t_2} \left| \frac{ds}{dt} \right| dt = \int_{t_1}^{t_2} \sqrt{E\left(\frac{du}{dt}\right)^2 + 2F\frac{du}{dt}\frac{dw}{dt} + G\left(\frac{dw}{dt}\right)^2} dt$$
$$= \int_{t_1}^{t_2} \sqrt{E(u')^2 + 2Fu'w' + G(w')^2} dt \tag{2-24}$$

(2) 计算曲面面积

曲面上与 (u,w) 参数平面内的元素 $dudw$ 对应的面积元为:

$$dA = |r_u du \times r_w dw| = |r_u \times r_w| du dw \tag{2-25}$$

如图 2.4 所示。

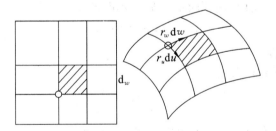

图 2.4　面积元

由矢量运算公式 $|\boldsymbol{a} \times \boldsymbol{b}|^2 = a^2 b^2 - (ab)^2$,可得

$$D = |r_u \times r_w| = \sqrt{r_u^2 r_w^2 - (r_u r_w)^2} = \sqrt{EG - F^2} \tag{2-26}$$

与 u-w 参数平面内给定区域 V 相对应的曲面面积 A 为:

$$A = \iint_V \sqrt{EG - F^2} du dw \tag{2-27}$$

(3) 计算曲面上两条曲线的夹角

从曲面上一点 P 引出连同曲线 r 和 r_1,则交点处两条切线夹角 θ 称为这两条曲面上曲线的夹角,如图 2.5 所示,以 d 和 d_1 分别表示沿曲线 r 和 r_1 的微分符号,则其切矢的微分分别为:

$$\left.\begin{array}{l} dr = r_u du + r_w dw \\ d_1 r = r_u d_1 u + r_w d_1 w \end{array}\right\} \tag{2-28}$$

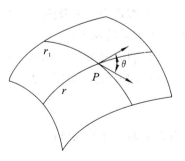

图 2.5　曲面上两条曲线的夹角

应用矢量运算公式,可得两者夹角的余弦为:

$$\cos\theta = \frac{\mathrm{d}r \cdot \mathrm{d}_1 r}{|\mathrm{d}r||\mathrm{d}_1 r|} \tag{2-29a}$$

现将式(2-29a)改写为用第一基本量 E,F 和 G 表示。因

$$\mathrm{d}r \cdot \mathrm{d}_1 r = (r_u \mathrm{d}u + r_w \mathrm{d}w) \cdot (r_u \mathrm{d}_1 u + r_w \mathrm{d}_1 w)$$

$$= r_u^2 \mathrm{d}u \mathrm{d}_1 u + (\mathrm{d}u \mathrm{d}_1 w + \mathrm{d}w \mathrm{d}_1 u) r_u r_w + r_w^2 \mathrm{d}w \mathrm{d}_1 w$$

$$= E \mathrm{d}u \mathrm{d}_1 u + F(\mathrm{d}u \mathrm{d}_1 w + \mathrm{d}w \mathrm{d}_1 u) + G \mathrm{d}w \mathrm{d}_1 w$$

又有

$$|\mathrm{d}r| = \mathrm{d}s = \sqrt{E \mathrm{d}u^2 + 2F \mathrm{d}u \mathrm{d}w + G \mathrm{d}w^2}$$

$$|\mathrm{d}_1 r| = \mathrm{d}_1 s = \sqrt{E \mathrm{d}_1 u^2 + 2F \mathrm{d}_1 u \mathrm{d}_1 w + G \mathrm{d}_1 w^2}$$

则式(2-29a)又为:

$$\cos\theta = \frac{E \mathrm{d}u \mathrm{d}_1 u + F(\mathrm{d}u \mathrm{d}_1 w + \mathrm{d}w \mathrm{d}_1 u) + G \mathrm{d}w \mathrm{d}_1 w}{\sqrt{E \mathrm{d}u^2 + 2F \mathrm{d}u \mathrm{d}w + G \mathrm{d}w^2}\sqrt{E \mathrm{d}_1 u^2 + 2F \mathrm{d}_1 u \mathrm{d}_1 w + G \mathrm{d}_1 w^2}} \tag{2-29b}$$

从而可求得曲面上两条曲线正交的条件为:

$$E \mathrm{d}u \mathrm{d}_1 u + F(\mathrm{d}u \mathrm{d}_1 w + \mathrm{d}w \mathrm{d}_1 u) + G \mathrm{d}w \mathrm{d}_1 w = 0 \tag{2-30}$$

现在可计算两条等参数线的夹角。设 $u = c_1$,则等参数线为 $r(c_1, w)$,$\mathrm{d}u = 0$,$\mathrm{d}w \neq 0$;又设 $w = c_2$,则等参数线为 $r(u, c_2)$,$\mathrm{d}_1 u \neq 0$,$\mathrm{d}_1 w = 0$;将其代入式(2-30),得到

$$\cos\theta = \frac{F}{\sqrt{EG}}$$

该式表明两条等参数线夹角的余弦完全由第一基本量决定。进而还可以推断,两条等参数线正交的充要条件为 $F = 0$。此时,曲面的第一基本公式变为:

$$\mathrm{d}s^2 = E \mathrm{d}u^2 + G \mathrm{d}w^2 \tag{2-31}$$

3. 曲面的局部坐标系

曲面 $r = r(u, w)$ 的单位法矢为:

$$\boldsymbol{n} = \frac{\boldsymbol{r}_u \times \boldsymbol{r}_w}{|\boldsymbol{r}_u \times \boldsymbol{r}_w|}$$

由单位法矢 $\boldsymbol{n}$ 和非规范切矢 $\boldsymbol{r}_u,\boldsymbol{r}_w$ 三者构成曲面的局部坐标系,亦称标架。如同 Frenet 标架对直线的意义,曲面的局部坐标系对曲面具有非常重要的作用。单位法矢 $\boldsymbol{n}$ 同时垂直于 $\boldsymbol{r}_u$ 和 $\boldsymbol{r}_w$,亦即 $n^2 = 1$,$\boldsymbol{n} \cdot \boldsymbol{r}_u = 0$,$\boldsymbol{n} \cdot \boldsymbol{r}_w = 0$。通常,以 r 为原点,$\boldsymbol{r}_u,\boldsymbol{r}_w,\boldsymbol{n}$ 为轴构成的局部坐标系是一个仿射系,与曲面的参数化有关。

4. 曲面的第二基本公式

在曲线论中曾论及曲线的矢量 $\boldsymbol{t}'$ 与曲率 k 的关系为 $\boldsymbol{t}' = k\boldsymbol{m}$。现根据曲面为双参数的特点,重新推导其表达式。

令曲面方程为 $r = r(u, w)$,u, w 同取为弧长 s 的函数,则 $r = r[u(s), w(s)]$ 为曲面上以弧长为参数的曲线。因切矢为:

$$t = \frac{\mathrm{d}r}{\mathrm{d}s} = r', \quad u' = \frac{\mathrm{d}u}{\mathrm{d}s}, \quad w' = \frac{\mathrm{d}w}{\mathrm{d}s}$$

由复合函数求导公式可得

$$t = r' = \frac{\mathrm{d}r}{\mathrm{d}s} = \frac{\partial r}{\partial u}\frac{\mathrm{d}u}{\mathrm{d}s} + \frac{\partial r}{\partial w}\frac{\mathrm{d}w}{\mathrm{d}s} = r_u u' + r_w w'$$

$$t'=r''=\frac{\mathrm{d}^2 r}{\mathrm{d}s^2}=r_u u''+\frac{\mathrm{d}r_u}{\mathrm{d}s}u'+r_w w''+\frac{\mathrm{d}r_w}{\mathrm{d}s}w'$$

$$=r_{uu}u'^2+2r_{uw}u'w'+r_{ww}w'^2+r_u u''+r_w w''$$

其中 $r_{uu}=\dfrac{\partial^2 r}{\partial u^2}$, $r_{uw}=\dfrac{\partial^2 r}{\partial u\partial w}$, $r_{ww}=\dfrac{\partial^2 r}{\partial w^2}$, $u''=\dfrac{\mathrm{d}^2 u}{\mathrm{d}s^2}$,

$w''=\dfrac{\mathrm{d}^2 w}{\mathrm{d}s^2}$

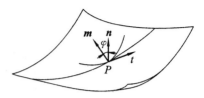

令曲面上 P 点处曲线的单位主法矢为 $\boldsymbol{m}$,曲面单位法矢为 $\boldsymbol{n}$,两者夹角为 φ,如图 2.6 所示。则有

图 2.6 曲线单位主法矢 m 和曲面单位法矢 n

$$t'\cdot n=km\cdot n=k\cos\varphi \qquad (2\text{-}32)$$

于是得到

$$k\cos\varphi=nr_{uu}u'^2+2nr_{uw}u'w'+nr_{ww}w'^2+nr_u u''+nr_w w'' \qquad (2\text{-}33)$$

因 $\boldsymbol{n}$ 与 $\boldsymbol{r}_u$, $\boldsymbol{r}_w$ 垂直,故有 $\boldsymbol{n}\cdot\boldsymbol{r}_u=\boldsymbol{n}\cdot\boldsymbol{r}_w=0$,则

$$k\cos\varphi=nr_{uu}u'^2+2nr_{uw}u'w'+nr_{ww}w'^2 \qquad (2\text{-}34)$$

又因 $\boldsymbol{n}\cdot\boldsymbol{r}_u=0$ 和 $\boldsymbol{n}\cdot\boldsymbol{r}_w=0$,下述关系成立:

$$\begin{cases} n_u r_u+nr_{uu}=0 \\ n_w r_w+nr_{ww}=0 \\ n_w r_u+nr_{uw}=0 \\ n_u r_w+nr_{uw}=0 \end{cases}$$

令

$$L=L(u,w)=-r_u n_u=nr_{uu}$$
$$M=M(u,w)=-\frac{1}{2}(r_u n_w+r_w n_u)=nr_{uw} \qquad (2\text{-}35)$$
$$N=N(u,w)=-r_w n_w=nr_{ww}$$

则上式可以改写为:

$$k\cos\varphi\mathrm{d}s^2=L\mathrm{d}u^2+2M\mathrm{d}u\mathrm{d}v+N\mathrm{d}w^2 \qquad (2\text{-}36)$$

式(2-36)称为曲面的第二基本公式,$L=nr_{uu}$、$M=nr_{uw}$、$N=nr_{ww}$ 称为第二基本量。当在 (u,w) 平面内由 $\mathrm{d}u/\mathrm{d}w$ 给定切矢方向并设定 φ 角时,可应用曲面的第一和第二基本公式计算曲面上给定切矢方向曲线的曲率 k。

5. 法曲率

在 P 点处曲面上曲线的主法矢 $\boldsymbol{m}$ 和曲面的法矢 $\boldsymbol{n}$ 重合时,$\varphi=0$,$\cos\varphi=1$,此时曲面上曲线的密切平面垂直于曲面的切平面,该曲面上曲线的曲率 k_n 称为曲面在 P 点处的法曲率。法曲率的计算公式为:

$$k_n=\frac{1}{\rho_n}=\frac{L\mathrm{d}u^2+2M\mathrm{d}u\mathrm{d}w+N\mathrm{d}w^2}{\mathrm{d}s^2}$$

$$=\frac{L\mathrm{d}u^2+2M\mathrm{d}u\mathrm{d}w+N\mathrm{d}w^2}{E\mathrm{d}u^2+2F\mathrm{d}u\mathrm{d}v+G\mathrm{d}w^2}=\frac{\text{曲面第二基本公式}}{\text{曲面第一基本公式}} \qquad (2\text{-}37)$$

6. 主曲率、主方向、曲率线

曲面上 P 点处有无数个包含法矢 $\boldsymbol{n}$ 在内的密切平面,每个密切平面的方位由 $\lambda=\mathrm{d}w/\mathrm{d}u=\tan\alpha$ 定义,如图 2.7 所示。以 λ 代入上式,则法曲率 k 可表示为:

$$k = \frac{L + 2M\lambda + N\lambda^2}{E + 2F\lambda + G\lambda^2} \tag{2-38}$$

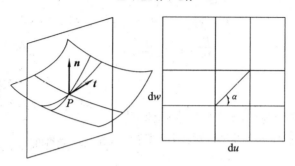

图 2.7 密切平面的方位

当比值 $L:M:N = E:F:G$ 时,法曲率 k 与 λ 无关,曲面上具有此种性质的点称为脐点。

一般情况下,k 随 λ 而变化,法曲率 $k(\lambda)$ 是有理二次函数,其极值发生在 $\mathrm{d}k(\lambda)/\mathrm{d}\lambda = 0$ 时,换言之,当 λ 为方程

$$(GM - FN)\lambda^2 + (GL - EN)\lambda + (FL - EM) = 0$$

的根 λ_1 和 λ_2,$k(\lambda)$ 就达到其极值 k_1 和 k_2。由此可以推出法曲率的极值 k_1 和 k_2 是方程 $(EG - F^2)k^2(\lambda) - (EN + GL - 2FM)k(\lambda) + (LN - M^2) = 0$ 的根 k_1 和 k_2,称为曲面在 P 点处的主曲率,其值分别为:

$$\left.\begin{aligned} k_1 &= H + \sqrt{H^2 - K} \\ k_2 &= H - \sqrt{H^2 - K} \end{aligned}\right\} \tag{2-39}$$

式中

$$\begin{cases} K = (LN - M^2)/(EG - F^2) \\ H = (EN - 2FM + GL)/2(EG - F^2) \end{cases}$$

7. Gauss 曲率和平均曲率

Gauss 曲率亦称全曲率,是主曲率 k_1 和 k_2 的乘积,以大写字母 K 表示:

$$K = k_1 k_2 = \frac{LN - M^2}{EG - F^2} \tag{2-40}$$

平均曲率亦称中曲率,是主曲率 k_1,k_2 之和的平均值,以大写字母 H 表示:

$$H = \frac{1}{2}(k_1 + k_2) = \frac{NE - 2MF + LG}{2(EG - F^2)} \tag{2-41}$$

当法矢 n 改变方向时,主曲率 k_1 和 k_2 同时改变符号,而 Gauss 曲率 K 则不受影响。可以用 Gauss 曲率 K 的正、负判断出曲面上点的性质。k_1 和 k_2 符号相同时,K 大于 0,所考虑的点为椭圆点;k_1 和 k_2 符号不同,K 小于 0,所考虑的点为双曲点;当 k_1 和 k_2 之一为 0 时,K 等于 0,该点为抛物点;当 K 和 H 都等于 0 时,曲面上的点为平面点。

2.1.2　计算几何基础

在数字制造中常常遇到各种形状复杂的外形表面,如汽车的车身、飞机机翼、汽轮机叶片、家用电器、塑料模具,等等,这些外形表面不能用简单的数学函数来描述,而是通过一系列的离散点进行拟合构造,生成所需要的曲线和曲面。构造曲线和曲面的方式很多,这里着重介绍 Bezier 曲线曲面、B 样条曲线曲面和 NURBS 曲线曲面的构造描述方法。

2.1.2.1　Bezier 曲线与曲面

Bezier 曲线曲面是法国雷诺汽车公司的 Bezier 于 1962 年提出的一种曲线曲面构造方法。Bezier 曲线是通过特征多边形进行定义，曲线的起点和终点与该多边形的起点和终点重合，曲线的形状由特征多边形其余顶点控制，改变特征多边形顶点位置，可直观地看到曲线形状的变化，如图 2.8 所示。

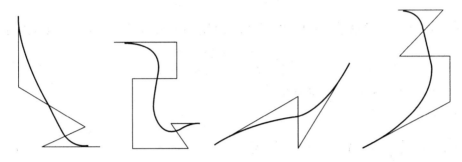

图 2.8　Bezier 曲线

1. Bezier 曲线的定义

给定 $n+1$ 个控制点 $P_i(i=0,1,\cdots,n)$，可定义一条 n 次 Bezier 曲线

$$P(u)=\sum_{i=0}^{n}P_iB_{i,n}(u)\quad(0\leqslant u\leqslant 1)\qquad(2\text{-}42)$$

式中，$B_{i,n}(u)$ 为伯恩斯坦基函数，有：

$$B_{i,n}(u)=\frac{n!}{i!\ (n-1)!}u^i(1-u)n-i=C_n^iu^i(1-u)n-i\quad(i=0,1,\cdots,n)$$

2. 常见的几种 Bezier 曲线

（1）一次 Bezier 曲线

当 $n=1$ 时

$$P(u)=\sum_{i=0}^{1}P_iB_{i,1}(u)=(1-u)P_0+uP_1$$

其中的两个伯恩斯坦基函数分别为：

$$B_{0,1}=C_1^0u^0(1-u)^{1-0}=1-u$$
$$B_{1,1}=C_1^0u^1(1-u)^{1-1}=u$$

其矩阵表示为：

$$P(u)=\begin{bmatrix}u&1\end{bmatrix}\begin{bmatrix}-1&1\\1&0\end{bmatrix}\begin{bmatrix}P_0\\P_1\end{bmatrix}\quad(0\leqslant\mu\leqslant1)$$

显然，一次 Bezier 曲线是一条连接起点 P_0 和终点 P_1 的直线段，如图 2.9(a)所示。

（2）二次 Bezier 曲线

当 $n=2$ 时

$$P(u)=\sum_{i=0}^{2}P_iB_{i,2}(u)=(u-1)^2P_0-2u(u-1)P_1+u^2P_2$$

其中的三个伯恩斯坦基函数分别为：

$$B_{0,2}(u)=C_2^0u^0(1-u)^2=u^2-2u+1$$

$$B_{1,2}(u) = C_2^1 u^1 (1-u)^1 = 2u(1-u)$$

$$B_{2,2}(u) = C_2^2 u^2 (1-u)^0 = u^2$$

其矩阵表示为：

$$P(u) = \begin{bmatrix} u^2 & u & 1 \end{bmatrix} \begin{bmatrix} 1 & -2 & 1 \\ -2 & 2 & 0 \\ 1 & 0 & 0 \end{bmatrix} \begin{bmatrix} P_0 \\ P_1 \\ P_2 \end{bmatrix} \quad (0 \leqslant \mu \leqslant 1)$$

可见，二次 Bezier 曲线是一条以 P_0 和 P_2 为端点的抛物线[图 2.9(b)]，其端点特性是：

$$P(0) = P_0 \quad P(1) = P_2$$

$$P'(0) = 2(P_1 - P_0) \quad P'(1) = 2(P_2 - P_1)$$

(3) 三次 Bezier 曲线[图 2.9(c)]

当 $n=3$ 时

$$P(u) = \sum_{i=0}^{3} P_i B_{i,3}(u) = (u-1)^3 P_0 + 3u(u-1)^2 P_1 + 3u^2(u-1)P_2 + u^3 P_3$$

其中的四个伯恩斯坦基函数分别为：

$$B_{0,3}(u) = C_3^0 u^0 (1-u)^3 = -u^3 + 3u^2 - 3u + 1$$

$$B_{1,3}(u) = C_3^1 u^1 (1-u)^2 = 3u(1-u)^2$$

$$B_{2,3}(u) = C_3^2 u^2 (1-u)^1 = 3u^2(1-u)$$

$$B_{3,3}(u) = C_3^3 u^3 (1-u)^0 = u^3$$

三次 Bezier 曲线矩阵表示为：

$$P(u) = \begin{bmatrix} B_{0,3}(u) & B_{1,3}(u) & B_{2,3}(u) & B_{3,3}(u) \end{bmatrix} \begin{bmatrix} P_0 \\ P_1 \\ P_2 \\ P_3 \end{bmatrix}$$

$$= \begin{bmatrix} u^3 & u^2 & u & 1 \end{bmatrix} \begin{bmatrix} -1 & 3 & -3 & 1 \\ 3 & -6 & 3 & 0 \\ -3 & 3 & 0 & 0 \\ 1 & 0 & 0 & 0 \end{bmatrix} \begin{bmatrix} P_0 \\ P_1 \\ P_2 \\ P_3 \end{bmatrix} \quad (0 \leqslant \mu \leqslant 1)$$

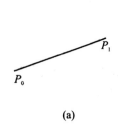
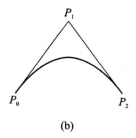
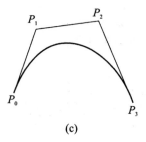

(a)   (b)   (c)

图 2.9 常见的三种 Bezier 曲线

(a)一次 Bezier 曲线；(b)二次 Bezier 曲线；(c)二次 Bezier 曲线

3. Bezier 曲线的几何特性

为了叙述方便，在此仅以三次 Bezier 曲线进行讨论。

① 端点特性 Bezier 曲线的参数表达式,有:

$$P(0)=P_0 \quad P(1)=P_2$$
$$P'(0)=3(P_1-P_0) \quad P'(1)=3(P_3-P_2)$$

可见,三次 Bezier 曲线过特性多边形的起点 P_0 和终点 P_3,曲线的起点和终点的切线方向分别与特征多边形的首、末两边重合,其大小为首、末两边长的 3 倍。

② 凸包性 可以证明

$$\sum_{i=0}^{n} B_{i,n}(u) \equiv 1 \quad (0 \leqslant B_{i,n}(u) \leqslant 1)$$

从几何图形上可以看出,其凸包性意味着 Bezier 曲线落在由特征多边形控制顶点所构成的最小凸多边形内,如图 2.10 所示。

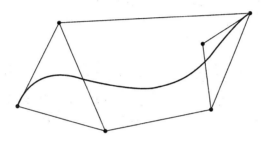

图 2.10 Bezier 曲线的凸包性

③ 几何不变性 Bezier 曲线的位置与形状仅与其特征多边形顶点的位置有关,而与坐标系的选择无关。在几何变换中,只要直接对特征多边形的顶点进行变换即可,而无需对曲线上的每一点进行变换。

④ 全局控制性 由 Bezier 曲线表达式不难发现,修改特征多边形中的任一顶点,均会对整条曲线产生影响,因此 Bezier 曲线缺乏局部修改能力。

4. Bezier 曲线的拼接

如图 2.11 所示,若给定两条三次 Bezier 曲线段 $P(u)$ 和 $Q(u)$,使 $P(u)$ 的终点 P_3 和 $Q(u)$ 的起点 Q_0 重合,现讨论这两条曲线段拼接的连续性条件。

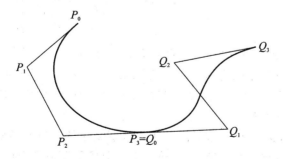

图 2.11 Bezier 曲线的拼接

① G^0 连续条件 由于 $P(u)$ 的终点已与 $Q(u)$ 的起点相连,因而这两条曲线在连接点处自然满足了 G^0 连续条件,即:

$$P(1)=Q(0)$$

② G^1 连续条件 要求曲线在拼接点处具有相同的单位切矢量,即 $P'(1)=\lambda \cdot Q'(0)$。根

据 Bezier 曲线的端点特征有：

$$P'(1)=3(P_3-P_2),Q'(0)=3(Q_1-Q_0)$$

则有

$$3(P_3-P_2)=3\lambda(Q_1-Q_0)$$

这表明,若保证三次 Bezier 曲线在连接点达到 G^1 连续,需要满足 P_2、$P_3(Q_0)$、Q_1 三点共线条件。

③ G^2 连续条件　Bezier 曲线在连接点处 G^2 连续条件更为严格,要求特征多边形 P_1P_2、P_2P_3、Q_0Q_1、Q_1Q_2 四条特征边共面。

5. Bezier 曲面

基于 Bezier 曲线的讨论,我们可以很方便地将 Bezier 曲线方法扩展到 Bezier 曲面的情况。设有 $P_{ij}(i=0,1,2,\cdots,m;j=0,1,2,\cdots,n)$ 为 $(m+1)(n+1)$ 个空间点列,则可定义一张 $m\times n$ 次 Bezier 曲面

$$S(u,v)=\sum_{i=0}^{m}\sum_{j=0}^{n}P_{ij}B_{i,m}(u)B_{j,n}(v)\quad(u,v\in[0,1])\tag{2-43}$$

式中,$B_{i,m}(u)=C_n^iu^i(1-u)^{n-i}$、$B_{j,n}(u)=C_n^ju^j(1-u)^{n-j}$ 为伯恩斯坦基函数。依次用线段连接点列 $P_{ij}(i=0,1,2,\cdots,m;j=0,1,2,\cdots,n)$ 中相邻两点所形成的空间网格,称为 Bezier 曲面的特征多边形网格。

Bezier 曲面的矩阵表示为：

$$S(u,v)=[B_{0,n}(u)\quad B_{1,n}(u)\quad\cdots\quad B_{m,n}(u)]\begin{bmatrix}P_{0,0}&P_{0,1}&\cdots&P_{0,n}\\P_{1,0}&P_{1,1}&\cdots&P_{1,n}\\\vdots&\vdots&&\vdots\\P_{m,0}&P_{m,1}&\cdots&P_{m,n}\end{bmatrix}\begin{bmatrix}B_{0,m}(v)\\B_{1,m}(v)\\\vdots\\B_{n,m}(v)\end{bmatrix}$$

如图 2.12 所示,给定由 16 个控制顶点组成的特征网格,可定义一张双三次 Bezier 曲面片,其参数表达式为：

$$S(u,v)=[(1-u)^3\quad 3u(1-u)^2\quad 3u^2(1-u)\quad u^3]\begin{bmatrix}P_{0,0}&P_{0,1}&P_{0,2}&P_{0,3}\\P_{1,0}&P_{1,1}&P_{1,2}&P_{1,3}\\P_{2,0}&P_{2,1}&P_{2,2}&P_{2,3}\\P_{3,0}&P_{3,1}&P_{3,2}&P_{3,3}\end{bmatrix}\begin{bmatrix}(1-v)^3\\3v(1-v)^2\\3v^2(1-v)\\v^3\end{bmatrix}$$

从图 2.12 可以看出,双三次 Bezier 曲面片的角点与对应的特征网格的四个角点 $P_{0,0}$、$P_{0,3}$、$P_{3,0}$、$P_{3,3}$ 重合;特征网格四边的 12 个控制点定义了四条 Bezier 曲线,即为曲面片的边界线,中央的 4 个控制点 $P_{1,1}$、$P_{1,2}$、$P_{2,1}$、$P_{2,2}$ 与边界曲线无关,但控制着 Bezier 曲面片的形状。

2.1.2.2　B 样条曲线与曲面

尽管 Bezier 曲线曲面有许多优越性,但也有其不足之处。如 Bezier 曲线和定义它的特征多边形相距较远;由于局部控制性较差,导致改变一个控制顶点位置或控制顶点数量时,将会影响整条曲线,需重新对曲线进行计算。B 样条曲线曲面正是基于上述不足而提出的。

1. B 样条曲线的定义

已知 $n+1$ 个控制点 $P_i(i=0,1,2,\cdots,n)$,k 次 B 样条曲线表达式为：

$$P(u)=\sum_{i=0}^{n}P_iN_{i,k}(u)\tag{2-44a}$$

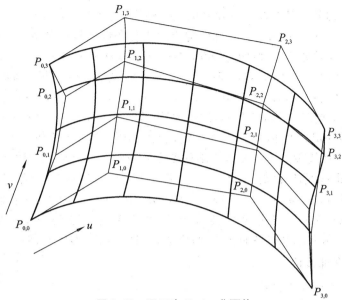

图 2.12　双三次 Bezier 曲面片

式中，$N_{i,k}(u)$ 为 k 次 B 样条基函数，可由以下递推关系得到

$$N_{i,0}(u) = \begin{cases} 1 & u_i \leqslant u \leqslant u_{i+1} \\ 0 & \text{其他} \end{cases} \tag{2-44b}$$

$$N_{i,k}(u) = \frac{u - u_i}{u_{i+k} - u_i} N_{i,k-1}(u) + \frac{u_{i+k+1} - u}{u_{i+k+1} - u_{i+1}} N_{i+1,k-1}(u) \tag{2-44c}$$

2. B 样条曲线的节点矢量和定义域

与 Bezier 曲线比较，B 样条曲线的定义有两点明显的区别：其一，在基函数递推公式中引入了节点矢量 U；其二，由 $n+1$ 个控制顶点可生成 $n-k+1$ 段 k 次 B 样条曲线段。

B 样条曲线定义中所引用的节点矢量 $U = [u_0, u_1, \cdots, u_{n+k+1}]$ 是一个具有 $n+k+2$ 个节点的非减序列矢量，节点矢量所包含的节点数目由控制顶点 n 和 B 样条曲线次数 k 确定。若 $n+k+2$ 个节点沿参数轴均匀等距分布，即 $u_{i+1} - u_i =$ 常数，则由控制顶点所构造的 B 样条曲线称为均匀 B 样条曲线；若节点沿参数轴为非等距分布，即 $u_{i+1} - u_i \neq$ 常数，则所构造的曲线为非均匀 B 样条曲线。均匀 B 样条曲线和非均匀 B 样条曲线一般不通过特征多边形首末两点，如图 2.13 所示。

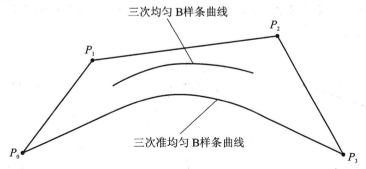

图 2.13　三次均匀 B 样条曲线和三次准均匀 B 样条曲线

　　为了使所构造的 B 样条曲线具有较好的端点性质,实际节点具有 $k+1$ 个重复度,即 $u_0=u_1=\cdots=u_k,u_{n+1}=u_{n+2}=\cdots=u_{n+k+1}$。这样构造的 B 样条曲线将通过特征多边形的首末两点。例如,控制顶点 $n=6$,次数 $k=2$ 所构造的准均匀 B 样条曲线的节点矢量共有 $n+k+2=10$ 个节点,其分布为 $U=[0,0,0,1,2,3,4,5,5,5]$;若 $n=6,k=3$ 的准均匀 B 样条曲线的节点矢量共有 $n+k+2=11$ 个节点,其分布为 $U=[0,0,0,1,2,3,4,4,4,4,4]$;若 $n=3,k=3$ 的节点矢量为 $U=[0,0,0,0,1,1,1,1]$,此时三次准均匀 B 样条曲线即转化为三次 Bezier 曲线段(图 2.13)。

　　由 B 样条曲线的定义可知,由 $n+1$ 个控制顶点生成的 k 次 B 样条曲线是由 $n-k+1$ 条 B 样条曲线段构成,每个曲线段的形状仅由控制顶点序列中 $k+1$ 个顺序排列的顶点所控制。对于 $u\in[u_i,u_{i+1}]$ 上的曲线段,因由 $P_{i-k},P_{i-k+1},\cdots,P_i$ 共 $k+1$ 个控制点所控制,从而整个 B 样条曲线的定义域可推导为 $u\in[u_k,u_{k+1}]$。例如,当 $n=8,k=3$ 时,由 $n+1=9$ 个控制顶点生成的三次 B 样条曲线共有 $n-k+1=6$ 小条曲线段组成,整个 B 样条曲线定义区域为 $[u_3,u_9]$;$u\in[u_6,u_7]$ 区域内的第四条小 B 样条曲线段,形状受 P_3,P_4,P_5,P_6 四个控制点控制。

　　3. 均匀 B 样条曲线段

　　(1) 一次均匀 B 样条曲线段

$$P(u)=\sum_{i=0}^{1}P_iN_{i,1}(u)=(1-u)P_0+uP_1=\begin{bmatrix}u & 1\end{bmatrix}\begin{bmatrix}-1 & 1\\ 1 & 0\end{bmatrix}\begin{bmatrix}P_0\\ P_1\end{bmatrix}$$

　　显然一次均匀 B 样条曲线是连接两控制顶点的一条直线段[图 2.14(a)]。

　　(2) 二次均匀 B 样条曲线段

$$\begin{aligned}P(u)&=\sum_{i=0}^{2}P_iN_{i,2}(u)\\ &=\frac{1}{2}\big[(u^2-2u+1)P_0+(-2u^2+2u_1+1)P_1+u^2P_2\big]\\ &=\frac{1}{2}\begin{bmatrix}u^2 & u & 1\end{bmatrix}\begin{bmatrix}1 & -2 & 1\\ -2 & 2 & 0\\ 1 & 1 & 0\end{bmatrix}\begin{bmatrix}P_0\\ P_1\\ P_2\end{bmatrix}\end{aligned}$$

　　由此可知,二次均匀 B 样条曲线段的端点特征为:

$$P(0)=\frac{1}{2}(P_0+P_1),P(1)=\frac{1}{2}(P_1+P_2)$$

$$P'(0)=P_1-P_0,P'(1)=P_2-P_1$$

　　可见,二次均匀 B 样条曲线段为一条通过特征多边形中点,并与特征多边形相切的抛物线[图 2.14(b)]。

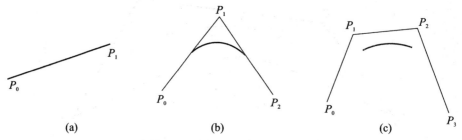

(a)　　　　　　　(b)　　　　　　　(c)

图 2.14　一次、二次、三次均匀 B 样条曲线段

（3）三次均匀 B 样条曲线段［图 2.14(c)］

$$P(u) = \sum_{i=0}^{3} P_i N_{i,3}(u)$$

$$= \frac{1}{6} \left[(P_0 + 4P_1 + P_2) + (-3P_0 + 3P_2)u \right] + (3P_0 - 6P_1 + 3P_2)u^2 +$$

$$(-P_0 + 3P_1 - 3P_2 + P_3)u^3]$$

$$= \frac{1}{6} \begin{bmatrix} u^3 & u^2 & u & 1 \end{bmatrix} \begin{bmatrix} -1 & 3 & -3 & 1 \\ 3 & -6 & 3 & 0 \\ -3 & 0 & 3 & 0 \\ 1 & 4 & 1 & 0 \end{bmatrix} \begin{bmatrix} P_0 \\ P_1 \\ P_2 \\ P_3 \end{bmatrix}$$

如图 2.15 所示，三次均匀 B 样条曲线段有如下的几何特征：

① 端点位置矢量

$$P(0) = \frac{1}{6}(P_0 + 4P_1 + P_2)$$

$$P(1) = \frac{1}{6}(P_1 + 4P_2 + P_3)$$

可见，三次均匀 B 样条曲线段起点与终点分别位于 $\triangle P_0 P_1 P_2$、$\triangle P_3 P_1 P_2$ 中线 1/3 处。

② 端点切矢量

$$P'(0) = \frac{1}{2}(P_2 - P_0), P'(1) = \frac{1}{2}(P_3 - P_1)$$

可见，曲线段起点与终点切矢量分别平行于 $P_0 P_2$ 和 $P_1 P_3$ 边，其模长为该边长的一半。

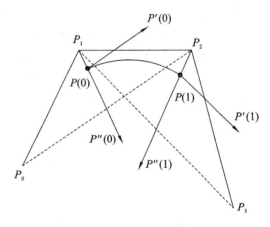

图 2.15 三次均匀 B 样条曲线几何特征

③ 端点的二阶导数矢量

$$P''(0) = P_0 - 2P_1 + P_2, P''(1) = P_1 - 2P_2 + P_3$$

可见，曲线段起点和终点的二阶导数矢量等于相邻两直线边所构成的平行四边形的对角线。

4. B 样条曲线的几何性质

① 局部性

k 次 B 样条曲线上的一点只被相邻的 $k+1$ 个控制顶点所控制，而与其他控制点无关，当改变一个控制顶点的坐标位置时，只对 $k+1$ 个曲线段产生影响，对整条曲线的其他部分没有影响。因此，B 样条曲线局部性能好。

② 连续性

一般来讲，k 次 B 样条曲线具有 $k-1$ 阶连续。

③ 几何不变性

B 样条曲线的形状和位置与坐标系的选择无关。

④ 凸包性

B 样条曲线比 Bezier 曲线具有更强的凸包性，比 Bezier 曲线更贴近于特征多边形。

⑤ 造型的灵活性

用 B 样条曲线可构造直线段、尖点、切线等特殊形式的曲线段。例如,对于三次均匀 B 样条曲线,若要使某个曲线段成为直线段,只要使 P_i,P_{i+1},P_{i+2} 和 P_{i+3} 四点位于一条直线上;若使曲线在 P_i 顶点处形成一个尖点,只要使 P_i,P_{i+1},P_{i+2} 三顶点重合;为了使 B 样条曲线和特征多边形某一条边相切,只要求控制点 P_i,P_{i+1},P_{i+2} 位于一直线上。

5. B 样条曲线控制顶点的反算

上述由控制顶点构造 B 样条曲线的方法被称之为正算,而通过给定曲线上一些型值点来构造 B 样条曲线方法,称之为反算。实际上,这种通过给定曲线上型值点来构造 B 样条曲线更符合设计者意图,它先由给定的曲线上型值点反算曲线的控制顶点,再由控制顶点来构造 B 样条曲线。下面以三次均匀 B 样条曲线为例介绍 B 样条曲线的反算方法。

已知一组型值点 $Q_i(i=1,2,\cdots,n)$,要求出一条经过型值点 Q_i 的均匀三次 B 样条曲线。为此,首先由已知型值点 Q_i 求出特征多边形控制顶点 $P_j(j=0,1,\cdots,n+1)$。对于三次均匀 B 样条曲线,其型值点和控制顶点之间的关系有:

$$(P_{j-1}+4P_j+P_{j+1})/6=Q_j\quad(j=1,2,\cdots,n)$$

使 $P_1=Q_1$,$P_n=Q_n$,这样可构造由 n 个方程组成的方程组,即:

$$\begin{bmatrix} 6 & 0 & & & & \\ 1 & 4 & 1 & & & \\ & 1 & 4 & 1 & & \\ & & \vdots & & & \\ & & & \vdots & & \\ & & & 1 & 4 & 1 \\ & & & & 0 & 6 \end{bmatrix}\begin{bmatrix} P_1 \\ P_2 \\ P_3 \\ \vdots \\ P_{n-1} \\ P_n \end{bmatrix}=6\begin{bmatrix} Q_1 \\ Q_2 \\ Q_3 \\ \vdots \\ Q_{n-1} \\ Q_n \end{bmatrix}$$

采用追赶法便可求出 $P_j(j=1,2,\cdots,n)$ 控制顶点。为保证曲线首末两点通过 Q_1 和 Q_n,尚需增加两个附加控制顶点 P_0,P_{n+1},且应满足 $P_0=2P_1-P_2$ 和 $P_{n+1}=2P_n-P_{n-1}$。在此情况下所生成的 B 样条曲线两端点处的曲率为零,即曲线首末两端点分别与 P_1P_2 及 P_nP_{n-1} 相切。

6. B 样条曲面

给定 $(m+1)(n+1)$ 个控制点 $P_{ij}(i=0,1,\cdots,m;j=0,1,\cdots,n)$,则可定义 $k\times l$ 次 B 样条曲面,即:

$$P(u,v)=\sum_{i=0}^{m}\sum_{j=0}^{n}P_{ij}N_{i,k}(u)N_{j,l}(v)\tag{2-45}$$

式中,$N_{i,k}(u)$ 和 $N_{j,l}(v)$ 分别为 k 次和 l 次 B 样条基函数,由 P_{ij} 组成的空间网络称为 B 样条曲面的特征网格。

由式(2-45)所定义的 B 样条曲面是由 $(m-k+1)(n-l+1)$ 个小 B 样条曲面片组成,每个小曲面片可写成如下的矩阵形式:

$$\boldsymbol{P}(u,v)=U_kM_kP_{kl}M_l^{\mathrm{T}}V_l^{\mathrm{T}}$$

例如,$k=l=3$ 的双三次 B 样条曲面片如图 2.16 所示,上式中

$$\boldsymbol{U}_k=\begin{bmatrix} u^3 & u^2 & u & 1 \end{bmatrix}\quad \boldsymbol{V}_l^{\mathrm{T}}=\begin{bmatrix} v^3 & v^2 & v & 1 \end{bmatrix}^{\mathrm{T}}$$

$$M_k = M_l = \begin{bmatrix} 1 & 3 & -3 & 1 \\ 3 & -6 & 3 & 0 \\ -3 & 0 & 3 & 0 \\ 1 & 4 & 1 & 0 \end{bmatrix}$$

$$P_{kl} = \begin{bmatrix} P_{00} & P_{01} & P_{02} & P_{03} \\ P_{10} & P_{11} & P_{12} & P_{13} \\ P_{20} & P_{21} & P_{22} & P_{23} \\ P_{30} & P_{31} & P_{32} & P_{33} \end{bmatrix}$$

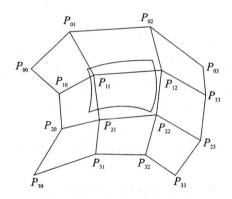

图 2.16 双三次 B 样条曲面片

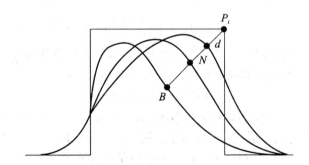

图 2.17 权因子对 NURBS 曲线形状的影响

2.1.2.3 NURBS 曲线与曲面

在叶轮、塑料制品等零件截面外形曲线中，既包含自由曲线，也包含有规则的二次曲线和直线，而 B 样条有较强的自由曲线曲面表示和设计功能。但是，对单晶表示成如圆弧、抛物线等规则曲线曲面却较为困难。而非均匀有理 B 样条（NURBS）正是为了解决既能表达与描述自由型曲线曲面，又能精确表示规则曲线与曲面问题而提出的一种 B 样条数学处理方法。

1. NURBS 曲线的定义

一条由 $n+1$ 个控制顶点 $P_i (i=0,1,2,\cdots,n)$ 构成的 k 次 NURBS 曲线可以表示为如下分段有理多项式函数，即：

$$P(u) = \sum_{i=0}^{n} w_i P_i N_{i,k}(u) \Big/ \sum_{i=0}^{n} w_i N_{i,k}(u) = \sum_{i=0}^{n} P_i P_{i,k}(u) \qquad (2\text{-}46)$$

式中，$w_i (i=0,1,2,\cdots,n)$ 为权因子，分别与控制顶点 P_i 相关联；$N_{i,k}(u)$ 为由节点矢量决定的 k 次 B 样条基函数。

$$R_{i,k}(u) = \frac{w_i N_{i,k}(u)}{\sum\limits_{i=0}^{n} w_i N_{i,k}(u)} \quad 称为 NURBS 曲线有理基函数。$$

NURBS 曲线除了可通过控制顶点的位置进行调整之外，还可以通过各顶点所对应的权因子来改变曲线的形状，使曲线调整的自由度更大。

权因子对曲线的影响如图 2.17 所示，每改变一次某个权因子值，便可得到一条 NURBS 曲线。如果使 w_i 在某个范围内变化，则得到一个曲线族。对于确定参数值的 NURBS 曲线上一点 $P(u)$，若改变 w_i，则该参数点将沿一条直线移动。当

$w_i \to \infty$ 时，$R_{i,k}(u, w_i \to \infty) = 1$，表示 $P(u)$ 点在 P_i 处；

$w_i=0$ 时，$R_{i,k}(u,w_i=0)=0$，表示 $P(u)$ 点在 B 处；

$w_i=1$ 时，$R_{i,k}(u,w_i=1)$ 为一定值，表示 $P(u)$ 点在 N 处；

$w_i\neq0,1,\infty$ 时，$P(u)$ 点为一动点 d。

从上述分析可知：

① w_i 改变，动点 d 沿一条直线移动，$w_i\to\infty$ 时，动点 d 与控制点 P_i 重合。

② 随 w_i 增/减，曲线被拉向/拉开 P_i。

③ 随 w_i 增/减，在 w_i 的影响范围内，曲线被拉开/拉向其余的控制顶点，w_i 的影响区域为 $[u_i,u_{i+k+1}]$。

2. NURBS 曲面的定义

在 NURBS 曲线的基础上，NURBS 曲面可定义为：

$$P(u,v)=\sum_{i=0}^{m}\sum_{j=0}^{n}w_{ij}p_{ij}N_{i,k}(u)N_{j,l}(v)\Big/\sum_{i=0}^{m}\sum_{j=0}^{n}w_{ij}N_{i,k}(u)N_{j,l}(v) \tag{2-47}$$

式中，$N_{i,k(u)}$、$N_{j,l(v)}$ 分别为 k 次和 l 次样条基函数，w_{ij} 为与控制顶点相关联的权因子。与 B 样条曲面类似，所定义的 NURBS 曲面是由 $(m-k+1)(n-l+1)$ 个小 NURBS 曲面片组成。

3. NURBS 曲线曲面的特点

① 为规则曲线曲面（如二次曲线、二次曲面和平面等）和自由曲线曲面提供了统一的数学表示，便于工程数据库的统一存取和管理。

② 提供了控制点和权因子多种修改曲线曲面的手段，可灵活地改变曲线曲面的形状。

③ 对节点插入、修改、分割、几何插值等处理工具比较有利。

④ 具有透视投影变换和仿射变换的不变性。

⑤ Bezier 和非有理 B 样条曲线曲面可作为 NURBS 的特例来表示。

⑥ 与其他曲线曲面表示方法比较，更耗费存储空间和处理时间。

2.1.2.4　曲面求交

所谓曲面求交就是指给定两张曲面，通过一定的算法求得两张曲面所有交线（相切情况包括切点和切线）的过程。曲面求交被广泛应用于曲面裁剪、数控加工刀位轨迹计算以及实体造型拼合等各种运算中，求交算法的质量直接影响到整个系统的稳定性和实用程度，故具有十分重要的意义。

求交问题包括曲面与曲面求交、曲面与平面求交、曲面与曲线求交、曲面与直线求交、曲线与曲线求交、曲线与直线求交等子问题，其中最重要、难度也最大的是曲面与曲面求交问题，其他求交问题可以应用曲面与曲面求交的思想加以解决。

1. 曲面求交算法应满足的要求

总体上讲，对曲面求交算法大致有如下三点要求：

① 稳定。鉴于曲面求交的重要性，求交算法必须满足稳定性要求，其中包括不会导致求交失败及能够找到所有交线段。

② 准确。求得的交线必须符合给定的容差要求，否则得到的交线没有任何意义。

③ 快速。由于在 CAD/CAM 系统中需要进行大量的求交运算，因此求交算法的运算速度具有至关重要的意义。

现有的算法还不能完全满足上述三项基本要求，多数算法仅能满足其中的一项或两项，对某一类特殊曲面的求交问题，有的算法可以同时满足上述三项要求，但不适用于其他类型曲面的求交。因此，稳定、准确和快速地解决复杂曲面的求交一直是相关研究领域的前沿课题。

2. 曲面求交的基本类型

曲面可以用代数方程和参数方程两种形式来表达,因此可以将曲面求交问题归纳为如下三种基本类型:

① 代数/代数曲面求交。

② 代数/参数曲面求交。

③ 参数/参数曲面求交。

对于情况①,两张曲面均采用代数方程中的显式方程表达。设两曲面分别为 $z = f(x, y)$ 和 $z = g(x, y)$,则两曲面的交线可以表述为 $f(x, y) = g(x, y)$,即 $f(x, y) - g(x, y) = 0$,上式是一个以 x, y 为变量的二元方程,若令其中的一个变量如 x(或 y)在区域范围内以一定步长变化,则对于每一个给定的 x(或 y)值,可得另一变量 y(或 x)的一元高次方程,故可用任意一种数值方法(如牛顿法、对分法、黄金分割法等)求解。该方程可能有解也可能无解,有解时也可能存在多个解。方程无解意味着在给定的 x(或 y)处无交点,需继续前进求解其他交点。有多个解意味着有多个交点。然后,再根据给定的 x(或 y)和求得的 y(或 x),利用曲面方程求得 z 值,从而得到交点 (x, y, z)。最后,根据交点间的关系将多个交点连接成交线,求交过程完毕。代数/代数曲面求交主要应用于计算以解析方程表示的各种二次曲面以及平面间的交线。

对于情况②,两曲面中的一个以代数方程中的隐式方程表示,其方程为 $f(x, y, z) = 0$,另一个曲面以参数方程表示,其方程为:

$$\begin{cases} x = p_x(u, v) \\ y = p_y(u, v) \\ z = p_z(u, v) \end{cases}$$

此时两曲面的交线可以表达为 $f[p_x(u, v), p_y(u, v), p_z(u, v)] = 0$。该式是一个以 u, v 为变量的二元方程,也可以应用数值方法求解得到交线。这种情况常见于以解析方程表示的二次曲面、平面以及 B 样条、Bezier 方法等表示的参数曲面间的求交。

对于情况③,两曲面均为参数方程形式。若参数曲面分别为 $p(u, v)$ 和 $q(s, t)$,则其交线方程可表示为 $p(u, v) = q(s, t)$。由于 $p(u, v)$ 和 $q(s, t)$ 都为三维矢量,因此这些方程等价于

$$\begin{cases} p_x(u, v) = q_x(s, t) \\ p_y(u, v) = q_y(s, t) \\ p_z(u, v) = q_z(s, t) \end{cases}$$

可见,该交线方程有四个变量,由三个非线性方程组成。理论上,可令一个变量以定步长变化,而后求解三元非线性方程组,以得到交点的另外三个参数值,进而得到交点,但实际上这样做非常困难。在实际工作中常采取其他方法,如代数法(解析法)、网格离散法、分割法、迭代法和追踪法等。

2.2 数字制造计算模型

2.2.1 静态描述模型

2.2.1.1 几何模型

用来描述产品的形状、尺寸大小、位置与结构关系等几何信息的模型叫作几何模型。用计

算机处理三维形体,必须把三维形体描述成计算机认知的内部模型,这个过程称为几何建模。任何零件的几何模型都是由点、线和面等基本特征或复杂的组合特征组成,模型表示的关键是要确定这些特征在零件或装配参考坐标系中的位姿(位置和姿态),以及特征间的拓扑关系。从几何模型的封闭性考虑,只要特征的位姿确定,那么通过几何模型的封闭特性就可以计算出特征的边界约束和特征之间的拓扑关系。因此,产品几何建模问题就是特征的定义与定位问题。

构成模型的几何特征元素分类如下:

点:零维几何元素(分端点、交点、切点和孤立点),在自由曲线(面)中,有控制点、型值点、插值点三类。

边:一维几何元素(邻面的交线)。直线边由端点定界,曲线边可由型值点或控制点表示。

面:二维几何元素(由一个外环和若干个内环定界的有界、连通的表面)。面的外法向量为正向面。

环:有序、有向边组成的面的封闭边界。外环按逆时针排序。

体:三维几何元素,由封闭表面围成的空间。

正则体:保证几何造型的可加工性,形体上围绕任一点的邻域在二维空间中可构成一个单连通域。

体素:用有限个尺寸参数定位和定形的体,或是用一些确定的尺寸参数控制其最终位置和形状的一组单元实体,如长方体、圆柱体、球体等。

扫描体:一条(或一组)由参数定义的截面轮廓线沿一条(或一组)空间参数曲线做扫描运动产生的形体。

用代数半空间定义的形体。体内点集为:$\{(x,y,z)\,|\,f(x,y,z)\leqslant 0\}$。

1. 线框模型

设计人员在构思一个产品形状时,经常需要用线条勾画出一个用轮廓线表示的立体图,以帮助构思和相互讨论。线框模型就是用计算机来实现这一构图过程。

线框模型是三维模型中最简单的一种形式,可以生成、修改、处理二维和三维线框几何体;可以生成点、直线、圆、二次曲线、样条曲线等;又可以对这些基本线框元素进行修剪、延伸分段、连接等处理,生成更复杂的曲线。线框模型的另一种方法是通过三维曲面的处理来进行,即利用曲面与曲面的求交、曲面的等参数线、曲面边界线、曲线在曲面上的投影、曲面在某一方向的分模线等方法来生成复杂曲线。实际上,线框功能是进一步构造曲面和实体模型的基础工具。在复杂的产品设计中,往往是先用线条勾画出基本轮廓,即所谓“控制线”,然后逐步细化,在此基础上构造出曲面和实体模型。

然而,对于由平面构成的物体来说,轮廓线与棱线一致,能够比较清楚地反映物体的真实形状,但是对于曲面体,仅能表示物体的棱边就不够准确。例如,表示圆柱的形状,就必须添加母线。另一方面,线框模型所构造的实体模型,只有离散的边,而没有边与边的关系,即没有构成面的信息。由于信息表达不完整,在许多情况下,会对物体形状的判断产生多义性,如图 2.18 所示。

2. 表面模型

表面模型是在线框模型的基础上增加面的信息,相当于在灯笼骨架外蒙上一张外皮。表面不一定需要封闭,正如灯笼的上下两端可以留出开口。表面模型为形体提供了更多的几何

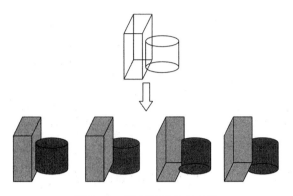

图 2.18　线框模型的多义性

信息,可以在程序中实现自动消除隐藏线、生成明暗图、计算表面积、产生表面数控加工走刀轨迹等,也可以在有限元分析中生成表面有限元网格。

用有向边定义形体的表面,用面的集合定义形体。在表面模型中,物体的几何表达是通过面、曲线和点来表示的。在表面模型的基础上可以构成复杂的、含有美术特征的表面。大多数三维表面建模系统都提供了标准表面生成模块,如平面、柱面、锥面、球面和环面等,自由表面可以通过交互工作方式生成。另外,表面建模系统还提供了对物体模型进行简单着色的功能,如果配色恰当,就可以通过光源的类型和位置、观察位置和角度、气象条件,以及图像纹理和反射度等这些表面特征,模拟真实的物体表面特性。

表面模型的缺点是无法自动形成一个实体,无法区分面的哪一侧是体内或体外,在设计时必须由设计者自己生成一个无缝隙的封闭模型。因此表面建模技术主要应用于汽车车身、飞机机身、船体造型等客体产品的工业造型领域。

3. 实体模型

在表面模型的基础上定义了表面的哪一侧存在实体。实体建模是三维建模最重要的方法,它可以在计算机内部对物体进行唯一的、无冲突的和完整的几何描述。实体建模通常是多种技术的结合,它包括了从二维网格建模、三维网格建模,直到三维表面建模系统所有已知的建模技术。它不仅定义了形体的表面,定义了形体的内部表面,而且还定义了形体内部形状,使形体的实体物质特性得到了正确的描述,是三维 CAD 软件普遍采用的建模方式,也是特征建模的基础。它的一个重要特性是通过接口可以为其他后续应用提供关于物体完整的计算机内部描述,便于后续模型的开发与应用,这使实体建模自然成为数字产品建模的一个重要技术基础。实体模型的使用,加上特征技术等的配合,将有助于推动数字制造的应用水平,实现有限元分析中的网格自动划分、加工和装配工艺过程的自动设计、数控加工刀具轨迹的自动生成和校验、加工过程和机器人操作的动态仿真、空间布置和运动机构的干涉检查、视景识别的几何模型建立、人机工程的环境模拟,等等。

计算机内部表示三维实体模型的方法很多,主要有边界表示法、分解表示法、构造表示法。

(1) 边界表示法

边界表示(Boundary Representation)也称为 BR 表示或 BRep 表示,它是几何造型中最成熟、无二义的表示法。实体的边界是由面的并集来表示,而每个面又由它所在的曲面的定义加上其边界来表示,面的边界是边的并集,而边又是由点来表示的,如图 2.19 所示。

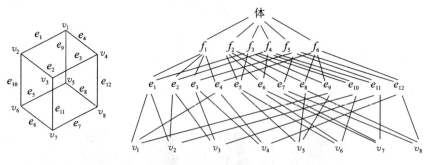

图 2.19 　矩形体的 BRep 表示方法

边界表示的一个重要特点是描述形体的信息，包括几何信息（Geometry）和拓扑信息（Topology）两个方面，拓扑信息描述形体上的顶点、边、面的连接关系，拓扑信息形成物体边界表示的"骨架"，形体的几何信息犹如附着在"骨架"上的肌肉。例如形体的某个表面位于某一个曲面上，定义这一曲面方程的数据就是几何信息。此外，边的形状、顶点在三维空间中的位置（点的坐标）等都是几何信息。一般说来，几何信息描述形体的大小、尺寸、位置、形状等。在边界表示法中，边界表示按照体—面—环—边—点的层次，详细记录了构成形体的所有几何元素的几何信息及其相互连接的拓扑关系。在进行各种运算和操作时，就可以直接取得这些信息。

（2）分解表示法

将形体按某种规则分解为小的、更易于描述的部分，每一小部分又可分为更小的部分，这种分解过程直至每一小部分都能够直接描述为止。分解表示的一种特殊形式是每一个小的部分都是一种固定形状（正方形、立方体等）的单元，形体被分解成这些分布在空间网格位置上的具有邻接关系的固定形状单元的集合，单元的大小决定了单元分解形式的精度。根据基本单元的不同形状，常用四叉树、八叉树和多叉树等表示方法。

（3）构造表示法

构造表示法是按照生成过程来定义形体的方法，通常有扫描表示法、构造实体几何表示法、特征表示法。

扫描表示法：形体沿某一方向拉伸或绕某轴线旋转进行实体定义的方法。

构造实体几何表示法：通过有限几何参数或布尔运算来连接基本体素构造实体的方法。

特征表示法：通过特征及其集合来定义、描述零件模型的过程。特征建模对设计对象具有更高的定义层次，易于理解和使用，能为设计和制造过程各环节提供充分的工程和工艺信息。特征表示法包括以下内容：

① 形状特征：包括体特征（如凸台、孔）、过渡特征（如倒角、键槽）、分布特征（如圆周均布孔、齿形轮廓）。

② 精度特征：包括尺寸公差、形位公差和表面粗糙度等。

③ 材料特征：如材料型号、性能、硬度、表面处理、检验方式等。

④ 技术特征：描述零件的有关性能和技术要求。

⑤ 装配特征：描述装配过程中的配合关系、装配顺序、装配方法等。

⑥ 管理特征：描述管理信息、零件名、批量、设计者、日期等。

2.2.1.2　知识模型

所谓知识模型,是指描述某一领域产品相关专家知识的信息模型。知识模型将专家知识、产品设计过程知识和环境知识等明确地表示于产品信息模型中,支持系统中智能模块的信息表达和传递。在制造业,知识能够有效地保护有价值的传统经验、促进新事物学习、解决复杂问题、打造核心竞争力。真正产品在进行详细设计与制造样机之前,往往是根据客户的需求定义产品的需求,而后定义产品及相关零件的关键参数。基于这些关键参数,可以建立较多的系统模型方案来进行分析,这样使得方案的更改非常容易。先选定符合要求的方案再进行详细设计、样机制作与试验,从而避免了昂贵的样机模具成本与试验成本,也避免了传统研发流程中由于试验和设计之间的反复,从而缩短了研发周期。而这一关键技术中产品需求的定义、系统模型方案的建立及分析都需要有大量的领域知识、专家经验以及已有成功案例等方面的信息作支持。

知识工程(Knowledge Based Engineering,KBE)是一个基于知识的计算机应用系统,其目的在于可重用,即将知识创造性地应用到产品的设计开发和生产制造的各个环节中,充分利用各种实践经验、专家知识及有关信息,建立知识和 CAX/PDM 软件的接口及知识通道,实现以知识驱动为基础的工程设计思想。KBE 系统涉及的关键技术众多,主要包括:知识获取、知识表示、知识推理、知识管理、产品知识建模和各个异构系统的集成等。制造知识(Manufacturing Knowledge,MK)是与产品制造过程有关的所有知识,包含着大量的经验、技能和知识。广义的制造知识指在产品整个全生命周期中所有与制造有关的知识。由于涉及大量繁杂的内容,制造知识按照不同的角度有诸多不同的分类方法,例如:按照制造知识的产生过程,可分为设计知识、工艺知识、装配知识、检测知识、材料知识和管理知识等;按照产品的信息特征,制造知识可分为形状特征知识、精度特征知识、装配特征知识、检验特征知识、材料特征知识、加工特征知识;根据制造知识的编辑属性,可分为静态知识、动态知识和中间知识。

知识模型的作用就是在信息系统中通过知识建模语言来描绘知识模型,实现产品知识的重用和共享,实现对协同设计每个阶段的指导,满足设计过程中问题求解对新知识的需求,等等。此外,系统通过挖掘工具还可以发现新的具有再利用价值的知识,更新相应的知识库,并通过本体建模工具更新相应的知识模型或者生成新的知识模型,以维持知识库和知识模型库的可重用性和有效性。

2.2.2　动态仿真模型

2.2.2.1　样机模型[1]

数字样机(Digital Prototype,DP 或 Digital Mock-Up,DMU)是相对于物理样机而言的,指在计算机上表达的机械产品整机或子系统的数字化模型,是根据产品设计信息或初步描述产生的在功能、行为以及感觉特性方面与实际产品尽可能相似的可仿真的数字模型,或者它与真实物理产品之间具有1∶1的比例和精确尺寸表达,其作用是用数字样机验证物理样机的功能和性能。

用几何形体来描述零部件的结构和装配关系,这就是产品的几何表达。根据不同产品的结构特点,有不同的几何表达方式,如汽车车身为复杂自由曲面形体,而发动机则是由若干较规则的几何形体通过复杂的组合变化形成的复杂产品。基于主模型技术的产品几何表达,不只是关心零部件几何形体表示的最终结果,而且还要关心几何建模的过程和三维数据的存储结构是否能够支持产品自上而下、逐步迭代求精的设计过程和版本管理、质量控制的可追溯性,支持并行协同设计过程。主模型是一个基于产品层次结构的树状关系模型,它描述了整个产品的装配信息、功能信息、运动关系信息、配合关系信息;此外,还能表达产品中各零部件的设计参数及工程语义约束,以及描述整个产品生命周期各阶段设计信息。

其关键技术主要体现在以下几个方面:

(1) 三维 CAD 建模技术

进行数字化产品开发,首先要用几何形体来描述零部件的结构特征和装配关系,这就是三维 CAD 建模,也称数字样机的几何表达。数字样机的几何表达是一个基于产品层次结构的树状关系模型,它描述整个产品的装配关系、功能信息、运动关系信息、配合关系信息及产品中各零部件的设计参数、工程语义约束。

(2) 数字样机的数字仿真分析技术

仿真分析有广义和狭义之分。广义的仿真分析包括产品的运动学、静力学、动力学、热力学、流体力学、声学及电磁场等多物理场耦合方面的仿真分析,并用试验结果加以验证。狭义的仿真分析指简单地对主模型进行运动学和静力学分析、干涉检查、装配过程分析、机构运动仿真等;狭义的单任务仿真分析用一般的三维 CAE 系统就能实现,广义的仿真分析或者协同的多任务分析则必须采用多个 CAE 系统来完成。

(3) 数字样机的设计过程数据管理

在数字样机的设计过程中,人们更关注产品及零部件的设计流程。这一过程在 CAD 系统中通过设计历史树来实现,历史树记录每一步设计的过程,设计过程与生成的三维数据存储结构相结合,形成专门的数据管理系统。

(4) 可视化协同设计

随着各零部件三维模型的生成,装配模型的规模会迅速增大,会对计算机的性能提出更高的要求。为了减轻大型复杂产品的设计对硬件的压力,数字样机技术就采用一种支持大装配的可视化协同设计技术,即将分布在不同地点的不同部件设计师的设计结果进行协同表达、设计和分析。

2.2.2.2　物理模型

基于物理的建模与仿真方法通过对几何、物理模型进行计算机表达,建立具有物理属性的虚拟对象模型,以实现对虚拟对象的分析和评价。物理模型方法保留被研究对象的主要特征,先弄清楚主要因素之后,再考虑次要因素,即用级数法把被研究的对象逐级展开,一步一步地采取近似接近被研究的对象。

一种物理模型是定性模型,主要目的是通过模型试验去定性地判断原型中发生某种现象的本质和机理;或者通过若干模型试验了解某一因素所产生的某种现象。在这种模型中,不要求严格遵循各种相似关系,而只需要满足主要的相似常数。另一种物理模型是定量模型,在这种模型中,要求主要的物理量都尽量满足常数与相似指标。

物理模型可分为以下四类:

① 理想物体模型:突出所要研究的主要问题,以便于寻求规律,常把所研究的客体加以简化,高度抽象的一种理想形态法;

② 近似过程模型:使用近似方法对物理条件进行分析,把决定事物本质属性的基础东西抽象出来而建立的模型;

③ 科学假说模型：以一定的经验材料和已知的事实为根据，以已有的科学理论和技术方法为指导，对未知的自然事物或现象所做出的推测性解释；

④ 科学理论模型：不仅要合情合理，在数学上无懈可击，能解释过去且得到试验的验证，更重要的是能预测将来。

实际应用中4个模型相互交叉存在着。

2.3　制造过程的复杂性求解

制造过程是指围绕完成产品生产的一系列有组织的制造活动的运行过程。通过对产品制造过程进行研究分析，可以了解制造过程中各组成部分之间的关系，预测制造过程在新的策略下的运行规律。为了深入研究制造过程，有时需要对制造过程本身进行试验，但通常有许多因素使得直接在真实制造过程上进行试验的方案无法实现。因此，构造一个真实制造过程的模型，在模型上进行仿真分析成为对制造过程进行分析研究的十分有效的手段。随着产品复杂度变得越来越高，在产品制造之前对产品制造过程进行建模和仿真分析，及早地发现在产品制造过程中可能出现的问题，及时科学合理地分配企业资源，实现产品制造中的协调与管理，对企业的深化改革和竞争力的提高具有现实意义。

2.3.1　面向对象的方法

2.3.1.1　面向对象的建模方法

面向对象是一种知识表示方法学，它提供了从一般到特殊的演绎手段（如继承等）；提供了从特殊到一般的归纳形式（如类等）。面向对象也是一种程序设计方法学，它基于信息隐蔽和抽象数据类型等概念，把系统中所有资源（如数据、模块及系统）都看作"对象"，每个对象都封装了数据（属性）和操作（或方法）。

面向对象的建模方法与传统的建模方法不同，面向对象的方法是将实际系统中的实体抽象为相对独立的对象，每个对象具有自己的属性和行为模式，对象之间通过关系相互连接起来，并且每个对象按照与其他对象之间的关系通过交互来行动。

（1）对象、类和消息

① 对象可以是客观世界中事物的抽象，即可以是现实世界的实体，也可以表示某个概念，还可以是过程、活动或某些信息的集合。

② 类是对一组相似对象的抽象。

③ 消息是对象之间的通信。

在软件设计时，用"对象"统一了数据和处理，用对象间的通信（即消息）统一了数据流和控制流，程序的执行就是对象间的消息传递。

（2）面向对象方法的特征

面向对象的方法具有以下特点：①抽象性；②封装性；③多态性；④继承性。

面向对象技术的抽象性、封装性、多态性为软件的重用提供了有利的条件，而继承性最终体现了重用。因而面向对象的方法，为软件重用的实现提供了便利。面向对象的软件实现，实质上是：面向对象＝类和对象＋继承性＋消息通信。

（3）面向对象的表达方式

面向对象的表达方式主要有以下几种：

① 组装结构:如图 2.20 和图 2.21 所示,反映了对象间整体与部分、一般与特殊的关系。

图 2.20　整体类与部分类结构连接符表示　　　图 2.21　一般类与特殊类结构连接符表示

② 实例关联:如图 2.22 所示,是对象之间属性值的一种相互依赖关系,或称实例对应。实例关联的两类对象之间的连接表示具体的操作过程。

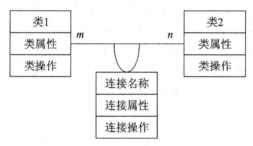

图 2.22　实例连接

③ 消息关联:如图 2.23 所示,与实例关联比较,具有方向性。

图 2.23　消息连接的表示法

(a)控制线程内部消息连接;(b)控制线程之间消息连接

④ 主题:在面向对象分析中,为了简化问题,常将问题域分解成几个子域,称为主题,一个主题是相互关系紧密的对象的集合。某些对象可以同时属于几个相关的主题,成为连接主题的桥梁。

(4) 结构或对象建模

结构或对象建模方法是基于 OO 方法的封装、继承与关联特性,利用派生图、对象图、事件转移图和状态转移图等四种模型描述系统的组成及关系,如图 2.24 所示。

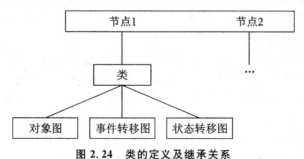

图 2.24　类的定义及继承关系

对象图描述系统中对象的结构,包括对象的标识、属性和操作。

事件转移图表示一组相互关联的类对象之间消息、事件的传递,它以时间为横轴,纵轴表示对象。整个事件转移图描述了不同时刻对不同对象的消息接收。

状态转移图表示一个对象类所允许的事件及状态序列,显示类的状态、引起状态转移的事件及状态转移引起的动作。

(5)面向对象建模的步骤

① 确定构成该系统的各个组成部分(即对象)及它们的属性。

② 确定每一组成部分(即对象)应完成的功能。

③ 建立每一组成部分(即对象)与其他组成部分(也是对象)的相互关系。

④ 建立各组成部分之间(即对象)的通信关系和接口形式。

⑤ 进一步协调和优化各个组成部分的性能及相互间的关系,使得该系统成为由不同的部分(即不同的对象)组成的最小集合。

⑥ 通过分析、设计及实现每个组成部分(即对象)的功能来实现细节。

2.3.1.2　面向对象的产品建模

产品模型是用来表示制造过程中被制造物的模型,它包括目标产品、零部件、毛坯及中间产品。在计算机辅助设计技术的发展历程中,产品建模技术先后经历了"面向结构的产品模型"、"面向几何的产品模型"、"面向特征的产品模型"、"基于知识的产品模型"四个阶段。从数字化仿真真实感的需求角度考虑,这里仅确定采用面向几何的产品模型,即产品模型采用三维几何模型进行表达,同时包含产品在被加工时的优先等级等内容。

2.3.1.3　面向对象的制造资源建模

制造系统建模的任务就是要结合数学和计算机方法来描述制造系统的状态随时间的变化规律。制造系统的状态是指系统中不同制造资源状态的总称,考虑到系统中制造资源具有相对的独立性,制造资源模型需要有可重用性,通常采用面向对象的方法对制造系统进行建模。

1. 制造资源对象模板

面向对象的建模方法与传统的建模方法不同。在建立实际制造系统的制造资源模型时,面向对象的方法将实际制造系统中的实体抽象为相对独立的对象,每个对象具有自己的属性和行为模式,对象之间通过逻辑关系相互连接起来。制造系统模型中的基本单元是对象,它不仅能用数据描述对象的状态或属性,还具有改变对象状态的操作,实现数据与操作的结合,从结构、几何外观、功能、信息和控制方面"复现"制造系统。因此,对象模型是构成制造系统仿真的基础。这里将面向对象建模中的制造资源模型划分为四种子模型:

① 对象几何模型　利用三维几何图形和纹理图描绘制造系统中各种资源设备的外形和外貌。

② 对象运动学模型　表征设备在工作时的加工动作,同时用于检测制造系统布局之后设备之间有无相互干涉、相互影响工作的情况。

③ 对象行为模型　刻画对象在动态仿真过程中的行为,进而表征整个制造系统的控制逻辑,包括状态集和对象行为模型两部分。

④ 对象层次结构模型　按整体-部分的结构关系,利用简单的模型构建比较复杂的模型。

尽管不同设备对象的具体内容不同,但其结构都类似,包括对象的标识、属性、状态集、几何模型、运动学模型和行为模型,图 2.25 所示为描述资源对象的对象模板结构。

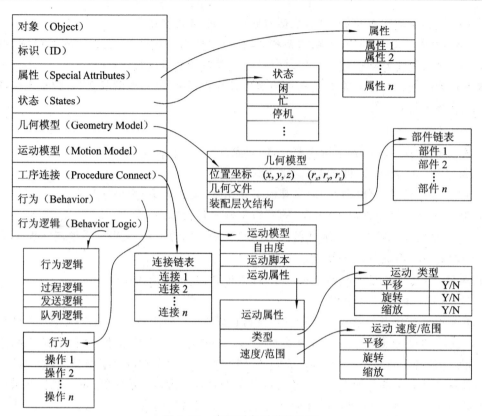

图 2.25　资源对象封装的结构

表 2-1　对象属性

属性	内容	注释
标准属性	对象类标志（Class Ident）	
	对象类名称（Class Name）	
	对象标志（Instance Ident）	
	对象名称（Instance Name）	
	类层次（Class Hierarchy）	父类（Super Class）和子类（Sub Class）
关系属性	分解层次（Decomposition Hierarchy）	描述对象类的聚集关系
	Is Part Of	与对象类的交集不为空的对象类列表
	Has Part	是对象类的一个部分的子类列表
	对象关系（Object Relation）	对象与其他类对象之间的关系
	可处理的对象（Processable Object）	
	归属对象（Belong To）	
	需求（Requires）	
	控制顺序（Controlling Order）	
	处理资源（Processing Resource）	

属性	内容	注释
行为属性	资源生命周期(Resource Life Cycle)	资源对象的状态
	对象类功能(Object Class Function)	
	功能链(Function Chain)	上一属性中功能的逻辑处理顺序
描述属性	功能特性(Functional Characteristics)	
	几何特性(Functional Geometry)	
	能力特性(Functional Capability)	
	决定能力(Dispositive Capacity)	资源超时执行某一功能的有效性
	资源属性(Resource Charateristics)	一些其他属性

2. 对象行为建模和状态机

对象的行为是关于对象的状态、引起状态改变的事件和条件以及在状态转移过程中对象所执行动作的描述。

对象不仅要与环境交互作用,更主要的是要解释、处理所接收到的其他对象发送来的消息,实现自身的功能。一旦对象接收外部的消息,消息处理就成为对象行为的核心,它反映了对象的真实功能。这里用行为模型对制造系统的动态方面进行建模,行为模型包含于每个对象之中,定义对象收到消息之后的行为反应,或对象随时间推进而产生的行动。

由于对象接收到消息之后的反应既与消息的种类有关,同时又依赖于对象当前所处状态。因此,为了更好地描述对象的复杂行为,在对象的行为模型中使用了状态机。

(1) 状态机

状态机(State Machine)是一个行为,涉及一个对象生命周期内的离散状态和状态的转移。它说明资源对象在虚拟仿真过程中响应事件所经历的状态序列,以及对事件的响应。

① 状态

状态(State)是指资源对象在虚拟仿真过程中,满足某些条件、执行某些活动或等待某些事件时的一个条件或状况。

状态是对象属性的一种抽象,对象的状态构成一个有限集,对象的行为表现为该有限集中状态的转移序列。每个对象都有相应的状态指示变量,用来表明对象当前处于何种状态,如某对象所描述的是一台机器,则其状态集可定义为{空闲,加工,故障,维修,调整}。

一个状态描述包括以下几部分内容:

a. 名称:把该状态与其他状态区分开来的字符串。

b. 进入/退出动作:分别为进入和退出这两个状态时所执行的操作。

c. 内部转换:不导致状态改变的转换。

d. 子状态:状态的嵌套结构,包括不相交(顺序活动)或并发(并发活动)子状态。

e. 延迟事件:指在该状态下暂不处理,但推迟到该对象的另一个状态下排队处理的事件列表。

② 转移

转移(Transition)是指两种状态之间的一种关系,它表明资源对象在第一种状态中执行一定的操作,当特定事件发生时或特定的条件满足时进入第二种状态。

当事件发生时,就会触发一个状态转移,从而使对象的状态发生变化。事件的发生取决于给定的条件,这种条件或者依赖于系统时间,或者依赖于其他对象的状态,分别称这两种情况下发生的事件为条件事件和时间事件。

转移是指对象状态改变的过程,它由事件描述和动作描述组成。事件描述确定一个触发转移的事件,给这一事件赋予唯一的标识符,并给定一个触发条件(事件发生必须满足的条件)。触发条件一般是一个关于对象当前状态和环境的逻辑表达式,当其值为"真"时,该事件将触发这个转移。动作描述定义了在状态转移过程中对象所执行的操作。

一个转移由以下几部分组成:

a.源状态:即受转换影响的状态,如果一个资源对象处于源状态,当该对象接收到转移的触发事件,或满足监护条件(如果有)时,就会激活一个离去的转移。

b.事件触发:是一个事件,如果源状态中的对象接收到该事件,将使转移合法地被激活,使监护条件得到满足。

c.监护条件:是一个布尔表达式,当转移因事件触发器的接收而被激活时,对这个布尔表达式进行求值;如果表达式取值为"真",则激活转移;取值为"假",则不激活转移,这时若没有其他的转移被此事件触发,则该事件丢失。

d.动作:源对象对其他对象的反应。

e.目标条件:转移完成之后活动的状态。

一个对象状态机的规范化描述可表示为:

$$G=(Q,\Sigma,\delta,q_0,Q_m) \tag{2-48}$$

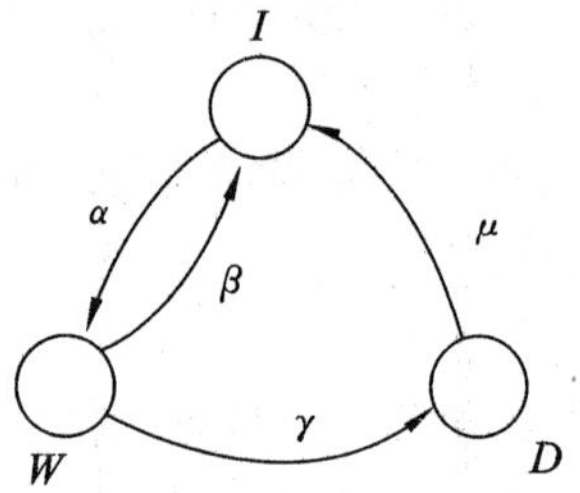

式中,Q 为对象的内部状态集 $\{q_i\}$,$q_0 \in Q$ 为初始状态;Σ 为对象相关事件集合 $\{\sigma_i\}$;δ 为一种变换;$\Sigma \times Q \rightarrow Q$,称为状态转换函数,也可写成 $q_i=\delta(\sigma,q_j)$,表示状态变迁中事件与状态的关系;$Q_m \subseteq Q$,称为标志状态集。

状态机 G 可以用有向图进行表示,其中状态用节点表示,状态转换 $q_i=\delta(\sigma,q_j)$ 表示为一有向边。图 2.26 描述了一个简单制造系统上某台机器的状态机,其中的 $\Sigma=\{\alpha,\beta,\gamma,\mu\}$ 表示机器的事件集合:{装工件,卸工件,故障,修复};$Q=\{I,W,D\}$ 表示机器的状态集合:{准备,工作,停机}。图 2.27 显示了 AGV 的状态机。

图 2.26   简单制造系统上某台机器的状态机

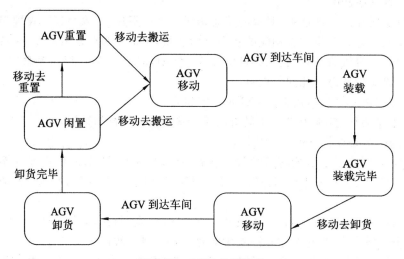

图 2.27   AGV 的状态机

使用状态机对具有复杂行为的对象建模时,可以按照对象状态的不同,对其行为模型进行有效组织,使行为模型网络更清楚、更易于理解和维护。

（2）对象行为建模

结合对象的状态机概念,可以用如下所示的五元组形式化地表示对象的行为模型：(G, Y, B, A, b_0),其中：G为对象的状态机；Y为对象产生的消息集合；B为对象的非空行为集合$\{b_i\}$,$b_0 \in B$为初始行为,b_0主要用于描述主动对象的初始行为；A为对象的行为机构,实现对各种消息事件做出相应的反应,产生自身状态的迁移,并向系统发出相应的消息。

对象的行为机构可以用一个树状的有向行为网络图表示,如图2.28所示。行为网络包含了对象的数据、消息解释规范、行为处理规则和方法,同时也包含了向其他对象发送消息,以及其他特殊的系统功能,行为网络就挂在所属对象上。因此,其所属主对象就是描述行为网络所属对象的物理部分,而行为网络则是其逻辑部分。

从图2.28可以看出,行为模型由有限个预定义的逻辑(logic)构成,一个行为网络的主要成分包括下列内容：

① 物理对象：物理对象是树根,它是消息传送接口,负责接收其他对象发送来的消息,并向系统或其他对象发送消息。

② 消息解释器：当一个物理对象接收到一个消息时,消息在这里被识别、解释,如果它发觉发送消息的对象与自身相关,就会激活自身的一个行为网络。行为的启动总是从这一部分触发开始。

③ 消息响应：这一部分与消息解释器相连,它拥有所有反应的消息类型,当一个消息解释器被激活时,这一部分就会启动相应的反应。

④ 对象属性数据：描述对象特征的数据。

⑤ 行为逻辑：它们与消息响应相连,并构成一个树状链。

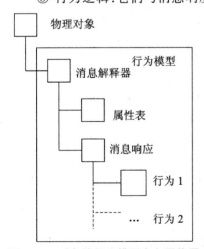

图2.28 对象的行为模型有向网络图

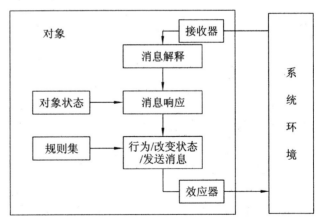

图2.29 对象的行为模型的工作过程

（3）行为逻辑

行为逻辑是制造资源对象接收到某种事件之后的相应反应过程。行为逻辑被连接起来,构成描述行为处理的流程图,它们共同实现网络结构定义的行为。一个行为网络定义了对象的行为,当一个消息传来时,相应的行为网被激活,接着搜索相应的消息类型,如果匹配,就执行相应的操作,并改变对象的状态,直至中止,其工作过程如图2.29所示。例如,在仿真过程中,一台机器的行为将涉及决定处理何种工件、怎样加装工件、如何加工处理工件、处理之后输出何种工件、出现故障时怎么处理等一系列行为反应。

在制造系统中,不同的制造资源具有不同的行为逻辑控制对象在仿真过程中的行为,以及与其他对象的交互过程。制造系统中常用的逻辑包括以下几种:

① 工件发送逻辑(Routing);

② 工件加工处理过程逻辑(Processing);

③ 工件排队逻辑(Queueing);

④ AGV/人的运动逻辑(AGV/Labor Motion);

⑤ 决策点的活动逻辑(Decision Point Activity);

⑥ 初始化、中断、仿真逻辑(Initialization,Termination,Simulation);

⑦ 传递事件行为逻辑(Pre and Post Event Actions);

⑧ 用户定义菜单或宏行为逻辑(Behavior of User Defined Buttons/Macros)。

在上述行为逻辑中,过程逻辑(Process Logic)控制资源设备的各个加工处理过程是否执行,以及执行的方式和顺序。例如,与机器相关的工件到达事件(ARRIVE事件)发生时,机器会根据工件的类型、数量等因素,决定相关加工过程是否执行。各资源对象都有缺省的过程逻辑,系统还可以内嵌一些常用过程逻辑,如顺序过程逻辑、百分比过程逻辑等。

工件发送逻辑(Routing)反映了常见的调度规则,是资源设备之间工件流的一个重要决定因素,表征资源输出口工件发送到下一资源的路径选择依据。常用的发送逻辑有:自由发送、最短队列发送、固定路径发送、优先级发送、比例发送等逻辑。

排队逻辑(Queueing)反映了常见的排队规则。它决定了工件在缓冲站中排队等待处理的顺序,常用的排队逻辑有:先进先出(FIFO)和后进先出(LIFO)等逻辑。

下面是传送带缺省处理逻辑的形式:

```
def_conv_proc_logic()              //传送带缺省处理,logic 等待工件到达
                                   //然后采用通过用户界面输入的加载时间
                                   //使传送带传送工件

    Var                            //变量定义
    ld_time :    Real              //工件加载时间
    load_proc : Process            //加载成功标志变量
    Begin
    require part ANY               //等待工件到达事件
    if(load_process <> NULL) then
    load_proc= do_load_process()   //处理工件到达事件,将工件加载
                                   //传送带

    endif
    start_travel                   //开始传送工件
    End
```

3. 对象结构层次建模

多数情况下,现代制造系统按模块化和层次化结构进行组织,不同层次的结构具有相对独立的功能。用层次结构模型表示制造系统中这种整体-部分结构关系,它是一个以类为节点,以整体-部分结构关系为边的连通有向图。图 2.30 所示为制造系统中常见的自动导

引小车(AGV)运输网的层次结构模型,它由 AGV 装卸站点以及小车路径等子对象聚合而成。

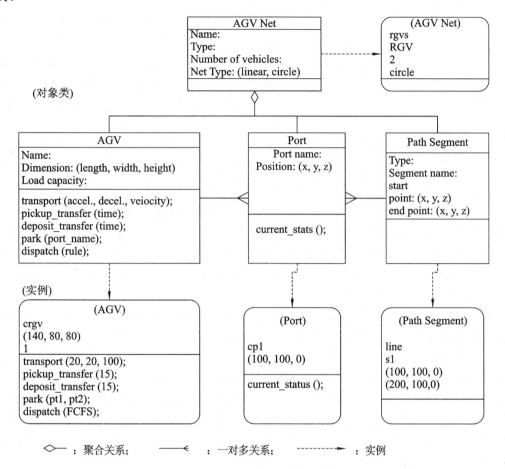

图 2.30　AGV 运输网层次结构模型

对象层次结构模型通常有两种实现方式。第一种方式是用子对象的类作为一种广义的数据类型,定义整体对象的一个属性,构成一个嵌套对象。在这种方式下,一个子对象只能隶属于唯一的整体对象,并与它同生同灭。

第二种方式是独立地定义和创建对象和子对象,并在整体对象中设置一个属性,它的值是子对象的标识,或者是一个指向子对象的指针。在这种方式下,一个子对象可以隶属于多个整体对象,并具有不同的生存期,这种情况可以表示比较松散的层次结构模型。

4. 对象几何建模

在系统仿真中采用图形技术,能描述许多用语言难以表达的信息,便于信息交流,加快建模速度,提高仿真精度和仿真效率,降低对用户操作水平的要求。同时,三维图形化辅助建模还是三维动画仿真的基础。

制造系统中的每个实体对象既有自身的物理属性,同时又有几何属性,几何模型描述了制造系统中实体的外形、外观(纹理、表面颜色)及几何装配关系等。组成对象几何模型的数据结构可以表示为:$m_i = \{g_i, x_i, y_i, z_i, \Phi_i, \theta_i, \Psi_i\}$,这里:$g_i$ 是基本几何模型 i 的几何外形;x_i,

y_i，z_i 是基本几何模型 i 的中点坐标；Φ_i，θ_i，Ψ_i 是基本几何模型 i 的方向参数。

5. 对象运动学建模

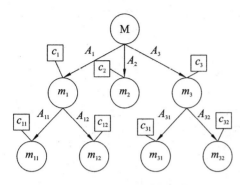

图 2.31　对象几何装配模型

资源对象的形态表示主要是指对象的可视化动态模型，它随着数量状态的改变，动态地改变几何形态，达到一个直观的效果。通过对对象进行几何建模，对象就具备了静态的三维几何特征，但这对于描述对象的动态行为，进而产生动画效果是不够的。为了建立对象的运动学模型，要求在建立对象的几何模型时，必须采用几何模型的分解结构，即采用相对层次装配结构描述对象的几何组成。几何对象的装配层次至少有两层，每一层又可以有多个模块，这些模块既可以作为整体共同运动，又可以在一定约束下单独运动。在对象运动学模型中，由若干个基本子模型组成一个装配体，如图 2.31 所示，根节点是对象的基座，有向弧线两端的节点属于父子关系，具有相同父节点的节点属于"兄弟"关系。图 2.31 中的 m_i 表示几何模型的第 i 个基本子模型，A_i 为 m_i 的装配矩阵，c_i 为 m_i 的模型运动约束。

装配体可以用图 2.32 所示的数据结构表达，该数据结构形象地表达了层次结构中模型的各个节点之间的关系。图中相邻节点之间的关系有两种：兄弟关系和父子关系。有水平连线的节点的关系为兄弟关系，具有兄弟关系的一个节点是另一个节点的兄弟节点，具有兄弟关系的两节点共有一个父节点；而有垂直连线的节点的关系为父子关系，其中上级节点为下级节点的父节点，下级节点为上级节点的子节点。节点的所有下级节点为它的子辈节点，节点的所有上级节点及它的兄弟节点的所有上级节点是它的父辈节点。数据结构通过 pBrother 指针指向它的相邻兄弟节点，通过 pSon 指针指向它的子节点。而数据结构中的布尔变量 m_bFather 表示该节点有无父节点。

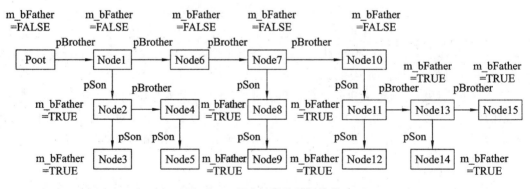

图 2.32　层次结构的数据结构

2.3.2　面向对象的制造系统建模

2.3.2.1　描述制造系统的主要资源对象类

描述制造系统的主要资源对象类包括：源（Source）、宿（Sink）、机器（Machine）、缓冲站

（Buffer）、传送带（Conveyor）、工件（Part）和附件（Accessory）等，如图 2.33 所示。

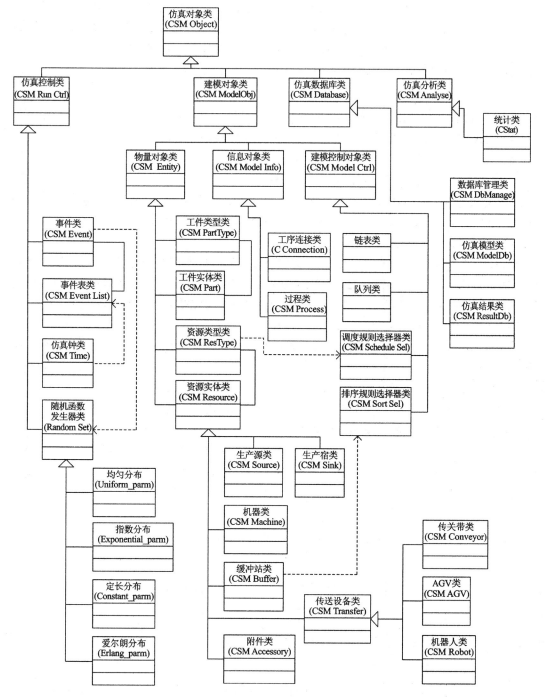

图 2.33　制造系统建模的类层次结构

2.3.2.2　制造系统建模

　　为了表征数字制造系统中各设备之间的相互关系，复现制造系统中的工艺流程，必须要建立对象之间的相互关系模型。在实际生产过程中，被加工的工件进入制造系统，并按照一定的工艺路线依次接受处理,直至退出制造系统。因此,通过被加工工件的流动,将制造系统中不同设备之间的关系表征出来,即设备对象之间具有确定的相互关系。制造系统可以用基于面向对象的有向图进行描述。利用有向图描述制造系统时,实际制造系统中的物理设备构成了有向图中相应的节点,工件在设备间的流动形成了有向图中相应节点间的有向弧线。因此,有向图中的节点就是建模元素类中的对象,有向弧是对象之间的相互关系。

1. 有向图

一个有向图 D 定义为一个偶对,$D=[V(D), A(D)]$,其中 $V(D)$ 是一个非空集,其元素称为顶点;$A(D)$ 是有序集 $V(D) \times A(D)$ 的一个子集,其元素称为有向边,$(v, w) \in A(D)$ 表示有向边 (v, w) 的方向从顶点 v 到顶点 w,有向边 (v, w) 简记为 vw。

D 的有向途径指的是一个有限非空序列:$W=(v_0, e_0, v_1, e_1, \cdots, v_k, e_k)$,它的项交替的是顶点和有向边,其中 $e_i=(v_{i-1}, v_i), (i=1, 2, \cdots, k)$,并称 v_0 和 v_k 分别为有向途径 W 的起点和终点,常将 W 简记为 $v_0 \to v_1 \to \cdots \to v_k$ 或 $v_1 v_2 \cdots v_k$。若 D 中存在一条有向途径 $u \to u_1 \to \cdots \to u_k \to v$,则说 D 的顶点 u 最终要到达顶点 v。

D 的有向通路是 D 的一条有向途径,它的项交替的是不同的顶点和有向边。若 D 中存在一条有向通路 $u \to u_1 \to \cdots \to u_k \to v$,则说明 D 的顶点 u 可达顶点 v,否则称 D 的顶点 u 不可达顶点 v。

由图论可知,有向图与邻接矩阵有一一对应关系,因此结构模型也可以用邻接矩阵表示,来描述图中各节点两两之间的关系。

结构模型 $\langle S, R \rangle$ 的邻接矩阵 $\boldsymbol{A}$ 可定义为:设系统实体集合 $S=\{s_1, s_2, \cdots, s_n\}$,则 $n \times n$ 矩阵 $\boldsymbol{A}$ 的元素 a_{ij} 为:

$$a_{ij} = \begin{cases} 1, & s_i R s_j \quad (R \text{ 表示 } s_i \text{ 和 } s_j \text{ 有关系}) \\ 0, & s_i \underline{R} s_j \quad (\underline{R} \text{ 表示 } s_i \text{ 和 } s_j \text{ 无关系}) \end{cases}$$

对于图 2.34 所示的有向图,其对应的邻接矩阵为:

$$\boldsymbol{A} = \begin{array}{c} s_1 \\ s_2 \\ s_3 \\ s_4 \\ s_5 \\ s_6 \end{array} \begin{bmatrix} 0 & 0 & 0 & 0 & 0 & 0 \\ 0 & 0 & 1 & 0 & 0 & 0 \\ 1 & 1 & 0 & 0 & 0 & 0 \\ 0 & 0 & 1 & 0 & 1 & 1 \\ 1 & 0 & 0 & 0 & 0 & 0 \\ 1 & 0 & 0 & 0 & 0 & 0 \end{bmatrix}$$

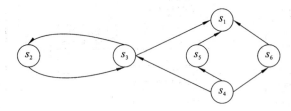

图 2.34　有向图示例

邻接矩阵是布尔矩阵,其运算遵从布尔代数的运算法则。有向图 G 和邻接矩阵 $\boldsymbol{A}$ 之间有以下特性:

① 有向图 G 和邻接矩阵 $\boldsymbol{A}$ 一一对应。

② 邻接矩阵 $\boldsymbol{A}$ 中元素全为 0 的列所对应的节点称为源点,或输入节点;元素全为 0 的行

所对应的节点称为汇点,或输出节点。

③ 如在有向图 G 中,从 s_i 出发经过 k 条边可到达 s_j,则称 s_i 到 s_j 之间存在长度为 k 的通路,此时矩阵 $\boldsymbol{A}^k$ 的元素 $(i,j)=1$,否则为 0。由于弧是长度为 1 的通路,邻接矩阵 $\boldsymbol{A}$ 表示其节点间是否存在有长度为 1 的通路,对应每一节点的行中,其元素组为 1 的数量,就是离开该节点的有向边数;对应每一节点的列中,其元素组为 1 的数量,就是进入该节点的有向边数。

④ 由矩阵 $\boldsymbol{A}_k$ 的意义可知,矩阵 $\overset{k}{\underset{l=0}{\boldsymbol{U}}}\boldsymbol{A}^l$ 表示了是否存在长度小于或等于 k 的通路。

有向图以图的形式,可以简洁、直观地表示离散事件信息处理系统,特别适合于描述系统内部的组织结构和系统状态的改变,可以在各种不同的概念级别上表达系统的结构和性质。采用有向图表达制造系统,容易实现:

① 精确地描述制造系统中事件之间的依赖(顺序)关系,这是事件之间客观存在的、不依赖于观察的关系,是制造系统的一种客观的抽象描述。

② 适合于描述信息的有规则流动的行为和特征,包括数据流等。有向图为描述信息转换与信息传递等有关现象提供了概念上和理论上的基础。

③ 有向图描述形式正处于数学模型形式和逻辑分析形式之间,并可用矩阵描述形式进行描述,因此可以处理宏观、微观问题,并可使定性分析和定量分析相结合。

2. 对象网

图 2.35 所示为一基于面向对象的有向网络图表达的简单制造系统模型,包括对象集合、对象的有向连接关系、系统输入接口、系统输出接口几部分内容。

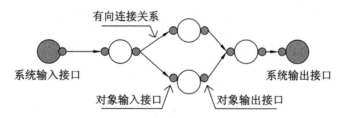

图 2.35　制造系统的对象网

图 2.36 给出一个简单的制造系统对象网的例子。从这里我们可以看出,系统中的对象包括处理工件的机器,也包括运输工件的设备车辆,同时也可以是静态的工件存储站;有向连接关系基本上表示工件的流动方向;系统的输入和输出接口是工件的进入和离开点。

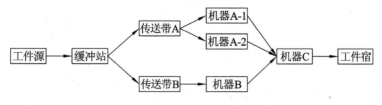

图 2.36　制造系统对象网示例

对象有向连接关系是连接一对象的输出接口到另一对象的输入接口,表明对象之间的相互作用。接口之间传递的内容包括物质(例如,工件)、信息(例如,控制指令)、能量(例如,作用力和电能等)。

从总体上看,对象网中的对象代表制造系统中实际的资源对象,对象网中有向连接弧表达了工序之间的前后时序关系。另外,路径分叉处需要一定控制策略处理工件的流向。实际上,制造系统可以看作为一个复杂的排队服务网络,资源设备存在前后工序关系,工件在资源设备间排队等待服务、接受服务、离开资源设备。每一个资源设备都可看成有两个口:输入口和输出口。它们分别是资源设备接收和发送工件的地方。加工处理过程完成后工件被放入设备的输出口。输出口将试着按照工序顺序和调度规则发送工件到其他设备。每个资源设备可以在其输入口和输出口与执行上一道和下一道工序的多个资源设备或设备类(相当于包含了多台相同设备的加工工作组)相连,即有多个入口和出口。此外,制造系统对象网模型不排除包含不明显与其他任何资源设备连接的对象,例如静态的设备等。

作为制造系统建模,车间可以用以工作站为对象的对象网来定义,而工作站可以用以设备为对象的对象网来定义,从而建立一个多层对象网的层次模型。对于复杂的制造系统来说,层次模型有利于满足不同精度的建模要求,如图 2.37 所示。

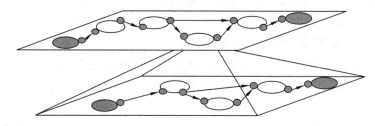

图 2.37　对象网分层模型

形式上,制造系统的对象网可表示为:

$$\text{System}(v) = \text{Network}[O(v), C(v)]$$
$$O = \{o_i\}, \ C = \{c_j\}$$
$$o_i = OT\langle a \rangle, \ a = f(v),$$
$$c_j = CT\langle o_{j1}, o_{j2}; b \rangle, \quad b = g(v)$$

式中,v 是系统设计变量;a 和 b 分别为资源对象的设计变量;OT 和 CT 表示对象和连接关系的类型。

2.3.3　Petri 网建模

2.3.3.1　Petri 网基本概念

Petri 网是一种网状信息流模型,包括条件和事件两类节点,在条件和事件为节点的有向二分图基础上添加表示状态信息的托肯分布,并按引发规则使得事件驱动状态演变,从而反映系统动态运行过程。

通常情况下,用小矩形表示事件(称作变迁)节点,用小圆形表示条件(称作位置)节点,变迁节点之间、位置节点之间不能有有向弧,变迁节点与位置节点之间连接有向弧,由此构成的有向二分图称作网。网的某些位置节点中标上若干黑点(Token),从而构成 Petri 网。

2.3.3.2　Petri 网模型特点

① 模拟性　从组织结构的角度,模拟系统的控制和管理,不涉及系统实现所依赖的物理和化学原理。

② 客观性　精确描述事件(变迁)间的依赖(顺序)关系和不依赖(并发)关系。这种关系客观存在,与观察无关。

③ 描述性　用统一的语言(网)描述系统结构和系统行为。

④ 流特征　适合描述以有规则的流动为行为特征的系统,包括能量流、物质流和信息流。

⑤ 分析性　网系统具有与应用环境无关的动态行为,是可以独立研究的对象。这样,可按特定方式进行系统性质的分析和验证。

⑥ 基础性　网系统在各个应用领域得到不同的解释,是沟通不同领域的桥梁。网论是这些领域的共同理论基础。

2.3.3.3　Petri 网的规则

① 有向弧是有方向的。

② 两个库所之间变迁是不允许有弧的。

③ 库所可以拥有任意数量的令牌。

④ O 行为:如果一个变迁的每个输入库所(Input Place)都拥有令牌,该变迁即为被允许(Enable)。一个变迁被允许时,变迁将发生(Fire),输入库所(Input Place)的令牌被消耗,同时为输出库所(Output Place)产生令牌。

⑤ 变迁的发生是原子的,也就是说,没有一个变迁只发生了一半的可能性。

⑥ 有两个或多个变迁都被允许的可能,但是一次只能发生一个变迁,这种情况下变迁发生的顺序没有定义。

⑦ 如果出现一个变迁,其输入库所的个数与输出库所的个数不相等,令牌的个数将发生变化,也就是说,令牌数目不守恒。

⑧ Petri 网是静态的,也就是说,不存在发生了一个变迁之后忽然冒出另一个变迁或者库所,从而改变 Petri 网结构的可能。

⑨ Petri 网的状态由令牌在库所的分布决定。也就是说,变迁发生完毕、下一个变迁等待发生的时候才有确定的状态,正在发生变迁的时候是没有一个确定的状态的。

2.3.3.4　Petri 网的类型

如图 2.38 所示,Petri 网的类型主要有以下四种:

① 基本 Petri 网:每个库所容量为 1,这样的库所可称为条件,变迁可称为事件,故而又称为条件/事件系统(C/E)。C/E 模型有五种基本关系:顺序关系、并发关系、互斥冲突关系、异或关系、死锁关系。

② 低级 Petri 网:库所容量和权重大于或等于 1 的任意整数,称为库所/变迁网(P/T)。

③ 定时 Petri 网:将各事件的持续时间标在库所旁边,库所中新产生的标记经过一些事件后加入到网中,或时标在变迁上,经过时间延迟后发生。

④ 高级 Petri 网:谓词/事件网、染色网、随机网等。

2.3.3.5　Petri 网图仿真

Petri 网图仿真的步骤和一般的仿真步骤基本相同,即建立系统模型,输入运行规则及有关参数,仿真运行和结果处理。其不同之处在于 Petri 网图仿真不仅可对对象系统进行数值分析,还可以对对象系统进行定性分析。

(1) 定性分析

进行定性分析时,输入一般 Petri 网的发射规则,库所不具有延时性。系统运行时,屏幕上动画显示"令牌"的移动。在运行过程中,遇到事件间存在冲突时,运动自动暂停,输入消除冲突决策后,系统继续运行。遇到死锁,运行也自动停止。这时必须改变系统的结构,排除死锁,系统方可能恢复运行。运行结束(或下一个循环周期)后,可转入"可达树"的生成,这时便

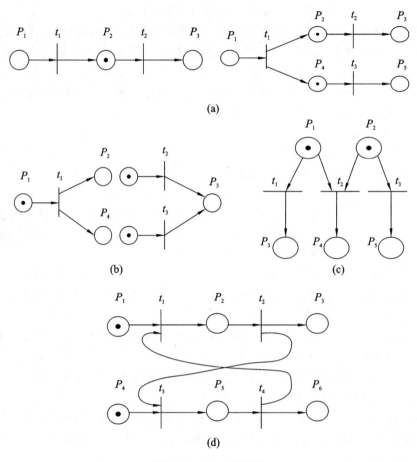

图 2.38　Petri 网类型

(a)基本 Petri 网；(b)低级 Petri 网；(c)定时 Petri 网；(d)高级 Petri 网

可以利用可达树来分析系统的结构性质。可达树是以初始标识 M_0 为根，以可达标识 M 为节点，以触发变迁为有向枝的映射图。它可清楚地表示各种可能发生的变迁序列，且能判断 Petri 网是否有界，但可达树不能表达被分析的 Petri 网的全部特征，因此无法解答活性等问题。

当一个 Petri 网对于给定的初始标识 M_0 和目标标识 M 存在一个发射系列 $\sigma,\sigma=t_1,t_2,\cdots t_n$，可以使 M_0 变迁为 M 时，则称 M 是从 M_0 可达到的，用 $M_0 \xrightarrow{\sigma} M$ 表示。所有可达标识的集合称为可达集合，用 $R(M_0)$ 表示。所谓可达树，是指将可达集合 $R(M_0)$ 的各个标识作为节点(初始标识为根节点)从 M_0 到各个节点的发射序列为枝画成的图，如图 2.39 所示。

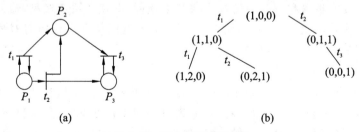

图 2.39　Petri 图和可达树

(a)Petri 图；(b)可达树

（2）数值分析

进行数值分析时,输入 Petri 网的发射规则,由延时的库所赋给时间值,然后启动运行。运行时,屏幕上显示"令牌"的变化和移动,同时记忆被指定参数在系统运行中被指定时刻的数值。运行结束后(或一个循环周期)进行数据处理,输出结果表格或图形,对系统的性能进行评价。

修改网结构或附加描述的有关数值,再启动运行,即可得到一组新的统计参数及新旧方案的对比数据和系统对参数的敏感度,从而可以对现有系统进行优化,或在设计新的系统时提供数据依据。

2.3.4 进化计算

进化计算包括遗传算法、遗传规划、进化策略和进化规划四种典型方法。第一类方法比较成熟,现已广泛应用;进化策略和进化规划在科研和实际问题中的应用也越来越广泛。遗传算法的主要基因操作是选种、交配和突变,而在进化规划、进化策略中,进化机制源于选种和突变。就适应度的角度来说,遗传算法用于选择优秀的父代(优秀的父代产生优秀的子代),而进化规划和进化策略则用于选择子代(优秀的子代才能存在)。遗传算法与遗传规划强调的是父代对子代的遗传链,而进化规划和进化策略则注重于子代本身的行为特性,即行为链。进化规划和进化策略一般都不采用二进制编码,省去了运作过程中的编码-解码手续,更适用于连续优化问题。进化策略可以确定机制产生出用于繁殖的父代,而遗传算法和进化规划强调对个体适应度和概率的依赖。此外,进化规划把编码结构抽象为种群之间的相似,而进化策略抽象为个体之间的相似。进化策略和进化规划已应用于数字制造中的设计、工艺、调度、控制、监测与诊断等连续函数优化、模式识别、机器学习、神经网络训练、系统辨识和智能控制的多方面。

2.3.4.1 进化计算的分支

进化计算的主要分支有:遗传算法 GA、遗传编程 GP、进化策略 ES、进化编程 EP。下面将对这 4 个分支依次做简要的介绍。

（1）遗传算法（Genetic Algorithms）

遗传算法是一类通过模拟生物界自然选择和自然遗传机制的随机化搜索算法,由美国 John Henry Holand 教授于 1975 年在他的专著《Adaptation in Natural and Artificial Systems》中首次提出。它是利用某种编码技术作用于称为染色体的二进制数串,其基本思想是模拟由这些串组成的种群的进化过程,通过有组织的然而是随机的信息交换来重新组合那些适应性好的串。遗传算法对求解问题的本身一无所知,它所需要的仅是对算法所产生的每个染色体进行评价,并根据适应性来选择染色体,使适应性好的染色体比适应性差的染色体有更多的繁殖机会。

（2）遗传编程（Genetic Programming）

遗传编程的思想是斯坦福大学的 John. R. Koza 在 1992 年出版的专著《Genetic Programming》中提出的。自计算机出现以来,计算机科学的一个重要目标即是让计算机自动进行程序设计,即只要明确地告诉计算机要解决的问题,而不需要告诉它如何去做,遗传编程便是该领域的一种尝试。它采用遗传算法的基本思想,但使用一种更为灵活的表示方式——分层结构来表示解空间。这些分层结构的叶节点是问题的原始变量,中间节点则是组合这些原始变量的函数,这样的每一个分层结构对应问题的一个解,也可以理解为求解该问题的一个计算机程序。遗传编程即是使用一些遗传操作动态来改变这些结构以获得解决该问题的一个计算机程序。

(3) 进化策略(Evolution Strategies)

1964 年,德国柏林工业大学的 Ingo Rechenberg 等人在求解流体动力学柔性弯曲管的形状优化问题时,用传统的方法很难优化设计中描述物体形状的参数,而利用生物变异的思想来随机地改变参数值获得了较好的结果。随后,他们便对这一方法进行了深入的研究,形成了进化计算的另一个分支——进化策略。

进化策略与遗传算法的不同之处在于:进化策略直接在解空间上进行操作,强调进化过程中从父体到后代行为的自适应性和多样性,强调进化过程中搜索步长的自适应性调节,主要用于求解数值优化问题;而遗传算法是将原问题的解空间映射到位串空间之中,然后再实行遗传操作,它强调个体基因结构的变化对其适应度的影响。

(4) 进化编程(Evolutionary Programming)

由美国 Lawrence J. Fogel 等人在 20 世纪 60 年代提出。他们在研究人工智能时发现,智能行为要具有能预测其所处环境的状态,并且具有按照给定的目标做出适当的响应的能力。在研究中,他们将模拟环境描述成是由有限字符集中符号组成的序列。

2.3.4.2　进化计算的原理

进化算法是一种基于自然选择和遗传变异等生物进化机制的全局性概率搜索算法。遗传算法运用了迭代的方法。它从选定的初始解出发,通过不断迭代逐步改进当前解,直至最后搜索到最适合问题的解。在进化计算中,用迭代计算过程模拟生物体的进化机制,从一组解(群体)出发,采用类似于自然选择和有性繁殖的方式,在继承原有优良基因的基础上,生成具有更好性能指标的下一代解的群体。

① 种群(population):进化计算在求解问题时是从多个解开始的。

② 代数(generation):种群进化的代数,即迭代的次数。

③ 群体的规模(popsize):一般地,元素的个数在整个进化过程中是不变的。

④ 当前解:新解的父解(parent,或称为父亲、父体等)。

⑤ 后代解(offspring,或称为儿子、后代等):产生的新解。

⑥ 编码:进化计算常常还需要对问题的解进行编码,即通过变换将映射到另一空间(称为基因空间)。通常采用字符串(如位串或向量等)的形式。

一个长度为 f 的二进制串称为一个染色体(个体)。染色体的每一位称为基因(gene),基因的取值称为等位基因(allele),基因所在染色体中的位置称为基因位(1ocus)。

2.3.5　神经网络

复杂非线性动态系统辨识和过程控制一直是自动控制领域和动态系统仿真领域中的一个重要研究方向,在数字制造过程中的控制、维护等方面广泛应用。系统控制研究的对象主要是非线性动态系统,要求在给定的控制目标和信号传递关系约束下,利用所获得的系统信息和知识设计控制器,使控制系统满足稳定、精确、鲁棒、实时等性能要求。神经网络所具有的非线性变换机制和自适应学习能力,以及高度的并行计算能力和容错性为非线性系统的辨识和控制提供了一种有效的工具。

神经网络系统最主要的特征是大规模并行处理、信息的分布存储、连续时间的非线性动力学、高度的容错性和鲁棒性、自组织、自学习和实时处理。目前,人工神经网络主要应用于以下三个方面:信号处理与模式识别、知识工程或专家系统及其运动过程控制。这些实例的共同特点是:难以用算法来描述待处理的问题,存在大量的范例可供学习。

与传统的人工智能不同,神经网络在处理专家系统中的知识表示时用一种隐式表示,在这里知识并不像在产生式中那样独立表示每一规则,而是将某一问题的若干知识在同一网络中表示。知识表示表现为内部和外部两种形式,面向专家、知识工程师和用户的外部形式是一些学习范例,而由外部形式转化为面向知识库的内部编码是其关键,它不是根据一般代码转化成编译程序,而是通过机器学习完成。机器学习程序可以从范例中提取有关知识,并通过权矩阵系统用分块邻接矩阵和阀值矢量描述。总之,神经网络具有很强的学习能力,它将在专家系统的研究中得到广泛的应用。

神经网络系统可以直接输入范例,信息处理分布于大量神经元的互联之中,并且具有冗余性,许许多多神经元的"微活动"构成了神经网络总体的"宏效应"。这些正是神经网络与传统人工智能的差别所在。人们可以利用神经网络系统的自学习功能、联想记忆功能、分布式并行信息处理功能来解决专家系统中的知识表示、知识获取和并行推理等问题。

分布式神经网络之所以能够解决专家系统中知识获取这个瓶颈问题,是因为它与传统计算机信息处理方式不同,神经网络用大量神经元的互联及各连接权值的分布来表示特定的概念和知识。在进行知识获取时,它只要求专家提供范例(或实例)及相应的解,通过特定的学习算法对样本进行学习,经过网络内部自适应算法不断修改权值分布以达到要求,把专家求解实际问题的启发式知识和经验分布到网络的互联及权值上。对于特定的输入模式,神经网络通过前向计算,产生一个输出模式,其中各个输出节点代表的逻辑概念同时被计算出来,特定解释通过输出节点和本身信号的比较而得到。在这个过程中,其余的解同时被排除。这就是神经网络并行推理的基本原理。

神经网络专家系统的目标是实现知识获取自动化,克服"组合爆炸"和"推理复杂"及"无穷递归"等困难,实现并行联想和自适应推理,提高专家系统的智能水平及实时处理能力。神经网络专家系统的基本结构如图 2.40 所示,其中自动知识获取模块研究如何获取专家知识;推理机制模块提出使用知识去解决问题的方法;解释系统模块用于说明专家系统是根据什么推理思路做出决策;I/O 系统是用户界面。

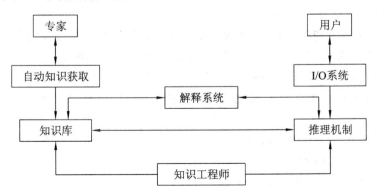

图 2.40 神经网络专家系统的基本结构

　　知识获取包括提出所需神经网络的结构(包括网络层数、输入、输出及隐含节点个数)、组织待训练的学习样本、使用神经网络学习算法、通过对样本的学习得到所需权值分布,从而完成知识获取。

　　知识库由自动知识获取得到,它是推理机制完成推理和问题求解的基础。知识库可以不断创新,即在原基础上对新样本进行学习,以便获得具有更多知识与经验的新的网络参数。

2.3.6　模糊决策系统

　　在现实生活中,也包括数字制造的过程中,有些问题并不能直接进行界定,问题的边界区域便逐渐扩大,产生了一定程度的模糊性。模糊决策系统就是当人们无法判断决策属性本身的真假时而进行的一种意识形态上的模糊决策,其属性的取值为一系列隶属于某个模糊概念的隶属程度,我们常称为模糊决策。这一类问题已广泛出现在医学、工程建设、决策分析、卫星气象等多个领域。

2.3.6.1　模糊决策系统概念

　　称三元组 $S=(U,A,d)$ 是一个决策信息系统。若系统中的对象在决策属性 d 下的取值是关于某个模糊概念的隶属度,则称该决策信息系统为一个模糊决策信息系统,简称模糊决策系统[2]。

2.3.6.2　相容关系

　　设 $S=(U,A,d)$ 是模糊决策系统,其中 U 是由对象组成的非空有限集合, A 是条件属性的有限集合, d 是决策属性。对于每个 $a\in A$,有 $a:U\to V_a$,其中 V_a 成为 a 的值域。如果至少有一个属性 $a\in B\subseteq A$,使得 V_a 含有空值,则称 S 为一个不完备模糊决策系统,用 $*$ 表示空值。

　　设 $S=(U,A,d)$ 为一个不完备模糊决策系统, $B\subseteq A$,令 $T_B=\{(x,y)\in U\times U\mid \forall a\in A, a(x)=a(y)$ or $a(x)=*$ or $a(y)=*\}$,容易验证 T_B 为 U 上的一个相容关系。

　　令 $T_B(x)=\{y=U\mid (x,y)\in T_B\}$,称 $T_B(x)$ 为 B 的极大相容类。对于 B 而言, $T_B(x)$ 表示在相容关系下 U 中与 x 不可区分的对象的最大集合。

　　令 $D_B(x)=U/T_B(x)$ 。对于 B 而言, $D_B(x)$ 表示在相容关系下 U 中与 x 可区分对象的最大集合。

　　对 $\forall x\in U, T_B(x)\bigcap D_B(x)=\varnothing$ 且 $T_B(x)\bigcup D_B(x)=U$ 。

　　令 $U/T_B(x)=\{T_B(x)\mid x\in U\}$ 表示相容类所形成的集合,它们构成 U 的覆盖。

2.3.6.3　邻域关系

　　邻域的定义方法一般有两种:经典的 k 近邻方法是通过空间内包含的对象的数量所确定的;另外一种是根据给定的距离度量方式来定义。这里采用第二种定义方式。

　　设 $S=(U,A,d)$ 是模糊决策系统, $B\subseteq A,\delta\geqslant 0$ 是非负实数,对 $\forall x\in U$,称 $N_B(x)=\{y\in U\mid \Delta_B(x,y)\leqslant\delta\}$ 为 x 在 B 下的 δ 邻域,其中 $\Delta_B:U\times U\to R$ 为 U 上的一个距离度量,即 Δ_B 满足以下性质:

　　① $\forall x,y\in U, \Delta_B(x,y)\geqslant 0; \Delta_B(x,y)=0$ 当且仅当 $\forall a\in B, a(x)=a(y)$;

　　② $\forall x,y\in U, \Delta_B(x,y)=\Delta_B(y,x)$;

　　③ $\forall x,y,z\in U, \Delta_B(x,z)\leqslant\Delta_B(x,y)+\Delta_B(y,z)$ 。

　　$N_B(x)$ 表示了隶属于 x 的 δ 邻域信息粒子,由根据距离度量 Δ_B 测定的接近于中心点 x 的对象所组成, $N_B(x)$ 具有以下性质:

① $\forall x \in U, N_B(x) \neq \varnothing$；

② $y \in N_B(x) \Leftrightarrow x \in N_B(y)$；

③ $\bigcup_{x \in U} N_B(x) = U$。

所有的邻域信息粒子构成了 U 上的邻域信息粒子族,简称邻域粒子族。邻域粒子族形成了邻域 U 上的一个覆盖。这些邻域也称为系统的邻域信息粒子。在这里,我们采用距离公式 $\Delta_B(x,y) = \max\{|a(x) - a(y)|\}$ 作邻域定义树的距离度量。尽管上述的 $\Delta_B(x,y)$ 主要是针对数值型信息系统而言,但可以看出,邻域关系具有更普遍的意义。这种关系可以推广到具有名义型和数值型的混合数据之上,对名义型属性,我们定义 $\Delta_B(x,y)$ 如下:

(1) 对完备系统,令 $\Delta_B(x,y) = \begin{cases} 0 & \forall a \in B, a(x) = a(y) \\ 1 & \forall a \in B, a(x) \neq a(y) \end{cases}$

(2) 对非完备系统,令 $\Delta_B(x,y) = \begin{cases} 0 & \forall a \in B, a(x) = a(y) \text{ or } a(x) = * \text{ or } a(y) = * \\ 1 & \forall a \in B, a(x) \neq a(y) \end{cases}$

于是,完备模糊决策系统的不可区分关系和不完备模糊决策系统的相容关系也都可以用下式来重新定义:

$$IND(B) = \{(x,y) \in U \times U | \Delta_B(x,y) = 0\}$$

即完备模糊决策系统下的 x 的等价类演变为模式 $[x]_B = \{y \in U | \Delta_B(x,y) = 0\}$,不完备模糊决策系统的相容类演变为模式 $T_B(x) = \{y \in U | \Delta_B(x,y) = 0\}$。

2.4 制造数据的可计算性、可控性和可预测性

制造数据是驱动制造企业运行的核心数据,它来自不同的应用系统,最后汇总到生产系统进行统一组织、管理和使用。制造数据主要包括以下四个方面:

① 产品、工艺、质量等各种工程技术数据,用于定义制造什么(What)、如何制造(How)等信息;

② 项目、计划、调度等生产计划与组织管理等方面的数据,定义了何时(When)制造、何地(Where)制造、由何人(Who)执行;

③ 企业资源与环境数据,包括制造资源的设备、工装和库存物料等信息,企业可利用的外部资源也可以作为虚拟资源归入企业资源数据的范畴;

④ 对制造结果的描述,记录企业在某个具体的时间、地点,使用某些物料资源生产的具体产品、零部件的数量及其质量,为生产的统计、评估及反馈提供依据。

数字制造过程中的制造数据包括的数据对象种类多、数量大、结构复杂,涉及制造过程中的各种信息,并且和产品全生命周期的数据也有错综复杂的映射关系。

根据制造数据是否被经常添加、修改或删除,可以将其分为静态数据和动态数据。制造的静态数据一般指产品制造开始前就设定好的,关于所制造的产品的各项描述性的属性信息,它一般不会频繁改动,其主要包括制造产品的制造结构信息、装配物料信息、制造物料信息、制造工时定额以及各种制造工具需求信息等。制造的动态信息是指生产部门在业务活动过程中产生的数据,它随着制造过程的进行不断添加、更新和删除(如质量检验数据、制造进程信息等),动态数据为企业各部门的决策管理提供强有力的数据信息,是企业管理必不可少的一个信息源。

为了实现生产中制造数据的有效管理,需要开发实施相应的制造数据管理系统。一个完善的制造数据管理系统一般包括以下几个方面:

① 产品数据管理 与作业成本管理一起,作为制造数据管理系统的核心。它以产品为中心,通过静态的产品设计结构和动态的产品生产流程这两条主线之间的交互与配合,将所有的产品零部件结构和制造资源数据进行统一协调和管理。

② 作业成本管理 制造数据管理系统备有强大的作业成本控制功能,在生产经营的每一部分,只要有相关的产品数据产生,便会有资金流的即时体现,有利于对资金流动的监控与管理。

③ 制品及物流管理 实现了零件从原材料入库到加工、装配、出库的过程管理和控制。

④ 产品成本控制与测算 材料价格、工时定额、工人工资的升降多少,都可通过系统方便地进行的测算或发布。

⑤ 快速报价 任一零件工序、工艺、设备、材料定额,或零件的增减等数据的变化,都可动态地报出变化后新的价格。

⑥ 工艺方法管理 可根据零件工艺的分类和对比,制定出新的零件加工工艺,或对加工工艺进行统计分析,可提供设备能力分析。

⑦ 设备工艺价格管理 根据生产设备的不同,通过对数字模型的运行制定出新的工艺设备价格。

⑧ 工时定额管理 它是作业成本控制的基础数据,由不同方式下的节点用户进行数据管理,可进行工时能力需求分析。

这种制造数据管理系统就是基于数值计算的智能方法,利用计算机对制造过程和制造系统中力、热、声、振动、速度、误差等物理量,加工误差和位移等几何量,过程建模、控制规划、调度和管理等有关计算问题及复杂性问题分析等一系列事件进行数字表示、数字计算、定性推理和形式处理,最终使制造系统中各种问题归结为计算机可形式化的计算模型,进而实现其可计算性、可控性和可预测性。

2.4.1 制造数据可计算性[3]

制造过程是产品生命周期中的关键阶段,也是产品数据最为丰富的阶段之一,在制造过程中,涉及产品、工艺、车间布局、设备资源、人员组织等各方面的数据。

2.4.1.1 产品数据

产品和组成它的组件之间、每个组件和它的加工或装配过程之间、制造过程和与其所在的物理位置及关联的资源之间都存在着内在或按有效制造和装配的安排而形成的逻辑关系。"结构"就是用来表达制造数据相互关系的。因此完整的"产品制造过程数据结构"包括以下几个方面:

① 对产品的数字化表达和对产品组成之间的相互关系的描述。

② 对制造过程(步骤)的数字化表达和对每个制造步骤之间相互关系的描述,以及产品的结构层次与制造过程的结构层次之间联系的表达。

③ 对制造环境(包括生产组织、设备、工具及其布置)以及它们与每个制造过程的关系的数字化描述。

④ 对制造环境中的某些位置和资源之间的关联进行描述,如固定设备所在的车间、工位等。

产品数据模型(简称产品模型)是按一定形式组织的产品数据结构,也是产品信息在计算机内表示框架和操作方法的集合,它能够完整地提供产品数据各应用领域所要求的产品信息。建立产品的数据模型就是用建模语言和工具表达组成产品的部件、零件及其关系的相关信息。产品模型主要反映产品本身的属性信息和产品、部件、零件之间的结构关系,主要有两个实体对象——物料实体和物料结构实体。

物料实体主要反映物料自身的自然属性和管理信息,比如代号、名称、单位、重量、尺寸、图号、来源(自制、外购、外协等)、类别(部件、零件等)、版本、版次、日期等。物料又分为多种类型,如产品、部件、零件、原材料、工艺件(指在工艺设计阶段出现的物料项,如工艺合件、拆分件、中间件等)等。物料结构实体主要反映物料之间的父子关系。

2.4.1.2　工艺数据

产品的工艺根据所使用的范围及表示作业内容的不同,可分为工艺路线、工艺过程、工序、工步、操作、动作和动素等不同的层次。各层次之间存在着紧密的联系,高层次的工艺单元是由低层次的工艺单元组合而成的。工艺信息模型就是反映工艺从路线、流程、工序、工步直至操作各层次作业的自身属性信息(包括编号、名称、工艺内容、材料、工时、位置、设备、工装、质量控制手段等)以及它们之间层次关系的模型。

2.4.1.3　工厂数据

工厂数据模型包括两方面内容:

① 自身属性信息:编号、名称、面积、布局图、仿真模型。

② 工厂、车间、生产线、工位之间的关系信息。比如一个工厂包含多个车间;一个车间有多条生产线;一条生产线又分为多个工段;每个工段包含多个工位或工作中心等。

工厂模型中不同层次的组织信息与工艺过程中不同层次的作业信息存在着一定的关联关系,如工艺路线与工厂/车间相对应;工艺过程与车间/生产线相对应;工序与车间/工位相对应。

2.4.1.4　资源数据

按照使用范围分类,制造资源可分为广义制造资源和狭义制造资源。广义制造资源包括制造场所、原材料、能源、人力、技术、信息、设备、工具、夹具、物料传输系统等。狭义制造资源是指加工零件所需要的物质元素,包括机床、刀具、夹具、量具和辅料等。

制造资源的信息涉及面非常广,内容复杂;不同制造资源的具体信息不同;同一个制造资源,在不同的时间和不同的应用场合,其信息也不尽相同。但是,从制造资源的全局分析,制造资源信息可以分为三大领域信息,即物理信息、能力信息、关联信息。三者分别从不同的侧面描述制造资源的信息,并在不同的应用场合起作用。物理信息表达制造资源的基本属性,如加工工具的唯一标识、尺寸、位置、生产日期等。能力信息表达制造资源的能力,如加工工具的加工能力,包括特征加工能力、加工尺寸范围、加工精度范围等。制造资源往往不是孤立存在的,各制造资源之间存在着必然的联系。

2.4.2　制造数据可控性[4]

1. 优化与排样

数字制造系统中存在大量的制造过程与生产工艺数据信息,这些信息包括确定性的离线数据,也包括在制造过程中产生的不确定性的动态实时信息,这就需要运用智能理论与智能感测技术来获取信息,将其存储于数据库和数据仓库中,建立相关的智能模型,以便于分析、处理、优化、控制数字制造系统数据。

如图 2.41 所示,优化排样就是寻求某种优化的布局方式,要求各个零件互不重叠,并满足一定的工艺要求,目的是使平面区域的材料面积利用率或空间区域的材料体积利用率较高,减少原材料"切割损耗"(Trim Loss)的研究方法。

排样问题具有以下基本特征:

① 有两组基本数据,数据元素定义了空间中确定形体的几何表达:大尺寸几何原材料对象和小尺寸几何零件列表。

② 排样过程实现小尺寸对象的几何组合在大尺寸对象上排放的布局方案。残余的小块,例如,布局方案中无法排放小尺寸对象的小块区域,通常称之为"切割损耗"(Trim Loss)。

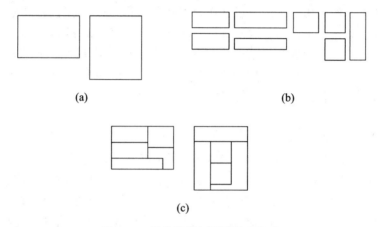

图 2.41　优化排样问题的基本构成

(a)给定几何尺寸原材料;(b)小尺寸几何零件列表;(c)优化排样方案图示

2. 优化排样基本理论

优化排样问题的理论基础通常由组合优化问题、启发式算法、NP 完全问题构成。

(1) 组合优化问题

组合优化(Combinatorial Optimization)问题是利用数学方法去寻找离散事件的最优编排、分组、次序和筛选等,是运筹学(Operations Research)中的一个经典且重要的分支。一个组合优化问题可用三参数(D、F、f)表示,其中 D 表示决策变量的定义域,F 表示可行解区域 $F=\{x\,|\,x\in D, g(x)\geqslant 0\}$,$F$ 中的任何一个元素称为该问题的可行解,f 表示目标函数。满足 $f(x)=\min\{f(x)\,|\,x\in F\}$ 的可行解 x 称为该问题的最优解。

(2) 启发式算法

启发式算法(Heuristic Algorithm)是相对于最优算法提出的。一个问题的最优算法理论上可以求得该问题每个实例的最优解。通常这样定义,一个基于直观或经验构造的算法,在可接受的花费(指计算时间、占用空间等)下给出待解决组合优化问题每一个实例的一个可行解,但不一定能保证所得解的可行性和最优性,甚至在多数情况下,无法阐述所得解与最优解的近似程度。

(3) NP 完全问题

NP 完全问题是由 P 类问题延伸而来,P 类问题是指具有多项式时间求解算法的问题类,但迄今为止,许多优化问题仍没有找到求得最优解的多项式时间算法,通常称这种比 P 类问题更广泛的问题为非多项式确定问题,即 NP 问题。

NP 问题的定义有很多,这里举其中一个定义:如果存在一个多项式函数 $g(x)$ 和一个验证算法 H,对一类判定问题 A 的任何一个"是"的判定实例 I 都存在一个字符串 S 是 I 的"是"回答,满足其输入长度 $d(s)$ 不超过 $g[d(I)]$,其中 $d(I)$ 为 I 的输入长度,并且验证算法验证 S 是 I 的"是"回答的计算时间不超过 $g[d(I)]$,则称判定问题 A 为非多项式确定问题,简称 NP。判定问题是否属于 NP 的关键是对"是"的判定实例是否存在满足上述条件的一个字符串和算法,其中字符串在此可理解为问题的一个解。

3. 优化排样问题相关算法

优化算法有很多的角度可以进行分类。就优化机制与行为而分,目前工程中常用的优化算法主要可分为:经典算法、构造型算法、改进型算法、基于系统动态演化的算法和混合型算法等。

① 经典优化算法:包括线性规划、动态规划、整数规划和分支定界法等。

② 现代新颖算法:包括人工神经网络、混沌理论、遗传算法、进化规划、模拟退火、禁忌搜索及其混合优化策略等。

2.4.3 制造数据可预测性[5]

在传统的串行产品开发模式下,一个成功的产品必须经过设计—制造—评价—再设计的多次循环,使新产品开发成为一个漫长的过程。由于认识的局限性和问题的复杂性,传统产品开发的各个环节一般由不同的部门负责。它们以本环节的需求和优化为出发点,很少也很难考虑相关环节的需要。在这种彼此分离、缺乏沟通的状况下,上下游的相互冲突必然引起大量返工。传统生产模式中最为严重的缺陷是设计与制造(或工艺)的脱节。

DFM(Design For Manufacture)是一种设计方法,其主要思想是在产品设计时不但要考虑功能和性能要求,而且要同时考虑制造的可能性、高效性和经济性,即产品的可制造性(或工艺性),其目标是在保证功能和性能的前提下使制造成本最低。

可制造性是对给定制造资源、满足用户要求的产品设计的一种优化。产品可制造性涉及的因素很多,如制造成本、时间、加工工艺性、装配工艺性等,各种因素对可制造性影响程度不同。因此,产品对可制造性应考虑制造和装配全过程中的所有因素。在给定的设计信息和制造资源等环境信息的计算机描述下,可制造性评价可定义如下:

① 确定设计特性(如形状、尺寸、公差、表面精度等)是否是可制造的;

② 如果产品的设计方案是可制造的,确定可制造性等级,即确定为达到设计要求所需加工的难易程度;

③ 如果设计方案是不可制造的,判断引起制造问题的设计原因,如果可能则给出修改方案。

产品可制造性评价指标分为技术指标和经济指标两种:

① 技术指标 技术评价主要是评价设计方案满足设计要求和技术性能要求的程度,包括可加工性、结构工艺性、可装配性、加工工艺性、标准化分析和可装夹性等评价指标;

② 经济指标 经济评价主要围绕产品设计方案的经济效益进行评价,包括方案的成本、利润、实施的费用、周期和资金回收等。

如图 2.42 所示,两类指标还将分解成不同层次的分指标,共同构成树状的指标体系。

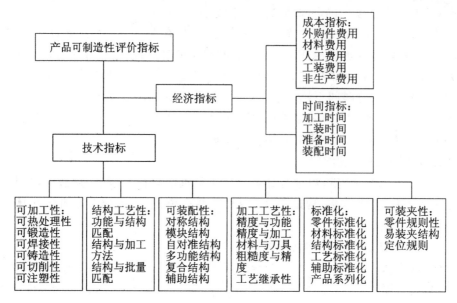

图 2.42 产品可制造性评价指标体系

近几年国外出现了一些针对具体应用领域的可制造性评价独立系统或相关模块,总结其所采用的评价策略,大致可分为以下两类:

(1) 基于规则进行可制造性评价

直接根据评判规则,通过对设计属性的评测来给可制造性定级。这类策略主要针对零件的结构工艺性方面进行缺陷检查,将设计模型的各个设计属性与设计规则进行比较,直接找出设计模型中不易制造或不能制造的设计属性,作为评价结果进行输出。这类策略通常都有包含各种规则的知识库,适用于铸造、冲压及注塑等非切削加工的制造领域。

(2) 基于规划进行可制造性评价

对一个或多个制造方案,借助于成本和时间等指标来判断是否可行或寻求最佳。这类策略首先根据设计规则对各设计属性进行初步评价,然后根据设计模型及现有的制造资源生成加工工艺规划,再对工艺规划进行优化。

参 考 文 献

[1] 许红静.复杂产品数字样机集成分析建模方法研究[D].天津大学,2007.

[2] 郑建兴.基于邻域关系的模糊决策系统约简与规则获取[D].山西大学,2011.

[3] 马春娜.面向 MPM 的制造数据建模与工艺程序优化研究[D].山东大学,2008.

[4] 李明.智能优化排样技术研究[D].浙江大学,2006.

[5] 杨文玉,等.数字制造基础[M].北京:北京理工大学出版社,2005.

③ 数字制造信息学

3.1 制造信息的合理表述、优化配置

3.1.1 制造中的信息

制造是需求和效益驱动的社会性人为产出活动,是物质、能量、人员、资金和信息等的有机组合[1]。数字制造过程就是在人的参与下将制造信息物化在原材料或毛坯上,并使之转化为相应产品的过程。采用不同的制造知识和工艺方法,将导致不同的材料和能量的转换方式和利用效率。显然,制造是受控制的造物过程,而控制是由约束和信息所构成,因此制造与信息密切相关,也就是说,制造是信息驱动的受控人为产出活动,制造信息是制造确定性的表征,反映了制造系统的有序化过程[2]。实现制造过程的特定功能所需知识包括实施制造过程中的经验法则和客观规律等技术措施,以及协调生产环节相互关系的逻辑决策知识等。在以人为主体的手工、机械化及自动化的传统制造历史中,制造的主要参与者是人,大量制造信息的产生、获取、传递、存取、处理、转换、利用、物化、知识化以及管理等,主要是由人和装载预定制造信息的机器来完成,因此弱化了制造信息的主导作用。

20世纪中叶以来,计算机技术、信息技术以及网络技术的迅猛发展,使人类迈进了数字时代;同时也给制造带来了一股巨大的推动力量,革新了制造的基础,改变了制造的面貌。另一方面,由于需求市场从卖方向买方的转变,使得管理成本急剧上升,制造信息成为制约产品成本和响应速度的主要因素。因此,各种新兴的信息技术与制造的融合,使得大部分制造活动都是在网络环境中以计算机为辅助工具实现的,从而极大地提升了信息的获取、传递、存储、处理、转化、利用等的速度,同时也使得以物资、人员、能量以及资金为主导传统的制造逐步迈进了以信息为主导的数字化制造。与传统制造不同,数字制造力图在网络技术与计算机技术等技术的支持下,从离散的、系统的、动力学的、非线性的和时变的角度研究产品设计、制造工业、装备、技术、组织与管理、营销等方面的问题,因此传统制造中的许多经验化与定性化的描述,需要逐步地全面转向数字化的定量描述。全面数字化的制造信息在相关协议的支持下,可以通过计算机网络进行传递,并在一定的条件下可以在不同的计算机系统里进行处理与存储,从而在一定基础上建立不同层次系统的数字化模型,进而进行数字仿真。

显然,产品的设计与生产、加工需要多方面的制造信息,在整个制造活动过程中,其典型的流程框图如图3.1所示。制造是信息的闭环过程。制造是将消费者需求信息和生产条件信息转化为物质的存在,产品的目的是满足消费者,因而信息也必然产生于消费者的需求。数字化制造不仅要处理大量的数据信息、文字信息、图形信息等结构与半结构的符号信息,还要处理

某些主体的非符号化的经验信息与知识。众所周知,作为一类面向制造领域的知识,制造知识是经过处理的制造信息,是制造信息和数据的归纳、融合、衍生和升华。与制造信息相比,制造知识具有更大的价值,同时它也能创造更多的价值。

从信息角度来看,不同层次的制造活动大致可分为制造物质活动、制造信息活动和制造控制活动三类[4]:

① 制造信息支配下的物质活动　如切削加工、产品装配和车间物流等,它们大多处于制造过程的下游。

② 制造信息支配下的信息活动　如产品设计、工艺规划、数控编程、企业经营决策、生产计划、生产调度、现场加工信息的采集等,其处于制造活动的各个层次。

③ 制造信息支配下的控制活动　如根据计划下达的生产指令、数控机床的加工过程控制等,其主要存在于制造过程的中、下游。

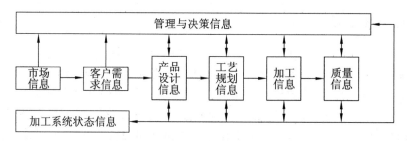

图 3.1　制造信息流程框图

3.1.2　数字制造信息的本质特征与分类

自然界客观存在的事物是不以人的意志为转移的,能为人类所认识是由于其有使其本身所固有的本质特征能向外传递的潜能,人类通过自己实践所总结出的认识标准与尺度来对事物进行观测,进而重现事物的本质特征,即获得事物的信息。因此,信息和主体的认知有关,由于对人的认知能力的探究还没有到达一定的深度,也就还缺乏对信息完整而全面的定义,但并不影响研究者从不同的领域从发,从不同的角度对其进行理解与定义。有人曾做过统计,仅公开发表过的关于信息的概念或定义就不下 40 种。这些定义从不同的角度反映了信息的某些特质,但至今还没有一种公认的定义。最早把信息作为研究对象的是在通信领域,信息论中在不考虑信息的语义的前提下,从统计的角度定量地把信息视为信宿对信源发出不确定性东西的减少。信息被定义为消除随机不确定性的东西。而控制论则从定性的角度把信息视为认知主体与外部环境间相互联系、相互作用过程中相互交换的内容,信息既不是物质也不是能量,信息就是信息。

数字制造信息是一类领域信息,它的本质特征与信息有共性的一方面,同时又具有制造领域的特点,可以认为制造信息是制造活动过程中所涉及的各种客观事物本体(信源)的变化和特征的反映,以及客观事物本体之间相互作用、相互联系的表征(源信息),它是被认知主体(宿主)感知或表述的客观事物本体存在的方式和运动状态(宿信息)。显然,事物主体所表述的是其向外部世界输出的信息,所反映的是事物本身的特性,具有确定的客观性,而认知主体感知是外部世界向认知主体输入的信息,是认知主体对事物的观测,由于不同认知主体的观测能力不同,因此会随着认知主体的不同而不同,具有主观性。另一方面,由于信源的复杂性会影响源信息的发射状态,而在信息传递过程中会受到各种噪声的干扰,宿主的接收能力(包括人的辨识能力)也会影响对源信息的认识。因此,源信息到宿主的传输过程中会有不同方面、不同程度的失真,即不能反映事物主体的本质特征,即信息具有不确定性[3]。与其他领域的信息相比,由于制造信息涉及产品的全生命周期的各个阶段,因此具备以下特点:

(1)信息结构复杂

制造信息包括了从产品全生命周期设计和管理的各阶段的信息,涉及几何信息、工艺流程、装配过程、成本控制、性能指标、制造材料等方面,必要情况下甚至还可以包括产品的报废与回收信息、故障统计等信息。因此,制造信息既包括结构化数据,也包括图形、文字、表格等非结构化数据,还包括半结构化的逻辑规则信息等。

(2)信息联系复杂

产品数据元素之间不仅存在一对一的关系,而且大多是一对多、多对多的关系。数据间这种复杂关系会给数据的存取、识别等带来困难。

信息的存在形式与信息所在系统的物理结构、功能与组织形式密切相关。因此,信息分类是描述制造信息的一个重要方面,从信息不同的表征角度可以将制造信息按以下方式进行分类[4]:

① 按照信息的表征对象划分,制造信息分为设计信息、加工信息和管理信息。

② 按照信息的表征形式划分,制造信息分为数字信息、文字信息和图形信息。

③ 按照信息的表述形式划分,从信息主体的角度看,依照主体认知的逻辑和理解信息内容的深浅可将制造信息分为语法信息、语义信息和语用信息。

④ 按照信息的结构特征划分,制造信息分为结构化信息、半结构化信息和非结构化信息。

⑤ 按照信息的内容特征划分,制造信息分为制造消息、制造资料和制造知识。

3.1.3 客户需求信息的表述

客户需求信息的表述就是将所获得客户需求信息的语义用适当的形式表示出来,成为计算机可以识别和处理的形式。然而客户由于自身能力和拥有产品知识的差别,会应用不同的表达方式来表达,往往具有模糊性、不确定性、二义性以及不完备性等特点,这样就导致需求信息不能正确、完整地反映到产品的设计中去。因此,必须根据不同特点的需求信息探究相应的信息表述,以便使得客户需求信息能够尽可能地完整准确地表达出来。相关文献将客户信息划分为二元型、选项型、参数型、描述型和解释型五种,如表 3-1 所示[5]。

表 3-1　客户需求信息的类别

类别	数据特征	属性特征
二元型	结构化	产品属性值是二元互斥选项,必选其一
选项型	结构化	产品属性值为多个可选项,各选项之间相互替代,只能取其一
参数型	结构化	产品属性值用数值型参数表示,分为离散型和区间型
描述型	半结构化	产品特征用自然文本形式的模糊语义描述
解释型	非结构化	产品需求用非形式化的自然语言描述

（1）结构化客户需求信息的表述

结构化的客户需求信息，具有良好的描述结构，并具有准确、易理解和维护等特点，对于这类需求信息可用以下的规范化结构模型来描述（图 3.2），其规范化结构包括两个层次：特征概念和特征值。通过网络环境所获得的原始客户信息，经过规范化结构处理后，可表示为 $CDI = \{I_1, I_2, \cdots, I_m\}$，$I_j = \{V_j\}(j = 1, 2, \cdots, m)$。不同的客户通过不同的实例（特征值）来表达其个性化需求。

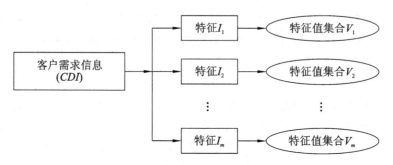

图 3.2　客户需求信息规范结构模型

（2）半结构化客户需求信息的表述

半结构化客户需求信息是客户在对产品的特征进行描述时，由于使用了符合客户习惯的语言表达方式，因此需求信息虽然具有一定的结构，但往往对信息的描述具有模糊、不确定的特点。因此，相对于结构化客户需求信息⟨⟨特征项⟩，⟨特征值⟩⟩的表述形式，半结构化客户需求信息的特征项与其完全一致，差别主要在于特征值的不同。半结构化客户需求信息的表述模式为⟨⟨特征项⟩，⟨特征值⟩，⟨特征值，特征值隶属度⟩⟩，如⟨颜色⟩，⟨灰色⟩，⟨白色，0.84⟩⟩。

（3）非结构化客户需求信息的表述

非结构化客户需求信息是客户用自然语言来描述的信息，具有信息描述不规范、模糊以及不一致的特点，往往可以采用自然语言处理的方法进行转化，再以⟨⟨特征项⟩，⟨特征值⟩⟩和⟨⟨特征项⟩，⟨特征值⟩，⟨特征值，特征值隶属度⟩⟩的表达规范进行描述，如客户提出的非结构化信息：屏幕要大，外壳颜色要稳重，经过信息的挖掘和规范可表述为⟨⟨尺寸⟩，⟨5.5 英寸⟩⟩；⟨⟨颜色⟩，⟨白色，0.65⟩，⟨黑色，1⟩⟩。

3.1.4　制造产品信息模型

一般来说，所谓产品信息模型是指从产品全生命周期设计和管理的角度出发，为详细机械图形设计、零件的制造、整机的装配等环节提供产品所有信息或过程的描述，主要包括几何信息、工艺流程、装配过程、成本控制、性能指标、制造材料等方面，必要情况下甚至还可以包括产品的报废与回收、故障统计等信息。因此，一个完整的产品信息模型应该反映出产品全生命周期中从设计、制造到回收利用这个过程的基本状态，是对上述信息的抽象表达和高度概括的结果[6,7,8]。

产品的信息模型来源于市场消费者需求的分析，并据此确定该产品的设计信息，其中包括与产品有关的所有产品的几何信息、制造工艺、装配过程、产品成本、性能指标、制造材料等，以及产品在设计、制造和维护等过程中的实施规程信息，用于为产品全生命周期设计与管理的各个环节提供必要的支持。因此,其数据对象以及对象之间的关系具有复杂性,这也正是制造信息与一般数据信息之间的区别,在产品信息模型的建立中,不同产品对象和数据之间的关系不仅仅是产品对象的一个附属属性,也应该视为一个对象。

从本体论出发,认为任何模型都是"点信息"和"点信息之间的关系"构成的,为此引入两个本帖概念"信息元"和"关联元",作为产品信息模型表达的基本概念和构建基础。信息元的定义如下:

信息元(Information Unit,IU)是用于表述"点信息",即基于不同层次、不同类型的产品设计的单元信息的抽象定义,其顶层元的属性如下:

```
Typedef Class
{
    Char * name;            //所表述信息的名称
    Int ID;                 //该信息元的阶号
    Char * intro;           //关于该信息的说明
    IU * sub_IU;            //所包含的子元定义
    方法定义;
}IU
```

关联元(Relationship Unit,RU)是指产品设计中"点信息"与"点信息"之间的关联信息,即设计过程中各类关联属性的抽象定义,其顶层关联元的属性定义如下:

```
Typedef Class
{
    Char * name;            //所表述关联信息的名称或定义
    Char * intro;           //关于该关联的说明
    IU link_A, link_B;      //所关联的信息元
    RU sub_RU;              //所包含的子关联
    方法定义;
} RU
```

任何产品信息模型都可以通过一定的关联形成上一阶的信息,这类关联可以是结构性的、时序性的,也可以是逻辑性的;同样任何产品信息在一定的范围内,又都可以通过分解得到下一阶的信息,这些信息可以从不同侧面进一步补充和完善上一阶信息。

3.2 制造信息的度量和物化

3.2.1 基于熵量的信息度量

制造信息的科学计量是制造信息学最基本的任务之一。制造信息既有客观主体的客观性,又具有认知主体的主观性,要建立一个统一的绝对度量方法是不现实的,因此针对不同制造信息建立不同的度量方法是合适的。

工程信息理论方法在制造工程领域应用的主要特点是不考虑信息的语义、信息的价值、信息的效用,即不考虑信息对认知主体信念的改变,而是用概率场,以熵量的变化来度量信息的方法,即将信息定义为熵量的减少。据此,制造活动过程中的不确定性问题,可以采用信息熵

来描述,其定义如下:

① 如果某信息所代表的某一制造活动结果出现的概率为 $P(x_i)$,则信息所含信息量为自信息量 $I(x_i)$,定义式为:

$$I(x_i) = -\log_2 P(x_i) \tag{3-1}$$

② 如果某信息所代表的某一制造活动结果含有 $n(n>1)$ 个不确定的状态,则信息所含信息量为平均自信息量 $H(x)$,定义式为:

$$H(x) = -\sum P(x_i) \log_2 P(x_i) \tag{3-2}$$

其中,x_i 代表第 i 个状态,$i=1,2,\cdots,n$,$P(x_i)$ 代表出现第 i 个状态的概率,$H(x)$ 就是消除这个系统不确定性所需的信息量。

③ 如果某信息由 $m(m>1)$ 个独立的制造活动构成,那么,信息所含信息量为各独立制造活动所含信息量的和。若各独立的制造活动的信息量为自信息量时,则信息量 I 为:

$$I = \sum_{i=1}^{m} I(x_i) \tag{3-3}$$

若各独立的制造活动的信息量为平均信息量,则信息量 I 为:

$$I = mH(x) \tag{3-4}$$

需要特别注意的是,如果制造活动的结果有 n 个不确定的状态,每个状态出现的概率相同,那么该制造活动的信息量等于活动中任一状态的自信息量,且此时信息熵的值最大。显然信息熵的度量法具有一定的局限性,它不能计量无概率信息、语义信息、语用信息等。

制造活动的顺利实现离不开制造信息的准确、有效、确定地传递,从信息论的角度看,制造过程实质是信息过程,是制造活动的基础,反映制造活动中各种转化的制造效率,亦可用制造信息的转化率,即用当量熵的概念来描述。从控制论的角度来看,制造系统也是一个控制系统,而任何一个控制系统的基本要求就是信息反馈,没有良好的信息反馈,制造过程是无法有效控制的。信息反馈率是制造活动效率的重要指标,这也是一个制造信息转化率的问题,可用当量熵来度量。

3.2.2　基于信念的信息度量

信念作为一种精神实体或内省感觉,是人们对事物认识的确信程度。虽然人的主观信念是无法直接测量的,但是人们的客观行为却是可以测量的,且人的客观行为正是由人的主观信念导致的,因而可以通过测量人的行为间接地测量人的信念[9]。在制造活动中,用于表述的信息通常与决策行为有关,通常决策活动有四个要素:可选行动集、可能结果集、信念和效益评估。可选行动集为各种可选的策略集合,且每一个策略都对应着相应的结果;效益评估,则是对各种可能结果对决策目标的增进或损坏。而决策活动往往与决策者的信念有关,即信息改变信念,信念变化支配决策。

以贝叶斯定理为基础的理论确证模型是通过概率演算替换信念度,解决信念改变问题、确证问题和一致性问题[10],并通过对信念度的量化分析来提升知识确证过程的逻辑可靠性,且通过信念间的逻辑联系而获得一致性,达到真信念,成为知识[11]。通过贝叶斯的确证模型将行为与信念之间的关系联系起来,即将人的信念与概率论中的条件概率联系起来。因此测量信念,且将信念与行为联系起来。信念的内容虽然是主观的,但可以通过外在客观的行为表现出来。

一个理性的主体赋予某事件 e 的信念度 $P(e)$，应符合概率的演算法则：

$$P(e)+P(\bar{e})=1 \tag{3-5}$$

另一方面随着信息量的改变，作为一个理性的主体其信念度会随之改变，信息与信念度变化之间的关系可用条件概率来描述。在任一时刻 t，理性主体在所掌握的信息下，事件 e 的信念度可用先验概率 $P_t(e)$ 来表示，也可称为一个信任状态。在信息获取过程中，假设获取了信息 I_e，理性主体的信任状态就会改变，转向另一信任状态 $P_{t+1}(e)$：

$$P_{t+1}(e)=P_t(e \mid I_e)P(I_e) \tag{3-6}$$

也可以用自反似然比 l_i 表示信息获取前对事件 e 的信任，即：

$$l_i=\frac{P_t(e)}{P_t(\bar{e})}=\frac{P_t(e)}{1-P_t(e)} \tag{3-7}$$

当主体得知相关信息 I_e 发生概率 $P(I_e)$ 后的后验概率似然比，表示信息对事件 e 的支持程度，即：

$$l_p=\frac{P_t(e \mid I_e)}{P_t(\bar{e} \mid I_e)}=\frac{P_t(e \mid I_e)}{1-P_t(e \mid I_e)}=\frac{P_{t+1}(e)}{P(I_e)-P_{t+1}(e)}=l_i \frac{P(I_e \mid e)}{P(I_e \mid \bar{e})} \tag{3-8}$$

显然，信息 I_e 引起了似然比的变化，可用释然比的变化来度量信息对事件 e 提供的信息 L_e：

$$L_e=\mid \log_2 l_p/l_i \mid \tag{3-9}$$

3.2.3 制造信息物化的基本概念

信息物化可以从两个方面来理解[12]：一种是信息被人们用一定的载体和方式记录下来，形成一种包含有这种信息的具体物体，即信息经过一定的程序，已经"物化"在具体的载体上。另一种理解是信息个体吸收、消化、处理从而转化为特定的知识并转化为实际的生产力，从而推动人类生产力的提高，这里主要讨论对第二种的理解。正是由于信息具有物化的特性，因此成为知识经济时代重要的资源。

制造信息的物化是一种特殊的源制造信息的吸收、消化与处理，其目的是通过制造信息的传递/转换最终得到赋有源制造信息的、具有某种期望的实体产出。制造信息物化是制造活动产出实体产品时最重要的传递/转换。制造信息的物化过程，其本身并不能直接引起实体的变化，必须通过支配制造约束所形成的制造控制，才能实现对实体的改变。物化过程具有预置性，并按照给定的顺序，将预置、实置和后置的制造信息通过适当的方式和确定的约束相结合，产生相应的制造控制，利用所生成的控制信息控制相关的制造装备，将实体通过物化工艺引发被制造实体受控状态、过程或控制的变化，并产出载有源制造信息和约束转化干扰、物化转化干扰的实体产品。物化转化示意图如图 3.3 所示。

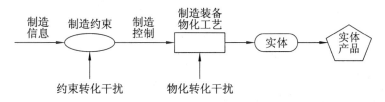

图 3.3 物化转化示意图[1]

3.2.4　制造信息物化过程中的控制与干扰

在制造信息物化过程中,制造信息并不直接造成实体的变化,而是通过制造信息支配制造约束所形成的制造控制,通过控制才能实现对实体状态、过程的改变。尽管在物化过程中,源制造信息可能是准确的或是非常准确,但在其与制造约束所产生的制造控制中,往往很难完全消除约束变化所产生的干扰,即约束变化干扰,而利用相关的制造装备通过物化工艺对实体进行物化时,也不可避免地造成干扰,即物化干扰;约束干扰和物化干扰在实际的实体产品中,就是产品误差的来源,根据制造要求,其大小应该控制在给定的误差范围之内。

设制造信息 I 的熵为 $H(I)$,由制造信息 I 所产出的实体产品 P 的熵为 $H(P)$,如果没有约束干扰和物化干扰,两个熵应该相等,而实际物化过程中,由于存在相应约束干扰和物化干扰,二者并不相等。因此定义物化转换的传输速率 R 为[1]:

$$R = H(I) - H(I|P) \tag{3-10}$$

式中,$H(I|P)$ 表示已知 P 的 I 的条件熵,可表述物化通道的可疑度。

在实际的生产活动中,制造信息的物化过程往往并不是从零制造信息开始的,而是在一定的预置信息的基础上开始的,这就要求在制造信息物化过程中,应充分考虑利用预置信息。除个别大批量生产外,预置信息是针对未来一定时间内生产计划或大纲选定的,而不是针对某一件产品。在数字化制造时代,单件小批量成为主流,预置信息必须具备可重用的特性。

3.3　制造信息的自组织与合成

3.3.1　信息的自组织

自组织是指无需外接指令而能自行组织、自行演化,即能自主地从无序走向有序。20 世纪 40 年代至今,自组织理论经历了萌芽、发展和成熟三个阶段。目前,自组织理论还没有形成统一的理论,通常人们将普利高津(I. Prigogine)创建的耗散结构和哈肯(Haken)创建的协同学统称为自组织理论。

信息的自组织是从宏观层面上揭示信息的运动规律,其需要两个先决条件[13]:①信息自组织产生的环境(即信息系统)必须是自组织系统。耗散结构理论为自组织系统的形成提出了四个先决条件,即系统的开放性、诸要素远离平衡的状态、要素之间非线性相关及存在涨落。②系统中信息数量与质量需跨越"临界点",即信息必须聚集到一定的数量与质量,突破"临界点"才能产生自组织现象。

制造信息系统是一个复杂的开放系统,具备与外界信息交互的能力,即通过这种交互,使得系统远离了平衡状态,该系统围绕产品全生命周期的管理,各信息单元相互作用、协同工作,从而实现物流、资金流以及信息流的人机一体化的管理与控制,并且通过这种非线性的相互作用以及市场环境对企业创新能力的激励,不断改进自身的制造技术、工艺、管理,使得系统发生质的变化,从而实现系统的自组织发展。因此,制造信息系统在满足自组织的条件下,通过适当的途径和方式实现信息系统的自组织。

协同学创始人哈肯认为,序参量本质上是表述系统整体运行的宏观参量,从信息的观点来看,序参量有双重作用[14]:一是控制各个子系统的运动;二是体现系统的宏观有序程度。序参量在系统自组织过程中起着关键的作用,直接影响系统自组织演化的方向和结果。制造信息系统的自组织过程如图3.4所示。系统自组织就是系统单元在序参量的作用下,实现信息的传递、单元之间的相互作用、单元本身的状态转移,即制造信息系统不断与外界环境进行物质、能力和信息的交换,从而保持系统的持续生存和发展。

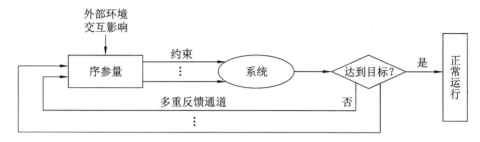

图 3.4　制造信息系统的自组织过程示意图

3.3.2　信息合成

在制造活动过程中,充满了各种制造决策,而制造决策离不开制造信息,就如前所述,信息改变信念,信念支配决策,决策决定制造活动。为了决策,对所掌握的制造信息进行有效的合成,合理改变信念,从而进行有效决策(图3.5)。为了进行决策,首先需要对支持决策多个不同的信息进行合成,不同信息的合成会改变决策者对某一证据的信念,决策者根据信念的合成进行决策。然而信念的合成并不能简单地叠加,因为不同的信念信任的对象并不一定是相同的。

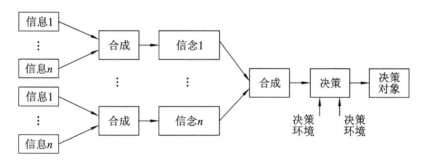

图 3.5　制造信息合成框架

将证据理论[15]运用于信念合成,设 D 是所有可能的单元证据 x 的集合,且 D 中的元素是互斥的,任何一个时刻只能取 D 中某一个元素,则称 D 为 x 的样本空间,也称 D 为辨别框。在证据理论中,D 的任何一个子集都对应一个关于 x 的命题,称该命题为"x 的值在 A 中"。

定义 1:概率分配函数 $M(A)$ 把 D 的任意一个子集 A 都映射为$[0,1]$上的一个数,且 $M(\Phi) = 0, \sum\limits_{A \subseteq D} M(A) = 1$。

定义 2:信任函数 $Bel(A)$ 表示对 A 为真的信任程度

$$Bel(A) = \sum_{B \subseteq A} M(B) \tag{3-11}$$

定义 3:似然函数 $PI(A)$ 表示对 A 为非假的信任程度

$$PI(A) = 1 - Bel(\overline{A}),\text{其中 } A \subseteq D \tag{3-12}$$

信任函数和似然函数分别表示对 A 信任程度的下限和上限。

定义 4：设 M_1 和 M_2 是两个概率分配函数，则其正交和 M 为：

$$M(A) = M_1(A) \oplus M_2(A) = K^{-1} \times \sum_{x \cap y = A} [M_1(x) \times M_2(y)] \tag{3-13}$$

式中，$K = 1 - \sum_{x \cap y = \Phi} [M_1(x) \times M_2(y)] = \sum_{x \cap y \neq \Phi} [M_1(x) \times M_2(y)]$，$M(\Phi) = 0$。如果 $K \neq 0$，则正交和 M 也是一个概率分配函数；如果 $K = 0$，则不存在正交和，M_1, M_2 矛盾。

根据以上定义，可按照如下规则对信念进行合成：

① 当有多条证据支持同一决策 H 时，分别对每一条证据求出概率分配函数，并求出它们的正交和。

② 求出 $Bel(H)$，$PI(H)$，及 $F(H)$，其中 $F(H) = Bel(H) + \left|\dfrac{H}{D}\right| \times M(D)$。

③ 按如下公式求出 H 的确定度 $CER(H)$，即：

$$CER(H) = MD(H/E) \times F(H)$$

式中，$MD(H/E)$ 表示前提条件与相应证据 E 的匹配程度。若在 H 所要求的证据都已出现，则取 $MD(H/E) = 1$，否则取 $MD(H/E) = 0$。

3.4　制造信息的数据挖掘

3.4.1　数据挖掘的基本概念与方法

在美国科学院的《2020 年，未来制造的挑战》报告中，将海量的信息及时地转换为对有效决策有用的知识是未来制造所面临的重要挑战之一。数据挖掘又称为知识发现，就是从大量的、不完全的、有噪的、模糊的、随机的数据中提取隐含在其中的、人们事先不知道的，但又是潜在有用的信息和知识的过程，即发现隐藏在数据中的模式，其是一门交叉性学科，融合了数据库技术、人工智能、模式识别、机器学习、统计学和数据可视化等多个领域的理论和技术，是一种有效的知识发现方法。

通常，按照数据挖掘的方法来分，可分为两类：统计模型和机器学习技术，其中机器学习与数据挖掘的关系最为密切，而统计模型在数据挖掘中主要是进行评估。常用的统计技术有概率分布、相关分析、回归、聚类分析和判别分析等；机器学习是人工智能的一个分支，也称为归纳推理，通过学习训练数据集，发现模型参数，并找出隐含的规律[16]。

按数据挖掘的任务不同，可将数据挖掘的发现模式分为两类：描述型模式和预测型模式。描述型模式就是对当前数据中存在的事实做规范描述，刻画当前数据的一般特性；预测型模式是以时间为关键参数，对于时间序列型数据，根据其历史和当前值去预测其未来的值[17]。数据挖掘的主要过程与步骤如图 3.6 所示，即根据相应数据的特点来选取规则模板对数据进行选取、清洗和转换，然后根据需要来应用各种挖掘方法，如归纳方法、决策树方法、粗糙集方法、最邻近方法、人工神经网络、遗传算法等来进行挖掘，得到的结果通过分析、同化形成知识表达，从而获得知识帮助进行决策[18]。

数据挖掘作为研究热点，国内外研究学者提出了大量的相关算法，在 2006 年数据挖掘的

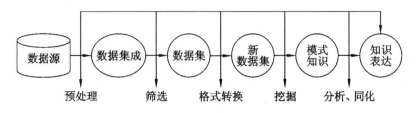

图 3.6 数据挖掘的主要过程与步骤

IEEE 的国际会议上评选的十大经典算法及其特点如下：

① C4.5 算法是机器学习算法中的一种分类决策树算法，其核心算法是 ID3 算法。但在 ID3 算法的基础上进行了改进，具有所产生的规则易于理解、准确率高等优势，同时又具有算法效率较低的劣势。

② 支持向量机是一种监督式的学习方法。它广泛应用在统计分类及回归分析中，主要思想是建立一个最优决策超平面，使得该平面两侧距平面最近的两类样本之间的距离最大化，从而对分类问题提供良好的泛化能力。

③ K 均值算法是一个聚类算法。把 n 个对象根据它们的属性分为 k 个分割（$k<n$），其特点为假设对象属性来自于空间向量，目标是使各个群组内容的均方差误差总和最小，从而试图找到数据的自然聚类中心。

④ Apriori 算法是一种挖掘布尔关联规则频繁项集的算法，其核心是两阶段频集思想的递推算法，是一种逐层搜索的迭代方法。即首先依据支持度找出所有的频繁项集，并在此基础上依据置信度产生关联规则。

⑤ 最大期望算法（Expectation Maximization，EM）是在概率模型中寻找参数最大似然估计的算法，是一种迭代算法。该算法用于含有隐变量的概率参数模型的最大似然估计或极大后验概率估计，其主要特点是简单和稳定，但是容易陷入局部最优。

⑥ Page Rank 算法即网页排名算法，是谷歌创始人谢尔盖·布林于 1997 年构建早期搜索系统原型时提出的链接分析方法。随着谷歌在商业上获得空前的成功后，该算法也成为其他搜索引擎和学术界十分关注的计算模型。目前很多重要的链接分析方法都是在它的基础上衍生出来的。该算法的基本思想是"被越多优质网页所指的网页，它是优质网页的概率就越大"。其实质是一个与查询无关的静态算法，所有网页的网页排名值都是通过离线计算获得的，因此有效地减少了在线查询时的计算量，极大地降低了查询相应时间。但它也具有需改进的缺陷，如人们在查询过程中都会围绕一定的主题特征，而该算法忽略了主题的相关特性，导致结果的相关性和主题性降低。另外，旧的页面会比新页面高，因为即使非常好的新页面也不会有很多上游链接。

⑦ Ada Boost 算法是一种迭代算法，其核心思想是针对同一训练集训练不同的分类器（弱分类器），然后把这些弱分类器集合起来构成一个更强的最终分类器（强分类器）。其算法本身是通过改变数据分布来实现的，它根据每次训练集中每个样本的分类是否正确，以及上次的总体分类的准确率，来确定每个样本的权值。将修改过权值的新数据送给下层分类器进行训练，最后将每次训练得到的分类器融合起来传给决策分类器。

⑧ K 最邻近分类算法是一个理论上比较成熟的方法，也是最简单的机器学习算法之一。其基本思路是：如果一个样本在特征空间中的 k 个最相似（即特征空间中最邻近）的样本中的

大多数属于某一个类别,则该样本也属于这个类别。

⑨ 朴素贝叶斯模型发源于古典数学理论,有着坚实的数据基础以及稳定的分类效率。该模型所需的估计参数很少,对缺失的数据不敏感,算法比较简单。理论上,贝叶斯模型与其他分类方法相比具有最小的误差率。但实际上并非如此,其原因在于该模型假设属性之间是相互独立的,然而这个假设在实际应用中往往不能成立,因此对此模型的分类结果产生了一定的影响。

⑩ CART 算法(Classification And Regression Tree),是一种分类决策树算法,使用二元分支,充分运用全部的数据,尽可能发现全部树的结构,能够处理孤立点,且能对空缺值进行处理,但其本身是一种大样本的统计分析方法,当样本量比较小时,算法将不太稳定。

3.4.2 数据挖掘模式与度量

数据挖掘的主要任务是挖掘未知的或验证已有的模式或规律,在实际应用中,主要分为以下 6 种模式[19]:

① 分类模式 即把数据集中的数据项映射到某个给定的类上,其往往表现为一棵分类树,根据数据的值从树根开始搜索,沿着数据满足的分支向上走,走到树叶就能够确定分类。

② 回归模式 与分类模式很相似,其主要差别在于分类模式的预测值是离散的,而回归模式的预测值是连续的。

③ 时间序列模式 即根据数据随时间变化的趋势预测将来的值,只有充分考虑时间因素,利用现有的数据随时间变化的一系列的值,才能更好地预测将来的值。

④ 聚类模式 即将数据划分到不同的组别中去,其目标是使组之间的差别尽可能大,组内的差别尽可能小。其与分类的区别在于事先不知道组别,并且也不知道根据什么数据项值来划分组别。

⑤ 关联模式 即数据项之间的关联规则,通常用 IF-THEN 的形式来描述。

⑥ 序列模式 与关联模式很相似,只不过在挖掘关联关系的同时还要考虑与时间的联系,也就是既要考虑事件的发生,还要考虑事件发生的准确时间。

显然,数据挖掘具有可根据不同的挖掘目标挖掘各种各样的模式或规则的能力,但对于实际的用户来说,数据集所挖掘的模式中,只有一小部分是能够为用户所使用的。所挖掘的模式或规则是否能够满足用户的使用要求,应该从两个方面来分析,即客观性和主观性。

从客观的角度来度量挖掘的模式,通过量化的形式来描述数据项集 X 对所挖掘模式或规则的 $X \Rightarrow Y$ 的可使用性,可用以下两种方式进行量化描述:一种是数据项集 X 对 $X \Rightarrow Y$ 的支持度,定义式为式(3-14),用满足模式或规则的数据样本的百分比来表示;另一种是模式或规则的置信度,定义式为式(3-15),用条件概率来量化模式或规则的可使用性,即数据集样本 X 成立的条件下,数据集样本 Y 也成立的概率,即:

$$S(X \Rightarrow Y) = P(X \cup Y) \tag{3-14}$$

$$C(X \Rightarrow Y) = P(Y \mid X) \tag{3-15}$$

一般而言,客观性的度量可以识别可用的模式或规则,但是所识别的模式或规则在实际使用过程中还要受到用户对数据的确信程度的影响,即模式或规则的可用性受到用户主观对可用性的度量的影响,简单地可将主观可用性的度量离散化为 m 个等级,即:

$$
\left.\begin{aligned}
k_1 &\leqslant S(X \Rightarrow Y) \\
k_i &\leqslant S(X \Rightarrow Y) < k_{i-1} \\
S(X &\Rightarrow Y) < k_m
\end{aligned}\right\} \quad \text{或} \quad
\left.\begin{aligned}
l_1 &\leqslant C(X \Rightarrow Y) \\
l_i &\leqslant C(X \Rightarrow Y) < l_{i-1} \\
C(X &\Rightarrow Y) < l_m
\end{aligned}\right\} \tag{3-16}
$$

其中,k_i,l_i($i=1,2,\cdots,m$)分别为支持度和置信度的 m 级阈值,当客观的支持度与置信度处于某一个阈值范围时,描述了用户对该模式或规则的信任程度,从而为用户提供不同行为策略,例如置信度小于 40% 的模式或规则可以认为是不可用的。

3.4.3 数据挖掘在产品概念设计中的应用

概念设计是设计过程的初级阶段,其目标就是按照用户需求信息,并根据产品全生命周期各个阶段的要求进行产品功能设计,以及各功能的结构设计方案的构思和系统化设计[2]。广义上,概念设计包括从产品的需求分析到进行详细设计之前的设计过程,包含功能设计、原理设计、形状设计、布局设计以及初步的结构设计。在计算机辅助下,进行概念设计的关键是实现产品信息建模,是对产品的客户需求、功能、动作和结构等各方面相关因素之间的相互影响、相互作用等复杂关系的建模和知识表达。因此,普遍认为,不同层次的功能、行为和载体之间的关系信息是产品概念设计非结构化知识的基本组成部分[20]。

据统计,产品全生命周期的成本在产品设计的阶段有 90% 已经被决定,其中的 70%～80% 在概念设计阶段被确定。在产品的概念设计阶段,对设计人员的约束较少,设计人员的自由度较高,是一个创新的设计过程,即通常是开发目前市场上现有产品所不具备的性能,设计过程需要在广泛的范围中联想,从相关的数据中寻找和发现隐藏的知识和知识模式,并在设计过程中应用这些知识。因此,充分利用客户需求信息,在网络大数据环境下,以计算机辅助的基于数据挖掘的产品概念设计无疑为上述问题提供了一个有效的解决办法。图 3.7 所示为面向网络环境的基于数据挖掘的产品概念设计的框架。

产品概念设计是产品设计过程中一个很重要的环节,它通过需求分析、需求辨别与抽象化、过程分解、功能分解、功能组合、原理解答搜索、原理解答组合、方案评价等一系列的推导步骤,最终得到概念设计的方案。由于概念设计阶段对设计人员的约束较少,所能利用的资源也较少,最主要的可用信息就是客户对产品的主观不完善的描述,及设计人员的主观经验积累,且由于客户需求是对产品属性的需求,是对产品属性的综合评价,而产品设计需求是对具体产品规则的需求,是从制造角度来看的需求。因此,设计人员和客户所表达的产品需求信息是基于不同的领域,二者在语义和术语上有很大差别,从而使得客户的需求信息难以完全映射到产品的功能需求[21]。那么,在基于数据挖掘的产品概念设计框架中,首先要完成客户需求向功能需求的映射,客户需求通常是客户对产品功能、性能、结构、材料、外观、价格等方面的要求,客户对某一产品的需求可用一组需求特征来表示:$C=\{F_1,F_2,\cdots,F_m\}$。而功能需求是指在功能域中能够描述一个产品的某一功能特征的独立要求[22]。产品的功能需求可用一组属性特征来表示:$FR=\{A_1,A_2,\cdots,A_n\}$。客户需求向功能需求的映射,就是要实现 C 到 FR 的映射。因此,利用数据挖掘中的关联挖掘方法,挖掘 $C \rightarrow FR$ 的关联规则,即产生支持度和可信度分别大于给定阈值的关联规则,并利用由关联规则建立的质量功能配置图实现客户需求向功能需求之间的映射[23]。

所谓产品功能-结构的映射就是对产品功能模型进行结构实现的求解,是将产品功能性的描述转化为能实现相关功能的具体形状、尺寸以及相互关系的零部件的描述,即功能是产品结

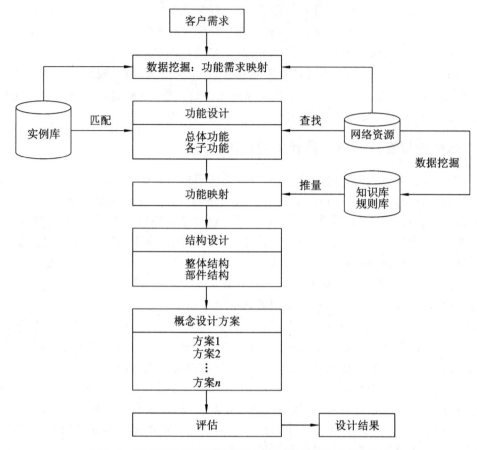

图 3.7　面向网络环境的基于数据挖掘的产品概念设计框架

构的抽象,是结构的具体实现目标。功能与结构间的关系一般而言是多元映射关系,一个功能可能由一个或多个特征或元件实现,同时一个特征或元件也可能完成一个或多个功能。利用数据挖掘的方法挖掘相关的映射规则,利用相关的规则进行推理,寻求相关的设计方案。

3.4.4　数据挖掘技术在工业过程和制造过程中的应用

随着相关科学技术的发展,以石油、化工和钢铁为主体的各种过程工业得到了长足的发展,同时对控制系统的精度、响应速度、稳定性和鲁棒性等都提出了更高的要求。另一方面,随着工业过程的日趋复杂,其非线性、时变性、滞后性、强耦合性、不确定性以及随机性更为严重,难以建立精确的数学模型,因此对过程的精确控制造成了较大的困难[24]。

随着以计算机为核心的集散控制系统、现场总线控制系统和计算机集成过程控制系统的广泛应用,使得在线监测和控制系统的运行状况成为可能,同时也获得海量的系统参量与设备状态信息,这些数据直接或间接地反映操作变量、过程设备和工艺方面的运行状态和特征,而数据挖掘技术为海量数据中的信息与知识发现提供了强有力的工具,能为工业过程的在线监测、故障诊断、优化和调度、管理及控制策略设计等提供强大的决策支持,从而为解决工业过程建模和最优控制寻求一条有效的途径。

目前,数据挖掘技术已广泛用于工业过程的建模和最优控制,成为智能控制领域一个新的研究热点,并取得了一些显著的成果,在此领域比较常用的数据挖掘算法有决策树、神经网络和模糊推理等[25]。

人工神经网络作为人工智能领域的一个重要分支,具有数值逼近能力,能够处理定量的、数值化信息。人工神经网络的最大不足在于训练过程往往非常复杂和漫长,影响了工业控制的实效性[26]。将粗糙集与人工神经网络相结合,有效利用粗糙集来简化人工神经网络的训练样本,保留重要信息的前提下消除冗余数据,从而提高神经网络的训练速度。对于一个过程控制系统,根据其输入与输出数据建立粗糙神经网络有以下步骤[27]:

(1) 数据的离散化处理

对于输入和输出数据集,采用模糊聚类方法,实现连续数据的离散化,形成决策表。

(2) 基于粗糙集的数据分析(Rough Sets Data Analysis, RSDA)

对于离散决策表,通过约简方法过滤掉不必要的属性值和冗余规则,同时计算各规则的粗糙隶属度。

(3) 人工神经网络子网络的训练

在第(1)步中,将决策属性分为 n 类,即 $\{C_1, C_2, \cdots, C_n\}$,设 X_i 为 C_i 的对象的集合 $X_i \subset U$(U 为全体对象集合)。这些对象构成了 n 个子网的输入与输出,利用这些数据进行子网训练,训练算法可采用 BP(Back Propagation)算法,训练结果得到 n 个子网,其中第 i 个子网的输入与输出关系为:

$$out_i = f_{net_i}(in_i) \quad (i=1,2,\cdots,n) \tag{3-17}$$

其中 in_i 为输入数据,out_i 为第 i 个神经子网络的输出。

以上建立的基于粗糙集的神经网络模型,其结构如图 3.8 所示。利用该模型进行预测与决策可分为以下三步:

① 根据建模过程得到的区间划分对输入数据进行离散化。

② 利用 RSDA 提出的规则对输入数据进行判决,按照匹配度最大原则,选出最适合的规则,这时规则可能不止一个,需计算输入数据对各条规则的适应度 μ_i。

③ 最终计算系统的输出,即:

$$out = \frac{\sum u_i * out_i}{\sum u_i} \tag{3-18}$$

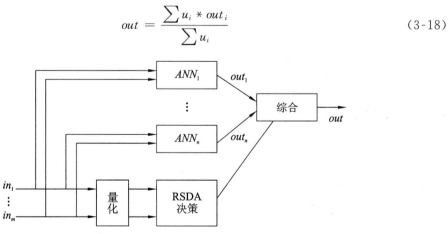

图 3.8 基于粗糙集的神经网络模型

对于复杂系统的工业过程控制,控制对象较多,并组成不同的控制回路,其特性也不尽相同,控制的难易程度也不相同:对于简单的控制回路采用 PID 控制策略就能满足要求,而大部分控制对象通常采用模糊控制,整个控制系统的结构框图如图 3.9 所示。通过对数据库与数据仓库内数据的挖掘,产生多维、多层的关联规则,经过归纳与整理,组成不同模糊控制器的模糊控制规则,完成整个生产过程的自动控制[28,29]。在多维、多层数据挖掘过程中,通常将控制对象之间关联规则的挖掘分成两个层次:第一层主要挖掘监测量、直接控制量与目标控制量之间的关联规则;第二层主要挖掘目标控制量之间的耦合关联规则,即通过两个层次的挖掘,可以掌握整个复杂过程对象之间的关联关系,通过归纳、整理与综合形成不同的控制规则,并根据规则库建立模糊控制模型。

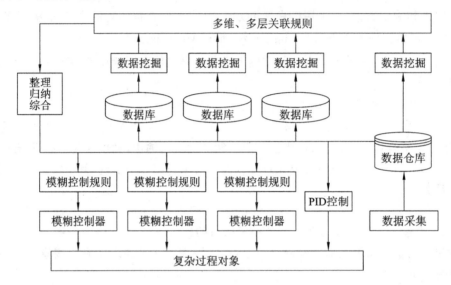

图 3.9 控制结构框图

利用数据挖掘技术处理复杂工业过程的建模和最优控制是一个值得广泛研究的领域,利用模糊数据挖掘技术可以在不同的粒度空间上寻找系统的操作模型,挖掘工业过程变量之间的关系和规律,以一种自然的方式评价输入变量对系统输出的影响程度,从而能有效解决工业过程的模型辨识、故障诊断、决策支持和最优控制策略设计等实际问题。

3.5 数字制造信息共享与安全

3.5.1 数据交换标准

自 20 世纪 80 年代开始,国际上相继产生了一些数据交换标准,目前较为成熟的有国际化标准组织(International Standard Organization,ISO)制定的 STEP(Standard for The Exchange of Product Data)和 XML(eXtensible Markup Language)。

STEP 是一个描述数字化产品信息的 ISO 标准,它提供了一种独立于计算机环境的中性机制,搭建了信息交换的桥梁,可以实现制造过程中的产品信息集成[29]。它定义了产品设计、开发、制造以及产品全生命周期所需要的信息定义和数据交换的外部描述。STEP 标准采用了类似数据库的三级模式结构:外模式、概念模式以及内模式,即应用层、逻辑层和物理层。最上层是应用层,包括应用协议及对应的抽象测试集;第二层是逻辑层,包括集成资源,是一个完整的产品模型,即从实际应用中抽象出来的,与具体实现无关;最底层是物理层,包括实现方法,给出具体在计算机上的实现形式。在 STEP 中,应用一种面向对象的形式化描述语言 EXPRESS 来表述信息模型,其并非一种程序设计语言,它独立于计算机系统和程序设计语言,不仅能给出数据定义的功能,还能用来描述客观世界中的具体对象、概念以及它们之间的关系。它还具有描述网状数据结构的能力,不仅能对数据进行完整的描述,还能对产品数据进行适当的约束。

XML 是 ISO 制定的一种通用的标记语言 SGML 的子集,其基本思想是把文档的内容与样式分开。它是一种"原语言",即定义语言的语言,具有可扩展性,即不像 HTML 那样采用一整套固定的标签集,而是由 DTD 来定义结构,DTD 制定了一系列规则,确保文件的一致性和有效性。因此,用户可以根据需要创建面向应用的可扩展的标志集,并可以将数据表示成为一种文本化的、易于阅读和程序理解的格式。这种格式可以和 Web 技术很好地结合,充分发挥其网络适用性。作为一种新型的网络数据载体,具有可扩展性、良好的自描述性以及便于网络传输的特点,被广泛使用来包装数据,并已成为数据在网络之间流通和交换的首选方法。

3.5.2　信息集成与共享

信息集成和共享的本质目的是为了制造的协同工作,并行工程、敏捷制造、网络制造和虚拟制造都体现了这种协同思想。在开放的网络时代,制造的集成比以前更为重要,通过网络加快了信息的流动,降低了信息的物化成本。以物联网为代表的网络技术与信息技术,将导致产品开发业务流程、管理体制和生产模式产生根本性的变革。

制造业信息化起源于 CAD/CAM 技术,后逐渐向 CAE、CAPP、FMS 以及各类 DFx 工具延伸。数据库技术的应用推动了信息化内容从技术领域向管理、供销服务等非技术领域发展,从最早的 MRP、MRPⅡ 到后来的 PDM、ERP、SCM、CRM 等,信息化的内容得到了极大丰富。各种先进的制造理念,如 CIMS、FMS、JIT 和 LP 等都要求现代化生产设备具有很强的信息处理能力。

随着相关使能技术的迅猛发展,企业的 CAx 系统、PDM 系统、ERP 系统、MES 系统和 CRM 系统等通常都是面向不同的部门或业务模块建立的,它们只能用于特定的企业工作流程。因此,跨系统的企业业务过程就会被按照系统功能切分成不同的业务段,使得制造信息不能快速、有效地集成与共享。企业应用集成 EAI(Enterprise Application Integration)的出现,为企业间的信息系统集成与共享提供了全新的解决方案。它可通过硬件、软件、标准和业务过程的结合,实现多个企业之间的无缝集成。

STEP 标准在工业应用日益广泛,由于 EXPRESS 语言本省特性及其主要关注于数据的交换而不是共享,STEP 在信息共享方面存在障碍。而 XML 语言具有可扩展性、自定义性、异构性等特点,为解决非结构化信息模型的表达,在互联网的环境中实现信息的共享与交互提供了一种有效的解决方案。

因此,将 XML 与 STEP 相结合,充分利用二者各自的优势,建立 EXPRESS 到 XML 的映射关系,可在网络上实现产品信息集成与共享。国际标准化组织为此在 1999 年推出了称为"产品数据表示和交换实施方法:EXPRESS 驱动的 XML 数据表示"的 ISO 10303-28 标准,从而为 STEP 向 XML 的映射提供了规范。将 EXPRESS 定义的数据转化为 XML 文档,利用中性文件来共享产品数据,延展 CAx 系统的应用范围,为数字制造服务。

要实现 STEP 模型向 XML 的转换,主要的步骤为[31]:

(1) 制定 STEP 数据文件的 XML 标记,制定通用的文档类型定义(DTD)

由于 STEP 数据信息的多样性,将 STEP 数据文件转换为 SML 文件之前,必须对文档的类型(DTD)进行定义,其目的是建立基于 XML 的 STEP 数据表示模型,作为信息集成与共享的数据标准,由它来核定所生成的 XML 文档实例是否符合规范。

(2) 提取 STEP 数据文件中的有关数据

XML 标记与 STEP 数据模型的映射规则为:EXPRESS 中的实体映射为 XML 中的元素;EXPRESS 实体的属性(标示符、描述文本等)映射为 XML 中相应元素的属性;EXPRESS 实体中的引用实体映射为 XML 中相应元素的子元素。

(3) 通过文档对象模型(DOM)把提取的数据构建成符合已定制 DTD 的 XML 文档

在成功提取 STEP 产品数据的基础上,可利用 DOM 工具将上一步保存的中间变量值构建成 XML 文档。在使用 DOM 创建 XML 文件的元素和属性时,必须符合已制定的 DTD,否则所生成的 XML 文件是无效的。

3.5.3　制造信息的安全机制

制造信息的集成与共享为制造活动提供了高效、便利,极大地改善了产品的开发过程,提高了产品的开发质量,降低了产品的开发成本,增强了产品的市场竞争力。然而,通过计算机网络进行集成与共享的过程中,面临着被拦截、窃听、篡改、版权盗用等问题,不可避免地存在安全问题。因此,将网络安全的一些相关技术如密码技术、版权保护与数据值水印技术、安全审计技术应用于制造信息的集成与共享无疑是为制造信息安全有效地利用提供了安全保障。图 3.10 所示为面向制造信息共享的信息安全体系[32]。该安全体系三个模块:安全基础设施模块、安全管理模块以及安全支持模块。安全基础设施模块是整个安全体系的软硬件支持模块,它包括 VPN 系统、网络防火墙、网络防病毒系统、故障恢复与备份系统、漏洞扫描系统以及入侵检测系统;安全管理模块是对需要管理的安全数据进行管理,包括 CA 数字证书管理、用户密钥管理、角色权限管理、版权信息管理;安全支持模块是制造信息共享安全体系的核心模块,它包括五个安全保障操作:登录控制、身份认证、访问控制、版权保护、安全审计。

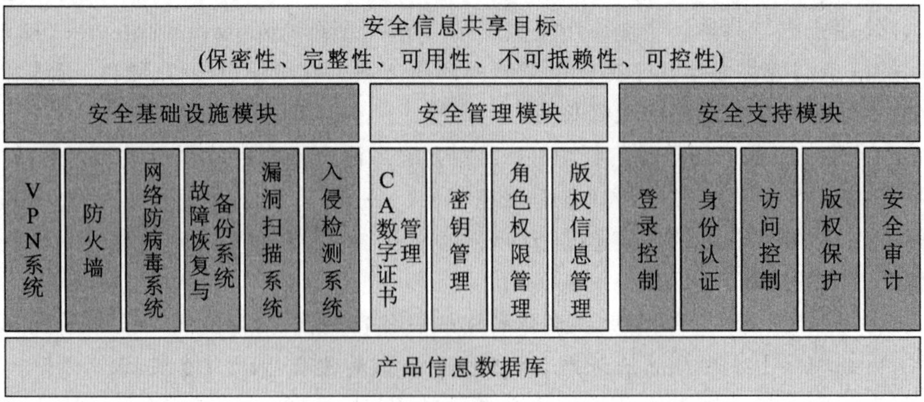

图 3.10　制造信息共享的安全体系结构

　　在制造信息的集成与共享中,知识产权的保护问题一直以来都是困扰共享各方的问题,将数字水印技术、数字签名技术和数字证书技术相结合,构建版权保护机制,为信息与知识的更为广泛的集成与共享可提供有力的保障,如图3.11所示。在该保护机制中,引入一个可信的第三方,由版权认证机构和CA中心组成,主要负责数字证书的颁发以及维护版权数据库,对信息产品的所有权进行验证。当信息产品的所有者需要向自己的信息产品嵌入数字水印以保护该信息产品的版权时,必须先向第三方的版权认证机构进行注册登记,由该机构认证他对产品的合法所有权,同时所有者还必须向可信第三方的CA中心申请证书,拥有自己的公钥和私钥,以便后面进行数字签名和身份认证。该版权保护机制可以实现对数字产品的版权保护和重要信息的隐藏功能,同时能有效防止数字产品信息在传输过程中被窃取或修改。

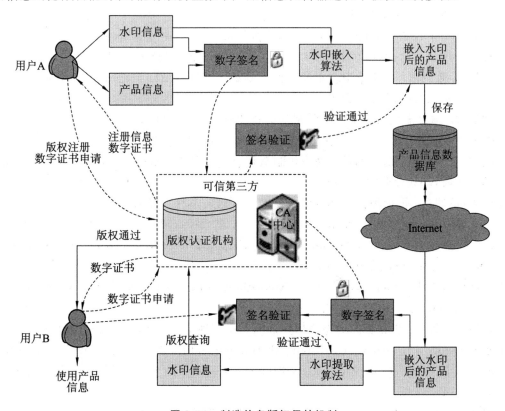

图 3.11　制造信息版权保护机制

参 考 文 献

[1] 张伯鹏. 制造信息学[M]. 北京:清华大学出版社,2003.

[2] 林宋,侯彦丽,吕艳娜. 制造信息学理论的体系框架研究[J]. 计算机集成制造系统——CIMS,2003,9(9):721-725.

[3] 王清印,刘志勇. 不确定性信息的概念、类别及其数学表述[J]. 运筹与管理,2001,10(4):9-15.

[4] 林宋. 信息化制造中的信息理论与集成方法研究[D]. 华中科技大学,2005.

［5］但斌,王江平,刘瑜. 大规模定制环境下客户需求信息分类模型及其表达方式研究[J]. 计算机集成制造系统,2008,14(8):1504-1511.

［6］S Suh, G Huppes. Methods for Life Cycle Inventory of a Product[J]. Journal of Cleaner Production, 2005, 13(7): 687-697.

［7］J Aitken, P Childerhouse, D Towill. The Impact of Product Life Cycle on Supply Chain Strategy[J]. Internation Journal of Product Economics, 2003, 85(2): 127-140.

［8］刘雪梅,何玉林,王旭霞. 全生命周期产品信息模型[J]. 重庆大学学报:自然科学版,2002,1: 138-140.

［9］李旭燕. 主观概率理论中信念度与荷兰赌之关系探析[J]. 内蒙古农业大学学报:社会科学版,2009, 11(3):255-258.

［10］S Hartmann, J Sprenger. Bayesian Epistemology [M]//S Bernecker, D Pritchard. Routledge Companion to Epistemology. London: Routledge, 2010.

［11］郑辉军,曹剑波. 知识论中新年度的概率确证——贝叶斯知识论[J]. 东北大学学报:社会科学版,2014,10(2):135-140.

［12］刘昆雄. 信息流动与物化机制研究[J]. 图书情报工作,2005,49(5):85-87.

［13］李宏轩. 信息自组织理论探讨[J]. 情报科学,2000,18(2):108-110.

［14］张开升,刘贵杰,张庆力,等. 网络化制造信息系统的自组织[J]. 华南理工大学学报:自然科学版,2010,38(2):85-89.

［15］倪明,单渊达. 证据理论及其应用[J]. 电力系统自动化,1996,20(3):76-80.

［16］王光宏,蒋平. 数据挖掘综述[J]. 同济大学学报,2004,32(2):246-252.

［17］L D Chen, S Toru. Data Mining Methods, Application and Tools[J]. Information System Management, 2000, 17(1):65-70.

［18］X D Wu, V Kumar, et al. Top 10 Algorithms in Data Mining[J]. Knowledge Information System, 2008, 14: 1-37.

［19］景旭文. 基于数据挖掘的动态全信产品概念设计理论与方法研究[D]. 东南大学,2005.

［20］Y M Deng, S B Tor, G A Britton. Abstracting and Exploring Functional Design Information for Conceptual Mechanical Product Design[J]. Engineering with Computers, 2000, 16(1): 36-52.

［21］胡浩,祁国宁,方水良,等. 基于产品服务数据的客户需求挖掘[J]. 浙江大学学报:工学版,2009, 43(3):540-545.

［22］邓琳,昝昕武,黄茂林. 基于需求-功能映射分析的概念设计[J]. 重庆大学学报:自然科学版,2002,25(12):4-6.

［23］陈锋,叶世琴,姜燕,等. 产品簇改进中的客户需求信息表达与映射方法[J]. 重庆大学学报:自然科学版,2007,30(9):144-147.

［24］景旭文,易红,赵良才. 基于数据挖掘的产品概念设计建模研究[J]. 计算机集成制造系统——CIMS,2003,9(11):950-954.

［25］张立权. 基于模糊推理系统的工业过程数据挖掘[D]. 大连理工大学,2006.

［26］L X Wang. The WM Method Completed: A Flexible Fuzzy System Approach to Data Mining[J]. IEEE Transactions on Fuzzy Systems, 2005, 11(6): 768-782.

［27］P Lingras. Comparison of Neofuzzy and Rough Neural Networks[J]. Information Science，1998，9：661-668.

［28］黎明，张化光. 基于粗糙集的神经网络建模方法研究[J]. 自动化学报，2002，28（1）：45-50.

［29］赵晨. 过程控制中的数据挖掘技术研究及其职能控制策略[D]. 浙江大学，2004.

［30］梁祖峰，仪垂杰. 网络化协同制造系统中基于 STEP 的数据浏览和共享机制[J]. 上海理工大学学报，2009，31（3）：290-294.

［31］袁楚明，王骏，陈幼平，等. 基于 STEP 与 XML 的虚拟企业制造信息共享及信息安全研究[J]. 计算机工程与科学，2004，26（8）：14-16.

［32］艾青松. 产品信息共享的相关基本理论与关键技术研究[D]. 武汉理工大学，2008.

4 数字制造系统的机械动力学

4.1 数字制造机械系统中常见的动力学问题

常见的数字制造机械系统动力学问题主要有机械振动、机械运行状态、机械动态精度、机械系统的动载荷分析、机械动力学性能的主动控制等。这些问题都会对数字制造机械系统的加工精度、效率等造成影响。因此,这里首先对这几类动力学问题做简单的介绍。

4.1.1 机械振动

机械振动是自然界和工程实际中常见的一种物理现象。振动是指物体或质点在其平衡位置附近所做的往复运动,例如机械钟的单摆运动、汽车颠簸、桥梁因各种载荷变化引起的上下振动等都是常见的振动现象。

振动在多数情况下是有害的。振动会使机械构件或系统产生大的变形或破坏性事故,如机床振动会降低被加工工件的加工精度,使刀具耐用度下降,影响生产效率。另外,振动还可以激发噪声,妨碍人们的学习、休息,对人体的身心健康产生不利的影响。

振动又具有有利的一面。人们平时所听的音乐就是来自各种乐器产生的适宜振动。机械系统可以通过振动来输送材料、成型紧实、振捣打拔和检测诊断等,如振动输送机、振动打桩机、振动造型机、振动光饰机等。

随着现代科学技术的发展,飞行器设计、船舶设计、机械设计等现代工程设计对振动问题的解决提出了更高、更严格的要求。与此同时,随着现代制造技术的发展,制造系统越来越复杂,振动现象对制造系统的影响也越来越突出。因此,在实际工程问题中,振动是必须要解决的主要问题之一[1-2]。

4.1.2 机械运行状态

一般来说,机械有两种运行状态,一种是稳定运行状态,一种是瞬时运行状态。在稳定运行状态下,机械的运动是稳定的周期性运动,如钟摆运动就呈现这种运行状态。在瞬时运行状态下,机械运动呈非周期运动,汽车的启动、刹车,就呈现这种状态。物体的运动状态由位移、速度、加速度等物理量描述。因此,物体的运动过程也通过这些物理量的变化反映出来。对机械运动状态分析可以对机械的工作状况进行监测,从而对机械故障进行预判,避免事故的发生。同时对运动状态的分析可以知道不同的故障对机械状态有什么影响,从而确定监测的参数及部位,为故障分析提供依据。

4.1.3　机械动态精度

机械的精度不单取决于静态精度,机械在实际工作状态中,还有一系列因素影响其运行精度,如机械在载荷、温升、振动等作用下对机械精度的影响。在分析机械运动时,应尽可能地加入实际影响因素,如动载荷、温升、振动等。对机械动态精度的研究是机械动力学研究的一个重要方面。

4.1.4　机械系统的动载荷分析

机械系统的动载荷是机械系统在运动过程中受到的因振动或环境因素等影响产生的载荷。工程中,机械系统受动载荷的例子很多,如重锤打桩、高速飞轮突然刹车等。机械系统在动载荷作用下,会产生大的加速度,在碰撞等冲击载荷作用下,还可能造成机械系统的损坏。机械系统的动载荷往往是其损坏的重要因素,在进行机械系统设计时,必须考虑动载荷的影响,必须进行机械动载荷的分析和评估。

4.1.5　机械动力学性能的主动控制

机械动力学性能的主动控制是近来发展比较迅速的一个方面。机械动力学性能受工作环境的影响很大。因此,需要预先分析系统偏离预期目标的可能性,并拟定和采用相应的预防措施来控制其动力学特征,以保证系统在不同的环境条件下仍能按预期要求工作,如在设计飞机时,为防止飞机的颤振就往往采用主动控制振动系统,以避免颤振事故的发生,其控制因素包括输入动力、外加控制力等,因此在设计主动振动控制系统时,需要进行动力学分析。

4.2　数字制造机械系统的动力学原理与方法

数字制造机械系统的动力学方程,是建立系统的输入、输出、运行状态之间关系的数学表达式。求解机械系统的真实运动状态,首先要建立系统的动力学模型,即应用基本的动力学原理与方法列出机械系统的动力学方程。常用于建立机械系统动力学方程的原理与方法有牛顿第二定律、达朗贝尔原理、拉格朗日方程、凯恩方程、影响系数法、传递矩阵法。这里对这些原理、方法及其基本概念做简单归纳与介绍。

4.2.1　牛顿第二定律

牛顿第二定律(Newton's Second Law)的表达式:

$$\frac{\mathrm{d}M}{\mathrm{d}t} = \frac{\mathrm{d}(mv)}{\mathrm{d}t} = m\frac{\mathrm{d}v}{\mathrm{d}t} = ma = F \tag{4-1}$$

式中,M 表示质点动量,v 表示质点速度,m 表示质点质量,t 表示时间,F 表示作用力,a 表示加速度。

机械系统可以看成由许多质点组成的质点系,根据牛顿第二定律的表达式(4-1)可推导出机械系统的动力学方程,为:

$$\left. \begin{array}{l} F = ma_s \\ T = I_s \varepsilon \end{array} \right\} \tag{4-2}$$

式中，m 表示机械系统的质量，a_s 表示机械系统的质心加速度，ε 表示机械系统角加速度，I_s 表示机械系统绕质心的转动惯量，T 表示外力矩。

4.2.2　达朗贝尔原理

达朗贝尔原理（D′Alember′s Principle）是系统动力学的普遍原理，在表达式上与牛顿第二定律相似，即：

$$\left.\begin{array}{l} F+(-ma_s)=0 \\ T+(-I_s\varepsilon)=0 \end{array}\right\} \tag{4-3}$$

若定义 $-ma_s$ 为系统的惯性力，$-I_s\varepsilon$ 为系统惯性力矩，则达郎贝尔原理为：

$$\left.\begin{array}{l} \sum_i F_i = 0 \\ \sum_j T_j = 0 \end{array}\right\} \tag{4-4}$$

即在任意时刻系统的外力（矩）与惯性力（矩）构成平衡力（矩）系。

4.2.3　拉格朗日方程

拉格朗日方程（Lagrange′s Equation）是动力学普遍方程在广义坐标下的具体表示。完整理想约束系统的拉格朗日方程的形式是（$r=1,2,\cdots,N$）：

$$\frac{\mathrm{d}}{\mathrm{d}t}\left(\frac{\partial E}{\partial \dot{q}_r}\right)-\frac{\partial E}{\partial q_r}+\frac{\partial U}{\partial q_r}=Q_r \tag{4-5}$$

式中，q_r 表示第 r 个广义坐标，E 表示系统的动能，U 表示系统的势能，Q_r 表示第 r 个广义力，N 为系统的自由度数目。对于有 N 个自由度的系统，其动力学方程一般表示成 N 个独立的方程，即：

$$\frac{\mathrm{d}}{\mathrm{d}t}\left[\frac{\partial E}{\partial \dot{q}_r}\right]-\left[\frac{\partial E}{\partial q_r}\right]+\left[\frac{\partial U}{\partial q_r}\right]=[Q_r] \tag{4-6}$$

4.2.4　凯恩方程

上述经典力学原理与方程在解决大多数系统的动力学问题时都很有效。但对于自由度数目很大的力学问题，用这些经典力学原理与方程去求解时就相当烦琐。凯恩方程（Kane′s Equation）的创立可很好地解决这个问题。

凯恩方程是引入广义速率、广义主动力、广义惯性力的系统动力学方程，其数学表达式为（$r=1,2,\cdots,f$）：

$$K_r+K_r^*=0 \tag{4-7}$$

式中，K_r 和 K_r^* 分别是系统对应于第 r 个独立速度的广义主动力和广义惯性力。

4.2.5　影响系数法

在解决线性系统动力学问题时，影响系数法是常用的一种方法。按照上述的动力学原理，为分析系统动力学特性建立的动力学方程，如系统振动方程一般为：

$$M\ddot{x}+C\dot{x}+Kx=0 \tag{4-8}$$

其中 $M=[m_{ij}]$、$C=[c_{ij}]$、$K=[k_{ij}]$ 分别称为质量影响系数、阻尼影响系数、刚度影响系数。根据 m_{ij}、c_{ij}、k_{ij} 的物理意义直接写出矩阵 **M**、**C**、**K**，从而可建立动力学方程，这种方法称为影响系数法。

4.2.6　传递矩阵法

传递矩阵法(Transfer Matrix)是一种用矩阵来描述多输入多输出线性系统的输出与输入之间关系的方法。传递矩阵法的基本思想是把整体系统离散成若干个阶数很低的子单元，并对各子单元进行力的对接与传递。通过建立单元之间的传递矩阵，对单元矩阵进行相乘，从而可对系统进行动力分析。矩阵的阶数仅与系统状态向量中元素的数量有关，这样可在很大程度上降低矩阵的阶数，以减少计算工作量。

4.3　数字制造机械系统的动力学分析与设计

4.3.1　机械系统动力学问题描述

机械系统动力学是研究在动态载荷作用下机械系统的动力学行为。一般情况下，机械系统的工作状态是动态变化的，系统的动态问题具有复杂性和超长性。

机械系统动力学主要研究的问题是激励、系统状态和响应三者的关系。第一，已知作用于系统的载荷和系统结构参数求系统响应，称为响应预估问题，它是机械动力学的正问题，也是机械动力学研究的核心问题；第二，已知作用于系统载荷和系统响应，求系统结构参数或数学模型，称为参数辨识或系统辨识问题，它是机械动力学的第一类逆问题；第三，已知系统结构参数和系统响应，求作用于系统的载荷称为载荷辨识问题，它是机械动力学的第二类逆问题[3]。研究这三方面问题的主要方法是动态分析和动态试验。

4.3.2　机械系统动力学

在对机械系统进行动力学分析时，先对机械系统做如下简化：不考虑系统构件的弹性变形，认为构件是绝对刚体；不考虑运动副的间隙，认为运动副中密切接触；不计系统构件尺寸的加工误差，认为构件尺寸完全准确；不考虑运动副中摩擦力的影响。

(1) 单自由度机械系统

设单自由度机械系统中有 m 个活动构件，系统的广义坐标为 q_1，则系统的总动能为：

$$E = \frac{1}{2} \sum_{i=1}^{m} \left[m_i(\dot{x}_i^2 + \dot{y}_i^2) + J_i \dot{\varphi}_i^2 \right] \tag{4-9}$$

式中，m_i 为第 i 个构件的质量，J_i 为该构件绕质心的转动惯量，x_i 和 y_i 为第 i 个构件质心的坐标，φ_i 为该构件的转角，"·"表示对时间的导数。它们都是广义坐标 q_1 的函数，即：

$$\left.\begin{array}{l} x_i = x_i(q_1) \\ y_i = y_i(q_1) \\ \varphi_i = \varphi_i(q_1) \end{array}\right\} \tag{4-10}$$

所以

$$\left.\begin{aligned}
\dot{x}_i &= \frac{\mathrm{d}x_i(q_1)}{\mathrm{d}q_1}\dot{q}_1 \\[6pt]
\dot{y}_i &= \frac{\mathrm{d}y_i(q_1)}{\mathrm{d}q_1}\dot{q}_1 \\[6pt]
\dot{\varphi}_i &= \frac{\mathrm{d}\varphi_i(q_1)}{\mathrm{d}q_1}\dot{q}_1
\end{aligned}\right\} \tag{4-11}$$

或

$$\left.\begin{aligned}
\frac{\mathrm{d}x_i(q_1)}{\mathrm{d}q_1} &= \frac{\dot{x}_i}{\dot{q}_1} \\[6pt]
\frac{\mathrm{d}y_i(q_1)}{\mathrm{d}q_1} &= \frac{\dot{y}_i}{\dot{q}_1} \\[6pt]
\frac{\mathrm{d}\varphi_i(q_1)}{\mathrm{d}q_1} &= \frac{\dot{\varphi}_i}{\dot{q}_1}
\end{aligned}\right\} \tag{4-12}$$

式中的 $\dfrac{\mathrm{d}x_i(q_1)}{\mathrm{d}q_1}$、$\dfrac{\mathrm{d}y_i(q_1)}{\mathrm{d}q_1}$ 和 $\dfrac{\mathrm{d}\varphi_i(q_1)}{\mathrm{d}q_1}$ 称为类速度。为了表达方便,以下用 u_{ki} 表示类速度,i 为系统构件编号,k 表示 x、y 或 φ。那么,用类速度表示的系统动能就为:

$$E = \frac{\dot{q}_1^2}{2}\sum_{i=1}^m (m_i u_{xi}^2 + m_i u_{yi}^2 + J_i u_{\varphi i}^2)$$

令

$$J_{e1} = \sum_{i=1}^m (m_i u_{xi}^2 + m_i u_{yi}^2 + J_i u_{\varphi i}^2) \tag{4-13}$$

则

$$E = \frac{1}{2}J_{e1}\dot{q}_1^2 \tag{4-14}$$

把 J_{e1} 称为等效转动惯量。等效转动惯量是在动能相等的前提下,把系统各构件的质量等效成一个构件,其变化的物理意义是代表由于系统本身固有运动特性引起的系统动能的变化。

取系统的广义坐标 $q_1 = \varphi_1$,广义力矩为 M_1 时,若在系统上作用有 P 个外力和 L 个外力矩,则有:

$$\left.\begin{aligned}
M_1\dot{q}_1 &= \sum_{p=1}^P (F_{xp}v_{xp} + F_{yp}v_{yp}) + \sum_{l=1}^L M_l\omega_l \\[6pt]
M_1 &= \sum_{p=1}^P (F_{xp}u_{xp} + F_{yp}u_{yp}) + \sum_{p=1}^L M_l u_{\varphi l}
\end{aligned}\right\} \tag{4-15}$$

式中,v_{xp}、v_{yp} 为力作用力点的速度在 x、y 方向的分量,F_{xp}、F_{yp} 为作用外力在 x、y 方向的分量,ω_l 为外力矩 M_l 作用于构件的角速度,u_{xp}、u_{yp}、$u_{\varphi l}$ 为相应的类速度。

在不考虑系统势能变化的情况下,单自由度机械系统的动力学方程可通过式(4-14)、式(4-15)代入式(4-5)而得到,为:

$$J_{e1}\frac{\mathrm{d}\dot{q}_1}{\mathrm{d}t} + \frac{1}{2}\dot{q}_1^2\frac{\mathrm{d}J_{e1}}{\mathrm{d}q_1} = M_1 \tag{4-16}$$

这就是单自由度机械系统的动力学方程。由于单自由度机械系统只有一个广义坐标,在书写时可以省略下标"1",于是有:

$$\left.\begin{array}{l} \dfrac{\mathrm{d}\dot{q}}{\mathrm{d}t} = \dfrac{1}{J_e}\left(M - \dfrac{1}{2}\dot{q}^2\dfrac{\mathrm{d}J_e}{\mathrm{d}q}\right) \\[3mm] \dfrac{\mathrm{d}q}{\mathrm{d}t} = \dot{q} \end{array}\right\} \tag{4-17}$$

式(4-17)表达的是单自由度机械系统动力学方程的一般形式。在不同情况下方程有不同的解法,主要取决于等效力矩和等效转动惯量变化与否。常遇到的典型情况有:等效转动惯量和广义力矩均为常数;等效转动惯量为常数,广义力矩是系统构件位置的函数;等效转动惯量为常数,广义力矩为速度的函数;等效转动惯量是位移的函数,等效力矩是位移和速度的函数。单自由度机械系统动力学模型在简单情况下可得出其解析式,在复杂情况下需要用数值解法。这里不再详细介绍。

(2)多自由度机械系统

设有 n 个自由度的机械系统的广义坐标为 $q_1,\cdots,q_n$,该系统的第 $j(j=1,2,\cdots,m)$ 个构件的质心位置坐标为 x_j、y_j,角位移 φ_j,它们均可表示为广义坐标的函数。那么,第 j 个构件的质心速度和角速度可以为:

$$\left.\begin{array}{l} \dot{x}_j = \dfrac{\partial x_j}{\partial q_1}\dot{q}_1 + \dfrac{\partial x_j}{\partial q_2}\dot{q}_2 + \cdots + \dfrac{\partial x_j}{\partial q_n}\dot{q}_n \\[3mm] \dot{y}_j = \dfrac{\partial y_j}{\partial q_1}\dot{q}_1 + \dfrac{\partial y_j}{\partial q_2}\dot{q}_2 + \cdots + \dfrac{\partial y_j}{\partial q_n}\dot{q}_n \\[3mm] \dot{\varphi}_j = \dfrac{\partial \varphi_j}{\partial q_1}\dot{q}_1 + \dfrac{\partial \varphi_j}{\partial q_2}\dot{q}_2 + \cdots + \dfrac{\partial \varphi_j}{\partial q_n}\dot{q}_n \end{array}\right\} \tag{4-18}$$

其动能为:

$$E_j = \frac{1}{2}m_j(\dot{x}_j^2 + \dot{y}_j^2) + \frac{1}{2}J_i\dot{\varphi}_j^2$$

这里,$\dfrac{\partial x_j}{\partial q_i}$、$\dfrac{\partial y_j}{\partial q_i}$、$\dfrac{\partial \varphi_j}{\partial q_i}$ 称为偏类速度($i=1,2,\cdots,m;j=1,2,\cdots,m$),用 $u_{kj}^{(i)}$ 来表示。$u_{kj}^{(i)}$ 表示第 j 个构件对第 i 个广义坐标的偏类速度,k 表示 x、y、φ。

用偏类速度表示的机械系统动能为:

$$E = \frac{1}{2}\sum_{j=1}^{m}\left\{m_j\left[\sum_{i=1}^{m}(u_{xj}^{(i)}\dot{q}_i)^2 + \sum_{i=1}^{m}(u_{yj}^{(i)}\dot{q}_i)^2 + J_j\sum_{i=1}^{m}(u_{\varphi j}^{(i)}\dot{q}_i)^2\right]\right\} \tag{4-19}$$

如果在系统上作用有 P 个外力和 L 个外力矩,它们的瞬时功率为:

$$N = \sum_{p=1}^{P}(F_{xp}\dot{x}_p + F_{yp}\dot{y}_p) + \sum_{l=1}^{L}M_l\dot{\varphi}_l$$

用偏类速度表达瞬时功率时,对坐标 i 的广义力为:

$$Q_i = \sum_{p=1}^{P}(F_{xp}u_{xp}^{(i)} + F_{yp}u_{yp}^{(i)}) + \sum_{l=1}^{L}M_lu_{\varphi l}^{(i)} \tag{4-20}$$

将式(4-19)和式(4-20)代入拉格朗日方程(4-5),即可得到机械系统的动力学方程。

下面给出典型二自由度机械系统的动力学方程。

① 五杆机构系统：

$$
\left.
\begin{aligned}
J_{11}\ddot{q}_1 + J_{12}\ddot{q}_2 + \frac{1}{2}\frac{\partial J_{11}}{\partial q_1}\dot{q}_1^2 + \left(\frac{\partial J_{12}}{\partial q_2} - \frac{1}{2}\frac{\partial J_{22}}{\partial q_1}\right)\dot{q}_2^2 + \frac{\partial J_{11}}{\partial q_2}\dot{q}_1\dot{q}_2 &= Q_1 \\
J_{12}\ddot{q}_1 + J_{22}\ddot{q}_2 + \frac{1}{2}\frac{\partial J_{22}}{\partial q_2}\dot{q}_2^2 + \left(\frac{\partial J_{12}}{\partial q_1} - \frac{1}{2}\frac{\partial J_{11}}{\partial q_2}\right)\dot{q}_1^2 + \frac{\partial J_{22}}{\partial q_1}\dot{q}_1\dot{q}_2 &= Q_2
\end{aligned}
\right\}
\tag{4-21}
$$

② 差动轮系：

$$
\left.
\begin{aligned}
J_{11}\ddot{q}_1 + J_{12}\ddot{q}_2 &= Q_1 \\
J_{12}\ddot{q}_1 + J_{22}\ddot{q}_2 &= Q_2
\end{aligned}
\right\}
\tag{4-22}
$$

③ 开链机构：

$$
\left.
\begin{aligned}
(m_1\rho_1^2 + m_2 l_1^2 + J_1)\ddot{q}_1 + m_2 l_1\rho_2\cos(q_1 - q_2)\ddot{q}_2 + m_2 l_1\rho_2\sin(q_1 - q_2)\dot{q}_2^2 &= Q_1 \\
m_2 l_1\rho_2\cos(q_1 - q_2)\ddot{q}_1 + (m_2\rho_2^2 + J_2)\ddot{q}_2 - m_2 l_1\rho_2\sin(q_1 - q_2)\dot{q}_1^2 &= Q_2
\end{aligned}
\right\}
\tag{4-23}
$$

4.3.3　刚性平面机构系统动力学

机械系统的运动构件若有加速度,便会产生惯性力矩或惯性力,会使运动副中产生附加的动压力,导致运动构件磨损加剧、机械强度和生产效率降低,甚至还可能产生强迫振动和共振,降低工作精度。惯性力的平衡属于机械系统动力学设计的一部分。这里主要介绍具有往复运动构件的刚性平面机械惯性力平衡的原理与方法。

为减小机构惯性力(矩)的不良影响,需要平衡机构的惯性力(矩)。如果机构的实际运动是由平面运动或者往复运动与其他运动方式合成的,则无法在该机构内部对惯性力或者惯性力矩进行平衡,需要对系统做整体分析。因为各构件的惯性力和惯性力矩可等效在基座上,所以可以在基座上采取措施来平衡惯性力或者惯性力矩。

根据惯性载荷造成危害的针对性不同,构件惯性力(矩)平衡的问题一般分三种情况:机构在机座上的平衡;运动副中的压力平衡;机构输入转矩的平衡以维持主动构件等速回转。一般机构平衡的方法有两种:第一是通过加减配重的方法进行平衡——质量平衡,该方法可基于线性独立向量法完全平衡惯性力,部分平衡惯性力常用的方法是质量替代法;第二是利用优化机构的位置和结构来平衡[4]。

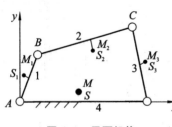

图 4.1　平面机构

对于刚性平面机构,当机构处于平衡状态时,其在机架上的合成惯性力和合成惯性力矩皆为零,如图 4.1 所示机构,若 S 为机构的总质心,M 为机构总质量,则 $F = -Ma_s = 0$ 时,该机构就处于平衡状态。所以只有机构总质心的位置保持不变时,其合成惯性力才处于平衡状态,也就是说平面机构惯性力平衡的充分必要条件是:当平面机构总质心静止不动时,平面机构的惯性力才能达到完全平衡。

以平面铰链四杆机构为例,用线性独立向量法分析平面机构惯性力完全平衡的条件。任何一个机构的总质心向量 r_s 可表示为：

$$
r_s = \frac{1}{M}\sum_{i=1}^{n} m_i r_{si}
\tag{4-24}
$$

显然,总质心向量 r_s 为常向量时,表明满足惯性力完全平衡条件。若使平面铰链四杆机构惯

性力完全平衡,首先获得机构总质心的表达式(r_{si}以复数形式表示)如下:

$$
\left.
\begin{aligned}
r_{s1} &= r_1 e^{i(\varphi_1 + \theta_1)} \\
r_{s2} &= a_1 e^{i\varphi_1} + e^{i(\varphi_2 + \theta_2)} \\
r_{s3} &= a_4 + r_3 e^{i(\varphi_3 + \theta_3)}
\end{aligned}
\right\}
\tag{4-25}
$$

将式(4-25)代入式(4-24)中得:

$$
r_s = \frac{1}{M} \left[(m_1 r_1 e^{i\theta_1} + m_2 a_1) e^{i\varphi_1} + (m_2 r_2 e^{i\theta_2}) e^{i\varphi_2} + (m_3 r_3 e^{i\theta_3}) e^{i\varphi_3} + m_3 a_4 \right]
\tag{4-26}
$$

然后利用机构的封闭向量方程变换 r_s 的表达式,使 r_s 表达式中含有的时变向量变为线性独立向量。其中封闭条件为:

$$
a_1 e^{i\varphi_1} + a_2 e^{i\varphi_2} - a_3 e^{i\varphi_3} - a_4 = 0
\tag{4-27}
$$

将式(4-27)代入式(4-26)中,消去 $e^{i\varphi_2}$,则可得:

$$
r_s = \frac{1}{M} \left[\left(m_1 r_1 e^{i\theta_1} + m_2 a_1 - m_2 r_2 \frac{a_1}{a_2} e^{i\theta_2}\right) e^{i\varphi_1} + \left(m_3 r_3 e^{i\theta_3} + m_2 r_2 \frac{a_3}{a_2} e^{i\theta_2}\right) e^{i\varphi_3} + \left(m_3 a_4 + m_2 r_2 \frac{a_4}{a_2} e^{i\theta_2}\right) \right]
$$
$$
\tag{4-28}
$$

最后由机构完全平衡的条件可得:

$$
\left.
\begin{aligned}
m_1 r_1 e^{i\theta_1} + m_2 a_1 - m_2 r_2 \frac{a_1}{a_2} e^{i\theta_2} &= 0 \\
m_3 r_3 e^{i\theta_3} + m_2 r_2 \frac{a_3}{a_2} e^{i\theta_2} &= 0
\end{aligned}
\right\}
\tag{4-29}
$$

为简化式(4-29),由图 4.2 所得:

$$
r_2 e^{i\theta_2} = a_2 + r_2' e^{i\theta_2'}
\tag{4-30}
$$

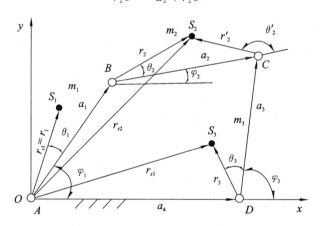

图 4.2　平面机构的平衡计算

将式(4-30)代入式(4-29)中,可得:

$$
\left.
\begin{aligned}
m_1 r_1 e^{i\theta_1} - m_2 r_2' \frac{a_1}{a_2} e^{i\theta_2'} &= 0 \\
m_3 r_3 e^{i\theta_3} + m_2 r_2 \frac{a_3}{a_2} e^{i\theta_2} &= 0
\end{aligned}
\right\}
\tag{4-31}
$$

由式(4-31)可知,铰链四杆机构完全平衡的条件是:

$$m_1 r_1 = m_2 r_2' \frac{a_1}{a_2}, \quad \theta_1 = \theta_2' \atop m_3 r_3 = m_2 r_2 \frac{a_3}{a_2}, \quad \theta_3 = \pi + \theta_2 \Bigg\} \tag{4-32}$$

在铰链四杆机构的三个活动构件中,一个构件的质量和质心位置已经确定,则其余两个活动构件的质量和质心位置是需要经过调整才能满足式(4-32)的,满足上述条件才能平衡机构机座上的总惯性力。

在实际中,完全平衡机构惯性力是很困难的,而对于一些在理论分析上能够完全平衡惯性力的机构,往往因考虑校正的成本、结构的轻便性和实际工作精度等因素,会放弃完全平衡而采用相对经济的部分平衡方式,以减小惯性力带来的负面效应。惯性力的部分平衡法包括加平衡质量和采用平衡机构两种办法。例如在曲柄滑块结构中,工程上常在曲柄的反向延长线上加一较小的平衡质径积,这样曲柄滑块机构的惯性力虽未达到完全平衡,但能满足一般工程要求。

与机构惯性力一样,机构的惯性力矩通常是周期性变化的,它会引起机械系统的基础振动和增加轴承受力。机构惯性力矩的平衡问题比惯性力的平衡问题要复杂,到目前为止研究得也不够充分。

4.3.4　含弹性构件的机械系统动力学

有些机械(如机械手等)在高速运转时,由于构件受很大动载荷而引起弹性变形,这将降低机械工作的准确性,甚至和其他构件的运动配合失调而不能工作。因此要研究在高速时,受惯性载荷作用下机械的实际运动情况及其动态精度。这里主要分析旋转轴系在扭转变形时的机械传动系统动力学。

1. 轴与轴系的旋转运动

如图 4.3 所示,将机械传动系统的各转动惯量向转化中心等效,得到的等效转动惯量为(不考虑齿轮啮合刚度):

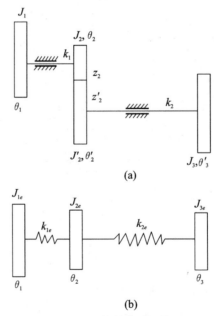

图 4.3　机械传动系统

$$J_{1e}=J_1,J_{2e}=J_2+\frac{J_2'}{i_{12}^2},J_{3e}=\frac{J_3}{i_{12}^2} \tag{4-33}$$

其中,J_2 和 J_2' 为一对啮合齿轮的转动惯量,J_1 和 J_3 为旋转件的转动惯量,k_1 和 k_2 为两段轴的扭转刚度。

与此同时,各弹性构件的刚度也向转化中心转化,其转化原则是保证系统总势能不变。

① 对于受扭的等截面圆断面轴,有:

$$k_e=k_t=\frac{GI_p}{l}$$

② 对于阶梯轴,其等效刚度与各轴段刚度存在下列关系:

$$\frac{1}{k_e}=\frac{1}{k_{1e}}+\frac{1}{k_{2e}}+\cdots+\frac{1}{k_{ne}}$$

③ 对于串联齿轮系统,若以轴 I 的轴线为转化中心线,则有:

$$k_{2e}=\frac{k_2}{i_{12}^2}$$

2. 凸轮轴系的动力学模型

图 4.4(a)表示一个内燃机配气凸轮机构,图 4.4(b)所示为其简图,图 4.4(c)所示为等效简图。

(1) 不考虑凸轮轴的扭转振动

设凸轮轴具有较大的刚度,在建立动力学模型时不考虑凸轮轴的扭振。这样不仅可减少自由度数目,且可摆脱质量矩阵 **M**、刚度 **K** 矩阵随凸轮转角的变化。

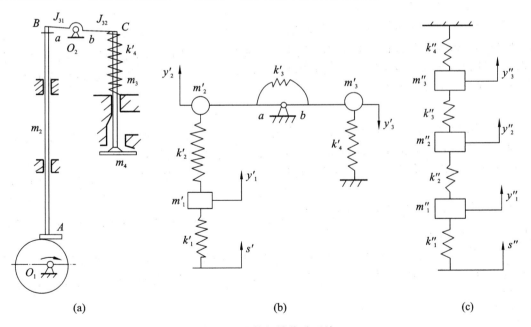

图 4.4　凸轮机械传动系统

将构件的质量做集中化简化:推杆质量 m_2 按质心不变原则集中于 A、B 两端,分别为 m_{A2} 和 m_{B2},则 $m_{A2}+m_{B2}=m_2$。BC 的摆角较小,设 B、C 点在小范围内做直线运动。BC 左右两侧的转动惯量由 B、C 处的集中质量替换,则 $m_{B3}=\dfrac{J_{31}}{a^2}$、$m_{C3}=\dfrac{J_{32}}{b^2}$,其中 J_{31} 和 J_{32} 为 BC 左右两侧

对机架 O_2 处的转动惯量。

　　将汽配阀的质量汇集到 C 点,则根据振动理论,弹簧质量可取其三分之一集中在其端部,则 $m_{C4}=m_4+\dfrac{1}{3}m_S$, m_4 为阀的质量, m_S 为弹簧质量。则图 4.4(b)所示的动力学模型的质量参数为:

$$
\left.
\begin{aligned}
m'_1 &= m_{A2} \\
m'_2 &= m_{B2}+m_{B3} \\
m'_3 &= m_{C3}+m_{C4}
\end{aligned}
\right\}
\tag{4-34}
$$

其刚度参数如下: k'_1 为推杆与凸轮的接触刚度, k'_2 为推杆的拉伸刚度, k'_3 为 BC 的弯曲刚度, k'_4 为弹簧刚度, s' 为凸轮作用于从动杆的理论位移。

　　再将推杆作为等效构件,做坐标变换,如图 4.4(c)所示,在保持动能、势能相等的情况下,将质量、位移、刚度等效到推杆轴线上,则有:

$$
\left.
\begin{aligned}
& s''=s',\ y''_1=y'_1,\ y''_2=y'_2,\ y''_3=\left(\dfrac{b}{a}\right)y'_3 \\
& k''_1=k'_1,\ k''_2=k'_2,\ k''_3=k'_3,\ k''_4=\left(\dfrac{b}{a}\right)^2 k'_4 \\
& m''_1=m'_1,\ m''_2=m'_2,\ m''_3=\left(\dfrac{b}{a}\right)^2 m'_3
\end{aligned}
\right\}
\tag{4-35}
$$

不难写出凸轮轴系的动力学方程为:

$$
\boldsymbol{M}\ddot{Y}+\boldsymbol{K}Y=\ddot{F}
\tag{4-36}
$$

其中 $Y=[\,y''_1\quad y''_2\quad y''_3\,]$, $F=[\,k''_1 s''\quad 0\quad 0\,]$

　　(2)考虑凸轮轴的扭转振动

　　以图 4.5 所示凸轮机构为例,凸轮轴受到较大的径向力,轴的弯曲变形对从动件运动有影响。此机构的振动包括扭转振动和横向振动。从动件顶点 A 的位移 h_c 受到凸轮轮廓曲线、凸轮轴的扭转变形和轴心横向位移 x、y 的影响。当凸轮转过 θ 角后,考虑轴心 O 的横向变形,凸轮从动件实际上升距离为:

$$
h_c=h(\theta)+y+x\tan\alpha
\tag{4-37}
$$

其中, $h(\theta)$ 为凸轮转过 θ 角,由轮廓曲线决定的位移; y 为凸轮轴心垂直方向的变形; $x\tan\alpha$ 为凸轮轴心 x 向变形引起的垂直方向变形, α 为凸轮点的压力角(微量)。

　　图 4.5(b)是该凸轮机构的等效简图,通常凸轮轴在 x 方向受力较小,压力角也不大,则有:

$$
h_c=G(\theta_2)+y_2
\tag{4-38}
$$

其中, $G(\theta_2)$ 为凸轮及凸轮轴为刚性时从动件端点的位移和转角传递函数关系, y_2 为凸轮轴在凸轮处的垂直方向变形。

　　建立广义坐标: q_1 为主动轮 1 的转角、 q_2 为凸动轴的相对转角、 q_3 为从动杆的变形量,并设 y_1 为主动轮 1 处的垂直方向变形、 y_2 为凸动盘 2 处的垂直方向变形。这 5 个坐标满足如下的关系:

$$
\left.
\begin{aligned}
\theta_1 &= q_1 \\
\theta_2 &= q_2+\theta_1=q_1+q_2 \\
h_c &= G(\theta_2)+y_2=G(q_1+q_2)+y_2 y_2
\end{aligned}
\right\}
\tag{4-39}
$$

　　为建立该凸轮机构的动力学模型,首先建立凸轮轴的横向振动方程。根据影响系数法,列

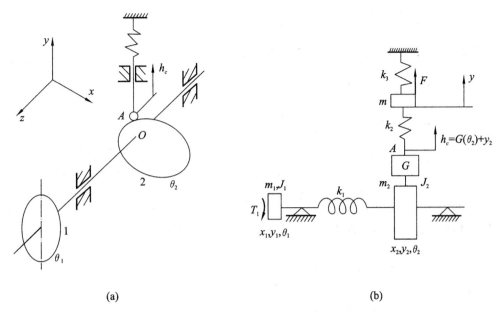

(a)　　　　　　　　　　　　　　　(b)

图 4.5　凸轮机构

出凸轮轴的横向振动微分方程如下：

$$
\left.
\begin{aligned}
y_1 &= -\alpha_{11} m_1 \ddot{y}_1 + \alpha_{12}(-m_2 \ddot{y}_2 + K_2 q_3) \\
y_2 &= -\alpha_{21} m_1 \ddot{y}_1 + \alpha_{22}(-m_2 \ddot{y}_2 + K_2 q_3)
\end{aligned}
\right\}
\tag{4-40}
$$

其中，α_{ij} 为柔度影响系数，表示在 j 点处施加单位力时，在 i 点处产生的位移。

其次建立从动杆直线振动方程，该系统为三自由度振动系统，广义坐标为 q_1、q_2、q_3，采用拉格朗日方程有：

$$
\frac{\mathrm{d}}{\mathrm{d}t}\left(\frac{\partial E}{\partial \dot{q}_j}\right) - \frac{\partial E}{\partial q_j} + \frac{\partial U}{\partial q_j} = F_j, (j=1,2,\cdots,k)
$$

$$
F_j = \sum_{j=1}^{N}\left(F_{jx}\frac{\partial x_j}{\partial q_i} + F_{jy}\frac{\partial y_j}{\partial q_i} + F_{jz}\frac{\partial z_j}{\partial q_i}\right)
$$

其动能为：

$$
E = \frac{1}{2}J_1\dot{\theta}_1^2 + \frac{1}{2}J_2\dot{\theta}_2^2 + \frac{1}{2}m\dot{y}^2 = \frac{1}{2}J_1\dot{q}_1^2 + \frac{1}{2}J_2(\dot{q}_1^2 + \dot{q}_2^2) + \frac{1}{2}m(\dot{q}_3 + \dot{G} + \dot{y}_2)^2
$$

$$
\dot{G} = \frac{\mathrm{d}G}{\mathrm{d}t} = \frac{\mathrm{d}G}{\mathrm{d}\theta_2}\frac{\mathrm{d}\theta_2}{\mathrm{d}t} = G'\dot{\theta}_2 = G'(\dot{q}_1 + \dot{q}_2)
$$

势能为：

$$
U = \frac{1}{2}K_1 q_2^2 + \frac{1}{2}K_2 q_3^2 + \frac{1}{2}K_3 y^2
$$

广义力为：

$$
F_1 = T_1\frac{\partial \theta_1}{\partial q_1} - F\frac{\partial y}{\partial q_1} = T_1 - F\frac{\partial G}{\partial q_1} = T_1 - F\frac{\partial G}{\partial \theta_2}\frac{\partial \theta_2}{\partial q_1} = T_1 - G'
$$

$$
F_2 = T_1\frac{\partial \theta_1}{\partial q_2} - F\frac{\partial y}{\partial q_2} = -F\frac{\partial G}{\partial \theta_2}\frac{\partial \theta_2}{\partial q_2} = -FG'
$$

$$F_3 = T_1 \frac{\partial \theta_1}{\partial q_3} - F \frac{\partial y}{\partial q_3} = -F$$

将动能、势能及广义力代入拉格朗日方程之后,可得:

$$\left.\begin{aligned}
&\ddot{q}_1 = \frac{T_1}{J_1} + \frac{K_1}{J_1} q_2 \\
&\ddot{q}_2 = -K_1 \left(\frac{1}{J_1} + \frac{1}{J_2}\right) q_2 + \frac{K_2 G'}{J_2} q_3 - \frac{T_1}{J_1} \\
&\ddot{q}_3 = -G''(\dot{q}_1 + \dot{q}_2)^2 - \left(\frac{K_2 + K_3}{m} + \frac{K_2 G'^2}{J_2} + \frac{K_2}{m_2}\right) q_3 + \frac{G' K_1}{J_2} q_2 \\
&\qquad - \frac{K_3 G + F}{m} - \frac{K_3 y_2}{m_2} + \frac{G' K_1}{J_2} q_2 - \ddot{y}_2
\end{aligned}\right\} \quad (4\text{-}41)$$

联立式(4-40)与式(4-41),从而可得凸轮机构的动力学方程为:

$$\left.\begin{aligned}
&\ddot{y}_1 = \frac{-\alpha_{22} y_1 + \alpha_{12} y_2}{m_1(\alpha_{11}\alpha_{22} - \alpha_{21}\alpha_{12})} \\
&\ddot{y}_2 = \frac{\alpha_{21} y_1 - \alpha_{11} y_2}{m_2(\alpha_{11}\alpha_{22} - \alpha_{21}\alpha_{12})} + \frac{K_2 q_3}{m_2} \\
&\ddot{q}_1 = \frac{T_1}{J_1} + \frac{K_1}{J_1} q_2 \\
&\ddot{q}_2 = -K_1 \left(\frac{1}{J_1} + \frac{1}{J_2}\right) q_2 + \frac{K_2 G'}{J_2} q_3 - \frac{T_1}{J_1} \\
&\ddot{q}_3 = -G''(\dot{q}_1 + \dot{q}_2)^2 - \left(\frac{K_2 + K_3}{m} + \frac{K_2 G'^2}{J_2} + \frac{K_2}{m_2}\right) q_3 + \frac{G' K_1}{J_2} q_2 \\
&\qquad - \left[\frac{K_3}{m} + \frac{\alpha_{11}}{m_2(\alpha_{11}\alpha_{22} - \alpha_{21}\alpha_{12})}\right] y_2 + \frac{\alpha_{21}}{m_2(\alpha_{11}\alpha_{22} - \alpha_{21}\alpha_{12})} y_1
\end{aligned}\right\} \quad (4\text{-}42)$$

对于常见的齿轮轴系扭转振动系统,可先考虑齿轮副纯扭转振动,再考虑传动轴的扭转刚度,同时考虑原动机和执行机构的转动惯量等,以获得机械传动系统的动力学模型。图 4.6 所示是一对齿轮副纯扭转振动模型,T_m 和 T_L 为原动机和执行机构的转矩,k_p 和 k_g 为主传动轴和从传动轴的扭转刚度,J_m 为原动机转动惯量,J_p 为主动齿轮转动惯量,J_g 为从动齿轮转动惯量,J_l 为执行机构转动惯量,c_p 为主传动轴扭转结构阻尼,c_g 为从传动轴扭转结构阻尼,c_m 为啮合齿轮对啮合阻尼,k_m 为啮合齿轮对啮合刚度,$e(t)$ 为齿面啮合误差 $e = \Delta_1 + \Delta_2$,Δ_1 和 Δ_2 为齿轮齿面误差。

则齿轮轴系的扭转振动方程为:

$$\left.\begin{aligned}
&J_m \ddot{\theta}_m + c_p(\dot{\theta}_m - \dot{\theta}_p) + k_p(\theta_m - \theta_p) = T_m \\
&J_p \ddot{\theta}_p + c_p(\dot{\theta}_p - \dot{\theta}_m) + k_p(\theta_p - \theta_m) = -r_p W_d \\
&J_g \ddot{\theta}_g + c_g(\dot{\theta}_g - \dot{\theta}_l) + k_g(\theta_g - \theta_l) = r_g W_d \\
&J_l \ddot{\theta}_l + c_g(\dot{\theta}_l - \dot{\theta}_g) + k_g(\theta_l - \theta_g) = -T_l
\end{aligned}\right\} \quad (4\text{-}43)$$

其中,W_d 为轮齿的动态啮合力,其表达式为:

$$W_d = c_m(r_p \dot{\theta}_p - r_g \dot{\theta}_g - \dot{e}) + k_m(r_p \theta_p - r_g \theta_g - e)$$

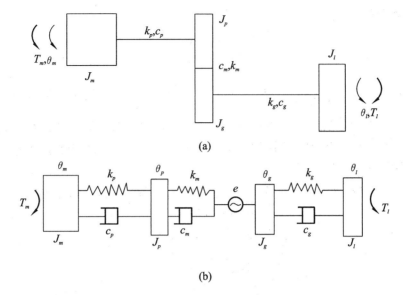

(a)

(b)

图 4.6　齿轮副纯扭转振动模型

其中，$k_m = k_e = \dfrac{k_1 k_2}{k_1 + k_2}$，$c_m = 2\xi\sqrt{\dfrac{k_m r_p^2 r_g^2 J_p J_g}{r_p^2 J_p + r_g^2 J_g}}$，$\xi$ 为轮齿啮合阻尼比（$\xi = 0.03 \sim 0.17$），传动轴扭转结构阻尼 $c_p = 2\zeta_s\sqrt{\dfrac{k_p}{\dfrac{1}{J_m} + \dfrac{1}{J_p}}}$，$c_g = 2\zeta_s\sqrt{\dfrac{k_g}{\dfrac{1}{J_g} + \dfrac{1}{J_l}}}$，$\zeta_s$ 为阻尼系数（$\zeta_s = 0.005 \sim 0.075$），$k_p$、$k_g$ 为扭转刚度，按 $k_t = \dfrac{G I_P}{l}$ 计算。

将式（4-43）写成矩阵形式为：

$$[\boldsymbol{M}]\{\ddot{\theta}\} + [\boldsymbol{C}]\{\dot{\theta}\} + [\boldsymbol{K}]\{\theta\} = [\boldsymbol{F}] \tag{4-44}$$

式中的 $[\boldsymbol{M}]$、$[\boldsymbol{C}]$、$[\boldsymbol{K}]$ 为相应的质量、阻尼、刚度矩阵。

　　齿轮传动系统的动态特性是指其在动载作用下的振动和噪声的演变。目前齿轮传动系统研究的重要课题之一就是齿轮传动的动态特性。齿轮传动的动载荷与多种因素有关，并不是简单地与静载荷成比例，而是依赖于齿轮周期性误差、圆周速度、齿轮转动惯量等因素，动载荷是影响齿轮强度的重要因素。

4.3.5　挠性转子的机械系统动力学

1. 刚性支承单圆盘挠性转子系统

图 4.7 所示是一般的刚性支承单圆盘挠性转子系统[5]。假设轴的质量不计，其横向刚度为 $k_x = k_y = k$，其阻尼是黏性阻尼，阻尼系数为 $c_x = c_y = c$，ξ 为阻尼率。圆盘的偏心距为 e，不平衡量为 $U = me$。当转子以角速度 ω 稳定转动时，根据圆盘的受力写出 O_1 点的横向振动微分方程为：

$$\left.\begin{array}{l} m\ddot{x} + c_x\dot{x} + k_x x = me\omega^2\cos\omega t \\[2mm] m\ddot{y} + c_y\dot{y} + k_y y = me\omega^2\sin\omega t \end{array}\right\} \tag{4-45}$$

方程的稳态解为：

$$x=B_x\cos(\omega t-\psi_x)\atop y=B_y\cos(\omega t-\psi_y)\Bigg\}\qquad(4\text{-}46)$$

其中, $B_x=\dfrac{e\lambda_x^2}{\sqrt{(1-\lambda_x^2)^2+(2\xi\lambda_x)^2}}$ 和 $B_y=\dfrac{e\lambda_y^2}{\sqrt{(1-\lambda_y^2)^2+(2\xi\lambda_y)^2}}$ 分别是 x 和 y 方向上的振幅,
$\psi_x=\arctan(2\xi\lambda_x/1-\lambda_x^2)$ 和 $\psi_y=\arctan(2\xi\lambda_y/1-\lambda_y^2)$ 分别是 x 和 y 方向的位移滞后于激励相位角, λ_x 和 λ_y 分别为 x、y 方向的频率比(即 $\lambda_x=\omega/\omega_{nx}$, $\lambda_y=\omega/\omega_{ny}$), ω_{nx} 和 ω_{ny} 为转子系统在 x、y 方向的固有频率。

由于 $\omega_{nx}=\omega_{ny}=\omega_n$, $\lambda_x=\lambda_y=\lambda$, $\psi_x=\psi_y=\psi$, 则转子系统在 x、y 方向的受迫振动响应为：

$$x=B\cos(\omega t-\psi)\atop y=B\cos(\omega t-\psi)\Bigg\}\qquad(4\text{-}47)$$

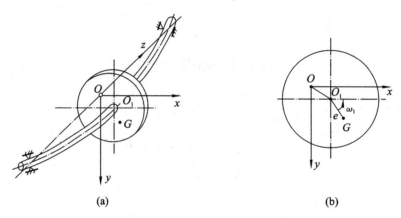

图 4.7 刚性支承单圆盘挠性转子系统

圆盘在 x、y 方向做等幅同频率的简谐振动。因此,这两个方向的振动合成后,形心 O_1 的轨迹为圆,圆心在坐标原点,其半径为：

$$R=\sqrt{x^2+y^2}=\frac{e\lambda^2}{\sqrt{(1-\lambda^2)^2+(2\xi\lambda)^2}}\qquad(4\text{-}48)$$

圆盘形心 O_1 点转动的角速度为 ω,圆盘自转的角速度也为 ω。转子的这种既有自转又有公转的运动称为弓形回旋。弓形回旋是挠性转子系统绕轴承回转轴线的回转,由此产生的动挠度会使轴系产生破坏。同时弓形回转对轴承作用了一个交变力,导致支承系统发生受迫振动,这就是机器在通过临界转速时产生剧烈振动的原因。

一般旋转机械的轴刚度比支承刚度小得多,可将支承视为刚性。但严格来讲,支承的弹性影响是不可忽略的,这种影响首先表现为转轴的临界转速下降。一般支承结构中,水平刚度 k_h 不等于垂直刚度 k_v,通常 $k_h<k_v$,所以在水平与垂直方向的临界转速也不相等。

2. 弹性支撑单圆盘挠性转子系统

图 4.8 表示一个弹性支撑单圆盘挠性转子,不计阻尼和轴的质量。系统刚度是支承刚度和轴刚度 k 的串联组合,得：

$$k_x=\frac{2k_hk}{2k_h+k},\ k_y=\frac{2k_vk}{2k_v+k}\qquad(4\text{-}49)$$

当转轴有动挠度且稳定运行时，可得到圆盘轴系的振动微分方程为：

$$\left. \begin{array}{c} m\ddot{x} + k_x x = me\omega^2 \cos\omega t \\ m\ddot{y} + k_y y = me\omega^2 \sin\omega t \end{array} \right\} \tag{4-50}$$

方程的全解为转轴的动挠度，即：

$$\left. \begin{array}{c} x = A_x \cos(\omega_{nx} t + \psi_x) + e\dfrac{\omega^2}{\omega_{nx}^2 + \omega^2} \cos\omega t \\[3mm] y = A_y \cos(\omega_{ny} t + \psi_y) + e\dfrac{\omega^2}{\omega_{ny}^2 + \omega^2} \sin\omega t \end{array} \right\} \tag{4-51}$$

转子系统的振动由自由振动和受迫振动组成。如果系统存在阻尼，其自由振动将逐渐衰减，稳态受迫振动为：

$$\left. \begin{array}{c} x = B_x \cos\omega t \\ y = B_y \cos\omega t \end{array} \right\} \tag{4-52}$$

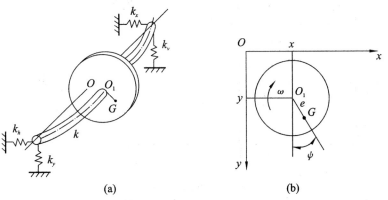

图 4.8　弹性支撑单圆盘挠性转子系统

受迫振动的振幅是角速度 ω 的函数，振幅为：

$$\left. \begin{array}{c} B_x = e\dfrac{\omega^2}{\omega_{nx}^2 - \omega^2} = \dfrac{e\lambda_x^2}{1 - \lambda_x^2} \\[3mm] B_y = e\dfrac{\omega^2}{\omega_{ny}^2 - \omega^2} = \dfrac{e\lambda_y^2}{1 - \lambda_y^2} \end{array} \right\} \tag{4-53}$$

转轴中心 O_1 的运动轨迹是一个椭圆。其主轴与坐标轴方向一致，半轴为 B_x、B_y，可得椭圆方程为：

$$\left(\frac{x}{B_x}\right)^2 + \left(\frac{y}{B_y}\right)^2 = 1 \tag{4-54}$$

由于 B_x 和 B_y 与转速 ω 相关，可知当转速 ω 不同时，转轴中心 O_1 的运动轨迹椭圆也具有不同形状。

3. 挠性转子系统的平衡

挠性转子系统的平衡方法主要有振型平衡法和影响系数法。

（1）振型平衡法

振型平衡法（也称为模态平衡法）：当转子处于任意的不平衡状态时，可按模态进行分解，

由于模态具有正交性,所以各阶模态的平衡互不影响。如对于图4.9所示转子,对采用振型平衡法进行平衡的步骤是:

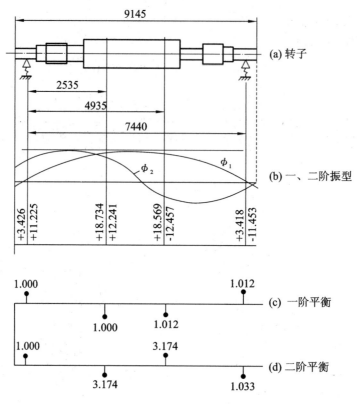

图4.9 转子的振型平衡法

① 确定转子的临界转速、振型函数及平衡平面的位置。采用传递矩阵法或实验的方法获得转子的临界速度和相应的振型;平衡平面的数目在采用 $N+2$ 平面平衡法时,该转子应该选择四个平衡平面,四个平面的位置可根据振型曲线来确定。

② 当转子转速低于第一临界速度70%时,对挠性转子作刚性平衡。

③ 当转子转速达到一阶临界速度时,开始一阶模态平衡,即四个平衡面上的四个配重应满足如下关系式:

$$\left. \begin{aligned} & U_1^{(1)}+U_2^{(1)}+U_3^{(1)}+U_4^{(1)}=0 \\ & x_1 U_1^{(1)}+x_2 U_2^{(1)}+x_3 U_3^{(1)}+x_4 U_4^{(1)}=0 \\ & \Phi_1(x_1)U_1^{(1)}+\Phi_1(x_2)U_2^{(1)}+\Phi_1(x_3)U_3^{(1)}+\Phi_1(x_4)U_4^{(1)}=-\Psi_1 \\ & \Phi_2(x_1)U_1^{(1)}+\Phi_2(x_2)U_2^{(1)}+\Phi_2(x_3)U_3^{(1)}+\Phi_2(x_4)U_4^{(1)}=0 \end{aligned} \right\} \tag{4-55}$$

把 x_1、x_2、x_3、x_4 及对应的 $\Phi_1(x_1),\cdots,\Phi_1(x_4)$ 和 $\Phi_2(x_1),\cdots,\Phi_2(x_4)$ 的值代入式(4-55),可得如下计算结果:

$$U_1^{(1)}=3.264\Psi_1,\ U_2^{(1)}=-3.264\Psi_1,\ U_3^{(1)}=-3.303\Psi_1,\ U_4^{(1)}=3.303\Psi_1 \tag{4-56}$$

所得的结果只是配重的比值,且四个配重的位置均在过中心轴线的相同平面内。

④ 用试加法确定配重的相位和绝对量值。在不加任何平衡量的情况下,使转子转速达到

一阶平衡时的相应转速,记下初始振动幅值和相位 A_0;在转子上按所计算的比例加上配重量为一组试重,再以相同转速运行时记下幅值和相位 A_1;用 A_0 和 A_1 计算 α_1 和 α_1 来表示试重的效应系数,且 $\alpha_1 = \dfrac{A_1 - A_0}{P_1}$,则应加的平衡总量满足 $Q_1 = -\dfrac{A_0}{\alpha_1} = \dfrac{A_0}{A_0 - A_1}P$。

⑤ 当转子转速达到二阶临界速度时,开始二阶模态平衡,直到工作转速到达下一阶为止。

(2) 影响系数法

若转子系统的不平衡量与轴的振动量之间存在线性关系,从而可以建立一组包含未知平衡量的方程组,求解该方程组就可获得平衡量。影响系数表示校正平面上的单位平衡量在某点处产生的振动,用 $\alpha_{ij} = \dfrac{s_{ij}}{U_j}$ 表示。影响系数的求法一般有两种,即计算法和实验法。实验法是用加试重的方法求出影响系数,即首先在不加任何试重的情况下开机到某一稳定转速,测出转子上某点的原始振动值 s_{i0},然后在校正平面上加一个已知的不平衡量 U_i,并让转子运行到原来转速,测量出某点的振动值 s_{i1},从而可得矢量图 4.10,其中 $s_{i0} + s_{ij} = s_{i1}$,则影响系数为:

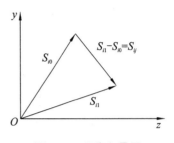

图 4.10　平衡矢量图

$$\alpha_{ij} = \frac{s_{i1} - s_{i0}}{U_j} \tag{4-57}$$

对挠性转子,在不同转速下不同平衡平面之间的影响系数不同,这就要求在测某一转速下的影响系数时,必须保证是在同一转速下测得的结果。所以,在用影响系数法平衡挠性转子时,需要根据挠性转子的工作速度及振型正确选定转子平衡的速度、平衡平面的位置数量,即选 N 个平衡转速 $n_1, n_2, \cdots, n_N$;选 K 个校正平面,其轴向位置坐标分别为 $x_1, x_2, \cdots, x_K$;选取 M 个测振点,其轴向位置为 $x_1', x_2', \cdots, x_M'$。从而确定在各平衡平面内应加的平衡量的大小和相位,以使测振点的振动减小或消除。影响系数为:

$$\alpha_{mk}^{(n)} = \frac{s_k(x_m', n_n) - s_0(x_m', n_n)}{U_k} \tag{4-58}$$

其中 $s_0(x_m', n_n)$ 为原始不平衡转子以转速 n_n 转动时 x_m' 点的振动值;$s_k(x_m', n_n)$ 为校正平面上加试重后该点的振动值。

如果令 $n = 1, 2, \cdots, N; m = 1, 2, \cdots, M; k = 1, 2, \cdots, K$;则影响系数可组成以下矩阵:

$$A = \begin{bmatrix} \alpha_{11}^{(1)} & \alpha_{12}^{(1)} & \cdots & \alpha_{1K}^{(1)} \\ \alpha_{21}^{(1)} & \alpha_{22}^{(1)} & \cdots & \alpha_{2K}^{(1)} \\ \vdots & \vdots & & \vdots \\ \alpha_{M1}^{(1)} & \alpha_{M2}^{(1)} & \cdots & \alpha_{MK}^{(1)} \\ \alpha_{11}^{(1)} & \alpha_{12}^{(1)} & \cdots & \alpha_{1K}^{(1)} \\ \alpha_{21}^{(1)} & \alpha_{22}^{(1)} & \cdots & \alpha_{2K}^{(1)} \\ \vdots & \vdots & & \vdots \\ \alpha_{M1}^{(1)} & \alpha_{M2}^{(1)} & \cdots & \alpha_{MK}^{(1)} \\ \vdots & \vdots & & \vdots \\ \alpha_{M1}^{(N)} & \alpha_{M2}^{(N)} & \cdots & \alpha_{MK}^{(N)} \end{bmatrix} \tag{4-59}$$

影响系数法的目标是保证在转速 n_n 下，转轴上各点的振动均为 0。因为在测量影响系数时，这些点的原始振动 $s_0(x'_m, n_n)$ 已测得，设在校正平面上选的校正量为 $U_k(k=1,2,\cdots,K)$，且有 $U=\begin{bmatrix} U_1 & U_2 & \cdots & U_K \end{bmatrix}^{\mathrm{T}}$，则必须使这些校正量所产生的振动量与原始振动量相抵消，才可达到平衡的目的，即满足：

$$A\begin{Bmatrix} U_1 \\ U_2 \\ \vdots \\ U_K \end{Bmatrix} + \begin{Bmatrix} s_0(x'_1, n_1) \\ s_0(x'_2, n_1) \\ \vdots \\ s_0(x'_M, n_1) \\ s_0(x'_1, n_2) \\ s_0(x'_2, n_2) \\ \vdots \\ s_0(x'_M, n_2) \\ \vdots \\ s_0(x'_M, n_N) \end{Bmatrix} = \{0\} \tag{4-60}$$

显然，式(4-60)在矩阵 A 为非奇异方阵时有唯一解，其解为一组校正量，满足 $K=MN$。

转子系统往往不能提供足够多的校正平面，这就不能保证在要求的转速范围内达到所有测振点都消除振动的目的。只能在所给条件下，选取残余振动量最小的最佳平衡量。

当 $K<MN$ 时，找不到一组值使其右端为 0，则有 K 个残余振动，即 $AP+S_0=\delta$，其中 δ 为残余振动，其数量为 K 个。

残余振动应该尽可能小，需要对平衡量进行优化，主要有最小二乘法和加权迭代法。最小二乘法就是使残余振动振幅的平方和为最小，即：

$$\min\left(R = \sum_{j=1}^{MN} \delta_j^2\right) \tag{4-61}$$

需要寻求一组最佳校正量 P_K，使 R 值最小，即：

$$\frac{\partial R}{\partial P_k} = 0 \quad (k=1,2,\cdots,K) \tag{4-62}$$

该方法不能保证每个点的振动量都最小，有些点的残余振动可能超过了允许值。需要使残余振动量均化，可以采用加权迭代均化残余振动法，可以多次加权，直到满足要求。

4.3.6　含间隙运动副的机械系统动力学

在数字制造机械系统中，运动副指两构件直接接触又能产生相对运动的联接。由于制造误差、装配误差、磨损等因素，运动副一般存在一定的间隙。太大的间隙会影响机构动态特性，使机构在运行时产生误差，甚至产生动载荷，形成振动，使构件工作时产生噪声、磨损加剧、降低寿命和精度。过大间隙对高速运转机构的影响更为明显。

研究含间隙运动副的机械系统动力学的关键问题，是在假设运动副的接触状态的基础上，建立间隙副的动力学模型，然后根据基本力学和机构学方法，建立系统的动力学方程。目前常用的间隙模型有三类，一是连续接触模型，其运动副在运行过程中一直保持接触状态；二是两状态非连续接触模型，其运动副在运行过程中包含两种状态，接触和自由；三是三状态非连续接触模型，其运动副在运行过程中含有接触、自由、碰撞的三状态。

这里简要介绍连续接触间隙副模型和两状态间隙移动副模型的动力学方程的建立。

利用连续接触的模型对间隙副进行计算时,尽管未考虑接触变形和运动副的自由状态,但是考虑了构件运动时,间隙对惯性力和惯性力矩产生的影响,能够达到一定的精度。对含间隙副的平面连杆结构,其输入输出关系可表达为:

$$\boldsymbol{F} = \boldsymbol{F}(\boldsymbol{U}, \boldsymbol{V}, \boldsymbol{L}, \boldsymbol{r}, \boldsymbol{\alpha}) = 0 \tag{4-63}$$

其中,$\boldsymbol{F}$ 是独立运动学方程的向量,$\boldsymbol{F} = [f_1, f_2, \cdots, f_n]^T$;$\boldsymbol{V}$ 为输入向量,$\boldsymbol{V} = [V_1, V_2, \cdots, V_\lambda]^T$;$\boldsymbol{U}$ 为输出向量,$\boldsymbol{U} = [U_1, U_2, \cdots, U_n]^T$;$\boldsymbol{L}$ 为结构参数向量,$\boldsymbol{L} = [l_1, l_2, \cdots, l_j]^T$;$\boldsymbol{r}$ 运动副间隙向量,$\boldsymbol{r} = [r_1, r_2, \cdots, r_k]^T$;$\boldsymbol{\alpha}$ 为位置角向量,$\boldsymbol{\alpha} = [\alpha_1, \alpha_2, \cdots \alpha_k]^T$。则输入输出运动关系为:

$$\boldsymbol{U} = \boldsymbol{U}(\boldsymbol{V}, \boldsymbol{L}, \boldsymbol{r}, \boldsymbol{\alpha}) \tag{4-64}$$

通过对机构进行动力学分析获得位置角向量 $\boldsymbol{\alpha}$,设输入角 $\theta_1 = f(t)$,并且设 θ_1 和 α 为平面连杆机构的广义坐标,则机构的动力学方程如下:

$$\frac{\mathrm{d}}{\mathrm{d}t}\left(\frac{\partial K}{\partial \dot{q}_i}\right) - \frac{\partial K}{\partial q_i} + \frac{\partial P}{\partial q_i} + \frac{\partial D}{\partial q_i} = F_i \tag{4-65}$$

其中,q_i 表示机构的广义坐标,对应的广义力为 F_i。机构动能 K、势能 P 和损失能量 D 可由下式表示:

$$\left.\begin{aligned}
K &= \sum_{i=1}^{j-1} K_i = \sum_{i=1}^{j-1} \frac{1}{2} m_i (\dot{x}_{si}^2 + \dot{y}_{si}^2) + \frac{1}{2} J_{si} \dot{\theta}_i^2 \\
P &= \sum_{i=1}^{j-1} m_i g y_{si} \\
D &= \frac{1}{2} \sum_{i=1}^{j-1} C_{\theta i} \dot{\theta}_i^2 + \frac{1}{2} \sum_{i=1}^{j-1} C_{\alpha i} \dot{\alpha}_i^2 + \frac{1}{2}\left(\sum_{i=1}^{j-1} C_{x_{si}} \dot{x}_{si}^2 + \sum_{i=1}^{j-1} C_{y_{si}} \dot{y}_{si}^2\right)
\end{aligned}\right\} \tag{4-66}$$

式中,m_i、x_{si}、y_{si}、θ_i、J_{si} 分别表示各个运动构件的质量、质心在 x 和 y 方向上的坐标、运动角坐标及其对相应质心的转动惯量;$C_{x_{si}}$、$C_{y_{si}}$ 分别表示对应下标量 x、y 的阻尼参数。

图 4.11 所示为含间隙的平面四杆机构[6],各铰链处的运动副间隙用一无质量杆表示,四杆机构的参数如图所示。机构的输入输出关系由式(4-67)可得:

$$\boldsymbol{F} = \begin{bmatrix} f_1 \\ f_2 \end{bmatrix} = \begin{cases} \sum_{i=1}^{4} l_i \cos\theta_i + \sum_{i=1}^{4} r_i \cos\alpha_i = 0 \\ \sum_{i=1}^{4} l_i \sin\theta_i + \sum_{i=1}^{4} r_i \sin\alpha_i = 0 \end{cases} \tag{4-67}$$

图 4.11 中的构件 4 为机架,$\theta_4 = \pi$ 为常数,由式(4-67)可求出机构转角 θ_2 和 θ_3 为:

$$\left.\begin{aligned}
\theta_2 &= 2\arctan \frac{F - M\sqrt{E^2 + F^2 - G^2}}{E + G} \\
\theta_3 &= 2\arctan \frac{F + M\sqrt{E^2 + F^2 - G^2}}{E + G}
\end{aligned}\right\} \tag{4-68}$$

其中,$E = l_1\cos\theta_1 + \sum_{i=1}^{4} r_i\cos\alpha_i - l_4$;$F = l_1\sin\theta_1 + \sum_{i=1}^{4} r_i\sin\alpha_i$;$G = \dfrac{l_3^2 - l_2^2 - (A^2 + B^2)}{2l_2}$;$H = \dfrac{l_2^2 - l_3^2 - (A^2 + B^2)}{2l_3}$。$M$ 由四杆机构的初始形态决定:当铰接点 B、C、D 顺时针排列时,M 取正

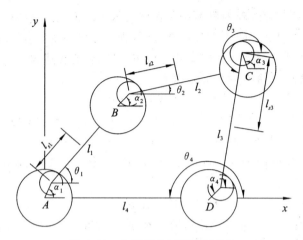

图 4.11　含间隙的平面四杆机构

号;逆时针排列时,M 取负号。对含间隙的平面四杆机构,由式(4-65)可得:

$$\sum_{j=1}^{3} m_j \left(\ddot{x}_{sj} \frac{\partial x_{sj}}{\partial \alpha_i} + \ddot{x}_{sj} \frac{\partial x_{sj}}{\partial \alpha_i} \right) + \sum_{j=1}^{3} J_{sj} \ddot{\theta}_j \frac{\partial \theta_j}{\partial \alpha_i} + g \sum_{j=1}^{3} m_j \frac{\partial y_{si}}{\partial \alpha_i} + \sum_{j=1}^{3} C_{\theta j} \frac{\partial \theta_j}{\partial \alpha_i}$$

$$+ \sum_{j=1}^{3} \left(C_{x_{sj}} \dot{x}_{sj} \frac{\partial x_{sj}}{\partial \alpha_i} + C_{y_{sj}} \dot{y}_{sj} \frac{\partial y_{sj}}{\partial \alpha_i} \right) + C_{ai} \dot{\alpha}_i = 0 \quad (i = 1,2,3,4) \tag{4-69}$$

将各运动参数带入式(4-69),可整理成矩阵形式:

$$[\boldsymbol{X}][\ddot{\boldsymbol{\alpha}}] = [\boldsymbol{Y}] \tag{4-70}$$

其中,$[\ddot{\boldsymbol{\alpha}}] = [\ddot{\alpha}_1, \ddot{\alpha}_2, \ddot{\alpha}_3, \ddot{\alpha}_4]^T$,$\boldsymbol{X}$ 与 $\boldsymbol{Y}$ 为与各参数相关的矩阵。当曲柄以恒角速度运动时,式(4-65)可降阶为一阶矩阵微分方程式。

　　对于两状态间隙移动副的动力学模型,图 4.12(a)所示滑块 1 相对导轨 2 做垂直于纸面方向的运动,但在 x 方向上存在间隙,间隙为 r。组成运动副的两构件间的接触是不连续的,存在不接触与接触状态,即自由状态和接触状态。

　　对两状态间隙移动副进行动力学分析时,首先要判断移动副是自由状态还是接触状态。如图 4.12(b)所示,设以 x_1、x_2 分别表示构件 1、2 的两运动副元素中心点在 x 方向上的位移。当相对位移 $|x_2 - x_1| < r$ 时,两构件不接触;显然接触条件为 $|x_2 - x_1| \geqslant r$,开始接触时取等号。当 $x_2 - x_1 = r$ 时,两构件将在左边开始接触;当 $x_2 - x_1 > r$ 时,左边接触面将发生弹性变形;当 $x_2 - x_1 = -r$ 时,两构件开始在右边接触;$x_2 - x_1 < -r$ 时右边接触面将发生弹性变形。

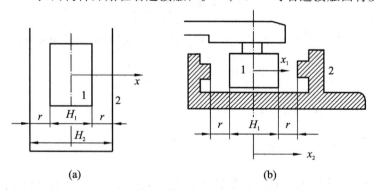

图 4.12　含间隙移动副的滑块机构

设 x_c 为弹性变形的大小,则有

$$\left.\begin{array}{l} x_c = x_2 - x_1 - r = x_r - r \geqslant 0 \quad (x_2 - x_1 \geqslant r) \\ x_c = x_2 - x_1 + r = x_r + r \leqslant 0 \quad (x_2 - x_1 \leqslant -r) \end{array}\right\} \tag{4-71}$$

其中,$x_r = x_2 - x_1$。由于在一般情况下,两接触表面硬度有较大差别,为减少其中一个构件的磨损,通常选易加工工件为磨损件,所以假定只有构件 1 表面有弹性变形,并设弹性变形 x_c 的方向向右为正。

图 4.13 所示为一种接触面力学模型,设作用于构件 1、2 上的外力分别为 $F_1(t)$、$F_2(t)$,分析研究构件 1、2 的运动情况,两构件的运动状态为自由状态和接触状态相互交替的过程,需要分别写出自由状态和接触状态的动力学方程。

自由状态时,两构件的作用力为 0,构件 1、2 的微分方程式为:

$$\left.\begin{array}{l} m_1 \ddot{x}_1 = F_1(t) \\ m_2 \ddot{x}_2 = F_2(t) \end{array}\right\} \tag{4-72}$$

它们是两个非耦合的微分方程式。

接触状态时,当 $|x_2 - x_1| \geqslant r$ 时,两构件将接触。开始接触时 $|x_2 - x_1| = r$,此时有:

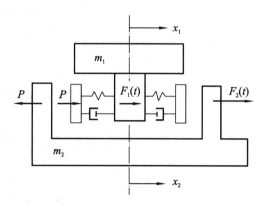

图 4.13　一种接触面力学模型

$$\left.\begin{array}{l} \dot{x}_c = \dot{x}_r = \dot{x}_2 - \dot{x}_1 \\ \ddot{x}_c = \ddot{x}_r = \ddot{x}_2 - \ddot{x}_1 \end{array}\right\} \tag{4-73}$$

构件 1、2 的动力学方程式为:

$$m_1 \ddot{x}_1 = F_1(t) + P_{21}$$
$$m_2 \ddot{x}_2 = F_2(t) + P_{12} = F_2(t) - P_{21}$$

其中,$P_{21} = K x_c + C \dot{x}_c$,$K$ 为刚度系数,C 为阻尼系数,则可得:

$$\left.\begin{array}{l} m_1 \ddot{x}_1 = F_1(t) + K x_c + C \dot{x}_c \\ m_2 \ddot{x}_2 = F_2(t) - K x_c - C \dot{x}_c \end{array}\right\} \tag{4-74}$$

式(4-74)为一组耦合的二阶微分方程式。

4.3.7　含变质量构建的机械系统动力学

在一般的机械系统中,研究对象的质量在运动过程中保持不变,然而在自然界和工程领域中,有许多实例表明,有些物体在运动过程中质量发生变化,比如雪花飘落、滚雪球、火箭升空、喷气式飞机、星体的运动、放射性物质等。这些实例的一个共同点就是在运动过程中质量发生变化,称这类物体为变质量物体。变质量动力学所研究的就是这类物体的动力学问题[7]。这里将基于动量定理来研究变质量构件和含变质量构件的单自由度机械系统的动力学问题。

首先,设有一变质量质点在运动中连续地放出质量或有质量加入其中,从而使其质量连续地变化。在某瞬间 t 时,变质量质点的质量为 m,它的绝对速度为 ν,作用于其上的外力之和为 $\boldsymbol{F}$,如图 4.14(a)所示。在 Δt 的时间间隔内有微质量 Δm 以绝对速度 $\boldsymbol{u}$ 附加到质量为 m 的质点上。这样,经过 Δt 时间后,质点的质量变为 $m+\Delta m$,它具有的绝对速度为 $\boldsymbol{v}+\Delta\boldsymbol{v}$,如图 4.14 (b)所示。根据动量定理有:

$$\lim_{t \to 0}\frac{\Delta Q}{\Delta t}=\frac{\mathrm{d}Q}{\mathrm{d}t}=\boldsymbol{F} \tag{4-75}$$

式中,Q 为动量,ΔQ 为动量的增量,它等于瞬间 $t+\Delta t$ 时的动量 Q' 和瞬间 t 时的动量 Q 之差。Q' 和 Q 分别为:

$$Q=m\boldsymbol{v}+\Delta m\boldsymbol{u} \tag{4-76}$$

$$Q'=(m+\Delta m)(\boldsymbol{v}+\Delta\boldsymbol{v}) \tag{4-77}$$

由此得:

$$\Delta Q =Q'-Q=(m+\Delta m)(\boldsymbol{v}+\Delta\boldsymbol{v})-(m\boldsymbol{v}+\Delta m\boldsymbol{u})$$
$$=m\Delta\boldsymbol{v}+\Delta m(\boldsymbol{v}-\boldsymbol{u})+\Delta m\Delta\boldsymbol{v}$$

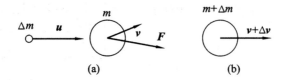

图 4.14　变质量质点的运动

忽略高阶微量 $\Delta m\Delta\boldsymbol{v}$,除以 Δt,并令 $\Delta t \to 0$,得:

$$\frac{\mathrm{d}Q}{\mathrm{d}t}=m\frac{\mathrm{d}\boldsymbol{v}}{\mathrm{d}t}+\frac{\mathrm{d}m}{\mathrm{d}t}(\boldsymbol{v}-\boldsymbol{u})=\boldsymbol{F} \tag{4-78}$$

令 $\boldsymbol{v}_r=\boldsymbol{u}-\boldsymbol{v}$ 为微粒相对于质点的速度,则有:

$$m\frac{\mathrm{d}\boldsymbol{v}}{\mathrm{d}t}=\boldsymbol{F}+\dot{m}\boldsymbol{v}_r \tag{4-79}$$

$\dot{m}$ 为 m 对 t 的导数,是质量 m 的变化率。式中最后一项 $\dot{m}\boldsymbol{v}_r$ 表示附加质量引起的附加力,它的方向和相对速度 $\dot{m}\boldsymbol{v}_r$ 的方向相同。

如果有微粒从质量 m 中分离出去,则式(4-79)中 $\dfrac{\mathrm{d}m}{\mathrm{d}t}<0$,分离出去的微粒引起的附加力方向将和 $\boldsymbol{v}_r$ 的方向相反。令:

$$\boldsymbol{F}_r=\frac{\mathrm{d}m}{\mathrm{d}t}(\boldsymbol{u}-\boldsymbol{v})=\dot{m}\boldsymbol{v}_r \tag{4-80}$$

$\boldsymbol{F}_r$ 称为冲力,则式(4-79)可写为:

$$m\frac{\mathrm{d}\boldsymbol{v}}{\mathrm{d}t}=\boldsymbol{F}+\boldsymbol{F}_r \tag{4-81}$$

式(4-81)即为变质量质点运动的基本方程式。

对于变质量构件的动力学问题,可以把变质量构件看成这样一个刚体:其中有些微粒离开它,一旦离开它就不再属于该刚体了,而所研究的构件中剩下的各质点间相对位置保持不变;如果有些微粒要加进去,则一旦附加进去,就属于该刚体的一部分。

设在瞬时 t 时,图 4.15 所示的两个质点系:①质量为

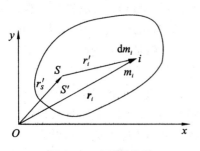

图 4.15　变质量构件

m_i，向径为 r_i 的质点组成刚体（质点系 A）；②占据同一位置的微粒质点（质点系 B），在相应的点 i 有质量 $\mathrm{d}m_i$。以 $v_i = \dot{r}_i$ 与 u_i 分别为 m_i 和 $\mathrm{d}m_i$ 的绝对速度。在瞬间 $t + \Delta t$ 时，每一对 m_i 和 $\mathrm{d}m_i$ 看成为一个系统内质点。

对于质点系 A 中任一点 i 可列出方程：

$$m\frac{\mathrm{d}v_i}{\mathrm{d}t} = F_{Ei} + F_{Ii} + F_{Ti} + F_{Ni} \tag{4-82}$$

式中，F_{Ei} 为质点 i 上受的外力；F_{Ii} 为质点 i 上受的内力；$F_{Ti} = \dfrac{\mathrm{d}m_i}{\mathrm{d}t}(u_i - v_i)$ 为点 i 上受的冲力；F_{Ni} 为质点 i 上受的约束反力。

当然并不是在所有质点上都同时存在外力、冲力和约束反力。如果在其中某些点上无外力，则在这些点上 F_{Ei} 为 0。同样，冲力、约束反力也可能为 0。

对整个质点系来讲，有：

$$\sum_{i=1}^{n} m_i \frac{\mathrm{d}v_i}{\mathrm{d}t} = F_E + F_T + F_N \tag{4-83}$$

式中，$F_E = \sum F_{Ei}$，为外力的主向量；$F_T = \sum F_{Ti}$，为冲力的主向量；$F_N = \sum F_{Ni}$，为约束反力的主向量。这里有 $\sum F_{Ii} = 0$，即所有内力之和为 0。

现在来看式(4-83)的左边项 $\sum\limits_{i=1}^{n} m_i \dfrac{\mathrm{d}v_i}{\mathrm{d}t}$。设物体的质心位于点 S，它的向径用 r_s 表示。变质量刚体中各质点的距离虽不变，但因质量发生变化，所以质心的位置将是变动的，即质心 S 将相对于刚体变动。设瞬时和质心 S 重合的刚体上的点为 S'，其向径为 $r_{S'}$，则：

$$\sum_{i=1}^{n} m_i r_i = m r_{S'} \tag{4-84}$$

或

$$\sum_{i=1}^{n} m_i r'_i = 0 \tag{4-85}$$

式中，r'_i 为自点 S' 到点 i 的向量；$m = \sum\limits_{i=1}^{n} m_i$；$r'_i = r_i - r_{S'}$。

设点 i 的速度为 v_i，加速度为 a_i，则：

$$\left.\begin{array}{l} \displaystyle\sum_{i=1}^{n} m_i v_i = m v_{S'} \\[3mm] \displaystyle\sum_{i=1}^{n} m_i a_i = \sum_{i=1}^{n} m_i \frac{\mathrm{d}v_i}{\mathrm{d}t} = m a_{S'} \end{array}\right\} \tag{4-86}$$

$v_{S'}$ 为点 S' 的速度，即质心 S 的牵连速度；$a_{S'}$ 为点 S' 的加速度，即质心 S 的牵连加速度。由式(4-85)与式(4-86)易得：

$$m a_{S'} = F_E + F_T + F_N \tag{4-87}$$

式(4-87)即为移动动力学方程式。除此之外，变质量刚体还在转动，转动的动力学方程式可类似地求得。

以 r'_i 与式(4-82)进行矢量积运算，并对 $i = 1, 2, \cdots, n$ 求和得：

$$\sum_{i=1}^{n} \left(\boldsymbol{r}'_i \times m\, \frac{\mathrm{d}\boldsymbol{v}_i}{\mathrm{d}t} \right) = \sum_{i=1}^{n} \boldsymbol{r}'_i \times (\boldsymbol{F}_{Ei} + \boldsymbol{F}_{Ii} + \boldsymbol{F}_{Ti} + \boldsymbol{F}_{Ni})$$
$$= \boldsymbol{M}_E + \boldsymbol{M}_T + \boldsymbol{M}_N \tag{4-88}$$

其中 $\boldsymbol{M}_E$ 为所有外力对点 S' 的力矩之和；$\boldsymbol{M}_T$ 为所有冲力对点 S' 的力矩之和；$\boldsymbol{M}_N$ 为所有约束反力对点 S' 的力矩之和。

式(4-88)可简化为：

$$J_{S'}\boldsymbol{\varepsilon} = \boldsymbol{M}_E + \boldsymbol{M}_T + \boldsymbol{M}_N \tag{4-89}$$

其中，$J_{S'} = \sum\limits_{i=1}^{n} m_i r'^2_i$，为构件对点 S' 的转动惯量；$\boldsymbol{\varepsilon}$ 为构件的角加速度。则式(4-89)即为构件的转动动力学方程，它和式(4-87)一起决定了构件的运动。

然而，在推导式(4-87)和式(4-89)时，认为质点对刚体没有相对运动发生，但在一般情况下，构件中的某些质点可能对刚体有相对运动发生。这里给出相应的动力学方程式：

$$\left. \begin{array}{l} m\boldsymbol{a}_{S'} = \boldsymbol{F}_E + \boldsymbol{F}_N + \boldsymbol{R} \\ J_{S'}\boldsymbol{\varepsilon} = \boldsymbol{M}_E + \boldsymbol{M}_T + \boldsymbol{M}_R \end{array} \right\} \tag{4-90}$$

其中，$\boldsymbol{R}$ 为附加力的矢量和；$\boldsymbol{M}_R$ 为附加力对点 S' 的力矩。

变质量构件组成机构后和由不变质量构件组成的单自由度机构一样，可对每一构件列出移动和绕质心转动的动力学方程式，把它们联立组成方程组，通过连接运动副中的作用力与反作用力大小相等、方向相反的关系，消去各约束反力，解出各构件的运动。也可使用等效力矩、等效转动惯量的概念来求解，此时需利用能量形式表达的动力学方程。

4.4　数字制造机械系统动力学数值仿真算法

通常情况下，系统的动力学方程为高阶微分方程或方程组，它们可能是线性的，也可能是非线性的。数学上求解微分方程的方法，均可用来求解系统的动力学方程。这里，只给出基本的计算方法，需要详细了解的可参阅其他书籍。

设微分方程为：

$$\frac{\mathrm{d}y}{\mathrm{d}t} = f(t, y) \tag{4-91}$$

在简单的情况下，如果函数 f 中不含 y，且 f 为可积分的函数，则由式(4-91)可直接求出解析解。然而在多数情况下，得到解析解是困难的，因此要用数值方法求解。数值求解的方法很多，在此仅给出几种基本的求解方法，其他方法可参考有关书籍。

4.4.1　欧拉法

如果要求式(4-91)在初始条件 $t = 0$，$y = y_0$ 时的解，欧拉(Euler)法是最简单的一种方法。若用泰勒(Taylor)展开式，将 y 在 $t = t_i$ 附近展开，可得：

$$y(t_i + h) \approx y(t_i) + hy'(t_i) + \cdots + \frac{h^p}{P!} y^{(p)}(t_i) \tag{4-92}$$

欧拉法只取泰勒展开式的前两项，计算公式为：

$$y_{i+1} = y_i + hf(t_i, y_i) \quad (i = 0, 1, 2, \cdots) \tag{4-93}$$

即

$$\begin{cases} y_1 = y_0 + hf(t_0, y_0) \\ y_2 = y_1 + hf(t_1, y_1) \\ \qquad\qquad \vdots \end{cases}$$

式中，h 是数值计算所取的步长。它是以步长区间内起始点的斜率代表整个区间的斜率进行计算，并以折线作为曲线的近似解。由于欧拉法只取泰勒展开式的前两项，因而计算精度低。截断误差数量级为步长 h 的平方，记为 $O(h^2)$，称为一阶方法。

为了提高精度，可以在泰勒展开式中多取几项，然而直接用式（4-93）需要计算高阶导数，是不方便的。龙格-库塔法是根据泰勒展开式推导出的数值计算精度较高的方法。

4.4.2 龙格-库塔法

龙格-库塔（Runger-Kutta）法可理解为步长区间内取 υ 个点的导数值进行加权平均，以这个加权平均值 f_i 作为整个区间导数进行计算，即：

$$\left. \begin{array}{l} y_{i+1} = y_i + hf_i \\ f_i = \dfrac{\displaystyle\sum_{p=1}^{\upsilon} \omega_p f_p}{\displaystyle\sum_{p=1}^{\upsilon} \omega_p} \end{array} \right\} \tag{4-94}$$

式中，ω_p 为加权因子；υ 为所取点的数目，它代表方法的阶数。

取 $\upsilon = 2$，则对应二阶龙格-库塔法，计算公式为：

$$f_1 = f(t_i, y_i)$$
$$f_2 = f(t_i + h, y_i + hf_i)$$
$$f_i = \frac{1}{2}(f_1 + f_2)$$

代入式（4-94），得：

$$y_{i+1} = y_i + \frac{h}{2}\left[f(t_i, y_i) + f(t_i + h, y_i + hf_i) \right] \tag{4-95}$$

式（4-95）又称改进的欧拉公式。二阶龙格-库塔法也有其他形式，它们的精度均为 $O(h^3)$。

四阶龙格-库塔法，即 $\upsilon = 4$，计算公式为：

$$\begin{cases} f_1 = f(t_i, y_i) \\ f_2 = f\left(t_i + \dfrac{h}{2}, y_i + \dfrac{h}{2}f_1\right) \\ f_3 = f\left(t_i + \dfrac{h}{2}, y_i + \dfrac{h}{2}f_2\right) \\ f_4 = f(t_i + h, y_i + hf_3) \end{cases}$$

加权因子分别为 $\omega_1 = 1, \omega_2 = 2, \omega_3 = 2, \omega_4 = 1$，于是有：

$$f_i = \frac{1}{6}(f_1 + 2f_2 + 2f_3 + f_4)$$

再次代入式(4-94)，

$$y_{i+1} = y_i + \frac{h}{6}(f_1 + 2f_2 + 2f_3 + f_4) \tag{4-96}$$

四阶龙格-库塔法的截断误差为 $O(h^5)$。这样的精度，对处理一般工程问题是足够的。

4.4.3　微分方程组与高阶微分方程的解法

高阶微分方程可以转化成一阶微分方程组。设 m 阶的微分方程如下：

$$y^{(m)} = f(t, y, y', y'', \cdots, y^{(m-1)})$$

令

$$y = y_1, \quad y' = y_2, \quad y'' = y_3, \cdots, y^{(m-1)} = y_m$$

于是得到含 m 个一阶微分方程的方程组，即：

$$\left.\begin{aligned}
y'_1 &= y_2 \\
y'_2 &= y_3 \\
&\vdots \\
y'_m &= f(t, y_1, y_2, \cdots, y_m)
\end{aligned}\right\} \tag{4-97}$$

微分方程组同样可用龙格-库塔法来求数值解。设一阶微分方程组的问题表达式为：

$$y'_s = f_s(t, y_1, y_2, \cdots, y_n) \quad (s = 1, 2, \cdots, n)$$

初始条件为 $t = t_0, y_s = y_s(t_0)$。n 个联立方程的四阶龙格-库塔公式为：

$$\left.\begin{aligned}
y_{si+1} &= y_{si} + \frac{h}{6}(k_{s1} + 2k_{s2} + 2k_{s3} + k_{s4}) \\
k_{s1} &= f_s(t_i, y_{1i}, y_{2i}, \cdots, y_{mi}) \\
k_{s2} &= f_s(t_i + \frac{h}{2}, y_{1i} + \frac{h}{2}k_{11}, y_{2i} + \frac{h}{2}k_{21}, \cdots, y_{mi} + \frac{h}{2}k_{n1}) \\
k_{s3} &= f_s(t_i + \frac{h}{2}, y_{1i} + \frac{h}{2}k_{12}, y_{2i} + \frac{h}{2}k_{22}, \cdots, y_{mi} + \frac{h}{2}k_{n2}) \\
k_{s4} &= f_s(t_i + h, y_{1i} + k_{13}, y_{2i} + hk_{23}, \cdots, y_{mi} + hk_{n3})
\end{aligned}\right\} \tag{4-98}$$

4.4.4　矩阵形式的动力学方程

对于离散系统或有限元模型，动力学方程常表示成矩阵的形式：

$$M\ddot{y} + Ky = F \tag{4-99}$$

对于线性系统，M、K 分别为质量矩阵、刚度矩阵，它们是常数矩阵；F 为力向量，通常是时间 t 的常数。对于此类方程如果力向量为零，属于齐次方程，可通过求特征方程的特征值和特征向量来求方程的全解。如果力向量不为零，属于非齐次方程，需根据力的特性求出方程的一个特解，方程的全解为齐次方程的全解与非齐次方程的特解之和。

在进行动力学计算时，应特别注意量纲和单位问题。用 M、L、T、F 分别表示质量、长度、时间和力，它们的量纲关系是：

$$F = M(L/T^2)$$

推荐在动力学计算中采用国际单位制（即 SI 制，SI 为法文缩写），这样可以避免许多不必要的麻烦和错误。在国际单位制中，长度用米(m)，质量用千克(kg)，时间用秒(s)，力用牛顿(N)。

　　数值分析作为一种计算方法广泛用于求解动力学数学模型。欧拉法精度低,不适合计算高阶导数;龙格-库塔法,尤其是四阶龙格-库塔法相对于欧拉法及其改进算法的精度高得多,运算量相当。求解不同的动力学模型时,选择有效的仿真算法是很重要的,应具体问题具体分析。

参 考 文 献

[1] 陈奎孚. 机械振动基础[M]. 北京:中国农业大学出版社,2011.
[2] 诸德超,邢誉峰,程伟,等. 工程振动基础[M]. 北京:北京航空航天大学出版社,2004.
[3] 刘初升,彭利平,李珺主. 机械动力学[M]. 徐州:中国矿业大学出版社,2013.
[4] 李有堂. 机械系统动力学[M]. 北京:国防工业出版社,2010.
[5] 邵忍平. 机械系统动力学[M]. 北京:机械工业出版社,2005.
[6] 吴焕芹,程强,钟诗清. 含间隙的平面四杆机构运动特性分析[J]. 武汉理工大学学报:信息与管理工程版,2010,32(3):419-422.
[7] 杨义勇,金德闻. 机械系统动力学[M]. 北京:清华大学出版社,2009.

5 数字制造系统的可靠性基础

生产方式是指产品设计、加工、试验、使用等过程的组织形式,制造系统是基于某种生产方式的硬件、软件、操作人员等组成的一个将制造资源转化为产品的有机整体。制造系统的生产方式总是在先进制造技术的推动下,随着企业竞争目标和竞争要素的变化而不断发展。时至今日,生产方式及其系统已有很多种,如计算机集成制造、柔性制造、敏捷制造、网络制造、绿色制造等。在数字化技术和信息技术的推动下,制造系统从适应大规模生产方式的传统加工系统逐渐演变为适应个性化生产的数字制造系统,它是以制造信息数字化贯穿于产品设计、加工、试验、使用和维护等各个环节的复杂动态系统,主要特征是以制造信息数字化形式将原材料转换成所需产品。

对于各种制造系统,受关注的不仅仅是质量和精度,可靠性也是重要的指标。可靠性工程贯穿于制造系统的需求分析、产品设计、研发、生产、装配、试验和使用保障等生命周期的全过程。近年来,随着市场对个性化生产需求的不断增长,数字制造系统也在不断演进,其性能和功能在不断地提高和多样化,这使得数字制造系统的可靠性越来越重要。在外部市场环境激烈变化的形势下,提高制造系统的可靠性已成为企业生存和竞争的必然要求,高可靠性的制造系统可保证以较快速度和较低价格提供较好产品和高质量服务,这样才能满足客户的多样化和个性化需求。

5.1 数字制造系统的可靠性

5.1.1 数字制造系统的可靠性概念

数字制造系统的可靠性是指在制造信息数字化及其产品设计、加工、试验、使用和维护等过程中,以合适条件和有限时间完成规定任务的能力。制造信息数字化形式反映对制造系统的控制模式,主要体现制造系统适应产品个性化需求的能力;合适条件主要指设计、加工、试验、使用和维护等过程的性能和功能特性,包括环境条件、使用条件等,体现制造产品的能力;有限时间反映产品设计、加工、试验、使用和维护过程中的性能、功能的衰减特性。一般来说,时间越长,制造系统的性能衰减越严重,工作就越不可靠。在有限时间内,对制造系统性能指标和功能要求越高,完成规定任务的可能性就越小,制造系统的可靠性水平就越低。当制造系统不能按既定性能、功能运行或丧失完成规定任务的能力时,制造系统就处于故障状态或失效。

一般来说,数字制造系统是可维修系统,其可靠性分为固有可靠性、使用可靠性和环境适应性三个方面。固有可靠性是数字制造系统设计制造时确立的可靠性,也即按照可靠性要求和规划,从原材料和元器件的选用,到设计、制造、试验等形成系统产品的各个阶段所确定的可靠性,包括组成要素或零部件的可靠性和制造数字化信息系统的可靠性,涉及制造控制技术、机械结构和制造工艺等因素;使用可靠性是指制造系统的工作可靠性,包括制造系统的可维护性和使用操作及维护人员对制造系统运行的影响等因素;环境适应性是指环境条件对制造系统可靠性的影响,如环境温度和湿度、大气压力、振动、冲击等,制造系统在不同环境下使用的可靠性将会不同。

可靠性是数字制造系统有效运行和完成规定任务的必要保障。可靠性越高,数字制造系统完成产品制造的能力、效率和质量就越高;相反的,制造系统出现故障或失效的次数就越多,维护费用和因故障造成的损失就越大。因此,制造系统的可靠性是制造企业追寻的目标。随着制造业市场的国际化发展,以及制造系统向大型化、集成化、高参数化和自动化方向发展,可靠性将是市场竞争的焦点之一,可靠性技术已成为现代制造企业在市场竞争中获取市场份额的有力保障。然而,对于可维修的数字制造系统,其有效寿命依赖于各次的维修,相应的可靠性问题就比不可维修系统要复杂。数字制造系统的组织大规模化、性能和功能多样性、运行高度自动化和智能化,都使得系统可靠性分析越来越复杂。目前,制造系统可靠性理论还不是很成熟,还有待进一步的研究和发展。

5.1.2   数字制造系统可靠性的基本内容

对于数字制造系统而言,其可靠性很大程度上取决于制造系统中所含制造单元或机电设备的数量和质量,尤其是制造信息数字化系统的质量,与制造单元及系统的振动冲击、热交换性和电磁兼容性等因素也密切相关。衡量制造系统的可靠性不能仅仅依靠对系统的检验和试验,必须从设计制造、使用维护和管理等诸方面加以保证。设计制造是决定系统固有可靠性的重要环节,使用维护是决定系统使用可靠性的重要环节,管理是实现制造系统可靠性控制的重要保证,即在系统的规划、设计、制造、试验、使用等各阶段都应按科学的程序和规律进行或实施。

另一方面,随着科学技术的发展和各国经济发展状况的不同,在制造领域产生了许多不同的思想和概念,由此也诞生了很多制造系统,如柔性制造系统、敏捷制造系统、绿色制造系统、可重组制造系统等。不同制造系统有不同的结构、功能和要求,其可靠性要求也不尽一致。所以,我们需要针对不同的制造系统提出具有完备性的可靠性要求。一般来说,数字制造系统可靠性主要是指耐久性(寿命)、可维修性、设计可靠性这三个方面,它们是制造系统可靠性研究的主要内容。

耐久性是指制造系统使用无故障的时间,这是一个时间属性特征明显的要素,一般用平均寿命或平均无故障时间来表示。显然,使用无故障的时间越长,制造系统的耐久性就越高,亦即制造系统的寿命越长。人们总是希望制造系统能无故障地长时间工作,但是任何制造系统不可能 100%的不会发生故障。

可维修性是指制造系统发生故障后能够快速通过维修或维护排除故障的能力。简单制造系统(如普通制造机床)的多数故障是容易维修的,且维修成本也不高,很快能够排除故障。复杂制造系统(如多轴联动数控机床、网络制造系统等)的使用可靠性要求一般都很高,其可维修性主要体现在日常的维护和保养上,即预防维修。制造系统的可维修性一般与制造系统的规模、系统及其制造单元的复杂性等因素有关。

设计可靠性是决定制造系统质量的关键,它主要是指制造系统的易使用性、易操作性或易控制性,与设计操作人员的因素密切相关。由于人在设计操作中可能受差错等因素的影响,设计制造系统就必须考虑制造系统的易使用性和易操作性。一般来说,制造系统越容易使用和越容易操作,发生人为失误或其他因素影响造成故障的可能性就越小。

5.1.3　数字制造系统可靠性研究的主要问题

制造过程就是从产品设计、加工、装配、试验到使用维护的动态过程,制造系统包含这个制造过程的各个环节或子系统,制造系统的可靠性不但与制造过程的任何一个子系统的可靠性有关,还与这些子系统的组成形式密切相关。随着制造系统逐步从机械加工系统向自动化制造系统、计算机集成制造系统、柔性制造系统、智能制造系统发展,其中所包含的子系统越来越多,影响制造系统可靠性的因素也越来越多,从而对各个子系统的可靠性要求会越来越高。因此,了解制造系统的组成及其子系统之间的关系,建立可靠性数学模型是对制造系统进行可靠性分析和设计的基础。

根据产品制造过程各个环节的逻辑关系,制造系统可分为串联制造系统、并联制造系统、混联制造系统等。串联制造系统中子系统之间的逻辑关系是“与”关系,可靠性最低的子系统对系统可靠性的影响最大。并联制造系统中的各个子系统之间的逻辑关系为“或”关系,可靠性最高的子系统对系统可靠性的贡献最大。混联制造系统中各个子系统的逻辑关系是“与”和“或”的组合关系。总之,制造系统中各子系统之间的逻辑关系是分析系统可靠性的基础,其分析方法已经有很多,如故障模式与影响分析法、故障树方法、二元决策图法、Petri 网、GO法等。

根据制造系统及其子系统之间的逻辑关系构建的可靠性模型,一般是应用概率统计理论等数学工具来计算分析和评判制造系统的可靠性。但是,这种计算分析还有赖于各子系统的故障率,由于实际制造系统的故障诱因较为复杂,可能是设计缺陷导致的,或是加工和质量控制中存在的问题导致的,也可能是使用不当或维护不当以及环境因素所导致的,这样计算分析的可靠性往往有较大的误差。另一方面,可维修制造系统的维修寿命一般呈现出随机的非独立一致分布,且这种随机分布具有非稳态性,即每次维修后的寿命会随时间而变,往往是随系统老化变得越来越短。这也表明可维修制造系统及子系统的故障率是随各种条件的变化而改变。因此,在制造系统可靠性分析和设计中,可靠性模型的准确性、计算分析的精准性和适应性一直是制造系统可靠性研究领域追寻的目标。

5.2　数字制造系统的可靠性描述

制造系统的可靠性研究中,涉及的事件多数是随机事件,如加工设备的工艺波动和加工误差、物流系统的协同误差、制造信息数字化系统的不稳定现象、操作人员的操作差异等因素和现象,都可能造成制造系统可靠性的变化,这些因素和现象的随机变化满足统计规律性。

制造系统的可靠性事件所表现出的随机统计性,为制造系统可靠性的分析和设计奠定了基础。从概率统计学的角度来看,制造系统的可靠性可以用一些概率统计参量来描述。

5.2.1　可靠度和失效率

一般来说,制造系统在规定条件下和在规定(或设计)使用时间内,可正常工作的时间是随机变化的。因此,可用概率来定量描述制造系统的可靠性。用概率描述的制造系统的可靠性就是可靠度,定义为制造系统在规定条件下和规定时间内完成规定任务的概率。若规定时间为 t,则可靠度 $R(t)$ 可表示为:

$$R(t)=P\{\tau>t\} \tag{5-1}$$

同样,我们还可以定义制造系统在规定时间 t 以前发生故障或失效的概率为不可靠度,一般记为 $F(t)$,有:

$$F(t)=P\{\tau\leqslant t\} \tag{5-2}$$

τ 是制造系统在规定期限内的寿命,也即制造系统在规定期限内发生故障或失效的时间。不可靠度 $F(t)$ 是时间的函数,也称为失效概率或寿命分布函数。显然,制造系统的可靠度 $R(t)$ 还可表示为:

$$R(t)=1-F(t)=P\{\tau>t\} \tag{5-3}$$

亦即制造系统的可靠度也是在规定时间 t 以内不发生故障或失效的概率。若制造系统的寿命分布函数 $F(t)$ 连续可微,则称 $F(t)$ 对时间的导数为制造系统的寿命分布密度函数,记为 $f(t)$,有:

$$f(t)=\frac{\mathrm{d}F(t)}{\mathrm{d}t} \tag{5-4}$$

一般来说,系统的寿命分布密度函数 $f(t)$ 与时间 t 的关系曲线如图 5.1(a)所示。图中阴影部分 $f(t)\mathrm{d}t$ 表示系统从 t 到 $t+\mathrm{d}t$ 的时间区间内发生故障的概率。根据式(5-4),系统的寿命分布函数 $F(t)$ 就是寿命分布密度函数 $f(t)$ 曲线在 0 至 t 之间的积分。又由式(5-3)知道,系统的可靠度函数 $R(t)$ 为:

$$R(t)=1-\int_{0}^{t}f(t)\mathrm{d}t=\int_{t}^{\infty}f(t)\mathrm{d}t \tag{5-5}$$

即系统的可靠度是其寿命分布密度函数在 $t\sim\infty$ 之间的积分,如图 5.1(b)所示。

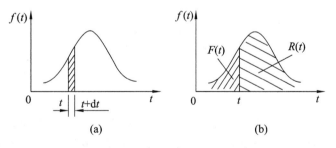

图 5.1　系统的寿命分布函数

(a)寿命分布密度函数曲线;(b)可靠度函数与时间的关系

显然,可靠度的数值越大就意味着制造系统在规定时间内出现故障或失效的可能性越小,这是对制造系统正常工作响应能力的描述。但是,对于可维修制造系统,在出现故障或失效后,一般通过维修可以恢复正常工作能力,这种恢复能力与维修性有关。因此,仅用可靠度还不足以表示可维修制造系统在服役期间的可靠性。

我们还可以从制造系统在服役期间内发生故障的次数多少来分析评价其保持正常工作的能力,也就是从正常工作响应的稳定性方面来分析评价可靠性。然而,制造系统在服役期间内发生故障或失效的次数 n 是随机的。于是,定义制造系统在单位时间内发生故障或失效的概率,称为失效率(或故障率),一般记为 $\lambda(t)$。当制造系统在时刻 $(t+\Delta t)$ 和 t 之前发生故障的次数分别为 $n(t+\Delta t)$、$n(t)$ 时,则其失效率可简单的计算为:

$$\lambda(t)=\frac{n(t+\Delta t)-n(t)}{\Delta t} \tag{5-6}$$

一般来说,系统的失效率随时间的变化规律如图 5.2 所示,该曲线称为浴盆曲线。可以看到:系统的失效率在投用早期和晚期都较高,而在使用中期相对恒定,且较低。

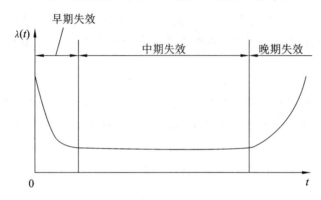

图 5.2　浴盆曲线

实际上,失效率是在时刻 t 尚未失效系统在由 t 到 $t+\Delta t$ 的单位时间内发生失效的条件概率,即它反映 t 时刻失效的速率,也称为瞬时失效率。时刻 t 的失效率 $\lambda(t)$ 满足[2]:

$$\lambda(t)\mathrm{d}t=P\{t<\tau\leqslant t+\mathrm{d}t\,|\,\tau>t\}=\frac{P\{t<\tau\leqslant t+\mathrm{d}t\}}{P\{\tau>t\}}=\frac{f(t)\mathrm{d}t}{R(t)}$$

则有

$$\lambda(t)=\frac{f(t)}{R(t)} \tag{5-7}$$

依据式(5-4)和式(5-2),可推演得到

$$R(t)=\mathrm{e}^{-\int_0^t \lambda(x)\mathrm{d}x} \tag{5-8}$$

和

$$f(t)=\lambda(t)\mathrm{e}^{-\int_0^t \lambda(x)\mathrm{d}x} \tag{5-9}$$

可见,制造系统的可靠度 $R(t)$ 与失效率 $\lambda(t)$ 有密切的关系,它们描述了制造系统在服役期间可靠性的不同属性。在制造系统的服役期间,可靠度反映制造系统可靠性的响应属性,失效率反映制造系统可靠性的稳定属性。可靠度高表示制造系统在服役期间正常工作的可能性就高,失效率低表示制造系统在服役期间能可靠工作的稳定性较好。

5.2.2　平均寿命

寿命是指生命的年限,亦引申指事物存在或有效使用的期限[1]。可维修制造系统在服役期间(包括贮存时间),可能会出现故障(即丧失正常工作的能力),一般来说这些故障通过维修可以消除,使制造系统仍能正常工作。因此,对可维修制造系统,其寿命是指二次相邻故障间的工作时间,而不是指制造系统的报废时间。二次相邻故障间的工作时间是指系统从恢复正常工作能力起到再次失效那一刻之间的间隔时间,也称为失效时间。那么,制造系统的平均寿命就应该是在二次相邻故障之间正常工作的时间平均值,也称为平均故障间隔时间 MTBF (Mean Time Between Failure),或称为平均无故障时间。

若可维修制造系统在使用中发生了 N 次故障,每次故障修复后又重新投入使用,每次正常工作的持续时间分别为 $\Delta t_1, \Delta t_2, \cdots, \Delta t_i, \cdots, \Delta t_N$,则制造系统的平均寿命为:

$$\mu = \sum_{i=1}^{N} \frac{\Delta t_i}{N} \tag{5-10}$$

当寿命分布密度函数 $f(t)$ 已知,且连续分布。那么,系统的平均寿命可按下式计算,即

$$\mu = E(\tau) = \int_0^\infty t \cdot f(t) \mathrm{d}t = \int_0^\infty R(t) \mathrm{d}t \tag{5-11}$$

平均寿命是制造系统可靠性的一个重要指标,也是设计时要考虑的重要参数,其大小反映制造系统正常工作的质量,从时间上体现制造系统在规定时间内保持规定功能的一种能力,亦即制造系统的平均寿命越长,就意味着制造系统无故障工作时间越长,可靠性就越高。

5.2.3　维修度和有效度

对于可维修数字制造系统的可靠性问题,一般考虑两个过程:一是正常工作过程,亦即发生故障之前的过程。总是希望制造系统在每次发生故障之前的可靠度要高、平均寿命要长。二是故障发生后的维修保养过程。制造系统出现故障就需要维修保养,这个过程进行是否顺利、容易不仅涉及维修保养技术,还与系统的设计制造等因素有关。因此,对数字制造系统的可靠性问题,我们不但关心它的可靠度、失效率、平均寿命,还关心它在规定时间内的可维修性。

可维修制造系统的可维修性是指在规定条件下使用时发生故障后,在规定时间 t 内按照规定程序和方法进行维修,使其恢复到能完成规定功能状态的能力。可维修性好的制造系统,就意味着能以较短时间、较低资源消耗,经过维修使系统恢复到良好工作状态。一般来说,可用维修时间 t_M 来度量可维修性,但是数字制造系统的维修时间 t_M 是随机量。于是,多用概率表示可维修性,称为维修度 $M(t)$,它的定义为:对制造系统发生的故障,在规定维修时间 t 内按规定维修条件完成维修,使系统恢复到规定功能状态的概率,也称为维修分布函数,即:

$$M(t) = P\{t_M \leqslant t\} \tag{5-12}$$

不可维修度 $G(t)$ 即为:

$$G(t) = 1 - M(t) = P\{t_M > t\} \tag{5-13}$$

维修度 $M(t)$ 是维修时间的概率分布函数,其大小表示制造系统在 $t=0$ 时刻处于故障状态,经过 t 时间的维修后恢复到正常功能的百分数,这个百分数越大就表示制造系统的可维修性越高。维修度随时间的变化率就是维修分布密度函数 $m(t)$,即:

$$m(t) = \frac{\mathrm{d}M(t)}{\mathrm{d}t} \tag{5-14}$$

与维修度对应的有维修率,它定义为系统在时刻 t 之前还没有结束维修,在时刻 t 结束维修的条件概率密度一般记为 $\mu(t)$,即:

$$\mu(t)\mathrm{d}t = P\{t < t_M \leqslant t + \mathrm{d}t \mid t_M > t\} = \frac{P\{t < t_M \leqslant t + \mathrm{d}t\}}{P\{t_M > t\}} = \frac{\mathrm{d}M(t)}{G(t)}$$

则依据式(5-14),有:

$$\mu(t) = \frac{m(t)}{G(t)} \tag{5-15}$$

制造系统在每次发生故障后,进行维修的时间是随机的,这些维修时间的平均值称为平均维修间隔时间,记为 $MTBM$(Mean Time Between Maintenance),其大小与维修条件等因素有关,即:

$$MTBM = E(t_M) = \int_0^\infty t \cdot m(t)\,\mathrm{d}t = \int_0^\infty G(t)\,\mathrm{d}t \tag{5-16}$$

实际上,对可维修制造系统的故障进行修复时,有时在规定时间内能完成修复,有时则不能完成。在规定时间内能完成故障的修复,就意味着制造系统对正常生产造成的影响很小或没有影响,否则就给正常生产带来影响。对这种情况可用有效度 $A(t)$ 来表示,它定义为制造系统在时刻 t 能正常工作的概率。

有效度 $A(t)$ 关注的是 t 时刻的系统状态,对 t 时刻以前系统是否正常工作,或是否发生故障进行维修并不关注,可靠度关注的是在规定时间内完成规定任务的概率。也就是说,对于可维修系统,有效度强调的是正常工作的概率;而对于不可维修系统,正常工作的概率与在规定时间内完成规定任务的概率是一致的,即有效度与可靠度相等,需要考虑平均故障间隔时间 $MTBF$(Mean Time Between Failure)。

如果在时间 $t \to \infty$ 时,有效度 $A(t)$ 收敛于某个常数 A,则称 A 为平稳状态下的有效率,可计算为:

$$A = \frac{MTBF}{MTBF + MTBM} \tag{5-17}$$

5.3 数字制造系统可靠性的概率分布

反映制造系统可靠性的参量许多是随机变量,如正常工作时间、在规定时间(或规定试验次数)内发生故障的次数、维修时间,等等,这些随机变量的概率有各自不同的分布规律。掌握这些随机变量的分布规律,就可分析制造系统的可靠性,提出可靠性增长的方法和措施。

随机变量 X 的分布就是指在规定条件下变量 X 落入某范围 $(-\infty, x]$ 的概率,即 $P\{X \leqslant x\}$,也称 $P\{X \leqslant x\}$ 为随机变量 X 关于 x 的分布函数,它关于 x 的变化率称为随机变量 X 的分布密度函数。分布函数 $P\{X \leqslant x\}$ 具有的基本性质是:

① 单调性,即对于 $x_1 < x_2$,就有 $P_1\{X \leqslant x_1\} < P_2\{X \leqslant x_2\}$;

② $0 \leqslant P\{X \leqslant x\} \leqslant 1$,且 $x \to -\infty$ 时,$P\{X \leqslant x\} = 0$;$x \to \infty$ 时,$P\{X \leqslant x\} = 1$。

因此,分布函数是表述随机变量落入某区间的概率,这就为制造系统某种随机变量出现概率的计算分析奠定了基础。

5.3.1 二项式分布和泊松分布

制造系统的某个随机变量 X 的响应只有两种互斥的可能结果,如正常和故障、合格和不合格等。对这种情况,如果将这两种互斥的可能结果分别表示为 A 和 $\bar{A}$,且设产生可能结果 A 的概率为($0 \leqslant p \leqslant 1$):

$$P(A) = p \tag{5-18}$$

产生可能结果 $\overline{A}$ 的概率就是：

$$P(\overline{A})=1-p=q \tag{5-19}$$

那么，在系统随机变量 X 的 n 次响应中出现可能结果 A 的次数 k 就是一个随机变量，它的概率 $P_A(k)$ 服从二项式分布，即：

$$P_A(X=k)=C_n^k p^k q^{n-k} \quad (k=0,1,2,\cdots,n) \tag{5-20}$$

式中的组合数 $C_n^k=\dfrac{n!}{k!(n-k)!}$。可能结果 A 在系统的 n 次响应中出现 k 次的均值 $\mu_A(k)$ 和方差 $\sigma_A^2(k)$ 分别为：

$$\mu_A(X)=np \tag{5-21}$$

$$\sigma_A^2(X)=npq \tag{5-22}$$

二项式分布是表示概率为 p 的可能结果 A（或事件）在一定时间内发生 k 次的概率。若可能结果 A 发生的概率 $p\ll1$，在一定时间内发生可能结果 A 的次数的均值为 $\mu_A(k)=np=m$（常数），且 $n\to\infty$。那么，二项式分布就可表示成：

$$P_A(X=k)=\frac{m^k}{k!}\mathrm{e}^{-m} \tag{5-23}$$

这就是泊松分布。因此，泊松分布是二项式分布在条件 $p\ll1$ 和 $\mu_A(k)=np=m$ 下推演得到的，它表示小概率事件在一定时间内发生 k 次的概率。

由式(5-19)、式(5-21)和式(5-22)看到，在 $p\ll1$ 的条件下有 $q\approx1$。则泊松分布的均值和方差相等，即有：

$$\mu_A(k)=\sigma_A^2(k)=np=m \tag{5-24}$$

二项式分布可用来分析制造系统在一定时间内正常工作的概率，常用于分析相同功能系统并行正常工作的概率。泊松分布可用来分析制造系统在一定时间内发生故障的概率，因为发生故障是小概率事件。对于可维修制造系统，若在时间 t 内故障发生数的平均数为 m，当制造系统的失效率 λ 是常数时，就有 $m=\lambda t$。那么，在时间 t 内制造系统发生 k 次故障的概率 $P_A(k,t)$ 满足：

$$P_A(X=k,t)=\frac{m^k}{k!}\mathrm{e}^{-m}=\frac{(\lambda t)^k}{k!}\mathrm{e}^{-\lambda t} \tag{5-25}$$

5.3.2　指数分布

指数分布在系统和产品的寿命分析中是常用的一种分布。随机变量 X 服从参数 λ（称为率参数）的指数分布密度函数为（$x>0$）：

$$f(x)=\lambda\mathrm{e}^{-\lambda x} \tag{5-26}$$

对应的指数分布函数 $F(x)$ 是：

$$F(x)=P\{u\leqslant x\}=\int_0^x f(u)\mathrm{d}u=1-\mathrm{e}^{-\lambda x} \tag{5-27}$$

由式(5-9)看到，在系统的失效率为常数[$\lambda(t)=\lambda$]时，式(5-26)定义的指数分布就是系统的寿命分布密度函数。那么，系统的平均寿命（亦即平均无故障时间）就是：

$$\mu=MTBF=E(\tau)=\int_0^\infty t\cdot f(t)\mathrm{d}t=\frac{1}{\lambda} \tag{5-28}$$

指数分布的一个重要特征是无记忆性，即如果 T 是系统的规定寿命，在时刻 t 仍能正常工作，则它在 t 时刻以后的剩余寿命 τ 的概率分布与 $t=0$ 时刻后的寿命分布是一致的。这就是说,制造系统的寿命呈指数分布时,时刻 t 后的剩余寿命的概率分布与时间 t 无关。因为系统在时刻 t 以后的剩余寿命 τ 的概率分布是在时刻 t 以前正常工作条件下的条件概率,即:

$$F_t(\tau)=P\{T-t\geqslant\tau\mid T>t\}$$

按条件概率的计算,有 $F_t(\tau)=P\{T-t\geqslant\tau\mid T>t\}=1-\mathrm{e}^{-\lambda\tau}=F_{t=0}(\tau)$。

指数分布是伽玛分布和威布尔分布的特殊情况,由式(5-25)看到也是 $k=0$ 时的泊松分布。

5.3.3　正态分布和对数正态分布

正态分布是最重要的一种概率分布。对于随机变量 X,若其均值为 μ,方差为 σ^2(标准差为 σ),则其正态分布的密度函数为($x>0$):

$$f(x)=\frac{1}{\sqrt{2\pi}\sigma}\,\mathrm{e}^{-\frac{(x-\mu)^2}{2\sigma^2}} \tag{5-29}$$

随机变量 X 的正态分布函数就是:

$$F(x)=\int_{-\infty}^{x}f(x)\mathrm{d}x=\int_{-\infty}^{x}\frac{1}{\sqrt{2\pi}\sigma}\mathrm{e}^{-\frac{(x-\mu)^2}{2\sigma^2}}\mathrm{d}x \tag{5-30}$$

其图形如图 5.3 所示。可见,均值 μ 决定正态分布的对称中心位置,方差 σ^2 决定正态分布在对称中心位置两侧的下降程度,标准差 σ 决定正态分布的幅度或偏平程度。当均值 $\mu=0$ 和标准差 $\sigma=1$ 时的正态分布就是标准正态分布,其分布密度函数是:

$$f(x)=\frac{1}{\sqrt{2\pi}}\,\mathrm{e}^{-\frac{x^2}{2}} \tag{5-31}$$

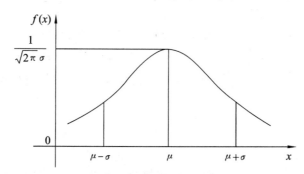

图 5.3　随机变量的正态分布

若随机变量 X 的对数 $\ln(x)$ 的概率分布服从正态分布,则称为对数正态分布,其分布密度函数为:

$$f(x)=\frac{1}{\sqrt{2\pi}\sigma x}\,\mathrm{e}^{-\frac{(\ln x-\mu)^2}{2\sigma^2}} \tag{5-32}$$

注意:这里的 μ 和 σ^2 不是对数正态分布的均值和方差。

在正态分布下,系统的失效率是递增的,表明正态分布适用于表示耗损失效的概率分布。在实际机械系统和结构工程中,其应力、应变的概率分布往往就呈正态分布;由腐蚀、磨损、老化等因素引起的故障或失效是长期积累的过程,积累到一定时候,故障或失效会集中发生,此时系统寿命的概率一般服从正态分布;在长期使用下疲劳失效的概率往往服从对数正态分布。

5.3.4 伽玛分布(Γ分布)

随机变量 X 的概率伽玛分布定义为($x > 0$):

$$F(x) = \int_0^x f(x)\mathrm{d}x = \int_0^x \frac{x^{k-1}\mathrm{e}^{-\frac{x}{\beta}}}{\beta^k \Gamma(k)}\mathrm{d}x \tag{5-33}$$

其分布密度函数 $f(x)$ 是:

$$f(x) = \frac{x^{k-1}\mathrm{e}^{-\frac{x}{\beta}}}{\beta^k \Gamma(k)} \tag{5-34}$$

式中,参数 k 称为形状参数,β 称为尺度参数;函数 $\Gamma(k)$ 称为伽玛函数,有:

$$\Gamma(k) = \int_0^\infty u^{k-1}\mathrm{e}^{-u}\mathrm{d}u \tag{5-35}$$

可以证明,在参数 k 为整数时,$\Gamma(k) = (k-1)!$。此时就有:

$$F(x) = \int_0^x f(x)\mathrm{d}x = \frac{1}{\beta^k (k-1)!} \int_0^x z^{k-1}\mathrm{e}^{-\frac{z}{\beta}}\mathrm{d}z \tag{5-36}$$

依据式(5-7),系统的失效率 $\lambda(x)$ 就是:

$$\lambda(x) = \frac{f(x)}{1-F(x)} = \frac{x^{k-1}}{\beta^k (k-1)! \sum\limits_{j=0}^{k-1} \frac{x^j}{\beta^j j!}} \tag{5-37}$$

可见,形状参数 $k < 1$、$k = 1$、$k > 1$ 时,系统的失效率分别对应递减、恒定、递增的情况。

伽玛分布的均值是($k\beta$),方差是($k\beta^2$)。伽玛分布在表示系统早期失效、偶然失效和耗损失效的概率分布方面,比指数分布和正态分布更具有普遍性。

5.3.5 威布尔分布

当把系统看成是由一些环节构成的链条时,这个链条(即系统)的寿命就取决于其中最薄弱的环节。据研究发现,用这种"链条"模型分析系统寿命,在各环节寿命相互独立和概率分布相同时,系统寿命的概率分布是极小值分布问题,由此形成了威布尔分布函数。

对于随机变量 X,三参数(x_0、m、γ)的威布尔分布的密度函数是:

$$f(x) = \frac{m}{x_0^m}(x-\gamma)^{m-1}\mathrm{e}^{-\frac{(x-\gamma)^m}{x_0^m}} \tag{5-38}$$

对应的概率分布函数为:

$$F(x) = \int_0^x f(x)\mathrm{d}x = 1 - \mathrm{e}^{-\frac{(x-\gamma)^m}{x_0^m}} \tag{5-39}$$

二参数(x_0、m)的威布尔分布的密度函数是:

$$f(x) = \frac{m}{x_0^m}x^{m-1}\mathrm{e}^{-\frac{x^m}{x_0^m}} \tag{5-40}$$

对应的概率分布函数为:

$$F(x) = \int_0^x f(x)\mathrm{d}x = 1 - \mathrm{e}^{-\frac{x^m}{x_0^m}} \tag{5-41}$$

式中,参数 x_0 表示分布的坐标尺度,称为尺度参数或比例参数($x_0 > 0$);参数 m 表示分布曲线形状,称为形状参数($m > 0$);参数 γ 表示分布曲线的起始位置,称为位置参数($\gamma < x$)。

按照系统可靠度 $R(t)$ 和失效率 $\lambda(t)$ 的概念,可计算为:

$$R(x) = 1 - F(x) = e^{-\frac{(x-\gamma)^m}{x_0^m}} \tag{5-42}$$

$$\lambda(x) = \frac{f(x)}{R(x)} = \frac{m}{x_0}(x-\gamma)^{m-1} \tag{5-43}$$

可见,形状参数 $m<1$、$m=1$、$m>1$ 时,系统的失效率分别是递减、恒定和递增的情况。

二参数威布尔分布适用于滚动轴承的寿命试验和高应力水平下的疲劳试验,三参数威布尔分布适用于低应力水平的机械零件的寿命试验。一般来说,威布尔分布比对数正态分布有更大的适用性。但是,威布尔分布的参数估计较复杂,实践中多采用概率值估计,降低了其参数估计精度。

5.4 数字制造系统的可靠性分析

制造系统是由制造过程所涉及的硬件(各种设备和装置等)、软件(制造技术和信息等)及操作人员所组成的统一整体,整个制造系统的可靠性与各子系统的可靠性密切相关。随着制造系统逐步从自动化制造系统、计算机集成制造系统向柔性制造系统、智能制造系统发展,其中所涵盖的子系统(或组件、部件)也越来越丰富,这也会影响制造系统的可靠性,从而对子系统的可靠性提出了较高的要求。了解制造系统与各子系统、组件和部件之间的关系,建立量化系统可靠性的数学模型是对制造系统进行可靠性分析和设计的基础。

从可靠性的角度来看,制造系统和子系统在工作中不外乎"正常"或"失效"这两种状态。一般来说,每个子系统的"正常"或"失效"状态都会影响制造系统的工作状态,这与制造系统的组成形式密切相关。因此,我们可以用一个二值变量来描述子系统的工作状态,即可定义每个子系统的工作状态量为:

$$x_i = \begin{cases} 1 & \text{(normally)} \\ 0 & \text{(fault)} \end{cases} \tag{5-44}$$

那么,若制造系统由 n 个子系统(或组件、部件)组成,制造系统的工作状态就可以用如下工作状态的结构函数来表示,即:

$$\Phi = \Phi(X) = \begin{cases} 1 & \text{(normally)} \\ 0 & \text{(fault)} \end{cases} \tag{5-45}$$

式中,$X = [x_1, x_2, \cdots, x_n]^T$ 是制造系统的二值状态向量,$\Phi(X)$ 是二值函数,其表达式取决于制造系统的组成形式。

5.4.1 串行制造系统

串行制造系统的各子系统工作是前后串接关系,只有所有的子系统(或组件、部件)都处于正常工作状态时,整个制造系统才处于正常工作状态。制造系统工作状态的结构函数为:

$$\Phi(X) = x_1 \cdot x_2 \cdots x_n = \prod_{i=1}^{n} x_i = \min_{i=1,\cdots,n} x_i \tag{5-46}$$

按照可靠度的概念,制造系统及其各子系统的可靠度就是处于正常工作状态的概率,它们的不可靠度就是处于非正常工作状态的概率。那么,在各子系统之间相互独立时,串行制造系统的可靠度可计算为:

$$R = E[\Phi(X) = 1] = \prod_{i=1}^{n} E(x_i = 1) = \prod_{i=1}^{n} R_i \tag{5-47}$$

其中的 $R_i = P(x_i = 1) = E(x_i = 1)$ 是第 i 个子系统的可靠度，取 $x_i = 1$ 工作状态的均值。一般来说，各子系统的可靠度是时间的函数，串行制造系统的可靠度低于子系统的可靠度。

若串行制造系统的第 i 个子系统的失效率为 $\lambda_i(t)$，按式(5-8)就有：

$$R_i(t) = e^{-\int_0^t \lambda_i(u)\,du}$$

依据式(5-47)，串行制造系统的可靠度就为：

$$R = \prod_{i=1}^{n} R_i = e^{-\int_0^t \sum_{i=1}^{n} \lambda_i(u)\,du} = e^{-\int_0^t \lambda(u)\,du} \tag{5-48}$$

式中的 $\lambda(t) = \sum_{i=1}^{n} \lambda_i(t)$ 是串行制造系统的失效率。根据式(5-11)，串行制造系统的平均寿命就为：

$$\mu = \int_0^\infty R(t)\,dt = \int_0^\infty e^{-\int_0^t \lambda(u)\,du}\,dt \tag{5-49}$$

显然，当所有的 λ_i 都是常数时，就有

$$R = e^{-\int_0^t \sum_{i=1}^{n} \lambda_i\,du} = e^{-\left(\sum_{i=1}^{n} \lambda_i\right)t} = e^{-\lambda t} \tag{5-50}$$

$$\mu = \int_0^\infty R(t)\,dt = \int_0^\infty e^{-\lambda t}\,dt = \frac{1}{\lambda} \tag{5-51}$$

这表明在各子系统的失效率恒定，亦即各子系统的寿命呈指数分布时，串行制造系统的寿命也服从指数分布。

5.4.2　并行制造系统

并行制造系统的各子系统工作是并行关系，只要有一个子系统处于正常工作，整个制造系统就处于正常工作状态，其工作状态的结构函数为：

$$\Phi(X) = 1 - (1 - x_1)(1 - x_2)\cdots(1 - x_n) = 1 - \prod_{i=1}^{n} (1 - x_i) = \max_{i=1,\cdots,n} x_i \tag{5-52}$$

如果各个子系统之间相互独立，并行制造系统的可靠度可以表示为：

$$R = E[\Phi(X)] = 1 - \prod_{i=1}^{n} [1 - E(x_i)] = 1 - \prod_{i=1}^{n} (1 - R_i) \tag{5-53}$$

显然，并行制造系统的可靠度高于各子系统的可靠度。特别是，当各子系统的失效率均为常数，亦即子系统的寿命分布为指数分布时，并行制造系统的可靠度就为：

$$R(t) = 1 - \prod_{i=1}^{n} (1 - e^{-\lambda_i t}) \tag{5-54}$$

从而平均寿命就为：

$$\mu = \int_0^\infty R(t)\,dt = \int_0^\infty \left[1 - \prod_{i=1}^{n} (1 - e^{-\lambda_i t})\right]dt \tag{5-55}$$

5.4.3　冷储备制造系统

所谓冷储备制造系统，是指制造系统的多个子系统中，有一部分子系统平常不工作，而是

用作储备,且储备子系统在储备期内不发生失效,储备期的长短对其使用寿命没有影响。当工作子系统出现故障时,就逐步启用储备子系统投入工作,直至所有子系统都失效,整个制造系统才失效。

对于由 n 个子系统组成的冷储备制造系统,设备子系统的失效率 λ_i 均为常数。那么,根据可靠度 $R(t)$ 就是制造系统在 t 时间内不发生失效的概率,或者是失效子系统数目 m 少于 n 的概率,即有:

$$R(t) = \sum_{k=1}^{n} P(m = k) \tag{5-56}$$

若子系统发生失效的数目 m 服从泊松分布,即:

$$P(m = k) = \frac{(\lambda_i t)^k}{k!} e^{-\lambda_i t} \tag{5-57}$$

则冷储备制造系统的可靠度就为:

$$R(t) = \sum_{k=1}^{n} P(m = k) = \sum_{k=1}^{n} \frac{(\lambda_i t)^k}{k!} e^{-\lambda_i t} \tag{5-58}$$

当 $\lambda_i = \lambda$(常数)时,冷储备制造系统的平均寿命就为:

$$\mu = \sum_{i=1}^{n} \mu_i = \frac{n}{\lambda} \tag{5-59}$$

5.4.4　热储备制造系统

热储备制造系统是指用作储备的子系统不但在工作中可能失效,而且在储备期也可能失效。这里我们考虑只有两个子系统的制造系统,设其中一个子系统工作,另一个子系统作热储备,它们处于工作时的失效率分别为 λ_1、λ_{21},热储备子系统的热储备失效率为 λ_{22},且热储备子系统处于工作状态的工作寿命与储备时间长短无关。那么,这个制造系统的可靠度可计算为[2]:

$$R(t) = e^{-\lambda_1 t} + \frac{\lambda_1}{\lambda_1 + \lambda_{22} - \lambda_{21}} \left[e^{-\lambda_{21} t} - e^{-(\lambda_1 + \lambda_{22}) t} \right] \tag{5-60}$$

制造系统的平均寿命可计算为:

$$\mu = \frac{1}{\lambda_1} + \frac{\lambda_1}{\lambda_1 + \lambda_{22} - \lambda_{21}} \left(\frac{1}{\lambda_{21}} - \frac{1}{\lambda_1 + \lambda_{22}} \right) = \frac{1}{\lambda_1} + \frac{1}{\lambda_{21}} \left(\frac{\lambda_1}{\lambda_1 + \lambda_{22}} \right) \tag{5-61}$$

显然,在 $\lambda_{22} = 0$ 时,这个具有两个子系统的热储备制造系统就成为冷储备制造系统;$\lambda_{22} = \lambda_{21}$ 时,该制造系统就是两子系统并行的制造系统。

在实际中,影响制造系统可靠性的因素很多,人员因素、设备因素、材料因素、方法因素(包括设计方法、加工工艺方法、装配方法、操作方法等)、测量因素、环境因素,以及生产组织模式等,都会对制造系统的可靠性带来影响。因此,制造系统的可靠性分析是一项复杂的工程,涉及制造技术、信息技术、质量控制技术、环境工程等多个学科。目前,制造系统的可靠性研究还处于探索阶段,还没有普适性强的可靠性分析评价方法。

参 考 文 献

[1] Guodong Li, Shiro Masuda, Daisuke Yamaguchi, et al. A New Reliability Prediction Model in Manufacturing Systems[J]. IEEE Transactions on Reliability, 2010, 59(1):

170-177.

[2] A M A Youssef, A Mohib, H A ElMaraghy. Availability Assessment of Multi-State Manufacturing Systems Using Universal Generating Function[J]. Annals of the CIRP, 2006,55.

[3] 张义民. 机械可靠性设计的内涵与递进[J]. 机械工程学报,2010,46(14):167-188.

[4] 喻天翔,宋笔锋,万方义,等. 机械可靠性试验技术研究现状和展望[J]. 机械强度,2007, 29(2):256-263.

[5] 苏春,沈戈,许映秋. 制造系统动态可靠性建模理论及其应用[J]. 机械设计与研究,2006, 22(5):17-19.

[6] C M Rocco,J A Moreno. Fast Monte Carlo Reliability Evaluation Using Support Vector Machine[J]. Reliability Engineering and System Safety, 2002, 76(3):237-243.

[7] Y Dutuita,A Rauzy. Approximate Estimation of System Reliability via Fault Trees[J]. Reliability Engineering and System Safety,2005,79(2):163-172.

[8] 周广涛. 计算机辅助可靠性工程[M].北京:宇航出版社,1990.

6 数字制造的网络数控理论与技术

6.1 数控技术发展历程回顾

数字制造概念的提出源于数字控制技术与系统。所谓数控,就是以数字量实现制造系统中加工过程的物料流、加工流和控制流的表征、存储和控制。数字控制(Numerical Control, NC)技术的发展,到目前为止经历了分立元件系统、专用计算机系统和通用计算机系统等阶段。在最初的分立元件系统阶段,数控运算是由各种逻辑电路组合来实现的,这种系统的所有数控功能均由硬件系统完成。

随着计算机技术,特别是微处理器技术的迅速发展,出现了基于微型或小型计算机的数控系统,这种数控系统又称为计算机数字控制系统(Computer Numerical Control, CNC),这时的数控系统采用的计算机平台是专为数控设计的,并在 20 世纪 60—80 年代得到广泛的应用。但是,当时全球只有少数几家技术及财力雄厚的企业(如德国的 SIEMENS、美国的 GE、日本的 FANUC),才有能力开发这种专用计算机数控系统。

6.1.1 基于 PC 的开放式数控系统

自 20 世纪 80 年代起,基于 16 位、32 位的微处理器的迅猛发展,使得通用 PC(Personal Computer)在计算能力、处理速度、人机交互和开发环境等方面都有了快速的发展,也促使许多企业、研究机构开始采用基于(工业)PC 的数控技术与系统,从而推动了基于通用 PC 的开放式数控技术得到迅速发展。基于通用 PC 机的开放式数控系统可以充分利用 PC 机的软、硬件资源,易于实现数控系统的网络化和智能化,并且系统软、硬件可随着 PC 技术的发展而升级,功能可随意裁剪。因此,基于 PC 机的开放式数控系统已成为当今数控技术的主流。

1. 分类

目前基于通用 PC 机实现开放式数控系统的结构主要有以下几种[1-9]:PC+NC(包括 NC 嵌入 PC、PC 嵌入 NC 等)和全软件 NC。

(1) NC 嵌入 PC 型数控系统

这种方式是以 PC 机为系统的核心,将运动控制器嵌入 PC 机的主板插槽内构成的数控系统,与传统的 CNC 系统相比,软、硬件资源的通用性较好。系统可以共享计算机的一部分软硬件资源,PC 机主要完成非实时任务,比如代码编程、编译、监控等,运动控制器负责处理实时任务,如插补。系统可根据不同用户需求而灵活配置,可自定义软件,代表产品有 PMAC 嵌入 PC 型、Galil 嵌入 PC 型等。但由于这种结构的数控系统仅仅开放了 PC 部分,运动控制部分仍然是封闭的,在一定程度上限制了 PC 机能力的充分发挥,系统的功能和柔性也受到限制。

（2）PC 嵌入 NC 型数控系统

这种系统完全采用以 PC 为硬件平台的数控系统,使得数控系统可以共享计算机中的存储单元和显示器,作为系统核心部件的运动控制器用来实现对机床的实时控制功能。以美国 Delta Tau 公司推出的开放式多轴控制器（Programmable Multiple-Axis Controller,简称 PMAC）为代表。PMAC 开放式数控系统采用 PC＋PMAC 控制卡构成,这种开放式控制系统虽然采用了 PC 机作为运动控制器的上位机,具有强大的后台操作能力,但它的运动控制和伺服控制部分对外是不开放的,用户必须借助 PMAC 控制卡才能实现相应的控制功能,导致控制器的硬件不通用,给系统的发展带来了局限。此外,数控系统的界面和通信协议都没有统一标准可以遵循,使得跨平台性不强,不利于系统软件的重用。

（3）全软件的开放式数控系统

全软件的开放式数控系统是将 CNC 的全部功能交由 PC 来实现,数控系统中的实时控制由软件的实时内核来实现,充分利用 PC 机的性能,实现机床控制中的运动轨迹控制和开关量的逻辑控制。代表产品有 Power Automation 公司的 PA8000。全软件的数控系统对 CPU 的计算能力、实时调度能力都提出了较高的要求,系统开放性好,方便与其他专用软件集成。但实时处理的实现比较困难,较难保证系统的性能。

2. 缺点

上述几类数控系统,无论是软、硬结合的还是全软件的,主要采用单机型系统架构,即系统以一台计算机（通常是工业 PC 机）为主,配以其他辅助控制装置,在一套系统上集成了几乎全部的数控功能。这种单机型的数控系统体系结构存在以下几个显著问题:

（1）系统缺乏柔性

系统软件及其功能一经确定就很难在现场根据需要而实时改变,特别是对于复杂的大型数控系统,由于软件、硬件耦合得太密切,改变系统功能往往要替换整个系统,这对用户而言既不方便也不经济。

（2）系统结构复杂

随着数控系统功能越来越丰富,将几乎所有功能集成在单个计算机系统上使得软件系统的设计、开发变得非常复杂,也不利于互联互操作。

（3）数控功能重复

大型、多功能、高精度数控机床的软件系统一般都非常昂贵,而基于单机型数控技术,多台相同或类似机床都要配以同样或类似的数控软件系统,这显然是一种资源浪费。实际上没有必要为每台数控机床配备同样的软件,不同机床的数字控制系统完全可以通过网络共享数控软件的部分甚至全部功能,就像没有必要为每台计算机配备一台打印机一样。

（4）计算资源浪费

对于普通的数控加工任务,单个计算机系统的计算控制能力大大超出了实际的需要,而对于复杂的数控加工而言,其计算能力又显不足。

6.1.2 数据系统的网络化

随着网络技术的发展,数控技术的网络化已成为数字制造技术的发展方向[10-11]。当一个系统有富余的计算能力时,其他控制系统可以通过网络环境下的计算资源共享,使计算资源更充分的利用;而当某个系统的计算能力不足时,又可以通过协同计算与控制,完成复杂的运算、控制,实现强大的功能,从而实现计算资源的共享。

1. 嵌入式系统

目前,数控系统本身的许多计算和处理功能,除实时控制功能外,许多功能可由远程控制完成。也就是说,随着数控技术的网络化发展,现场每一个制造设备的数控系统在整个网络制造环境中将成为一个简单的执行单元,或者说是网络的一个节点。在这种趋势下,数控技术与系统必须适应网络技术和数字制造发展的需要,而嵌入式系统与工业通用 PC 比较,在适应网络化方面有其独特的优势[12]。

嵌入式系统是"嵌入到受控对象或宿主系统中的专用计算机系统"。随着计算机技术的发展,目前已出现了 32 位甚至 64 位嵌入式中央处理器芯片,如 MIPS 公司的 MIPS64。嵌入式系统所采用的中央处理器根据其设计目的和用途,可大致分为微处理器(MPU)、微控器(MCU)和数字信号处理器(DSP)。用于嵌入式系统的中央处理单元具有指令简单丰富、指令执行快等特点,且有硬件浮点运算指令,实现硬件单、双精度浮点运算,从而大大增强了嵌入式系统的计算能力。

现在有的嵌入式处理芯片将多种处理器(如 MCU 和 DSP)集成到一块芯片,形成针对特定应用的专用处理芯片。这些片上功能不但大大地增强了嵌入式系统的能力,而且简化了系统的开发。一块嵌入式处理器芯片几乎可提供实时控制系统所需的所有硬件功能,可以实现整个控制系统的基本功能,这就是所谓的片上系统(System On Chip,SOC)。

嵌入式系统发展的另一个重要趋势是网络化,通过串行通信、总线技术和以太网,将嵌入式系统连成现场网络或接入企业网络,乃至互联网。

在嵌入式硬、软件开发环境方面,开发工具也越来越丰富和完善,比如 JTAG 测试工具使得硬件的调试、测试变得非常容易。在软件方面,针对嵌入式系统,目前人们开发了许多针对实时控制而设计的嵌入式实时操作系统(Real-Time Operating System,RTOS)[13]以及相应的软件开发环境。总之,嵌入式技术具有很好的应用性、很强的适应性、资源利用充分、系统紧凑、开发和调试方便等明显的特点。

正是由于嵌入式技术有以上特点,嵌入式技术受到人们的高度重视,在诸如机电控制、数字制造、检测与传感、实时状态监控与故障诊断等工业领域得到越来越广泛的应用[14-19],基于嵌入式的机床数控技术近几年也越来越受到人们的重视。

2. 网络数控系统

随着"互联网+"时代的到来以及数字制造技术、信息技术与网络技术的结合,制造业正面临一场制造模式的变革,要求制造企业对快速变化的市场机遇或用户需求能够做出敏捷的反应。为此,制造企业需要不断调整自己的生产模式,由传统的面向产品的生产模式逐渐向面向客户需求、面向服务的制造模式转变,并实现资源重组及优势企业动态组合。在这种新的制造模式下,作为制造系统执行单元的数控加工单元的使用范围逐渐由企业内部共享向企业之间的共享扩展,即将数控加工单元看作企业甚至全球数字制造网络中的一个资源节点,能够共享自身的制造加工能力,执行来自网络的数字制造任务。

要实现上述目标,必须实现数控系统的网络化。网络数控系统(Network Numerical Control,NNC)是以设备和通信共享为手段,以数控技术、计算机技术、信息技术和网络技术为支撑,以车间乃至企业内的制造设备有机集成为目标,支持 ISO-OSI 网络互联规范的开放的自主式数控系统[20]。它包含两个方面的内容:一是在硬件结构上,数控技术或系统与网络的结合;二是在结构模式上,通过网络进行系统控制和系统管理工作。从这个意义上不难看出,网络数控就是把数控系统网络化,通过 Internet/Intranet 技术将制造单元与各控制部件相连,以网络制造和资源共享为目标,支持各种制造环境和先进制造模式。

目前,数控机床网络化的实现方法主要有三种:一是通过串口向下能够和数控机床进行通信,实现数控加工程序和相关参数的传递,向上能够和其他计算机进行通信,实现加工生产的管理和调度[21,22];二是利用现场总线(如 CAN 总线)实现数控机床之间、数控机床和计算机之间的通信[23];三是通过局域网或互联网实现数控机床的联网,实现数控机床与外部的通信[24],目前很多的数控设备生产厂商都朝着这个方向发展。

当前的网络数控系统仅实现了数控机床的联网[25,26],并没有实现真正意义上的网络远程控制,现有的网络数控系统控制仅在车间级,即便通过互联网连接,实际通信距离也十分有限。而一些数控机床生产厂家为数控机床研制了专门的网络通信接口卡来实现数控机床的联网,这种接口卡只能在与之相配套的特定的数控机床上使用,通用性很差。因此,在全球数字制造网络环境下,要实现真正意义上的网络数控系统必须提出新的思路、新的解决办法。

面向服务的思想为实现网络数控系统提供了一条崭新的途径,基于面向服务的体系结构(Services Oriented Architecture,SOA)构建开放式数控系统被认为是新一代数控技术的发展趋势。SOA 的优势在于它是一种基于标准的、松散耦合的企业架构,能够支撑企业应用集成,并提供业务的敏捷性,从而可以增强企业对变更快速、有效地进行响应,并且利用变更得到竞争优势的能力[27]。基于面向服务的体系结构构建网络数控系统具有重要的理论价值和实际应用价值:首先,面向服务的体系结构是一种扩展的组件模型,能够实现多层次的功能复用,可以极大地提高数控系统的软件开发效率,缩短开发周期,降低开发成本和改善软件质量;其次,在面向服务的体系结构中,提供一种基于开放标准的新型分布式应用构件(即 Web 服务),使得用户在进行软件构造时只需根据自己的需要和相应领域的要求进行服务的组合即可,无需进行复杂的代码编写。

面向服务的体系结构是一种被广泛接受的应用集成规范,实现 Internet 上跨平台、语言独立、松散耦合的异构应用的交互与集成。各个服务之间通过接口进行交互,使得服务提供者对服务使用者具有位置、时间等多方面的透明性,便于在两者间建立动态的绑定关系,从而提供一种松散耦合的编程模型,具备支持动态应用集成的潜力;在面向服务的体系结构中,当用户提出新的业务需求时,只需要重新开发或替换相应的服务单元,而不必修改整个数控软件系统,就可以保证系统的正常运行,使得数控系统具有良好的可配置性和开放性。

信息技术已发展到了云计算时代,这也给数字制造技术带来了新的发展动力和技术手段,出现以服务为核心的云制造系统。云计算技术及其理念在数控技术中的应用必然带来数控系统的云化,导致云数控的出现。

6.2 基于嵌入式的网络数控系统

6.2.1 基于嵌入式的网络数控系统的体系结构

随着嵌入式技术和网络技术的发展,有两种类型的网络数控服务系统体系结构:即基于嵌入式的网络数控服务系统及可配置、可重构的网络数控服务系统[28-37]。

1. 基于嵌入式的网络数控系统

基于嵌入式的网络数控系统的体系结构如图 6.1 所示。整个系统由多个基于嵌入式技术的控制器通过网络/现场总线互联构成。在这里,如何将系统分解为多个嵌入式控制器,每个嵌入式控制器具体实现哪些功能,采用怎样的实现技术,都没有固定的模式。同样地,各嵌入式控制器间采用什么样的通信技术实现互联也没有固定的模式,所有这些都是根据实际需要而定,为了实现互联、互操作,不同模块间的互联可定义技术标准与协议。

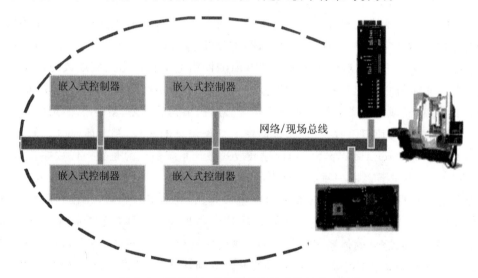

图 6.1 基于嵌入式的网络数控系统的体系结构

这种基于嵌入式的网络数控服务系统,与通常的基于工业 PC 的数控系统相比,具有系统紧凑、能更充分有效地利用系统资源等特点。

2. 基于嵌入式的网络数控服务系统

这种数控技术利用了嵌入式技术和网络通信技术的最新发展,并利用了目前面向服务的信息计算技术的思想。这种系统的体系结构如图 6.2 所示。

在该数控技术体系架构中,每个机床只需配备少量的、必需的、功能简单且单一的、基于嵌入式的控制器。实时插补、刀补、间隙补偿、伺服驱动、I/O 控制等实时性要求很强的功能全部由现场嵌入式控制器完成,这些嵌入式控制器通过现场总线、网络构成了机床的基本数控单元(但不是完整系统)。机床基本数控单元通过网络与功能丰富、具有更强处理能力的嵌入式数

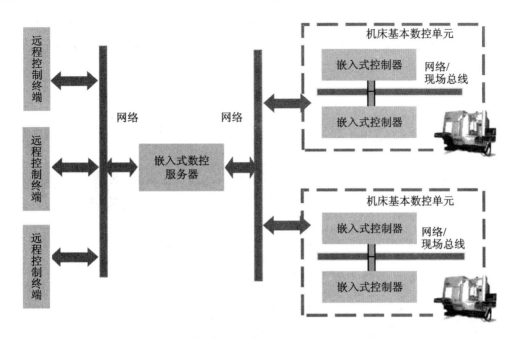

图 6.2　基于嵌入式的网络数控服务系统的体系结构

控服务器相联,从而获得机床加工所需的完整的数控功能;对机床的操作,由远程数控客户端(NC 专用客户端软件或通用浏览器)通过网络连接到嵌入式数控服务器进行。

这种基于嵌入式的网络数控服务系统,与目前基于工业 PC 的数控系统相比,具有完全不同的体系结构,由于通过一个结构紧凑而功能强大的嵌入式服务器能控制多台甚至不同类型的机床。因此,能更充分有效地利用系统资源。

基于嵌入式的网络数控服务系统的关键技术主要包括:基于嵌入式的、高性能插补运动控制器,即由嵌入式控制器实现过去由工业 PC 机实现的复杂空间加工轨迹、曲面的实时插补、刀补、间隙补偿等运算,以及相应的轨迹控制;支持多种机床类型的嵌入式数控服务器软件系统,包括软件架构、模块实现;嵌入式 Web 技术,这是实现便捷远程控制的关键技术;资源共享理论与技术及 QoS 保障,这是在网络环境下实现网络数控及数控服务的关键技术。

6.2.2　基于嵌入式的网络数控系统实现技术

1. 基于嵌入式的网络数控系统的实现

(1) 基于嵌入式的网络数控系统结构

一个基于嵌入式的网络数控系统的具体结构如图 6.3 所示。基于嵌入式技术实现的控制模块主要包括:①NC 操作与管理模块,主要用于完成或实现显示与输入装置相连,人机交互,加工代码编辑或获取、编译,对系统监控和故障诊断等功能。通过以太网与外部网络连接,实现整个数控系统的网络化开发、调试、运行、管理、监控和诊断等。②显示及键盘输入装置,实现现场人机交互显示,数据与操作命令的输入,加工状态的显示等功能。③插补与运动控制器,实现插补、刀补及间隙补偿等运算,并将位置/速度控制命令发到位置/速度伺服控制器。④I/O 控制模块,完成数控系统的各种逻辑控制,实现 I/O 控制功能。⑤伺服控制器,对加工轴进行位置和速度控制。⑥NC 专用客户端是用于远程控制与监测的专用控制终端软件。⑦浏览器,除了 NC 客户端外,系统可通过 Web 浏览器实现远程控制与监测,即 Web 浏览器作为远程控制的通用控制终端软件。

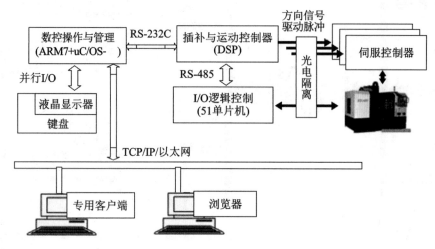

图 6.3 基于嵌入式的网络数控系统结构

系统中,NC 操作与管理模块通过 EIA-RS-232C 同插补与运动控制器进行数据交互,插补与运动控制器通过 EIA-RS-485 工业总线与 I/O 控制模块相联,I/O 控制模块也可以通过 EIA-RS-485 工业总线与 NC 操作与管理模块相联。NC 操作与管理模块通过以太网及 TCP/IP 协议与远程控制终端(NC 专用终端或浏览器)及企业、全球数字制造系统相联。

(2) 基于嵌入式的网络数控系统硬件实现

NC 操作与管理模块、显示及键盘输入装置硬件如图 6.4 所示。

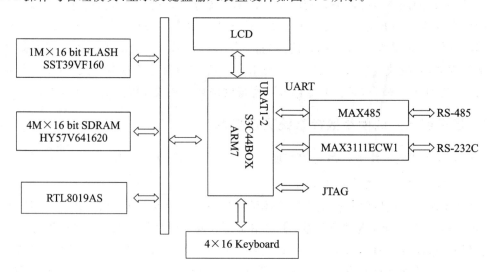

图 6.4 NC 操作与管理模块、显示及键盘输入装置硬件

NC 操作与管理模块的核心是一个三星 ARM7 微处理器(S3C44BOX),ARM7 的 UART 外接了 RS-485、232C 驱动,ARM7 外扩了一个 10M 以太口(RTL8019AS)以及 RAM 和

FLASH 分别存放临时数据和永久数据。

插补与运动控制器的核心是一片德州 TMS320F2812 型号的 DSP,并外扩了 RS-485、232C 驱动。TMS320F2812 本身内部有 RAM 和 FLASH。

I/O 控制模块硬件的核心是一个 51 单片机,通过 485 总线同插补与运动控制器相连,通过光电隔离与外部 I/O 逻辑相连。

(3) 基于嵌入式的网络数控系统软件基本构架

NC 操作与管理模块的软件架构及各组成部分如图 6.5 所示。插补与运动控制器软件架构及各组成部分如图 6.6 所示。

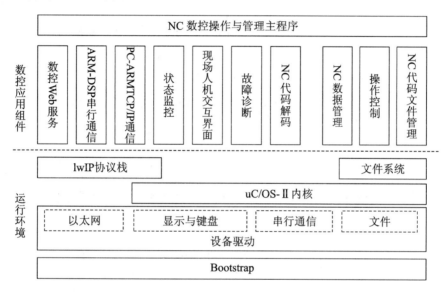

图 6.5 NC 操作与管理模块的软件架构及组件

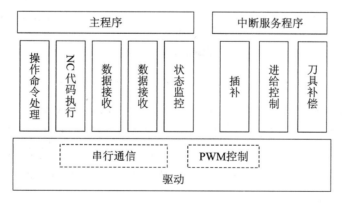

图 6.6 插补与运动控制器软件架构及组件

(4) 基于嵌入式的网络数控系统功能

基于嵌入式的网络数控系统可实现基于工业 PC 的数控系统所具有的功能,包括加工代码的编辑、编译、传送、插补控制、PLC 控制、加工轴回零、点动、单段执行、连续执行、位置显示、诊断等。特别地,在四轴铣床(三个运动轴一个旋转轴)上,可实现空间直线、圆弧、椭圆、任意参数多项式曲线、任意空间参数曲线、B-Spline、NURBS 等插补,以及基于专用 NC 客户端软件对机床加工的远程控制与监测,并滚动显示加工轨迹,且对远程控制实现用户管理(包括登录与并发操作)。同时,利用嵌入式 Web 技术,通过浏览器可对嵌入式数控系统实现远程控制与监测。

2. 基于嵌入式的数控服务系统的实现

(1)基于嵌入式的数控服务系统结构

基于嵌入式的数控服务系统的具体结构如图 6.7 所示。

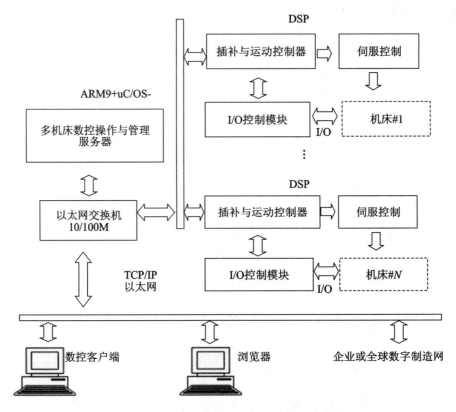

图 6.7　基于嵌入式的网络数控服务系统结构

多机床 NC 业务管理模块负责多台机床的 NC 操作管理和业务处理,如人机交互,加工代码的编辑或获取、编译,整个网络系统的监控和故障诊断,通过以太网与外部网络连接,实现整个数控系统的网络化开发、调试、运行、管理、监控和诊断等。其他部分的功能和作用与前面图 6.3 中的嵌入式数控系统相同。多机床 NC 业务管理模块的硬件实现,其核心是一片三星 ARM9 微处理(S3C2410X)。

其他部分的硬件与前面的基于嵌入式的网络数控系统类似,主要差别在于这里的插补与运动控制器外扩了以太口,通过以太网与多机床 NC 业务管理模块互联。

(2)基于嵌入式的数控服务系统软件实现

基于嵌入式的数控服务系统软件架构及组件如图 6.8 所示,各任务及模块之间的相互调用关系如图 6.9 所示。

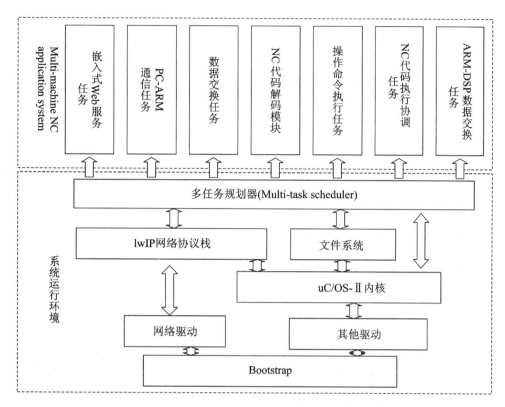

图 6.8　基于嵌入式的数控服务系统软件架构及组件

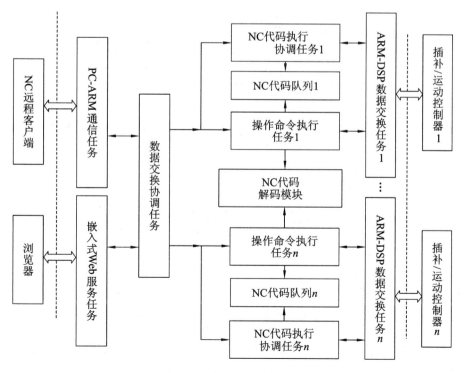

图 6.9　各任务及模块之间的相互调用关系

在图 6.9 所示系统中,NC 远程控制终端软件可实现对服务系统所控制的不同机床的远程操作和管理。系统通过嵌入式 Web 技术,操作人员可使用通用的 Web 浏览器连接到数控服务系统,对每台机床进行远程操作与控制,实现的功能与 NC 远程控制终端软件相同。为了实现多机床 NC 业务管理模块与运动控制模块,多机床 NC 业务管理模块与运动控制模块和 NC 远程控制终端软件间的信息交互,并有相应的信息交互协议。

基于嵌入式的网络数控服务系统在前面基于嵌入式的普通数控系统的基础上,进一步实现了对多台不同机床(铣床、冲床)的网络化控制、监测和管理。

6.3　面向服务的网络数控系统

6.3.1　面向服务的网络数控系统体系架构

1. 面向服务的网络数控系统体系架构参考模型

针对网络化数字制造带来的数控技术新需求,结合面向服务的体系架构,武汉理工大学数字制造湖北省重点实验室课题组提出以网络为数控系统支撑平台、以网络信息资源和数控资源为构成要素的面向服务的网络数控系统。这里所说的服务包含两层意思:一是企业内部的数控服务系统,这里的"服务"是指数控服务系统通过网络向下为多台机床提供数控加工功能,向上为多个用户提供数控操作功能[38];另一层含义是指数控服务系统的数控加工功能或数控系统制造能力可以通过进一步的封装,以 Web Services 的形式对外发布,面向其他制造企业提供数控服务。

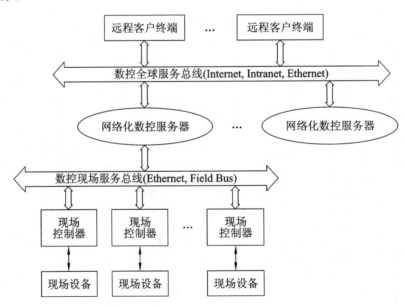

图 6.10　面向服务的网络数控系统架构

整个系统框架如图 6.10 所示,由远程用户终端、网络数控服务器(或称为网络数控服务系统)、现场控制器、现场设备、网关组成。其中,远程客户终端负责处理与用户操作和监控有关的系统功能,提供远程服务,用户可以通过浏览器完成数控加工的远程服务和信息共享,并对远程数控系统实时监控。网络数控服务器是整个系统的核心,包括数控服务器、数据库服务器和系统配置单元,用来实现对制造车间的数控机床等制造设备的控制与管理。

数控服务器负责接收多个用户的数控服务请求,同时向多台机床发送控制指令或加工代码,完成如下功能:与远程用户实现人机交互,实现加工代码的格式检查、编辑、编译,将编译后的加工代码(一条条地)或控制指令发送给现场控制器,接收来自现场控制器的加工状态信息,并将有关信息返回给用户;负责对系统的监控和故障诊断;与外部网络连接,实现数控系统的远程管理、监控和诊断以及数控服务功能的共享等。数据库服务器提供数据库服务,用于存储数控服务程序、机床设备数据、机床操作日志和用户账号信息等。数控服务器有专门的系统配置信息(以 XML 文件形式描述),通过该配置信息,实现数控服务器软件的重新配置。现场控制器用来完成对现场设备的实时控制,由插补/运动控制器、嵌入式PLC、位置/速度伺服控制器等部分组成。插补/运动控制器接收来自上层数控服务器发出的加工控制指令或编译后的代码(G、M、T 代码)指令,进行插补、刀补及间隙补偿等运算,并将位置/速度控制命令发到位置/速度伺服控制器。嵌入式 PLC 完成数控系统的各种逻辑控制,实现通用 PLC 功能。该模块通过异步串行总线与插补/运动控制器相连,通过MOD BUS 协议接受控制命令,也可通过异步串行总线报告状态信息。位置/速度伺服控制器,通过进给脉冲和方向控制信号,对加工轴进行位置和速度控制。现场控制器采用嵌入式技术使其具有网络接口,能直接与服务器相连,构成真正意义上的网络数控系统。数控现场服务总线是由连接网络数控服务器和机床现场控制器的网络及有关的数控服务互联协议构成的数据传输通道。在这里,数控现场服务总线并非指通常的工业现场总线,数控全球服务总线没有网络形式、地域范围的限制,采用的联网技术可以是工业通信网、局域网、城域网或互联网。多个数控服务系统可通过数控全球服务总线与企业、全球数字制造系统相联,从而构成一个功能更丰富、更强大的数控服务网。这种数控服务系统、数控服务网将成为企业、全球数字制造网络的一部分,面向用户提供制造服务,并且数控服务的用户可以通过网络对机床数控加工进行远程的操作、监控。

该系统采用总线方式连接系统的各个服务器和现场设备,避免了系统间联系和依赖关系的网状结构带来的烦琐和复杂。这里,总线结构是一个逻辑上的概念,在物理上可以跨越多个机器,挂接在总线上的各个服务系统可以分布在不同地域范围,适合分布式环境。

这种网络数控服务系统与单机型数控系统不同,它不再是一个将所有功能几乎全部实现在单一计算机上的、相对封闭的控制系统,也不再是一般联网了的数控系统,而是具有如下功能特点的数控系统:

① 该系统将由现场必不可少的硬件功能模块,如检测单元、驱动单元和网上的软件模块组合集成,软件模块不依赖现场硬件环境和特性,软、硬件模块之间的耦合很低。

② 该系统也是一个即插即用的数控系统。一台数控机床只配备现场控制必需的最基本的嵌入式系统,如伺服驱动、逻辑控制输入/输出,无需配备一个完整的数控系统,通过现场服务总线连接到数控服务器,获得所需的数控功能,并且每个数控机床连接到哪个数控服务系统可灵活配置、变更,这将大大提高机床数控系统功能的灵活性。

③ 该系统还是一种具有多形态、多形式、多层次集成的柔性数控系统。系统的软件结构和组成功能模块可动态生成并可变化,系统在硬件组成不变的情况下,软件的组成结构、功能可以根据需求,通过资源的协商与分配,动态地在网上生成、组装。软件功能可随时进行更新、

升级。并且一台数控机床可以对应控制网上的多个不同的网络数控系统。数控系统可以是由分布在网络上的组件组成的单控制系统,也可以是由一台数控服务器向多台数控系统提供功能的服务型数控系统,还可以是由多台数控服务器(甚至分布在不同地域),通过资源共享,实现协同计算与控制的分布协同式数控服务网(或数控网格),从而实现软、硬件的可重构功能。从资源共享的角度提高了资源利用率,简化机床数控系统,提高系统的柔性。

④ 该系统还具有很好的软件可配置性,系统功能都被封装为 Web 服务形式,独立于具体的应用和操作环境。面对不同用户的实际需求,系统能够以现有的服务资源为基础,通过配置文件动态地组装不同的数控功能服务,以"搭积木"的方式构建出一个新的数控系统,以满足用户需求。这里的数控功能服务可以是已有的或现开发的,已有的服务资源可以位于本地组件库中,需要的时候直接被加载,或者位于网络化资源库,需要时通过检索发现合适的资源,通过下载到本地加以利用。组件库中不存在的服务功能,可以根据系统预先定义的接口,迅速开发出满足要求的功能组件,并将其放入组件库,以供系统载入使用。

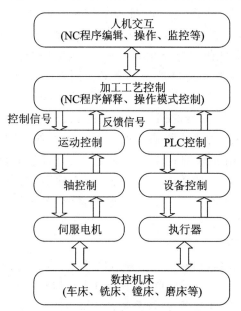

图 6.11　数控系统工作流程

总之,系统具有体系结构、功能和实现方式上的柔性,真正具有通用性、组合性、适应性、可配置性、可扩展性、可伸缩性、易用性以及结构简单和开放性等特点。其系统架构非常简单、灵活,没有固定形式和形态,易于实现互联、互操作和系统扩展。

2. 面向服务的网络数控系统功能模型

作为一种复杂的机电控制设备,数控系统已成为一个多任务与实时性兼备的综合处理平台,为构建面向服务的网络化开放架构的数控系统,需要从全局把握系统需求及其内在联系、控制模块间相关性与独立性的平衡,以形成合理的功能单元划分[39]。

在对网络数控系统功能进行划分之前,首先必须清楚数控系统的运行过程。网络数控系统完成的运动控制过程如图 6.11 所示。

数控系统的主要任务及模块划分如图 6.12 所示,数控系统功能可分为数控基本功能和扩展功能两大类。

数控基本功能指为实现一个最基本的数控系统所必须具备的常规功能,如人机交互、管理、数控核心控制和逻辑控制等系统功能。人机交互功能模块是机床操作人员和数控机床控制系统交互的窗口,主要完成数控系统的管理和状态显示等一些非实时性操作。管理功能包括 NC 文件管理、系统参数管理、系统故障诊断管理以及数控系统配置。

数控核心控制功能主要实现数控加工程序的处理,包括 NC 文件的读入、语法检查、译码、刀具补偿以及运动控制的实时插补等功能,其中按照实时性要求的不同,可分为运动准备模块和运动控制模块、轴控制模块三个基本子功能。其一是运动准备功能:主要完成加工文件的编译,获得数控加工轨迹和相关的加工信息,并按照一定的要求进行预处理,得到用于控制机床加工的数据。从数控加工过程看,运动准备组件所进行的数据转换处在整个运行过程的开始。运动准备组件中最重要的功能模块包括读入加工文件模块、加工程序解释模块和刀具补偿及

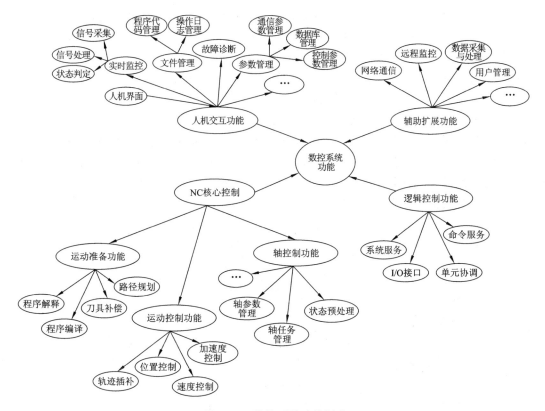

图 6.12 数控系统功能划分

轨迹修正模块。其二是运动控制功能:主要负责对运动轴产生运动命令,把各种运动命令和参数转换成运动控制器和伺服驱动器可接受的位置、速度、加速度,通过伺服驱动器及伺服电机实现各类运动。一个数控系统具有复杂多样的运动控制功能,根据数控系统控制的机床对象不同,其控制功能有一定的区别。就一般而言,数控系统的运动控制组件可以划分成轨迹插补和运动控制两种,轨迹插补是把经过编译后得到的加工轨迹采用插补算法离散成一个个的位置点,用坐标对各位置点进行描述。运动控制是指控制机床运动的速度、加速度和位移。从运动的方式看,该模块完成系统的连续运动控制、离散运动控制以及主控轴和从控轴的同步运动控制或其他运动控制。轴控制功能主要负责对进给轴、主轴和其他类型的轴进行控制,是数控系统与实际轴的接口,向伺服驱动器设置参数和发送命令,从伺服驱动器读取驱动器的配置参数和接收反馈数据。其三是逻辑控制功能:逻辑控制模块的主要功能是完成数控系统的输入、输出逻辑控制。

除了数控系统应该具备的基本功能之外,数控系统正日益被赋予更多的功能期望,如系统状态的采集与处理、网络通信、远程服务与监控和用户管理等,这些功能可以被认为是作为数控系统的扩展功能而存在,这些扩展功能模块所提供的功能或服务对于数控系统开放体系的实现、提升系统效能、促进系统可延续性具有重要作用。

3. 面向服务的数控系统服务网

面向服务的网络数控的核心思想就是利用各种通信网络,包括连接数控系统内部 CNC 单元、伺服驱动以及 I/O 逻辑控制单元的现场总线网络,连接不同的数控系统的车间网和连接不同数控加工企业的互联网,甚至个人通信网等,通过数控服务系统之间的资源协商、共享、协同计算与控制,向上为不同的数控加工企业、向下为不同的数控机床提供数控加工服务,实现数控资源的充分利用,极大地提升数控装备的能力,节约制造成本。

　　系统采用总线方式连接系统的各个服务器或现场设备,避免了系统间联系和依赖关系的网状结构带来的烦琐和复杂。这里的总线称为服务总线,服务总线使得企业内的数控服务系统或制造设备不再是一个独立的制造单元,而是全球化的数控系统网络中的一部分。数控服务器或制造设备被看作是制造企业甚至是全球化数字制造网络中的一个资源节点,资源节点之间地位平等,没有主从之分。位于不同地理位置的多个资源节点通过总线方式连接,通过配置方式实现资源共享、协同计算与控制,从而构成一个功能更丰富、更强大的数控服务网(数控网格),数控服务网框架如图 6.13 所示。

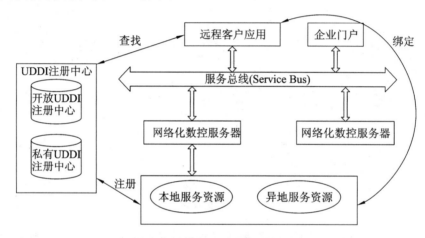

图 6.13　数控系统服务网框架

6.3.2　面向服务的网络数控系统的配置和重构

1. 面向服务的网络数控系统分层配置和重构思想

　　在网络化制造环境下,用户的需求信息是多样的、不断变化的。因此,面向服务的数控系统功能应具备随加工需求的变化而变化的能力,即具备动态可配置、可重构性。网络化制造模式下,制造企业的生产方式给网络数控系统的可配置、可重构性提出了新的问题,主要表现在[40]:制造企业接到产品订单任务时,首先要对任务进行零部件级分解,并根据任务对完成时间的要求,对各个零部件的完工日期做出规划。在分解过程中,会存在有些零部件无法在本企业加工的问题,造成该问题的原因可能是由于企业本身的加工能力有限,或者出于利润最大化的目的考虑与其他企业合作会带来更多利益等,这样制造企业就不得不通过寻求企业合作来解决该问题;然后,对于分解的具体零件进行加工工艺分解,并对加工任务的完成时间进行分配。对于超出本企业加工能力的加工工艺段,制造企业需要从网上寻找合适的企业,通过协商合作完成工艺段的加工。制造企业对零件的某一工艺段进一步细分为若干道加工工序,并确定各工序之间的逻辑关系。如果制造企业由于缺少设备的原因无法完成其中的一些工序,可以在网上寻找合适的数控加工设备来完成相应的生产任务。若由于制造设备加工能力不足,即实现该任务的软件服务资源欠缺,则可以在网上寻找合适的数控加工服务,通过更新本企业制造设备的加工能力来完成某段工艺的生产。

　　基于上述分析可以看出,前两种情况是希望寻找具备某种制造能力的数控资源,而后一种情况是希望寻找具有某种加工功能的数控设备。换句话说,在网络化制造模式下,制造企业完成超出自身加工能力的制造任务的方法有两种:一是寻找与制造任务匹配的资源,将超出自身制造能力部分的任务外包给其他企业完成;二是通过更新或升级数控设备的软件功能,进而完成加工任务。

　　针对面向服务的数控系统,作为制造任务的直接执行者的网络数控系统,根据配置的范围和深度不同,其动态可配置性可以从以下两个方面考虑:一是多个数控服务系统之间的资源可配置、可重构性。随着市场竞争的日益激烈,制造业的发展趋势由企业内生产逐渐向企业之间的共同合作转换。单靠企业内部现有的资源进行生产加工的传统制造模式已经不再适应网络化数字制造的发展趋势了,只有借助信息技术和网络技术,充分利用外部优秀的制造资源,将企业内部的某些生产制造活动交给更专业的外协加工资源来完成,这样才能使制造企业在市场竞争中立于不败之地。二是独立数控服务系统的功能可配置、可重构性。随着网络技术的飞速发展,制造业的另一个发展趋势是通过网络向客户提供数控加工服务。制造企业拥有的加工设备不一定也不可能具备全部数控加工功能,其所需的加工功能完全可以通过网络获得,这就意味着数控系统不需要安装全部的数控功能,系统缺少的数控功能可以通过其他服务商提供的网络数控服务获得,然后通过对功能的定制和通信连接的建立,动态生成满足用户需求的新的数控系统,完成制造任务的加工。

　　2. 面向服务的网络数控系统多层次配置、重构策略

　　面向服务的网络数控资源动态配置的多层次配置、重构策略,如图 6.14 所示。

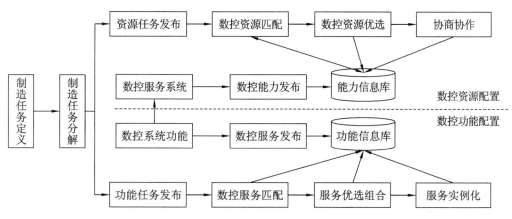

图 6.14　面向服务的网络数控系统两层配置、重构策略

　　面向服务的网络数控系统的动态可配置、可重构性问题可分为宏观、微观两个层次:宏观层次是实现制造企业之间的资源配置、重构,即为产品生产过程中加工路线上的每个制造资源匹配出满足其加工要求的资源,再根据任务的目标函数,从所有与任务相匹配的资源集合中选择一条整体性能最优的资源链。微观层次是实现加工设备内部的功能配置、重构,即为数控服务系统中的数控软件服务功能进行动态配置、重构。它的主要任务是根据加工要求从网络上检索与匹配出满足其功能要求的数控服务,然后根据成本、信誉等指标的约束,对数控服务进行优选和组合,最后通过实例化运行生成全新的数控系统。

无论是资源可配置、可重构，还是功能可配置、可重构，其配置、重构过程都可看作是根据用户提出的制造任务的信息需求，通过对数控资源信息进行多层次、多角度筛选，以形成满足任务需求的资源集合。针对面向服务的网络数控系统的配置、重构过程，可以分为五个阶段：制造任务分解阶段、数控资源建模阶段、数控资源匹配阶段、数控资源优选阶段以及方案部署实施阶段。

(1) 制造任务分解阶段

在实际生产活动中，制造任务的形态是多种多样的，存在多层次制造任务需求。最简单的制造任务可能只完成某个基本加工特征，如平面、曲面、锥体、孔、槽等基本特征，或者是一个基本的数控加工功能，如加工曲线的插补计算等，即制造任务的粒度不能再分解。复杂一点的制造任务可能是一个零件的多工序加工过程，如通孔加工或平面削铣，或者是对某产品从数控编程到加工仿真到最后的数控加工等一系列过程，即属于多层次制造任务，可进一步分解。

针对网络化制造模式下的制造任务的特点及其分配需求，任务分解的具体过程是按照层次化原则进行制造任务分解，构造一个基于树形结构的制造任务分解模型，树的根节点是总任务，树枝与树枝的交点是子任务，叶子节点是任务元。在分解的基础上，还需要对各个任务节点允许执行的时间和成本预算进行合理分配。

(2) 数控资源建模阶段

在传统制造模式下，数控资源的分布极不平衡。一方面，一些大型国有企业、科研院所、高等学校等经过国家多年的投资和建设，拥有许多大型的、先进的数控设备，但却因生产任务不足而导致大量设备闲置，资源利用率低下。另一方面，许多中小企业产品和市场发展势头好，拥有较多的加工任务但批量小，出于成本的考虑，这些企业不会为了小批量的订单而购买昂贵的数控设备，从而导致中小企业缺少开发新产品、提高产品质量和扩大生产规模所需的各种资源。因此，有必要对数控资源进行重新整合，将数控设备资源的制造加工能力和软件资源的功能通过封装对外发布，供其他制造企业使用。

(3) 数控资源匹配阶段

数控资源匹配阶段是针对上一阶段对制造任务进行分解得到的原子制造任务，从资源信息库中检索和匹配出能够满足任务需求的待选资源，并生成待选资源集的过程。由于制造任务具有多样性、层次性、约束性等特点，在进行资源匹配时需要采用不同的匹配算法，找出满足加工任务功能和性能需求的所有待选资源。对资源匹配具体实现过程分为：面向数控服务功能的资源检索与匹配，面向数控设备资源的资源检索与匹配和面向资源链的资源检索与匹配。

(4) 数控资源优选阶段

数控资源优选阶段以资源链的整体性能优化为目标，对资源的完成时间、花费成本、声誉、服务质量、服务水平等性能指标进行综合考虑，从而获得整体性能最优的资源配置方案。如果任务非原子任务或基本功能，而是由多个原子任务或多个基本功能组合而成，则需要综合考虑资源组合后的总体目标，在保证组合资源的功能满足任务功能需求的基础上，尽量做到资源的综合性能最优。

(5) 方案部署实施阶段

在完成上述对资源的匹配和查找、优选和组合之后，就进入了资源部署实施阶段。配置方案在实施过程中会出现一些突发性的问题，如市场需求的不断变化，待选资源的故障或退出，设计与实现之间的目标冲突、约束冲突等。因此在具体方案实施阶段,就必须采用一些必要的监控手段来实现冲突消解、动态调度,并在需要的情况下,针对出现的问题重新进行任务定义和资源配置[41]。

6.3.3　面向服务的网络数控系统的资源配置、重构模型

网络化数字制造环境下,制造企业的资源利用范围已经不再局限于企业内部,而是扩大到全球所有制造企业之间。制造资源通过网络连接,形成一个全球性的资源共享系统,实现资源共享和企业间优势互补,图 6.15 所示为面向服务的网络数控系统资源配置、重构模型。

从配置模型中可以看出资源配置、重构过程包括如下几个阶段:

(1) 制造企业任务的定义与发布

客户提交的制造任务往往是产品级、零部件级的任务需求,首先需要对这些制造任务进行任务分解,然后在对分解后的子任务的功能和需求进行规范化描述,并基于数控任务本体对制造子任务的功能和需求进行语义标注。需要说明的是,这里考虑的主要内容是资源的优化配置,任务的规划和分解不是讨论的内容,默认经过专家手工分解或通过自动调用历史案例库、任务分解知识库等,制造任务能够合理地分解为由制造子任务及原子任务组成的、并按照一定的时间约束关系连接的任务链。

(2) 数控系统资源的定义及发布

在面向服务的网络数控系统中,数控资源提供者是指具有数控加工设备或数控服务功能的制造企业、单位或个人,这些资源提供者所处的地理位置是分散的,而且这些资源的表达方式在语法和语义上往往是异构的。为了有效地实现对数控资源的检索匹配与优化配置,首先应该解决数控资源的语义封装与发布问题。

(3) 任务与资源的匹配与选择

资源服务的匹配与选择问题是对单一的数控资源进行处理,以制造子任务的需求为输入条件,对数控资源的相关信息进行匹配,匹配的结果形成符合制造子任务需求的候选数控服务集。在此基础上,围绕每个资源在加工过程中的非功能需求,如执行时间、制造成本、服务质量、可靠性、信誉等指标进行性能匹配,从而搜索到满足用户功能和非功能需求的候选服务资源集。

(4) 候选资源的评价与优选

由于制造任务的复杂性,用户提交的制造任务可以分解为多个子任务,子任务可以再分解为原子任务,这样一个制造任务的完成往往需要多个数控资源按照一定的顺序执行才能完成。因此,数控资源的选择既要考虑单个原子任务与资源功能的匹配,更要从全局的角度出发,对整个任务执行过程中涉及的所有数控资源的性能进行优选与组合,以获得整体性能最优解。

6.3.4　面向服务的网络数控系统的功能配置、重构

1. 面向用户的数控服务系统功能可配置、可重构思想

面向服务的动态可配置、可重构的数控系统是一种为适应用户动态多变的加工任务需求而构建的数字控制系统,除了具有一般数字控制系统的基本功能之外,还要求数字控制系统具

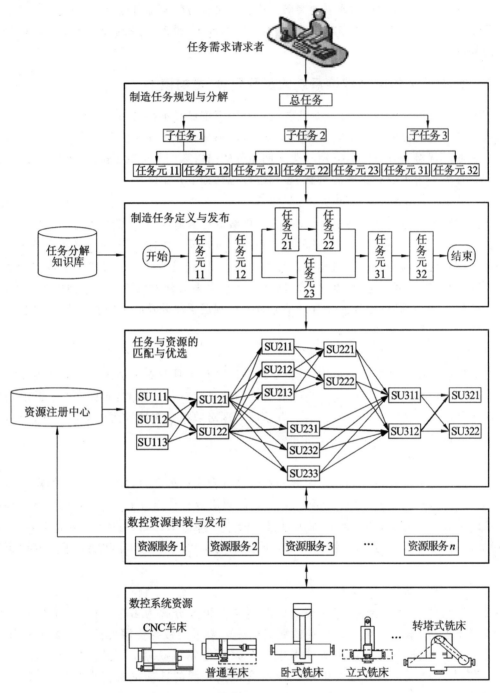

图 6.15　面向服务的网络数控系统资源配置、重构模型

有对系统功能按照任务需求进行重新配置、重构的能力。从具体的研究思路和技术实现角度考虑,配置、重构主要是针对数控系统软件功能而言的,不会对系统的物理结构进行大的改动,而是在不增加硬件结构的前提下,利用现有的底层结构模块,通过参数的设定、功能的裁减、策略的切换来实现系统过渡到一个新的状态。另一方面,配置强调的是开放性,追求系统功能在

适当设定下表现出来的增强或减弱,强调系统本身内部的组态能力和适应这种组态的架构。

目前对可配置、可重构数控系统的研究与设计大多是基于 COM/DCOM、EJB、CORBA 等组件技术实现的,在对数控系统功能进行重构时,可以通过自主开发或者从软件开发商那里选购所需的各种组件来组装满足特定功能需求的数控软件系统。然而,基于组件的软件开发方式本质上是一种自底向上的开发方式,主要依赖开发人员的经验和需求挑选可复用的组件,并将相关组件组装起来,当前组件的组装大多是以紧耦合的方式在软件开发阶段被固化于程序代码中,从而使得组件的加入和退出必须进行代码级重新构造,这种方式需要用户具有一定的编程能力,对用户要求较高。

数控系统最终用户不是数控系统开发人员,他们对组件技术了解甚少,甚至不了解,因此让他们基于组件技术实现数控系统功能的重新配置显然是力不从心的。如果按照传统的以开发人员为中心的构造方法需要为每个用户安排一个专业开发人员来构造满足用户加工需求的数控系统,面对如今个性化、多样化的加工需求,这显然是不现实的。因此,目前亟需一种新的思路、新的方法来解决这一问题。

当前软件系统开发的一种新趋势是让软件人员(IT 专业人员)专注于在动态、开放的网络环境下打造相应的基础设施和使能环境,而把满足及适应快速多变的市场需求的工作以简单的资源配置的方式留给用户自己去完成,我们把这种配置方法称为面向用户的系统配置方式[42]。面向用户的系统配置方式是指让不具备 IT 专业知识的数控系统最终用户根据自己的功能需求来选择不同的功能单元,即插即用,实现数控服务功能的可配置性。我们建立的面向服务的网络数控系统功能配置框架如图 6.16 所示。

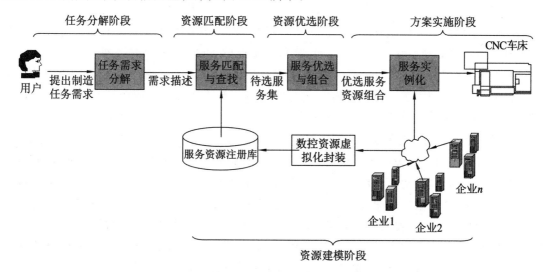

图 6.16　面向用户的网络数控系统功能配置框架

为了实现上述面向用户的数控系统功能可配置的目标,需要为最终用户主动参与到面向服务的数控系统的构造过程中,甚至主导面向服务的数控系统构造提供相应的技术支持,这就要求必须解决以下几个问题:

(1)对用户需求进行分解

数控系统最终用户并非计算机专业人员,只具备一定的计算机基础知识,缺乏计算机专业编程知识。因此,要想利用网络上的各种软件资源来构造出满足用户加工任务需求的数控系统,首先必须正确理解和表达客户的加工需求(包括功能需求和性能需求),可以通过向最终用户提供一个友好的、可视化的交互界面,采用最终用户参与与系统提示相结合的方式,自顶向下对用户需求进行细分。

(2) 数控资源的封装与注册

要实现用户在不依赖于软件开发人员的情况下自主构造出符合加工任务需求的数控系统,必须为用户提供其可理解的数控资源表现形式,即通过在对现有的数控系统功能组件进行分析的基础上,对数控资源进行虚拟化封装并对外以服务的形式发布,供其他用户使用。这里的资源特指数控系统在整个加工过程中所用到的所有软件资源的集合,包括设计软件、分析软件、仿真软件、显示软件和管理软件等。

(3) 数控资源的匹配与查找

在用户需求分解和服务资源封装与注册的基础上,需要解决如何从系统的资源服务注册库中搜索到符合用户功能需求和性能需求的所有资源服务问题。因此,需要根据资源和任务的特点,设计一种资源服务匹配算法,实现从大量的资源服务中查找与用户需求相匹配的服务。

(4) 数控资源的优化与组合

数控系统是由多个功能模块组合而成的,而待选服务集合中可能存在多个能够执行同一个任务的服务资源,但是完成相同任务的服务资源可能具有不同的性能指标。因此,需要从综合性能最优的目的出发,解决如何从待选资源服务集合中挑选合适的资源服务问题,并按照一定的顺序将这些完成资源服务组合起来,从而形成满足用户功能要求的数控系统。

(5) 服务资源动态绑定、实例化

利用所选择的服务资源对应的实际的组件模块,替换服务组合文档中的抽象的服务资源描述,在系统运行时动态加载可执行组件,实例化最终形成可执行的配置文件。

对用户需求的分解、数控资源的封装与注册、数控资源的匹配与查找以及数控资源的优化与组合的研究方法与资源可配置中相应方法类似,这里重点关注的是服务资源的实例化,即数控系统资源配置文件的设计。

2. 用户可配置的数控服务系统配置文件

在数控加工领域,数控服务系统可配置性是指加工企业或加工单元通过资源的合理利用,动态组装满足用户需求的新的数控系统,如某企业新购入一台华中数控铣床,如果在数控服务系统中已经存在华中数控铣床的配置文件,那么新进铣床只需要针对新机床生成相应的配置文件,而控制功能可以直接共享原有机床的控制功能,在系统运行时直接加载配置文件即可生成一个新的数控系统。如果没有合适的资源,则通过网络寻找其他企业发布的资源,并生成相应的配置文件,从而实现功能配置,极大地提高了资源利用率,节约了成本。

针对数控服务系统而言,其功能可配置的对象是数控机床,即实现面向多台机床提供数控服务功能,而系统配置文件是实现机床动态可配置的基础。系统配置文件是实际描述数控系统的软件拓扑结构,它根据用户的需求决定实现该功能目标所需的软件功能模块,至于各个功能模块之间的执行顺序、相互调用关系以及实时性是在运行过程中由程序实现的。不同的数控系统尽管其所适用的机床类型不同,但它们的运行过程是相似的,都是按照对零件加工程序的格式检查、编译、插补和位置控制这样一个过程循环往复的,这就决定了它们的拓扑结构的相似性,它不会因功能的实现形式、用户需求和加工条件的不同而发生变化。因此,文件结构是基本固定的。

在对数控服务系统软件功能模块的分析研究的基础上,构建了一个网络数控服务系统通用配置文件,该文件描述了机床信息和机床组件信息两部分内容,其数据结构如图6.17所示。

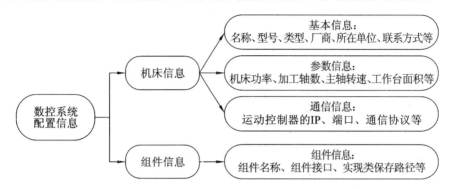

图6.17　数控系统机床配置信息

机床信息主要实现对机床的相关信息进行描述,包括机床的ID、名称、型号、类型、厂商、所在单位、联系方式等基本信息,加工轴数、主轴转速、工作台面积、工作台承重等技术参数信息,还有运动控制器的IP及端口号等通信信息。机床组件信息是实现数控服务系统可配置的重要组成部分,包括组件名称、接口、具体位置等信息,而组件的实现类是在系统运行时动态加载的。

表6-1中给出了对HNC-21M世纪星数控铣床的机床信息和相关组件信息。

表6-1　HNC-21M数控铣床配置信息

		属性	属性值
机床基本信息	基本参数	编号(ID)	M0001
		名称(Name)	HNC-21M世纪星铣床
		类型(Type)	铣床
		型号(Model)	XK5025
		厂家(Producer)	华中数控
		地点(Location)	湖北省数字制造重点实验室
		联系方式(Telephone)	027-87850203
	技术参数	加工轴数	3
		X轴行程(mm)	670
		Y轴行程(mm)	340
		Z轴行程(mm)	130
		主轴转速(rpm)	[65,4760]
		主轴锥度	ISO-30
	通信参数	IP	192.168.10.182
		Port	1234

		属性	属性值
机床组件信息	代码编译组件	ID	C0001
		名称	GcodeCompile
		接口	IGCodeCompile
		接口实现类	GCodeCompileImpl
		版本	1.0
		实现类路径	…
		适用机床类型	铣床
	手动操作组件	ID	C0002
		名称	MachineOP
		接口	IMachineOP
		接口实现类	MachineOPImpl
		版本	1.0
		实现类路径	…
		适用机床类型	铣床
	通信组件	ID	C0003
		名称	Communication
		接口	ICommunication
		接口实现类	CommunicationImpl
		版本	1.0
		实现类路径	…
		适用机床类型	铣床
	其他组件	…	…

6.3.5 面向服务的网络数控系统的资源建模

1. 面向服务的网络数控系统资源概念及特征

为便于网络环境下实现数控系统资源的集成共享,首先要对数控系统中涉及的资源进行分类。数控资源的分类是把具有共同属性和特征的数控资源合并在一起,资源分类是数控资源建模的重要组成部分,为网络化环境下数控资源的封装、查找、匹配和组合提供支持。根据资源的形态和所提供的数控加工功能或能力的不同,数控系统资源可以分为硬件资源、软件资源和其他资源三大类。

(1)硬件资源

硬件资源是制造加工活动中所需要的具有某种功能的物理设备,如可提供加工服务的数控机床、提供切削服务的刀具资源、提供工件固定服务的机床夹具、提供零件测量服务的三坐标测量仪以及计算机资源和存储设备资源等。每种资源又可以进一步细分,如数控机床根据加工能力的不同可以细分为普通机床、数控机床和加工中心等,每种机床根据加工性质和所用刀具的不同又可进一步细分。

（2）软件资源

软件资源广义上是指数控系统在整个生命周期中所有软件资源的集合,包括设计软件、分析软件、仿真软件、虚拟现实、三维显示和管理软件等,如 AutoCAD、SolidWorks、OpenGL、UG、PDM、MRP、ERP、CRM、SCM 和数据库管理软件等。狭义的软件资源是指用于完成特定加工任务的数控系统所需要的所有软件资源的集合,即 CNC 装置软件或系统软件,由控制软件和管理软件两部分组成。管理软件包括显示处理、零件程序处理、输入/输出管理等,控制软件包括编译处理、刀具半径补偿、插补运算、位置控制等。

（3）其他资源

其他资源主要是指除了上述资源之外,数控系统在整个生命周期中所能利用的资源,包括系统产生的数据信息,如各种加工代码、控制命令、用户个人信息和系统日志等。

在传统制造模式下,数控资源的所有权和使用权都局限在制造企业内部[43],并不对外开放。而在网络化制造模式下,企业内部的数控资源经过抽象、封装,可以通过网络发布供其他制造企业使用。与传统的数控资源相比较,网络数控系统资源具有共享性、外向性、多样性、动态性、分布性和异构性等特征。

① 共享性是指在网络数控系统中,制造企业不一定需要拥有实实在在的加工系统或加工设备,数控系统资源可以通过网络以服务的形式共享,从而实现资源共享。

② 传统的数控资源功能仅面向企业内部使用,网络数控系统资源的使用权是面向企业内部或所有网络化数字制造联盟企业的,体现了对外开放性。

③ 多样性是指网络数控系统中的数控资源,包括信息资源、数控资源和其他所有能被数控系统利用的资源,如分布在网上的所有计算、通信、软件和存储资源等,还有数控机床、加工仿真程序、CAD 系统、视频系统,以及个人通信网等。

④ 动态性是指网络数控系统资源不是一成不变的,它们可以随时加入或者退出,这意味着资源的状态是随时间变化而变化的,在前一时刻还是有效状态的资源可能会因为突然出现故障而退出,而前一时刻没有的资源在下一时刻也可能会逐渐加入进来。

⑤ 分布性是指网络环境下的数控系统资源在物理位置上是分布的,可以属于不同地理位置上的制造企业、组织或个人,具有跨地域、跨企业的分布式特性。

⑥ 异构性是指由于数控系统资源隶属于不同的制造企业,各个企业对资源都有一套独立的描述表达方式和相应的管理规范,系统资源之间具有异构性。

2. 面向服务的网络数控系统资源模型

在网络化制造环境下,数控系统资源具有种类繁多、数量巨大、形态多样等特点。因此,在对数控资源建模研究的过程中只能有选择地抽取其中的要素,建立能够直观反映网络数控系统资源功能、属性及结构层次的物理模型和数据模型。根据网络化制造模式下数控系统资源的特点,对所建立的数控资源模型应满足如下三方面的需求:

① 内容上以定义数控系统资源的能力为核心。对数控系统功能进行合理有效地描述,是

实现面向服务的动态可配置数控系统的前提条件。对于数控系统最终用户,数控系统功能的具体实现方法他们并不关心,他们关注的是数控系统具有哪些控制功能,能够完成哪些加工任务,加工精度如何等信息。因此,在对数控系统进行抽象建模时,应考虑到系统用户的特点,所建立的数控系统资源模型应该能够便于用户理解,方便用户从众多资源中选择合适的资源完成加工任务。

② 语义上以屏蔽数控系统资源的异构性为目标。由于传统制造模式下的数控系统资源模型仅在制造企业内部使用,不存在语义异构的问题。而在网络化数字制造环境下,由于资源的使用范围可以扩大到全球范围,而各个制造企业原有的资源模型的描述规范各不相同,并且对于相同的资源不同制造企业在表达和理解方面都会存在差异,这些问题造成了数控资源的异构性,从而使得资源的查全率和查准率较低,给制造企业之间的资源集成共享和优化配置带来障碍。因此,需要对数控系统资源建立统一的描述规范,消除资源信息交互过程中的歧义。

③ 结构上以建立面向服务的体系架构为目标。在网络化数字制造环境下,数控系统的软件、硬件资源都可看作是服务资源,能够按照用户的个性化、多样化需求进行配置,制造企业(或用户)不需要拥有实实在在的数控系统,而可以通过网络服务获得其所需的产品设计、加工功能,完成自身产品的设计、加工任务,最大程度地利用数控系统资源,提高资源的利用率。

(1) 面向能力的网络数控系统资源模型

对于制造能力(Manufacturing Capability),许多学者都进行了深入研究,但一直没有得到一个统一的定义。Hayes 和 Pisano 将能力定义为"企业用于战胜竞争对手且不能被他人所购买的一组行为,具有强烈的组织特点,必须在企业内部进行构建"。因此,他们认为能力应该更多地从制造基础中取得,如人员、管理、信息系统、学习和组织,而从某种技术或制造设备中所获取的就要少一些[44]。Nanda 则认为能力是从企业所拥有的资源中产生的,其实质是一种由资源向生产职能转化的潜在投入。他在定义制造能力时,认为能力是企业运用资源的综合表现,在定义能力时必须将其与资源及如何进行使用综合在一起[45]。

面向服务的网络数控系统能够实现在不同制造企业之间共享资源,这个资源实际上是企业制造能力的体现,我们认为制造能力与数控资源不同,制造能力是数控资源的高层抽象,是指企业通过整合和利用实际资源达到完成制造任务的才能,反映制造企业在制造活动中基本的技术能力。

目前,国内外许多学者在对设备资源的制造能力建模方面做了大量的研究,Gao 等人建立了针对集成 CAD 和过程计划的产品和加工能力模型框架[46]。李蔚等人构建了零件-设备特征匹配的信息描述模型,将零件的基本特征概括为管理特征、形状特征、精度特征、技术特征和材料热处理特征等,将设备制造能力特征定义为管理特征和功能特征,通过对设备制造能力特征和零件特征的比较,获得能够实现零件外形加工的可行方案[47]。郝京辉等人通过分析制造资源网络协同环境下的制造资源特性,运用面向对象技术构建一种二维模型结构框架,即有形能力资源对象类和无形能力资源对象类,从不同角度、不同层次描述企业的制造能力[48]。宫琳等人采用特征建模技术对设备的特征信息进行描述,其中设备信息由静态信息和动态信息组成,具体又可以细分为管理属性信息、控制属性信息、结构特征信息、加工零件范围信息、经济属性信息和状态信息,并根据这些信息实现了数字化设备的优化选择[49]。宋玉银等人基于 STEP 技术建立了设备资源和刀具资源的能力模型,并采用 EXPRESS_G 对制造资源能力模型进行图形化描述[50]。上述对制造能力的建模研究大多是从产品、工艺和资源中的某个方面,针对特定的目标建立的模型,适用于特定的环境;其次是所建立的资源模型在资源评价方面的描述不足,而资源评价信息是用户选择资源的重要依据。

　　资源描述从用户需求的角度出发,考虑在用户挑选数控资源的过程中,所有可能产生影响的因素,以尽量详细地反映资源的加工与生产能力为目标,建立面向数控系统资源制造能力的信息模型,将数控系统资源与制造能力、工艺能力对应起来,建立二者之间的映射关系,从而直观地反映出数控资源的制造能力。数控系统资源制造能力信息模型如图 6.18 所示。

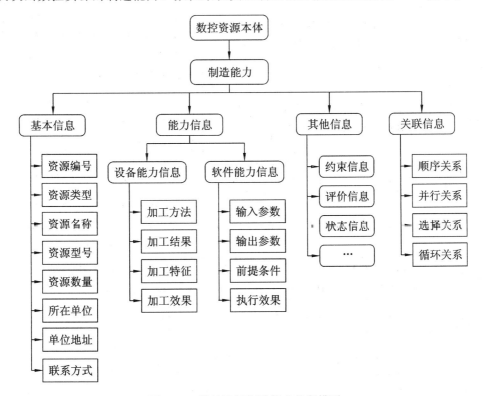

图 6.18　数控资源制造能力信息模型

　　(2) 面向能力的网络数控系统资源模型的相关定义

　　网络数控系统资源模型可以形式化表示为一个四元组,即:

$$NCRes::=\langle BasicProperty, CapabilitySet, OtherProperty, RelationSet\rangle \qquad (6\text{-}1)$$

其中,BasicProperty 表示资源基本属性,CapabilitySet 表示资源能力集合,OtherProperty 表示资源其他属性,RelationSet 表示资源关联集合。

　　数控资源基本属性(BasicProperty)用来描述数控资源的一般通用信息,如资源编号、资源类型、资源名称、资源型号、资源数量、所属部门、所在位置、联系方式等,形式化定义如下:

$$BasicProperty::=\langle ResType, ResName, ResMode, ResNum, ResBelong, ResLocation,$$
$$ResContact, ResPhone\rangle \qquad (6\text{-}2)$$

其中,资源类型(ResType)分为设备资源和软件资源两种类型。设备资源类型具体可细分为切削加工设备、快速成型设备、锻造设备、热处理设备、特种加工设备、焊接设备等[51]。这里主要讨论金属切削类数控设备,可进一步分为车床类、铣床类、刨床类、磨床类、钻床类、镗床类、齿轮加工机床类、加工中心等,各种类型的设备还可以进一步细分,表 6-2 就对各种类型机床的加工特征和进一步细分进行了描述。软件资源类型包括控制软件、管理软件,如数控代码的格式检查、代码编译、刀具半径补偿、速度处理、插补运算、位置控制、输入/输出管理等。对软件资源的描述与设备资源描述类似,不同之处在于需要提供软件访问接口。

表 6-2　数控系统机床资源具体分类

机床类型	加工特征	具体分类
车床类	用于各种回转体零件加工,如内外圆柱面、内外圆锥面、内外螺纹以及端面、沟槽、滚花等	卧式车床、落地车床、立式车床、转塔车床、回转车床、单轴自动车床、多轴自动和半自动车床、仿形车床、多刀车床、专门化车床、数控车床、马鞍车床、联合车床、仪表车床等
铣床类	用于各种平面类零件加工,可进行平面、曲面、沟槽、齿轮等加工	升降台铣床、悬臂式铣床、龙门铣床、单柱铣床、摇臂铣床、仿形铣床、仪表铣床、工具铣床、专用铣床等
刨床类	用于各种平面和沟槽加工,如垂直平面、水平平面、T 形槽、V 形槽,燕尾槽等	龙门刨床、牛头刨床、立式刨床、悬臂刨床
磨床类	用于对零件淬硬表面做磨削加工	外圆磨床、内圆磨床、坐标磨床、无心磨床、平面磨床、砂带磨床、研磨机、珩磨机、导轨磨床、工具磨床、多用磨床、专用磨床等
镗床类	用于各种箱体、汽车发动机缸体等零件、螺纹、外圆和端面等加工	卧式镗床、坐标镗床、落地镗床、金刚镗床、深孔钻镗床、立式转塔镗铣床等
钻床类	用于钻孔、扩孔、锪孔、铰孔、锪平面和攻螺丝等加工	立式钻床、卧式钻床、台式钻床、摇臂钻床、深孔钻床、铣钻床等
加工中心	用于加工板类、盘类、模具及小型壳体类复杂零件	立式加工中心
	用于加工箱体类零件	卧式加工中心
	用于具有复杂空间曲面的叶轮转子、模具、刀具等工件的加工	多轴联动型加工中心
齿轮加工机床	用于各种圆柱齿轮、锥齿轮和其他带齿零件的加工	滚齿机、插齿机、车齿机、刨齿机、铣齿机、拉齿机、珩齿机、剃齿机和磨齿机等
特种加工机床	用电能、电化学能、光能和声能等进行加工	电火花成形加工机床、电火花切割加工机床、超声波加工机床、激光加工机床

数控资源能力集合(CapabilitySet)由若干个功能独立的制造能力单元组成,共同完成某些制造任务。制造能力单元(CapabilityUnit)形式化表示为:

$$CapabilityUnit::=\langle Cap\_ID, Input, Output, Precondition, Effect\rangle \tag{6-3}$$

其中,IOPE 参数的具体含义根据资源类型的不同而不同。基于前文对数控资源的分类,数控资源能力属性分为设备资源能力属性(MachineCapability)和软件资源能力属性(SoftwareCapability)两大类。

①　数控设备资源的能力属性可以从资源功能方法、资源对象特征和资源质量信息等几个方面进行描述,其中资源的功能方法作为输入条件(Input),资源的加工特征可看作前提条件(Precondition),资源的加工结果看作输出条件(Output),资源的完成质量看作执行效果(Effect)。因此,设备资源能力可以用以下五元组表示:

$$MachineCapability ::= \langle ID, ManuMethod, ManuFeature, ManuResult, ManuEffect \rangle$$

$$(6-4)$$

其中,加工方法(ManuMethod)是指数控设备资源完成零件上相应的制造特征所采取的加工手段,可分为机加工和非机加工两种方法,机加工主要指车、铣、磨、镗、钻、刨等方法,非机加工方法包括超声波加工、电化学加工、电火花加工、激光加工等,本书主要讨论机加工方法。

加工特征(ManuFeature)与加工方法密切相关,对加工特征的描述是选择加工方法的基础,不同零件的加工特征需要不同类型的加工方法才能实现。因此,这里将加工特征视为完成加工任务的前提条件,例如加工轴类零件与加工齿轮类零件需要不同功能的机床来完成。

设备资源的加工特征主要从零件的几何特征、材料特征和毛坯特征三个方面来描述,用三元组表示为:

$$ManuFeature ::= \langle M\_Geometrical, M\_Material, M\_Rough \rangle \quad (6-5)$$

其中,M_Geometrical 反映零件最底层的几何特征,包括平面类特征、曲面类特征、柱轴类特征、型腔类特征、台阶类特征、孔类特征、槽类特征、键类特征、螺纹类特征等,每一类特征可采用面向对象的方法进一步进行细化描述,如图 6.19 所示。M_Material 是指数控设备能加工的材料特征,包括材料类型、型号和硬度,其中材料类型包括轧钢、碳素钢、合金钢、铸铁、合金类、非金属和其他类型材料。M_Rough 表示数控设备能加工的毛坯种类,包括锻件、铸件、焊接件、型材、管材、冷拉材、棒材、板材和铸塑成型件。

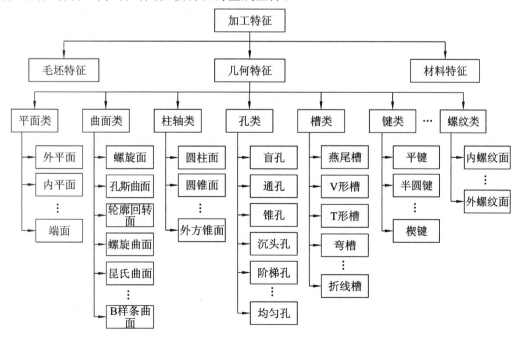

图 6.19　加工特征描述模型

加工结果(ManuResult)是指完成某项加工任务得到的结果,通过加工时间、成本、质量、能耗等因素表示。

加工效果(ManuEffect)表示对加工对象采用某种加工方法进行加工之后的执行效果,通过加工精度来反映,具体又包括尺寸精度、位置精度、表面粗糙度等属性。

② 软件资源能力属性形式化为:

$$\text{SoftwareCapability} ::= \langle \text{S\_Inputs}, \text{S\_Outputs}, \text{S\_Precondition}, \text{S\_Effect} \rangle \qquad (6\text{-}6)$$

其中,$\text{S\_Inputs} = (\text{Para}1, \text{Para}\,2, \cdots, \text{Para}\,m)$ 为数控服务功能调用时需要的输入参数集合,这里每一个输入参数 $\text{Para}\,i$ 是一个二元组 $\text{Para}\,i = (\text{Pname}, \text{Ptype})$,Pname 表示参数名称,Ptype 表示参数数据类型;$\text{S\_Outputs} = (\text{Para}1, \text{Para}\,2, \cdots, \text{Para}\,m)$ 为服务功能调用结束后产生的输出结果集合,其中输出参数与输入参数定义类似,也是一个二元组;S_Precondition 表示使用该服务之前必须满足的一些条件,是服务执行的前提条件;S_Effect 为服务执行后产生的结果。

数控资源还有其他属性信息(OtherProperty),它是对数控资源能力信息的补充,包括资源约束属性、资源评价属性和资源状态属性,形式化描述为:

$$\text{OtherProperty} ::= \langle \text{Restriction}, \text{Evaluation}, \text{State} \rangle \qquad (6\text{-}7)$$

其中,数控资源约束属性(Restriction)是对资源执行加工过程中的一些限制,可以从功能方面考虑,如在加工特征、加工方法和加工结果等几个方面进行约束,也可以从性能方面考虑对完成时间、加工成本、加工地域等的约束。数控资源评价属性(Evaluation)反映数控资源使用情况,是用户对资源满意度的重要体现,也是其他用户选择该资源的重要参数指标,包括功能评价、性能评价、信誉评价等。数控资源状态属性(State)反映数控设备的可用性,属于动态信息,一般是指资源处于空闲中、使用中、维修中或毁弃状态。

数控资源关联集合(RelationSet)定义了资源之间的相互依赖关系,一般包括顺序、并行、选择和循环四种。顺序关系 Rand(A,B)表示资源 A 是资源 B 的前驱,资源 B 是 A 的后继,如粗铣加工在精铣加工之前;并行关系 Rpar(A,B)表示数控资源 A 和 B 必须使用,如铣床和铣刀必须同时选用才能完成铣加工;选择关系 Ror(A,B)表示在资源 A 和 B 的中选择一个;循环关系 Rloop(A)表示资源 A 被多次使用之后才能触发下一个资源。

3. 基于 OWL-S 的数控资源语义描述

OWL-S(Ontology Web Language for Services)是一个通用的 Web 服务语义标记语言,提供了一系列关于服务属性和能力描述的标记符,能够表示服务的能力和约束,支持机器理解,但是没有考虑到特定行业的具体需求。因此,不能用于直接描述数控系统资源服务和任务信息。针对这一问题,这里基于 OWL-S 语言建立一个数控资源本体[52,53],采用 Protégé 本体开发工具构建数控资源本体结构图(图 6.20)。

数控资源本体主要通过以下几类来描述数控资源服务。

① NC_Service 类:该类是 OWL-S Service 类的一个子类,主要通过 NC_ServiceProfile、NC_ServiceModel 和 NC_ServiceGrounding 类详细描述数控系统资源服务的具体内容。

② NC_Task 类:该类用来描述制造任务的详细信息,主要通过 Presents 属性和 NC_ServiceProfile 类的实例关联。

③ NC_ServiceProfile 类:该类没有限定数控资源服务的表达形式,它通过 OWL-S 的 Profile 来描述提供的服务具有什么功能和特征等信息,通过 Contacts 属性、Capabilities 属性、Constrains 属性、Evaluates 属性以及 States 属性分别描述数控服务的基本信息(BasicInfo

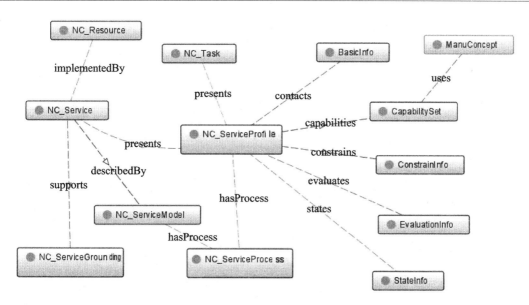

图 6.20　数控资源本体结构

类)、能力信息(Capability Set 类)、约束信息(Constrain Info 类)、评价信息(Evaluate Info 类)和状态信息(State Info 类),主要用于实现基于语义的服务发现。

④ NC_ServiceModel 类:该类继承了 OWL-S 的 ServiceModel 类,描述了某一资源的具体实现过程,NC_ServiceModel 类主要通过 hasProcess 属性与 NC_ServiceProcess 类关联,并使用 NC_ServiceProcess 类的实例对数控服务的过程模型进行详细描述。

⑤ NC_ServiceProcess 类:该类主要用于描述一个具体的制造加工过程的加工方法和加工顺序,对于金属切削加工类型,该本体定义了加工方法,如车、铣、钻、刨、磨、镗等,并将其表示为 OWL_S AtomicProcess 类的子类,用以描述实现机械零件加工的工艺过程中包含的每一道工步。

⑥ NC_ServiceGrounding 类:该类继承自 OWL-S 的 ServiceGrounding 类,主要用于对数据接口进行详细描述,指明与此服务数据接口进行信息交换时,应采用的具体通信协议以及所使用的消息等细节。

6.3.6　面向服务的可配置、可重构网络数控系统的实现

1. 可配置、可重构网络数控服务系统的实现

(1) 可配置网络数控服务系统的整体结构

可配置网络数控服务系统由远程客户端、数控服务器、现场控制器和机床构成[54-57],整体结构如图 6.21 所示。

数控服务器是整个系统的核心部分,实现数控系统主要的、核心的数控功能,其所需的软件功能可以根据实际需求进行配置。数控服务器能够同时向多台机床提供服务,如人机交互、加工代码的上传下载、G 代码格式检查、代码编译、加工仿真和远程故障诊断等。

现场控制器是实现机床数控现场执行功能的基本单元,每台机床只需配备必不可少的执行单元,如进行插补、刀补运算的运动控制器,伺服控制器、I/O 控制器等,其余功能可由数控服务器通过网络获得。一台数控服务器通过 Ethernet 可实现对多台机床的现场控制器提供数控加工服务。

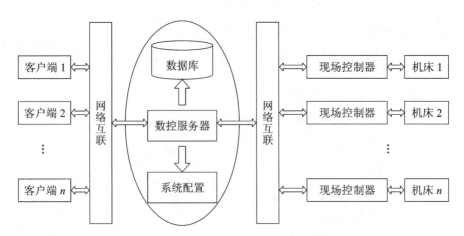

图 6.21　可配置网络数控服务系统结构

机床操作人员与系统管理人员可通过专用客户端或 Web 浏览器对数控服务系统进行访问。其中,机床操作人员可通过网络连接访问数控服务器,实现对机床的控制操作,以及对加工状态的监控等功能,系统管理人员可以实现对数控服务系统的管理功能。

图 6.22 所示是我们提出的一种信息技术与嵌入式技术相结合的可配置网络数控服务系统。基于信息系统技术的数控服务器实现了绝大部分的数控服务功能,它可以远离现场,而嵌入式数控服务器的主要功能是负责数控服务器与现场数控单元间的信息转发、数据同步与控制协同等。

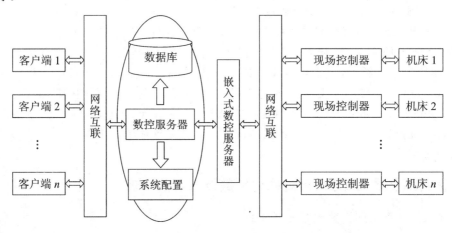

图 6.22　结合嵌入式技术的面向服务的网络数控服务系统结构

总之,上述系统结构充分利用了网络通信、信息系统技术的成果和特点,与现有数控系统相比,能更充分有效地利用系统资源,而且便于软件系统的更新、升级、扩展。

(2)可配置网络数控服务系统的技术实现

① 系统硬件开发技术

现场控制器由运动控制器、I/O 接口和伺服控制器组成,系统结构如图 6.23 所示。其中,运动控制器采用美国德州仪器公司的 32 位高性能 DSP TMS320C2812,最高频率可达150MHz,时钟周期缩短到 6.67ns,完全满足数控系统对实时性的要求。DSP 的通用定时器产生的 PWM(Pulse Width Modulation)脉冲作为进给量加上一个 I/O 信号作为方向控制可用作某个加工轴的进给信号。DSP TMS320C2812 有四个通用定时器,可以产生四个加工轴的 PWM 位置进给脉冲。运动控制器扩展了一个以太网接口,通过以太网接口实现与数控服务器的通信。

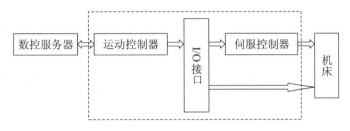

图 6.23   现场控制器结构

嵌入式 PLC 是由 C8051F022 芯片构成的 I/O 控制板。嵌入式 PLC 通过 RS-485 异步串行总线(MODBUS 协议)与 DSP 运动控制器相连。DSP 或者通过高速现场总线(CAN 总线)将进给量发给伺服控制系统,或者通过 PWM 及通用 I/O 接口,产生最多四路独立的进给脉冲和进给方向控制输出。DSP 可通过高速现场总线获取伺服控制的状态。

该系统中数控服务器通过以太网与运动控制器相联;运动控制器通过 EIA-RS-485 工业总线与嵌入式 PLC 相联;数控服务器通过以太网及 TCP/IP 协议与用户浏览器相联。

这种硬件结构具有结构简单、构建方便、开放性好的特点,可共享 PC 机丰富的软、硬件资源,便于系统开发,可方便地与各类网络连接,便于远程服务和监控,利于制造系统集成控制的实现。

② 网络数控服务系统软件开发技术

数控服务系统是整个系统的核心部分,负责向多台机床提供数控加工功能,向多个用户提供数控操作功能。采用 Java 技术和 S2SH 三层结构实现的可配置数控服务系统如图 6.24 所示。

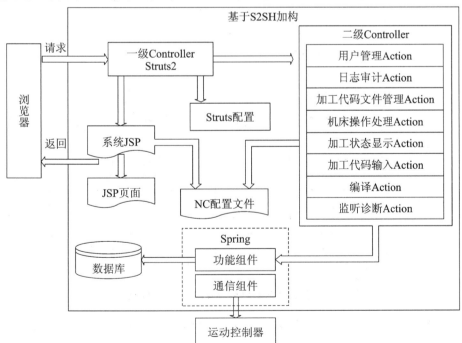

图 6.24   数控服务系统软件结构

S2SH 采用 J2EE 三层结构，即由 Struts2 构建 Web 层，负责搭建整个系统的框架；由 Spring 构建业务层，用来对特定机床的功能逻辑组件进行配置、依赖注入、装载和处理；由 Hibernate 搭建持久层，负责数据的处理和访问。

数控服务系统采用两级的 MVC(Model View Controller)结构。Struts2 作为 S2SH 三层结构中的最上层，起 Controller 的作用，负责拦截来自用户的操作请求，并调用业务层相应的数控功能 Action Bean 来处理。而各功能 Action Bean 并不实现具体的数控逻辑功能，而是作为第二级 Controller，通过调用具体功能组件来响应特定机床的操作和功能调用请求。这些针对特定机床的功能组件虽然具体实现可能不同，但它们都基于相同的事先定义的 Java 接口，因此不同的机床可以共用 Action Bean。特定机床的具体功能组件完成有关处理后，将结果返回给调用它的 Action Bean；之后，Struts2 的控制器再根据 Action 类的处理结果，调用与某种机床类型相对应的系统 JSP 页面，将操作结果或状态返回给用户。系统配置文件由 Struts 配置文件和 NC 配置文件组成，Controller 通过配置文件决定需要调用的功能组件，从而实现功能可配置的数控服务系统。

2. 网络服务数控系统资源管理

(1) 网络服务数控系统资源管理平台的结构

网络服务数控系统资源管理平台的结构如图 6.25 所示。整个系统实现的主要功能包括：资源管理模块、任务管理模块、资源检索模块、资源评估模块、平台管理模块。

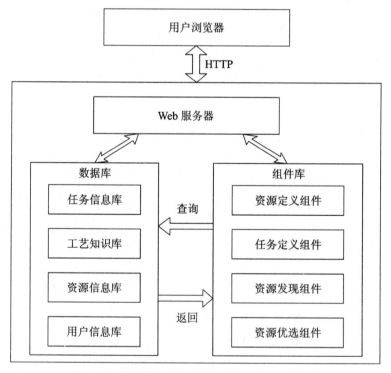

图 6.25　网络服务数控系统资源管理平台的结构

① 资源管理模块。提供设备资源和软件资源注册服务，资源提供者可对自己发布的资源进行管理。

② 任务管理模块。提供制造任务的需求定义、任务发布、任务管理功能。

③ 资源检索模块。提供资源查询功能,包括基于分类查询、基于语义查询和基于关键字查询等方式。

④ 资源评估模块。提供资源能力评价功能,根据任务需求,对匹配结果进行评价,从而确定最优资源配置方案。

⑤ 平台管理模块。提供管理员对用户及系统属性的管理功能,实现对资源属性的添加、修改、删除等操作。

(2) 网络服务数控系统资源管理平台的技术实现

① 数控资源描述创建模块

平台采用 Protégé4.1 工具和 OWL Plugin 插件创建数控资源本体对数控资源进行描述。为了准确定义和表示数控资源信息,消除数控资源在语义上存在的歧义,基于对数控资源模型的分析,可建立数控资源本体的概念模型。整个数控资源本体分为机床概念和辅助设备概念两部分,部分概念及概念之间的关系如图 6.26 所示。

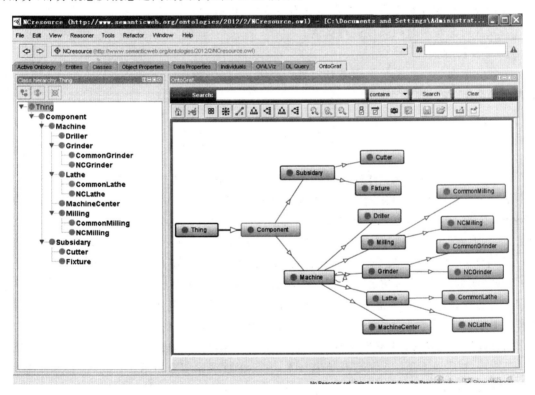

图 6.26 Protégé 4.1 工具构建数控资源本体

在 Protégé 中还可以建立 ObjectProperty(对象属性)、DatatypeProperty(数据类型属性)、AnnotationProperty(注释属性)。这三种属性分别用于不同的关系,Object 属性可以用于建立类与类之间的关系,Datatype 属性可以被赋予一个具体的属性值,Annotation 属性可以用一个字符串来作属性值,描述该属性。在定义好数控资源相关属性的基础上,构建 XK5025Miller 实例。

② 资源管理模块

用户通过资源管理模块可以发布资源信息，实现数控系统资源的有效共享。普通用户登录进入系统后，点击"资源管理"的链接，可以进入数控资源管理界面，对数控资源进行添加、查询、修改、删除等操作。新增资源属性信息包括基本信息、能力信息、约束信息和状态信息等。用户定义好相关属性信息后，点击"提交"按钮将资源信息保存在数据库，资源状态为"待审核"，经管理员线下审核通过后，由管理员修改资源状态为"有效"，完成资源新增功能。

③ 任务管理模块

任务管理模块实现对制造任务的发布。注册用户可以进入"任务管理"页面，可以对任务进行添加、查询、修改、删除操作。新建任务的信息由整体信息和任务元信息两部分构成，整体信息从全局角度对制造任务的基本信息、约束信息进行定义。由于一个零件产品往往包括多个制造任务元，因此，还可以对加工任务进一步细分为子任务。

④ 资源发现模块

资源发现模块实现分类检索、语义检索、关键字检索三种检索方式。注册用户可选择一般属性查询或高级属性查询方式，在资源分类查询中，可以按照资源类型、资源型号、资源状态、分布区域及资源发布时间属性进行查询。

⑤ 平台管理模块

平台管理模块仅对系统管理员开放操作权限，可以进行新建资源类、新建资源属性组、新建属性等操作。

6.4　云　数　控

当今云计算、云技术是个热门话题，几乎到了言必称"云"的地步。实际上云计算、云技术并不是一个全新的技术，它是在各种已有信息技术、数字技术基础上所构建的技术，如所谓 SaaS(Software as a Servcies)、PaaS(Platform as a Service)、IaaS(Infrastructure as a Services)，以及构建 SaaS、PaaS、IaaS 的面向服务的技术(SOA)、集群技术(Cluster)、虚拟机(VMWare)技术等。20 世纪 90 年代，SUN 公司首席执行官 Scott McNealy 曾提出了"网络计算机"的概念，给出了"网络就是计算机"这句名言。目前的所谓云计算正是体现了网络就是计算机这一理念：我们所需的计算资源、计算能力来自网络，并以服务形式提供，至于这些计算资源、计算能力具体来自哪里、在什么位置、在哪台计算机上都是使用者无需关心的。

云计算技术及其理念目前已应用到了很多领域，包括制造领域。人们提出并开始研究云制造。当然，云制造也不是一个从零开始的技术，它是在数字化制造技术、网络制造技术的基础上进一步发展的制造技术。从"云制造"人们自然想到"云数控"，"云数控"就是将云计算技术及其理念用于机床数字控制，我们所需的数控资源、数控能力(功能)来自网络，并以服务形式提供。

"基于资源的网络数字控制"的理念与目前的云计算理念是相同的，由网络提供我们所需的资源和功能(数控资源和功能)。因此，"基于资源的网络数字控制"的理念实质上就是"云数控"的理念和概念，只是未使用"云数控"这一词，因为那时候还没有"云计算"的概念，"云计算"的概念是 2006 年 8 月 9 日，谷歌首席执行官埃里克·施密特(Eric Schmidt)在搜索引擎大会(SES San Jose 2006)上首次提出的。

"云数控"不是一个噱头，它是嵌入式技术、网络技术以及网络化数字制造技术发展的必然结果。因为嵌入式技术使得数控系统变得小型化、微小化,结构更紧凑,网络技术使得网络数控资源能够得到利用,网络化数字制造使得数控系统能够通过网络同制造系统更有机地结合。

一个云数控系统的组成形态如图 6.27 所示,它由现场的数控系统以及"云"(分布在网络上的)数控资源组成,并同其他制造资源密切集成。

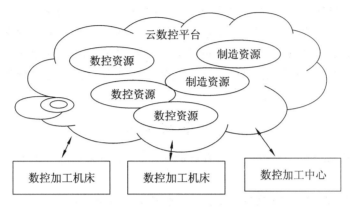

图 6.27　云数控系统的组成形态

需要指出的是,不能说一个数控系统具有联网能力,能够远程操控、监控就是云数控系统。我们认为一个云数控系统至少需要具有如下几个特点:一是系统部分甚至大部分数控功能来自于网络。比如,数控加工的规划(CAPP,Computer Aided Process Planning)、仿真以及加工代码的生成可以来自某个第三方的通过网络提供专业化数控服务运营商的系统。数控系统的故障监测、诊断可以由位于数控装备制造商的数据中心的故障诊断系统通过网络在线进行。二是动态可重构。数控系统所需的资源、功能来自网络,而且可以根据数控加工的需要进行资源、功能的动态配置、重构。三是系统与网络化数字制造系统无缝地集成为一体。这里的数控系统及机床既是网络化数字制造系统的一个资源,供数字制造系统使用,也可以把网络化数字制造系统当作一个资源池,使用网络化数字制造系统的资源(例如 CAPP、仿真、故障诊断资源)。由于系统的边界不确定,因此诊断资源主要体现在如下几点:包括无法很严格地界定哪一部分功能是属于数控系统本身的,哪一部分功能不是属于数控系统本身的,比如前面提到的数控加工的仿真功能、系统故障诊断功能,既可以说它们是数控系统的一部分,也可以说它们不是数控系统的一部分。数控功能可以根据需要增加,也可以根据需要减少,不再固定不变,数控系统已与网络化数字制造系统集成为一体,它是网络化数字制造系统的有机部分。

在前面嵌入式数控系统、网络数控服务系统的基础上,构建云数控将是一件可行的事情。现场数控系统提供必需的具有最基本功能的基于嵌入式的数控系统。面向服务的网络数控服务系统一方面组织、使用分布在网络平台中的数控资源、功能(包括其自身的数控资源、功能,面向现场数控系统提供其所需的其他数控功能);另一方面,描述、封装自身及其所服务的数控加工系统、机床的功能,对外提供数控加工服务。

在云数控系统中,需要解决的关键问题主要是数控资源的描述与封装(包括面向数控系统提供的数控资源的描述与封装,以及数控系统自身作为制造资源对外提供加工服务的资源的描述与封装)、资源匹配(主要是根据数控功能需求、性能需求动态查找、匹配相应的数控资源,形成新的数控加工功能)、资源调度及优化(主要是如何合理调度、使用数控资源,实现数控资源充分、最优地使用)、QoS 服务质量保障(即在通过网络实现资源共享使用情况下,如何保证数控加工过程的质量,包括 QoS 服务质量的建模和保证技术)等。

应该说,在数字制造资源描述与封装、资源匹配方面,目前人们已做了很多的研究,已有很多的成果。云数控系统作为一种特殊的数字制造资源可以利用这些研究结果和成果,在资源调度及优化、QoS 服务质量保障等方面,还有许多研究工作有待继续。

总之,电子技术和网络信息技术的发展使得数控技术的体系架构发生了根本性的改变。嵌入式技术的发展使得数控系统的结构变得更紧凑,而网络信息技术的发展使得数控系统不再是一个孤立的系统,而是整个数字制造网络的有机组成部分,从而使得制造资源的利用更有效、更充分,资源的配置和使用更灵活,而数控服务系统和云数控更是将网络数控技术的优势发挥到极致。

参 考 文 献

[1] 周祖德,魏仁选,陈幼平.开放式控制系统的现状、趋势及对策[J].中国机械工程,1999,1(10):1090-1093.

[2] 杨晓京.几种开放式微机数控系统比较[J].制造业自动化,2002,24(1):18-21.

[3] C Ambra, K Oldknow, G Migliorini, et al. The Design of a High Performance Modular CNC System Architecture. Proceedings of the 2002 IEEE International Symposium on Intelligent Control,2002:290-296.

[4] 杨更更,叶佩青,杨开明,等.基于 PC+NC 型体系结构的高性能数控系统的研究[J].机床与液压,2003(3):44-46.

[5] 陈志育,秦现生,任松涛.基于 PC+NC 结构的数控系统的研究与开发[J].组合机床与自动化加工技术,2007,24:56-61.

[6] 谭平,韩红,何凯,等.NC 嵌入 PC 型开放式网络化数控系统的研究[J].合肥工业大学学报:自然科学版,2004,27(2):144-147.

[7] 段建中.开放式纯软件数控系统 Open-CNC 应用与实现的总体方案[J].制造技术与机床,2005,(1):94-96.

[8] 陈光胜,陶涛,梅雪松.Windows 平台下的软件化数控系统研究[J].制造技术与机床,2010,(1):74-78.

[9] M Albert. Open-Architecture CNC Close Servo Loop In Software. Modern Machine Shop,1997.

[10] 林胜.网络化数控技术现状和发展[J].航空制造技术,2003(8):22-25.

[11] 陈吉红.新一代网络化、开放式数控系统及应用[J].数控与软件,2004(3):78-81.

[12] 韩清凯,邓庆绪,闻邦椿.嵌入式技术应用:大型装备的智能化[J].数字制造科学,2005,3(1):1-17.

[13] 张承瑞.嵌入式 Linux 在数控系统中的应用[J].制造自动化,2003,25(2):29-32.

[14] 周祖德,刘泉,龙毅宏,等.嵌入式技术与数字制造[J].数字制造科学,2005,3(3):28-37.

[15] 周祖德,余文勇,陈幼平.数字制造的概念与科学问题[J].中国机械工程,2001,12(1):100-104.

[16] Liu Quan. New Type Sensors and Their Application in Signal Detection[C]. In:Proceedings of SPIE-The International Society for Optical Engineering,2000,4077:69-72.

[17] 周祖德.电磁轴承多传感器故障诊断研究[J].中国机械工程,2005,16(1):57-59.

[18] 姜吉.基于 RT-Linux 和 QT 的嵌入式注塑机控制系统设计[J].工业控制计算机,2003,16(9):27-28.

[19] 李敏.基于 ARM SOC 与 RTOS 的专用设备控制器设计[J].仪器仪表学报,2004,25(4):509-515.

[20] 韩江,赵福民,王治森,等.网络数控系统的概念及其技术内容[J].中国机械工程,2001,10(12):1141-1145.

[21] Neugebauer R,Harzbecker C,Drossel W G,et al. Parallel Kinematic Structures in Manufacturing[C]. In:Proc. Of 2002 Parallel Kinematic Machines International Conference. Chemnitz,Germany,2002:17-38.

[22] 刘宏,旷生平.经济型数控机床的网络通信和控制技术研究[J].机械,2001,(4):19-21.

[23] Abdusalam A,Ramli A R,Noordin N K,et al. Real Time Data Acquisition and Remote Controlling Using World Wide Web. Research and Development,2002. SCOReD 2002. Student Conference on 16-17 July 2002:456-459.

[24] 王云霞,汤文成,倪中华,等.基于 Internet 的数控机床远程服务系统[J].制造业自动化,2003,25(6):27-30.

[25] 乔雷.制造业自动化基于 Internet 的网络数控系统[J].制造自动化,2003,25(8):63-64,68.

[26] 王隆太,李吉中,李雪峰.基于网络化制造模式的数控系统的研究[J].中国制造业信息化,2004,33(2):98-100.

[27] Wikipedia. Service-oriented architecture. http://en. wikipedia. org/wiki/Service-oriented_architecture,2010,5.

[28] Yihong Long,Zude Zhou,Quan Liu,et al. Embedded-based Modular NC Systems. International Journal of Advanced Manufactory Technology,2009,40(7-8):749-759.

[29] Z D Chen,B Y Liu,Q Long,et al. Study on the Service-oriented Embedded Numerical Control System Zhou,International Conference on Embedded Software and Systems,2008[2008-7-29]:479-484.

[30] Wang Bo,Zhang Jinhuan,Xin Sijin,et al. Research on and Development of Embedded Module Network Numerical Control. The 2nd International Symposium on Systems and Control in Aerospace and Astronautics,2008[2008-12-10]:594-598.

[31] Zhou Z D,Chen B Y,Liu Q. A Novel Embedded Numerical Control System Based on Resources Sharing. IEEE Conference on Robotics,Automation,and Mechatronics,2008[2008-9-21]:409-414.

[32] Liu Quan,Jin Xinjuan,Long Yihong,A Service-oriented Networked Numerical Control System for Resource Sharing. 2008 IEEE International Conference on Industrial Technology,IEEE ICIT 2008,2008/4/21.

[33] 何剑兰.嵌入式数控系统的 WEB 控制实现[D].武汉理工大学,2007.

[34] 肖熙东.网络环境下嵌入式数控技术研究[D].武汉理工大学,2007.

[35] 陈本源.基于嵌入式及通信技术的高性能数控系统研究[D].武汉理工大学,2007.

[36] 周恒林.基于嵌入式技术的数控加工远程视频监测研究[D].武汉理工大学,2007.

[37] 王燚.基于嵌入式技术的冲床数控系统研究与开发[D].武汉理工大学,2009.

[38] 龙毅宏,周祖德,刘泉,等.面向服务的可配置、可重构网络数控系统.武汉理工大学学报,2009,31(20):88-90.

[39] 胡世广.具备智能特征的开放式数控系统构建技术研究[D].天津大学,2008.

[40] 马雪芬,戴旭东,孙树栋.面向网络化制造的制造资源优化配置研究[J].计算机集成制造系统-CIMS,2004,10(5):523-527.

[41] 贺文锐.面向网络协同制造的资源优化配置技术研究[D].西北工业大学,2007.

[42] Yanbo Han, Hui Geng, Houfu Li, et al. Vinca-a Visual and Personalized Business-Level Composition Language for Chaining Web-based Services. International Conference on Service Oriented Computing, Italy, 2003.

[43] Hayes R, Pisano G P. Manufacturing Strategy: at the Intersection of Two Paradigm Shifts. Production and Operations Management, 1996,5(1):25-41.

[44] Nanda R, Robert P. Application in Supply Chain Origanizations: a Link between Competitive Priorities and Origanizational Benefits. Journal of Business Logistics, 2002,23:65-83.

[45] Gao J X, Huang X X. Product and Manufacturing Capability Modeling in Integrated CAD/Process Planning Environment. International Journal of Advanced Manufacturing Technology, 1996,(11):43-51.

[46] 李蔚,章易程,李金华.零件-设备特征匹配的信息描述方法[J].计算机集成制造系统,2002,8(12):1002-1005.

[47] 郝京辉,孙树栋,沙全友.制造资源网络协同环境下广义制造能力资源模型研究[J].计算机应用研究,2006(3):60-63.

[48] 宫琳,孙厚芳,靳勇强.数字化设备功能建模及其综合评价[J].北京理工大学学报,2006,26(4):309-313.

[49] 宋玉银,褚秀萍,蔡复之.基于 STEP 的制造资源能力建模及其应用研究[J].计算机集成制造系统,1999,5(4):46-50.

[50] 孙卫红,冯毅雄.基于本体的制造能力 P-P-R 建模及其映射[J].南京航空航天大学学报,2010,42(2):214-218.

[51] 涂志垚,陈刚,董金祥.基于 OWL 的网络化制造本体构建分析[J].计算机应用与软件,2006,23(8):93-95,108.

[52] 吉锋,何卫平,魏从刚,等.基于 OWL-S 的网络协同制造本体研究[J].机床与液压,2006(7):22-25,30.

[53] 周国良.网络化数控服务系统的研究和实现[D].武汉理工大学,2007.

[54] 定正娜.基于资源共享的嵌入式数控系统的远程控制研究[D].武汉理工大学,2007.

[55] 王翱翔.基于.NET 组件技术的可重构数控服务系统研究[D].武汉理工大学,2009.

[56] 王明朝.基于 Java 技术的可重构数控服务系统研究[D].武汉理工大学,2009.

7 数字制造系统测量误差理论与数据处理

7.1 数字制造系统测量误差的理论基础

制造是一个涉及制造工业中产品设计、物料选择、生产计划、生产过程、质量保证、经营管理、市场销售和服务的一系列相关活动和工作的总称。近年来,制造自动化技术的研究发展迅速,其发展趋势可用"六化"简要概述,即制造全球化、制造敏捷化、制造网络化、制造虚拟化、制造智能化和制造绿色化。随着信息技术的迅速发展,信息技术与制造技术相融合,使得制造业日益走向数字化,制造技术发展日益加快。

数字制造是用数字化定量、表述、存储、处理和控制方法,支持产品全生命周期和企业的全局优化运作,以制造过程的知识融合为基础,以数字化建模仿真与优化为特征;它是在虚拟现实、计算机网络、快速原型、数据库等技术支持下,根据用户的需求,对产品信息、工艺信息和资源信息进行分析、规划和重组,实现对产品设计和功能的仿真以及原型制造,进而快速生产出达到用户要求性能的产品的整个制造过程。

数字制造系统测量误差的来源主要有三个方面:测量仪器、测量条件和测量者。测量仪器所引起的仪器误差主要是由于测量工具的设计、制造和装配校正等方面的欠缺所引起的测量误差,如度盘的装配偏心,以及仪器调整校正后的残留误差。测量条件误差也称为环境误差,是由于测量过程中测量条件变动所引起的,如野外作业时经纬仪、测距仪受到大气扰动及阳光照射角度改变等因素的影响。测量者误差也称为人为误差,其主要是由测量者造成的,如测量者的估读误差、瞄准误差等。

7.1.1 测量误差的定义

测量误差,简称误差,它的定义是被测量的测量值与真值之差。误差常用的表示方法有三种。

（1）绝对误差

绝对误差 δ 的定义为被测量的测量值 x 与真值 μ 之差,即:

$$\delta = x - \mu \tag{7-1a}$$

绝对误差具有与被测量相同的单位。其值可为正,亦可为负。由于被测量的真值 μ 往往无法得到,因此常用实际值 A 来代替真值。因此,有:

$$\delta = x - A \tag{7-1b}$$

在用于校准仪表和对测量结果进行修正时,常常使用的是修正值。修正值 C 定义为:

$$C = A - x = -\delta \tag{7-2}$$

修正值的值为绝对误差的负值。修正值用来对测量值进行修正,测量值加上修正值等于实际值,即 $x+C=A$。通过修正使测量结果得到更准确的数值。

(2) 相对误差

相对误差 γ 的定义为绝对误差 δ 与真值 μ 的比值,用百分数来表示,即:

$$\gamma_A = \frac{\delta}{\mu} \times 100\% \tag{7-3a}$$

用实际值 A 代替真值 μ 来计算的相对误差称为实际相对误差,用 γ_A 来表示,即:

$$\gamma_A = \frac{\delta}{A} \times 100\% \tag{7-3b}$$

用测得值 x 代替真值 μ 来计算的相对误差称为示值相对误差,用 γ_x 来表示,即:

$$\gamma_x = \frac{\delta}{x} \times 100\% \tag{7-3c}$$

在实际应用中,因测量值与实际值相差很小,即 $A \approx x$,故 $\gamma_A \approx \gamma_x$。一般 γ_A 与 γ_x 不加以区别。绝对误差主要用于表示测量误差,相对误差常用于表示测量范围的测量精度。

(3) 引用误差

引用误差定义为绝对误差 δ 与测量装置的量程 B 的比值,用百分数来表示,即:

$$\gamma_m = \frac{\delta}{B} \times 100\% \tag{7-4}$$

测量装置的量程 B 是指测量装置测量范围上限 x_{max} 与测量范围下限 x_{min} 之差,即:

$$B = x_{max} - x_{min} \tag{7-5}$$

引用误差实际上是采用相对误差形式来表示测量装置所具有的测量准确程度。测量装置在测量范围内的最大引用误差,称为引用误差限 R_m,它等于测量装置在测量范围内最大的绝对误差 δ_{max} 与量程 B 之比的绝对值,即:

$$R_m = \left| \frac{\delta_{max}}{B} \right| \times 100\% \tag{7-6}$$

测量装置应保证在规定的使用条件下其引用误差限不超过某个规定值,这个规定值称为仪表的允许误差。允许误差能够很好地表征测量装置的测量准确程度,它是测量装置最主要的质量指标之一。

7.1.2 测量误差的产生原因与分类

测量时,由于各种因素或原因的影响会造成测量误差,这些误差一般分为系统误差、随机误差和粗大误差。系统误差是某些固定原因或因素引起的一类误差,它具有单向性和确定的变化规律。随机误差是不确定原因或因素引起的不可预测的误差,它的变化服从统计规律。粗大误差是非规定测量条件下产生的误差,如测量仪器故障造成的测量误差等。

系统误差和随机误差是测量过程常见的误差,粗大误差是不允许的误差,在测量数据的处理中应剔除粗大误差。

1. 系统误差

在对同一被测量进行多次测量时出现固定不变或按确定规律变化的误差,就是系统误差。系统误差主要影响测量的准确性,测量的结果可能精密度不错,但由于系统误差的存在,会导致测量数值偏离其真值。系统误差可以通过实验或分析的方法,查明其变化的规律及其产生的原因,并在确定其数值后,就可以通过修正的方法予以减少或者消除,但是系统误差不能依靠增加测量次数的办法来减小或消除。

系统误差有以下几个来源:

(1)工具误差

工具误差也称仪器误差,它是由于测量工具的结构不完善,或存在缺陷与偏差造成的,如测量仪器的零点不准、温度计分度的不均匀、天平两臂长不等以及度盘偏心,等等。

(2)方法误差

方法误差也称理论误差,它是由于测量方法或数据处理方法的不完善造成的。例如在长度测量中采用了不符合阿贝原则(Abb's Principle)的测量方法,或者在数据处理时采用了近似计算方法等。

(3)调整误差

调整误差是由于测量前未能将测量仪器或待测件安装在正确位置(或状态)所造成的。例如使用未经校准零位的千分尺测量、使用未准确调零的仪表做检测工作等。

(4)操作误差

操作误差是由于测量者的习惯所造成的系统误差。例如用肉眼在量具刻度上估读数据时习惯偏向一个方向等。操作误差的大小因人而异,也与观测者当时的精神状态有关。

(5)条件误差

条件误差是由于测量过程中的一些条件改变所造成的误差,例如测量过程中的温度、气压、湿度、气流、振动等的变化所带来的测量误差等。

(6)随机误差

由于许多暂时尚未掌握的规律或一些不能控制的因素所造成的误差,称为随机误差,也称为偶然误差。随机误差是一种大小和符号都不确定的误差,这种误差的处理依据概率统计方法,在同一条件下对同一被测量重复测量时各次测量结果服从某种统计分布。随机误差主要决定测量的精密度,随机误差越小,测量的精密度就越高。

随机误差主要由以下三个方面原因造成:

其一是由于所使用的测量仪器结构上不完善或零部件制造不精密,会给测量结果带来随机误差。例如由于测量仪器中的零件之间存在的磨损、间隙,会给测量带来不可预测的误差等。

其二是由于测量方法的不完善或不合理也会给测量带来随机误差,例如在用目镜瞄准被测物时,因瞄准度不精密造成的读数误差等。

其三是由于测量条件变化带来的误差。由于测量环境或条件不稳定等无法控制的因素(如温度的微小波动,温度与气压的微量变化等)会给测量带来偶然误差,例如在标准温度20℃的条件下,由于允许温度在±0.5℃范围内有微小波动,这个波动便会给测量带来一定的随机误差。

2.粗大误差

粗大误差是由于测量者在测量或计算时的粗心大意,或者测量仪器故障等非规定条件下产生的测量误差,测量中是否存在粗大误差是衡量测量结果是否"合格"、"可用"的标志。一般来说,用给定的一个显著性水平来评判粗大误差,即按一定条件分布确定一个临界值,凡是超出临界值范围的测量值就是粗大误差。

产生粗大误差的主要原因有主观因素和客观因素两方面：

① 客观因素的影响。电源突变、机械冲击振动、外界的各种干扰（如环境条件的反常突变）等因素的变化，往往会引起测量值异常，从而产生了粗大误差。

② 主观因素的影响。操作者的疏忽大意，以及读数、记录、计算的错误等都会引起粗大误差。

实际测量过程中应当杜绝粗大误差的产生。对于粗大误差，只能在一定程度上减弱，它不反映实际测量情况，所以在处理数据时应将其剔除。

7.2　数字制造系统测量误差的基本处理方法

7.2.1　测量误差的合成

误差合成[1-3]是指如何根据若干个直接测量误差求取总的误差的问题，亦即由各分项测量误差确定总测量误差的问题。

（1）系统误差的合成

设有多个被测量量 x_1、x_2、$\cdots$、x_m，它们与合成后的测量量 y 之间的函数关系为：

$$y = f(x_1, \cdots, x_m) \tag{7-7}$$

则绝对误差传递公式为：

$$\Delta y = \frac{\partial f}{\partial x_1} \Delta x_1 + \cdots + \frac{\partial f}{\partial x_m} \Delta x_m \tag{7-8}$$

其中，$\frac{\partial f}{\partial x_i}$ 为误差传递系数，亦称灵敏度系数。因此，可得相对误差传递公式为：

$$\frac{\Delta y}{y} = \frac{\partial f}{\partial x_1} \frac{\Delta x_1}{y} + \cdots + \frac{\partial f}{\partial x_m} \frac{\Delta x_m}{y} \tag{7-9}$$

一般地，若 $y = f(x_1, \cdots, x_m)$ 为线性函数关系时，常先求总和的绝对误差；若 $y = f(x_1, \cdots, x_m)$ 为非线性函数关系时，先求总和的相对误差通常比较方便。

（2）随机误差的合成

随机误差一般用标准差 σ 或极限测量误差 $\delta_{\lim}$ 来表示。随机误差的合成主要是指在一定置信概率条件下的误差参数 σ 或 $\delta_{\lim}$ 的合成[1]。如果各测量量 x_i 与合成后的测量量 y 之间的关系为 $y = f(x_1, \cdots, x_m)$，则随机误差公式为：

$$\sigma_y^2 = \left(\frac{\partial f}{\partial x_1}\right)^2 \sigma_{x_1}^2 + \cdots + \left(\frac{\partial f}{\partial x_m}\right)^2 \sigma_{x_m}^2 + \sum_{i \neq j} \frac{\partial f}{\partial x_i} \frac{\partial f}{\partial x_j} \rho_{ij} \sigma_{x_i} \sigma_{x_j} \tag{7-10a}$$

其中相关系数 $\rho_{ij} = \dfrac{\mathrm{cov}(x_i, x_j)}{\sigma_{x_i} \sigma_{x_j}}$。若各测量量的随机误差是相互独立的，即相关系数 ρ_{ij} 为零时，则得：

$$\sigma_y^2 = \left(\frac{\partial f}{\partial x_1}\right)^2 \sigma_{x_1}^2 + \cdots + \left(\frac{\partial f}{\partial x_m}\right)^2 \sigma_{x_m}^2 \tag{7-10b}$$

一般测量多为独立测量，一些弱相关（相关系数很小）的情况也可以近似地当作独立测量对待。

对于特定的分布（如正态分布），当各原始误差都取统一的置信概率来估算极限测量误差 $\delta_{\lim}$ 时，可用 $\delta_{\lim}$ 代替随机误差计算公式中的标准差 σ，即：

$$\delta_{\lim y}^2 = \left(\frac{\partial f}{\partial x_1}\right)^2 \delta_{\lim x_1}^2 + \cdots + \left(\frac{\partial f}{\partial x_m}\right)^2 \delta_{\lim x_m}^2 \tag{7-11}$$

（3）系统误差和随机误差的合成

当测量过程中存在多项各种不同性质的系统误差和随机误差时，应将其进行综合，以求得测量结果的总误差。这时一般用极限误差来表示，有时也用标准差来表示[4]。

设测量过程中有 r 个单项已定系统误差，s 个单项未定系统误差，q 个单项随机误差，它们的误差值或极限误差分别为 $(v_1, v_2, \cdots, v_r)$、$(e_1, e_2, \cdots, e_s)$ 和 $(\delta_1, \delta_2, \cdots, \delta_q)$。为计算方便，令各个误差传递系数均为 1，则测量结果总的极限误差为：

$$\Delta_{\text{synthesis}} = \sum_{i=1}^{r} v_i \pm t \sqrt{\sum_{i=1}^{s} \left(\frac{e_i}{t_i}\right)^2 + \sum_{i=1}^{q} \left(\frac{\delta_i}{t_i}\right)^2 + R} \tag{7-12a}$$

式中，R 为各个误差之间的协方差之和；t 为测量时间，t_i 为第 i 个误差对应的时刻。当各个误差均服从正态分布，且各个误差之间互不相关时，则可以简化为：

$$\Delta_{\text{synthesis}} = \sum_{i=1}^{r} v_i \pm t \sqrt{\sum_{i=1}^{s} \left(\frac{e_i}{t_i}\right)^2 + \sum_{i=1}^{q} \left(\frac{\delta_i}{t_i}\right)^2} \tag{7-12b}$$

一般情况下，已定系统误差经修正后，测量结果总的极限误差就是总的未定系统误差与总的随机误差的均方根，即：

$$\Delta_{\text{synthesis}} = \pm \sqrt{\sum_{i=1}^{s} e_i^2 + \sum_{i=1}^{q} \delta_i^2} \tag{7-13a}$$

由式（7-13a）可以看出，当多项未定系统误差和随机误差合成时，对某一项误差不论做哪种误差处理，其最后合成结果均相同。但必须指出：对于单次测量，可直接按式（7-13a）求得最后结果的总误差；但对多次重复测量，由于随机误差具有抵偿性，而系统误差固定不变，则总误差合成中的随机误差项应除以重复测量次数 n，即总极限误差公式应为：

$$\Delta_{\text{synthesis}} = \pm \sqrt{\sum_{i=1}^{s} e_i^2 + \frac{1}{n}\sum_{i=1}^{q} \delta_i^2} \tag{7-13b}$$

若用标准差来表示系统误差与随机误差的合成，则只需考虑未定系统误差与随机误差的合成问题。设测量过程中有 s 个单项未定系统误差，q 个单项随机误差，它们的标准差分别为 $(\mu_1, \mu_2, \cdots, \mu_s)$ 和 $(\sigma_1, \sigma_2, \cdots, \sigma_q)$，且各个误差传递系数均为 1，则测量结果总的标准差为：

$$\sigma = \sqrt{\sum_{i=1}^{s} \mu_i^2 + \sum_{i=1}^{q} \sigma_i^2 + R} \tag{7-14a}$$

式中，R 为各个误差之间的协方差之和。当各个误差之间互不相关时，则可以简化为：

$$\sigma = \sqrt{\sum_{i=1}^{s} \mu_i^2 + \sum_{i=1}^{q} \sigma_i^2} \tag{7-14b}$$

同样，对单次测量，可直接按式（7-14b）计算最后结果的总标准差；而对于 n 次重复测量，测量结果平均值的总标准差为：

$$\sigma = \sqrt{\sum_{i=1}^{s} \mu_i^2 + \frac{1}{n}\sum_{i=1}^{q} \sigma_i^2} \tag{7-14c}$$

7.2.2　测量误差的分配

任何测量过程皆包含有多项误差,测量结果的总误差由各单项误差综合确定。现在要讨论的是关于这一问题的逆命题,即给定测量结果总误差的允差,确定各单项误差的允差。在进行测量工作前,应根据给定测量总误差的允差来选择测量方案,合理进行误差分配,以保证测量精度[1-4]。

对于函数 $y = f(x_1, \cdots, x_m)$ 的已定系统误差,可用修正方法来消除,不必考虑各个测量值已定系统误差的影响,只需研究其随机误差和未定系统误差的分配问题。现设各误差因素皆为随机误差,且互不相关,则有:

$$\sigma_y = \sqrt{\left(\frac{\partial f}{\partial x_1}\right)^2 \sigma_{x_1}^2 + \cdots + \left(\frac{\partial f}{\partial x_m}\right)^2 \sigma_{x_m}^2} = \sqrt{a_1^2 \sigma_1^2 + \cdots + a_m^2 \sigma_m^2} = \sqrt{D_1^2 + \cdots + D_m^2} \quad (7\text{-}15)$$

式中,$a_i = \dfrac{\partial f}{\partial x_i}$,称为误差传递系数;$D_i = \dfrac{\partial f}{\partial x_i} \sigma_i = a_i \sigma_i (i = 1, 2, \cdots, m)$。

现在的问题就是对于给定的总误差或函数误差 σ_y,如何计算确定 D_i 或相应的 σ_i,使之满足 $\sigma_y \geqslant \sqrt{D_1^2 + \cdots + D_m^2}$,一般按如下步骤计算。

(1) 按等作用原则分配误差

等作用原则认为各单项误差对函数误差的影响相等,即:

$$D_1 = D_2 = \cdots = D_m = \frac{\sigma_y}{\sqrt{m}} \quad (7\text{-}16)$$

由此可得

$$\sigma_i = \frac{D_i}{a_i} = \frac{\sigma_y}{\sqrt{m}} \frac{1}{\partial f/\partial x_i} \quad (7\text{-}17\text{a})$$

或者用极限误差表示

$$\delta_i = \frac{\delta_y}{\sqrt{m}} \frac{1}{\partial f/\partial x_i} \quad (7\text{-}17\text{b})$$

其中,δ_y 为函数的总极限误差,δ_i 为单项误差的极限误差。

(2) 按可能性调整分配的误差

按等作用原则分配误差可能会出现不合理情况,这是因为计算出来的各个单项误差都相同,对于其中有的测量值,要保证它的测量误差不超出允许范围较为容易实现,而对于其中有的测量值则难以满足要求,若要保证它的测量精度,势必要用昂贵的高精度仪器,或者要付出较大的劳动。另一方面,由上述式子可以看出,当各单项误差一定时,则相应测量值的误差与其传递系数成反比。所以各单项误差相等,其相应测量值的误差并不相等,有时可能相差较大。因此,按等作用原则分配的误差,必须根据具体情况进行调整。这就是对难实现测量的误差项适当扩大,对容易实现测量的误差尽可能缩小,而对其余误差项不予调整。

(3) 验算调整后的总误差

误差分配后,应按误差合成公式计算实际总误差,若超出给定的允许误差范围,应选择可能缩小的误差项再予以缩小误差。若实际总误差较小,可适当扩大难以测量误差项的误差。

应当指出:当有的误差已经确定而不能改变时(如受测量条件限制,必须采用某种仪器测量某一项目时),应先从给定的允许总误差中除掉,然后再对其余误差项进行误差分配。

7.2.3　测量误差的补偿

1. 系统误差的减小和消除方法

消除和减小系统误差主要有三个途径：从误差根源上消除；在测量过程中采取一定措施避免产生系统误差；设法掌握系统误差的大小数值，从测量结果中修正[5]。

（1）从误差根源上消除系统误差

在进行精密测量之前，应先对所采用的原理和方法以及量具仪器、环境条件等作全面的检查和了解，明确其中有无产生系统误差的因素，并采取相应措施予以修正或消除。一般从以下几个方面予以考虑：

① 所用基准件或标准件是否准确可靠，有无修正值，如有则应修正测量结果。

② 所用量具仪器是否处于正常工作状态，是否按规定期限进行检定，使用前和使用过程中有无变异或事故。

③ 仪器的调整、测件的安装定位和支撑装卡是否合理正确。

④ 所采用的测量方法和计算方法是否正确，有无原理误差。在数据处理过程中有没有误算和疏漏。

⑤ 测量场所的环境是否符合规定要求，特别是温度变化的影响。

⑥ 注意避免测量人员带入主观误差，如视差、视力疲劳、注意力不集中等引起的误差。

（2）消除系统误差的方法

在测量过程中，一般是根据系统误差的性质，采用相应的消除方法，如对于定值系统误差，一般采用抵消法、替代法、交换法等方法进行消除；对于线性系统误差，一般采用对称法消除。

① 抵消法（反向补偿法）：当已知有某种产生定值系统误差的因素存在，而又无法从根源上消除，也难以确定其大小并从测量结果中修正时，可考虑用抵消法消除。首先在有定值系统误差的状态下进行一次测量，然后在该定值系统误差影响的相反另一状态下再测量一次，取两次测量的平均值作为测量结果。这样，大小相同但符号相反的两定值系统误差就在相加后再平均的计算中互相抵消了。

② 标准量替代法：在一定的测量条件下，对某一被测量进行测量，使在量具仪器上得到某一种状态（值），再以同样性质的标准量（值）代替被测量，调整标准量（值）的大小，使在量具仪器上呈现出与前者相同的状态（值），则此时的标准量（值）即为被测量。

③ 交换法：再一次进行测量时，将某些测量条件交换一下，可以消除某些定值系统误差。

④ 对称测量法：线性系统误差一般多随时间呈线性变化，因此将测量顺序对某一时刻对称地进行测量，再通过计算，即可达到消除线性误差的目的。

⑤ 半周期法：消除周期系统误差的基本方法是半周期法，一般是在相距 $180°$ 的两个位置上做测量，再取平均值即可消除周期系统误差。对于复杂的系统误差，一般使用反馈修正方法进行消除。由于自动测量技术及微机的应用，可用实时反馈修正的方法来消除复杂的系统误差。当查明某种误差因素的变化，对测量结果有复杂影响时，应尽可能找出其影响测量结果的函数关系或近似的函数关系。在测量过程中，用传感器将这些误差因素的变化，转换成某种物理量形式，并按相应的函数关系计算影响测量结果的误差值，再对测量结果做实时的自动修正。

2. 随机误差的减小和消除方法

根据随机误差的对称性和抵偿性,当无限次的增加测量次数时,就会发现测量误差的算术平均值的极限为零。这就告诉我们,只要测量次数无限多,其测量结果的算术平均值就不存在随机误差。因此,在实际测量工作中,虽不可能无限次增加测量次数,但我们应尽可能地多测几次,并取其多次测量结果的算术平均值作为最终测得值,以达到减小或消除随机误差的目的。

7.3　数字制造系统的测量不确定度

7.3.1　测量不确定度的概念

GUM(Guide to the Expression of Uncertainty in Measurement,测量不确定度表示指南)对测量不确定度的定义是:测量不确定度是表征合理地赋予被测量之值的分散性,与测量结果相关联的参数(a parameter associated with the result of a measurement, that characterizes the dispersion of the values that could reasonably be attributed to the measured)。这个定义包含以下几点含义:

① 定义中的"合理"是指考虑到各种因素对测量的影响所做的修正,特别是测量应处于统计控制状态下,即处于随机控制过程中。也就是说,测量应该在重复性条件和复现性条件下进行。

② "被测量之值"应理解为许多个测量结果,其中不仅包括通过测量得到的测量结果,还应包括测量中没有得到但又可能出现的测量结果。如系统效应或受控范围内改变测量条件等所引入的分量也应在"被测量之值"中得以体现。

③ "分散性"是指包括了各种误差因素在测试过程中所产生的分散性。分散性一般是由标准差来表示,表示一个区间,即被测量之值的分布区间。这是测量不确定度和测量误差的最根本的区别,测量误差是一个差值,表示一个"点"。为了表征这种分散性,测量不确定度可以用标准差或者标准偏差的倍数,或用说明了置信水准区间的半宽度来表示。

④ "相联系"是指不确定度与测量结果来自同一测量对象和过程,表示在给定条件下测量时测量结果所可能出现的区间,要说明的是测量不确定度和测量结果的量值之间没有必然的联系,它们均按各自的方法进行统计。

综上所述,测量不确定度是建立在误差理论基础之上,表示由于测量误差的存在而对被测量值不能肯定的程度,是定量说明测量结果质量的一个参数。一个完整的测量结果,不仅要表示其量值的大小,还需给出测量的不确定度,表示被测量真值在一定概率水平所处的范围。测量不确定度越小,其测量结果的可疑程度越小,可信度越大,测量的质量就越高,测量数据的使用价值就越高。

7.3.2　测量不确定度的来源分析

从被测对象界定、测量人员素质、测量装置精度、测量方法选取、测量环境等方面分析,测量不确定度可能来自如下几个方面:

（1）对被测量的定义不完整

对标称值为 1 m 的钢棒长度，若要求测准至微米量级时，则被测量的定义就不完整。因为被测量钢棒会受温度和压力的影响，这些条件没有在定义中说明。定义不完整就使得测量结果引入温度和压力影响的不确定度，这时完整的被测量定义应该是：标称值为 1 m 的钢棒在 25.0 ℃ 和 0.101325 MPa 时的长度。也就是说，定义在要求的温度和压力下测量，就可以避免由此引起的不确定度。

（2）实现被测量定义的方法不理想

如上例对钢棒长度的测量，虽然可以完整定义被测量，但由于测量时温度和压力实际上达不到定义的要求（包括由于温度和压力的测量本身存在不确定度），就会使得测量结果引入不确定度。又如在微波测量中，"衰减"量是在匹配条件下定义的，但实际测量不可能理想匹配，因此失配会引起不确定度。

（3）取样不典型

例如要对某种介质材料在给定频率时的相对介电常数进行测量时，由于测量方法和测量设备的限制，只能取这种材料的一部分做成样块，然后对其进行测量。如果测量所用样块在材料的成分或均匀性方面不代表定义的被测量，则样块就引起测量不确定度。

（4）对测量过程受环境影响的认识不周全或对环境的测量与控制不完善

同样以上述钢棒长度的测量为例，不仅温度和压力影响其长度，实际上湿度和钢棒的支撑方式也影响测量，如出于认识不足而没有采取措施，就会引起不确定度。此外，在按测量定义测量钢棒长度时，测量温度和压力所用的温度计和压力表的不确定度也是不确定度的来源。

（5）对模拟式仪器的读数存在认为偏差

模拟式仪器在读取其示值时一般是估读到最小分度值的 1/10。由于观察值的位置和个人习惯的不同等原因可能对同一状态下的示值会有不同的估读值，这种差异将产生不确定度。

（6）测量仪器的计量性能（如灵敏度、分辨率及稳定性）的局限性

数字仪器的不确定度来源之一是指示装置的分辨力。如果指示装置的分辨率为 σx，产生某一示值 X 的激励源的值以等概率在 $X - \sigma x/2$ 到 $X + \sigma x/2$ 区间内。

（7）赋予计量标准的值和标准物质的值不准确

通常的测量是将被测量与测量标准的给定值进行比较实现的。因此，标准的不确定度直接引入测量结果，例如用天平测量时，所测物质的测量结果中包含了标准砝码的不确定度。

（8）引用的数据和其他参量的不确定

例如在测量黄铜的长度随温度变化时，要用到黄铜的膨胀系数 at，查数据手册可以找到所需要的 at 值，该值的不确定度就是测量结果的不确定度的一个来源。

（9）与测量方法和测量程序有关的近似性和假设性

例如被测量表达式的近似程度，电测量中由于测量系统不完善引起的绝缘漏电、热电势、引起电阻上的压降等，均会引起不确定度。

（10）在表面上完全相同条件下重复观察的变化

在实际工作中，我们经常会发现无论怎样控制环境条件以及各类对测量结果可能产生影响的因素，最终结果总会存在分散性，多次测量的结果并不完全相等。这种现象是一种客观存在，是一些随机因素造成的。

7.3.3 测量不确定度的发展与应用

公元 17 世纪初叶,德国天文学家开普勒借助于已校准仪器进行天文测量,得以发现行星运动规律,从测量结果比较中,他发现轨道测量中有不确定度。到公元 19 世纪初叶,工业革命推动了精密测量的发展,机械工具、汽轮机、枪支武器等维修时的零件互换要求需考虑制造允差和测量工具不能精确测量引起的测量不确定度。1927 年,海森堡(Heisenberg)提出了不确定关系(Uncertainty Relation),又称测不准关系。在量子力学中,测不准关系指对 A、B 测量时,满足

$$\overline{(A-\overline{A})^2} \cdot \overline{(B-\overline{B})^2} \geqslant \frac{h^2}{16\pi}(\overline{C})^2 \tag{7-18a}$$

式中 $\overline{A}$、$\overline{B}$、$\overline{C}$ 为量 A、B、C 的平均,h 为普朗克(Planck)常数。上式以标准差表示为:

$$\sigma A^2 \cdot \sigma B^2 \geqslant \frac{h^2}{16\pi}(\overline{C})^2 \tag{7-18b}$$

以坐标 x、动量 p 为例,不确定度关系为:

$$\sigma x^2 \cdot \sigma p^2 \geqslant \frac{h^2}{16\pi} \tag{7-19}$$

式(7-19)表明,在任何情况下对 x、p 测量,两者标准差 σx、σp 都小是不可能的,即两者所得值都离平均值很近是不可能的,一个量值越接近平均值,另一个量值就越远离平均值。

1953 年,比尔斯(Beers)在《误差理论引导》一书中指出,当我们给出实验误差为 $\pm 0.000009 \times 10^{-10}$ 时,它实际上就是以标准差等表示的估计实验不确定度。1963 年美国标准局的埃森哈特(Eisenhart)在《仪器校准系统的精密度与准确度估计》一文中指出了使用不确定度的建议。1970 年英国校准机构在《不确定度、校准和概率》一书中谈到测量不确定度为一组测量平均值任何一边的范围,当做了很大数目测量时,读数的给定部分位于该范围内。1970 年前后,一些计量学者和其他领域学者,逐渐使用不确定度一词。1973 年,英国国家物理实验室(National Physical Laboratory, NPL)的伯恩斯(Burns)等在发表的《误差与不确定度》一文中指出,当讨论结果准确性时,宜用测量不确定度,并还说测量结果误差为 $\pm 1\%$ 时,实际上就是指测量结果的不确定度。

鉴于国际上表示测量不确定度的不一致,1980 年国际计量局(Bureau International des Poids et Meaures, BIPM)在征求各国意见的基础上提出了《试验不确定度建议书 INC-1》,1986 年由国际标准化组织(ISO)等七个国际组织组成了国际不确定度工作组,制定了《测量不确定度表示指南》,简称"GUM"。1993 年,该指南 GUM 由国际标准化组织颁布实施,在世间各国得到执行和广泛应用。

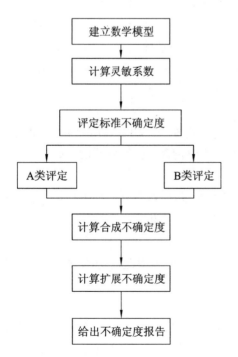

图 7.1 测量不确定度正确评定和表示的基本框图

7.3.4　测量不确定度的评定

正确评定和表示测量不确定度的基本方法可用框图表示,如图 7.1 所示。

评定和表示的通常步骤是:第一步是先清楚被测量的定义、测量的方法(直接测量、间接测量、比较测量或组合测量,在计量检定/校准中被测量的定义和测量方法可以从检定规程或技术规范及有关书籍中找到),明白测量结果的不确定度有哪些需要考虑的来源,分清各个不确定度来源(分量)是否相关(尽量避免相关),然后写出被测量的函数关系式;第二步是分清函数关系式是否为线性函数,属非线性函数且各个输入量无关时可计算各项偏导数(灵敏系数),属线性函数且各个输入量无关时可省略这一步。非线性显著及各个输入量有关时情况复杂,应按 JJF 1059—1999 及 GUM 中有关规定处理,然后再着手计算各项 A 类评定和 B 类评定标准不确定度,A 类评定常常需要专门进行重复测量,有时可利用检定记录等现有数据,B 类评定主要按经验估算;第三步是计算合成不确定度;第四步是计算扩展不确定度;第五步是写出测量结果以及不确定度报告。

(1) 数学模型的建立

在测量不确定度的评定中,所有的测量值均应是测量结果的最佳估计(即对所有测量结果中系统效应的影响均应进行修正)。对各影响因素产生的不确定度分量不应有遗漏,也不能有重复。在所有的测量结果中,均不应存在由于读数、记录或者数据分析失误或仪器不正确使用等因素的明显的异常数据。如果发现测量结果中有异常数据,则应将其剔除,但在剔除数据之前应对异常数据依据规则(例如 GB/T 4883—2008《正态样本离群值的判断和处理》)进行检验,而不能凭借主观感觉做判断。在实际测量的很多情况下,被测量 Y(输出量)不能直接测得,而是由 N 个其他量 $X_1, X_2, \cdots, X_N$ 来确定,若测量模型为:

$$Y = f(X_1, X_2, \cdots, X_N) \tag{7-20}$$

设被测量 Y 的估计值为 y,输入量 X_i 的估计值为 x_i,则有:

$$y = f(x_1, x_2, \cdots, x_N) \tag{7-21}$$

由式(7-21)可得输出量 Y 的估计值 y 的不确定度为:

$$u^2(y) = \left(\frac{\partial f}{\partial x_1}\right)^2 u^2(x_1) + \left(\frac{\partial f}{\partial x_2}\right)^2 u^2(x_2) + \cdots + \left(\frac{\partial f}{\partial x_N}\right)^2 u^2(x_N) + 2\sum_{i=1}^{N-1}\sum_{j=1}^{N}\left(\frac{\partial f}{\partial x_i}\right)\left(\frac{\partial f}{\partial x_j}\right)u(x_i, x_j)$$

$$\tag{7-22}$$

式中,$\dfrac{\partial f}{\partial x_i}$、$\dfrac{\partial f}{\partial x_j}$ 为灵敏系数,$u(x_i)$、$u(x_j)$ 分别为输入量 x_i、x_j 估计值的标准不确定度,$u(x_i, x_j)$ 为任意两个输入量估计值的协方差函数。各个输入估计值 x_i 及其标准不确定度 $u(x_i)$ 来源于输入量 X_i 可能值的概率分布,该分布可能是基于 X_i 观察列的概率分布,也可能是基于经验和有用信息的概率分布。

(2) 标准不确定度的评定

用标准差表征的不确定度称为标准不确定度,用 u 表示。测量不确定度包含的若干不确定度分量称为标准不确定度,用 u_i 表示。标准不确定度的 A 类评定基于概率分布,B 类评定基于先验分布。测量结果的不确定度一般包含两个部分,用统计方法评定的称为 A 类分量,用非统计方法评定的称为 B 类分量。标准不确定度的 A、B 两类评定只是评定方法不同,其本质是相同的。

① 标准不确定度 A 类评定

标准不确定度 A 类评定的信息来源于对一个输入量 x 进行多次重复测量得到的测量列 $x_1,x_2,\cdots,x_n$，采用统计分析方法进行计算不确定度。

输入量的最佳值等于测量列 $x_1,x_2,\cdots,x_n$ 的算术平均值，在等精度测量下，算术平均值为：

$$\bar{x} = \frac{1}{n}\sum_{i=1}^{n}x_i \tag{7-23}$$

测量列的单次（一次）试验标准差 s 通常可采用贝塞尔法计算，即：

$$s = \sqrt{\frac{\sum_{i=1}^{n}(x_i-\bar{x})^2}{n-1}} \tag{7-24}$$

测量列的平均试验标准差 $s(\bar{x})$ 可按下式计算，有：

$$s(\bar{x}) = \frac{s}{\sqrt{n}} \tag{7-25}$$

输入量 X 的 A 类不确定度 $u(x)$ 的自由度等于测量列的标准差的自由度，用贝塞尔法计算测量列的标准差时，其自由度 v 为：

$$v = n-1 \tag{7-26}$$

式中，n 为测量列的测量次数。

在规范化常规测量中，如计量标准开展的检定项目，通过实验室认可的校准／检定项目等，在重复条件下或复现条件下进行规范化测量，测量结果的不确定度及其 A 类标准不确定度也可不必每次测量时重新评定，可直接采用预先评定的结果。为提高其可靠性，一般采用合并样板标准差。

对输入量 X 在重复条件下或复现条件下进行 n 次独立测量得到 $x_1,x_2,\cdots,x_n$，其平均值为 $\bar{x}$，试验标准差为 s，自由度为 v。如果有 m 组这样的测量，则合并样板标准差 sp 可计算为：

$$sp = \sqrt{\frac{1}{m}\sum_{j=1}^{m}s_j{}^2} \tag{7-27}$$

合并样板标准差的自由度为：

$$v = \sum_{j=1}^{m}v_j \tag{7-28}$$

式中，v_j 为 m 组测量列中第 j 组测量列的自由度。

贝塞尔法是计算试验标准差的最常用方法，还有其他计算方法，如级差法、最大残差法、最小二乘法，其自由度也有相应的计算方法。

② 标准不确定度 B 类评定

根据所提供的信息，先确定其输入量 x 的不确定度区间 $[-a,a]$ 或误差的范围，其中 a 为区间的半宽度。然后根据输入量 X 在不确定度 $[-a,a]$ 内的概率分布情况确定包含因子 k_p，则 B 类标准不确定度 $u(x)$ 就可计算为：

$$u(x) = \frac{a}{k_p} \tag{7-29}$$

包含因子 k_p 的确定一般有以下方法：

a. 服从正态分布的情况。如输入量 X 在 $[-a,a]$ 区间内服从正态分布，其包含因子可按表 7-1 确定。

表 7-1 包含因子 k_p 与正态分布概率 P 之间的关系

$P(\%)$	50	68.27	90	95	95.45	99	99.73
k_p	0.67	1	1.645	1.960	2	2.576	3

b. 服从其他分布情况。如输入量 X 在 $[-a,a]$ 区间内服从其他分布，则置信概率 $p=100\%$ 的包含因子 $k_{p=100\%}=k$ 可按表 7-2 确定。

表 7-2 常用包含因子 k（k 的置信概率 p 为 100%）

分布类型	三角	梯形	矩阵	反正弦	两点
k	$\sqrt{6}$	2	$\sqrt{3}$	$\sqrt{2}$	1

c. 不能确定分布的情况。如输入量 X 在 $[-a,a]$ 区间内的分布难以确定，则可以认为服从均匀分布的假设，这时可取包含因子 $k_p=\sqrt{3}$。

若输入量由完善的校准证书或检定证书等给出，同时已知 X 的不确定度 $U(x)$ 是标准差 $s(x)$ 的 k 倍，并指明包含因子 k_p 的大小。这时 B 类评定的标准不确定度 $u(x)$ 可计算为：

$$u(x)=U(x)/k \tag{7-30}$$

如果给出 x 的不确定度 $U(x)$ 及置信概率 p，一般按照表 7-1 或表 7-2 得到 k_p，则标准不确定度 $u(x)$ 为：

$$u(x)=U(x)/k_p \tag{7-31}$$

如果输入量 x 的分散区间为 $[a^-,a^+]$，且相对于最佳估计值 x_i 并不对称，则半宽为 $a=(a^+-a^-)/2$。如果缺乏 x 在区间内的分布信息，则可按均匀分布处理，则半宽可计算为 $a=(a^+-a^-)/2\sqrt{3}$。此时应对输入量的估计 x_i 进行修正，修正值的大小为 $(a^+-a^-)/2-x_i$，修正之后的 x_i 就在区间的中心位置 $(a^+-a^-)/2$ 处。

B 类评定的标准不确定度的自由度可按近似计算为：

$$v=\frac{1}{2}\left[\frac{\Delta u(x)}{u(x)}\right]^{-2} \tag{7-32}$$

（3）合成不确定度的评定

合成不确定度按照输出量 Y 的估计值 y 给出，一般表示为 $u_c(y)$。当全部的输入量是彼此独立或不相关时，合成标准不确定度 $u_c(y)$ 可计算为：

$$u_c^2(y)=\sum_{i=1}^{n}\left[\frac{\partial f}{\partial x_i}\right]^2 u^2(x_i) \tag{7-33}$$

对于数学模型 $y=f(x_1,x_2,\cdots,x_n)$，$\partial f/\partial x_i$ 是在 x_i 处导出的偏导数，称为灵敏系数，记为 $c_i=\partial f/\partial x_i$。灵敏系数反映了输出量 Y 的估计值 y 如何随输入量估计值 $x_1,x_2,\cdots,x_n$ 的变化而变化，即 c_i 描述了当 x_i 变化一个单位时，引起 y 的变化量。因此，灵敏系数 c_i 有时也可由试验测定,即保持其他输入量不变,用第 i 个输入量 x_i 的变化导致 Y 的变化量。

标准不确定度 $u(x_i)$ 既可以按 A 类方法评定,也可以按 B 类方法评定。合成标准不确定度 $u_c(y)$ 是个估计的标准差,表征合理赋予被测量 Y 之值的分散性。当输入量 x_i 明显相关时,合成标准不确定度计算式(7-33)中应加入相应的协方差相关项。

当所有的输入量 x_i 之间都相关,且相关系数为 1 时,合成标准不确定度的计算应为:

$$u_c^2(y) = \left[\sum_{i=1}^{n} |c_i| \times u(x_i)\right]^2 \tag{7-34}$$

合成标准不确定度 $u_c(y)$ 的自由度称为有效自由度 $veff$,可按韦尔奇-萨特思韦特公式计算,有:

$$veff = \frac{u_c^4(y)}{\sum_{i=1}^{n} \dfrac{u_i^4(y)}{v_i}} \tag{7-35}$$

式中,$u_i(y) = |c_i| \times u(x_i)$。

(4)扩展不确定度的评定

扩展不确定度分为 U_p 和 U_o 两种。扩展不确定度 U_p 可计算为:

$$U_p = k_p \times u_c(y) \tag{7-36}$$

U_p 由 $u_c(y)$ 乘以给定概率 p 的包含因子 k_p 得到。可以期望在 $y-U_p$ 至 $y+U_p$ 的区间以内,概率 p 包含了测量结果的可能性。k_p 与 y 的分布有关,当 y 接近正态分布时,k_p 可以采用 t 分布临界值。$k_p = t_p(veff)$ 可按置信概率 p 及有效自由度 $veff$ 查表得到。置信概率 p 一般采用 99% 和 95%,多数情况下采用 95%。对某些计量器具的检定或校准,根据有关规定可采用 99%。

扩展不确定度 U_o 可按下式计算,即:

$$U_o = k \times u_c(y) \tag{7-37}$$

U_o 由 $u_c(y)$ 乘以一个包含因子 k 得到,可以期望在 $y-U_o$ 至 $y+U_o$ 的区间包含了测量结果可能值的较大部分,k 值一般为 2 到 3。U_o 虽然没有明确置信概率的扩展不确定度,但可以大致认为 $k=2$ 时,置信概率约为 95%;$k=3$ 时,置信概率约为 99%。

(5)测量不确定度报告

当给出完整的测量结果时,一般应报告其测量不确定度。通常在报告基础计量学研究、基本物理量测量、复现国际单位制单位的国际比对结果时,使用合成标准不确定度,同时给出有效自由度。对其他大部分情况,如试验间能力比对试验,工业、商业、尤其涉及安全、健康情况下报告测量结果时,均应同时报告扩展不确定度。

报告扩展不确定度 U_o 时,应同时报告包含因子 k;报告扩展不确定度 U_p 时,应同时报告包含因子 k_p、$veff$ 及置信概率 p。

报告合成不确定度或扩展不确定度的有效位数最多为两位有效数字。在连续(中间)计算中为避免误差可保留多一些有效数字。最终报告不确定度时,其末位后面的数字有时可能采取进位而不是舍去。对报告的测量结果,需将其修约至与其不确定度有效位数一致(即报告测量结果的有效数字末位与其不确定度的末位在"数位"上一致)。

7.4   数字制造系统动态测量误差与数据处理的基本理论和方法

7.4.1   数字制造系统动态测量与动态测量误差

动态测量在测试过程中普遍存在,尤其是在数字制造系统中,静态测量主要包含数字制造加工产品的质量与精度测量,动态测量则融入数字制造系统制造加工的各个工序中,因此对动态测量以及动态测量误差的分析具有重要的现实意义。下面将对动态测量的基本理论、动态测量数据以及动态测量误差进行分析讨论。

1. 动态测量的基本概念

按照被测物理量是否随时间变化,测量过程可分为动态测量和静态测量两种。静态测量过程中被测物理量是静止不变的或随时间缓慢变化,而动态测量过程中被测物理量是随着时间变化的,因此测试系统的输入量及测试结果都是随着时间变化的[6]。

与静态测量相比,动态测量具有以下特点:

(1) 时空性

任何运动的物体都具有时间性和空间性,空间位置的变化必然伴随着时间的推移或变更,因此动态测量数据具有时变性和空间性特点,可用时间参数来描述。然而,对于动态测量数据往往用空间参量描述比较方便。综合来讲,用时空性来定义动态测量数据的基本特点是非常恰当的。

(2) 随机性

动态测量过程中难免会存在各种干扰,干扰通常为时间的随机函数。此外,考虑到被测量自身有时也可能是一个随机函数,因此动态测量结果通常意义上是随机信号,若采用数据采集系统进行采样,则得到的就是随机序列。

(3) 相关性

由于动态测量系统具有一定的动态响应特性,其输出不仅与该时刻的输入有关,且与被测量在该时刻以前的量值变化历程有关。因此,动态测量过程"过去"的值不仅对"现在"有影响,而且对"将来"有影响,表现出了明显的相关性。

2. 动态测量数据与动态测量误差

(1) 动态测量数据及其分类

动态测量数据[7-9]是包括被测量和测量误差的数据,它是对被测量的初步描述和进一步数据处理的原始素材。依据动态测量数据的性质,可分为确定性数据和随机性数据两大类。所谓确定性数据是在相同实验条件下,能够重复测得的数据;而随机性数据则是在相同实验条件下,不能重复出现的数据。

动态测量数据的特征可用确定的函数关系、图形或数据表格来表示,这就是数据的时域描述。时域描述的特点是简单直观,但不能反映数据的频率结构,为此常对数据进行频谱分析,研究其频率成分及各频率成分的变化规律,这就是数据的频域描述。两者的区别在于描述数据的自变量或图形横坐标的物理量不同,时域描述时自变量或横坐标为时间,而频域描述时自变量或横坐标则是频率。

动态测量数据包括不同的种类，每一类的信号特点都有所不同，表 7-3 为动态测量数据的各种类别及每一类信号的特点。

表 7-3　动态测量数据分类表及各信号特点

确定性数据	周期性数据	正弦周期数据	如各种周期信号。频域特点：离散
		复杂周期数据	如周期性三角波、单个正弦信号叠加。频域特点：离散
	非周期性数据	准周期数据	如频率为无理数的正弦信号。频域特点：离散
		瞬态数据	如阻尼振荡系统的自由振动等。频域特点：连续
随机性数据	平稳过程	各态历经过程	特点：一个样本函数的特征能够代表其他样本函数的特征
		非各态历经过程	特点：一个样本不能反映整个随机过程
	非平稳过程		特点：测试数据的统计特征量随时间变化

数字制造系统中的动态测量数据也包含确定性数据与随机性数据，如在对旋转机械进行动态测试时，测试信号中与转速相关的部分为确定性数据，而信号中由于环境误差、机械热误差而产生的部分为随机性数据。确定性数据部分又可分成机械系统的固有模态部分，多为复杂的周期性成分，而由动态激励产生的信号多为瞬态数据。

（2）动态测量误差

测量误差是被测量的测得值与真值之差。对于动态测量，则是任一时刻的测得值减去被测量同一时刻的约定真值，即：

$$e(t) = x(t) - x_0(t) \tag{7-38}$$

式中：$x(t)$ 为测量值，$x_0(t)$ 是约定真值，t 为时间参变量。

实际分析中，直接使用被测量测得值的时间历程并不方便，常常把测得的时间历程放在某个参量域内进行处理，以得到在该参量域内被测量的主要特征。

7.4.2　数字制造系统动态测量数据处理的基本理论与方法

动态测量数据可以描述成时间的函数，虽然时域描述简单直观，可以直接看出每个时间点的测点幅值变化，但对于数字制造系统的动态测试数据，仅从时域上看一般无法反映数据的频率结构，这对机械结构分析以及机械测量误差分析都没有帮助。因此，为了对数字制造系统动态测试数据进行分析，一些常用的动态数据分析方法被提出，快速傅里叶变换方法（Fast Fourier Transform，FFT）是常用的数据分析处理方法[10]，它主要用来显示信号的频域特征，但该方法是信号整体的一种表征，仅适用于平稳信号。时频分析方法如短时傅里叶变换、小波变换、本征模态分解（Eigen Mode Decomposition，EMD）等，这类方法的主要目标是表征信号的频谱分量随时间的变化情况，它的最终目的是建立一种在时间和频率上同时表征信号的强度或者能量的一种分布，适用于非平稳信号的分析处理。数字制造系统动态测量数据大多数为非平稳信号，一般需采用时频分析方法。

（1）小波变换

近 20 多年来，小波变换（Wavelet Transform，WT）逐渐发展起来，成为了新的时频分析方法。类似傅里叶变换的基本思想——在一簇基函数张成的空间上，用信号在其上的投影来表征该信号。由于传统的傅里叶变换在时域上缺乏局部化分析的特性，基于此发展起来的短时傅里叶变换[11]，具备一定的时频分析特性，但其窗函数是固定的，时频宽度固定，不能有效适应各类信号变化，而小波变换则能够提供合适的时频窗长度：低频处窗变宽，高频处窗变窄。因此，小波变换非常适合对含有稳态和非稳态成分的信号进行时频分析[12]。

如果时域函数 $\psi(t)$ 的傅里叶变换为 $\psi(\omega)$，且满足

$$\int_{-\infty}^{\infty} \frac{|\psi(\omega)|^2}{|\omega|} \mathrm{d}\omega < \infty \tag{7-39}$$

则称 $\psi(t)$ 为一个基本小波或小波母函数。实际上，$\psi(t)$ 是依赖于尺度因子 a 和位移因子 b 的连续小波函数，一般取

$$\psi_{a,b}(t) = \frac{1}{\sqrt{a}} \psi\left(\frac{t-b}{a}\right) \tag{7-40}$$

式中的平移因子 $b \in R$ 表示连续小波的位置，缩放因子 $a \in R-\{0\}$ 表示连续小波的形状。当 $|a|<1$ 时，小波母函数 $\psi(t)$ 就被压缩，在时间轴上有较小的窗口；当 $|a|>1$ 时，小波母函数在时间轴上被展宽，即有较宽的窗。连续小波 $\psi_{a,b}(t)$ 在时域上和频域上均具备局部性，其效果相当于短时傅里叶变换中的窗函数。因此，函数 $f(t)$ 的小波变换为：

$$W_f(a,b) = \langle f(t), \psi_{(a,b)}(t)\rangle = |a|^{-1/2} \int_{-\infty}^{\infty} f(t)\bar{\psi}\left(\frac{t-b}{a}\right) \mathrm{d}t \tag{7-41}$$

式中，$\bar{\psi}(t)$ 为函数 $\psi(t)$ 的复共轭。$W_f(a,b)$ 的逆变换为：

$$f(t) = \frac{1}{C_\omega} \int_0^{+\infty} \frac{\mathrm{d}a}{a^2} \int_{-\infty}^{+\infty} W_f(a,b) \cdot \psi_{a,b} \mathrm{d}b \tag{7-42}$$

式中

$$C_\omega = \int_{-\infty}^{\infty} \frac{|\psi(\omega)|^2}{|\omega|} \mathrm{d}\omega < \infty \tag{7-43}$$

可见，小波变换就是将时域信号按某一小波函数簇（即由不同 a、b 构成的小波函数集）展开，即将时域信号表示为一系列不同尺度和不同时移的小波函数的线性组合。这里，称线性组合中每一项的系数为小波系数，同一缩放尺度下所有不同时移的小波函数的线性组合称为时域信号在该缩放尺度下的小波分量。显然，对于所有可能的缩放因子和平移因子都计算小波系数将产生大量的无用数据。如果缩放因子和平移因子都选择为 $2^k(k>0$，且为整数$)$，就能使计算的数据量大大减少。利用缩放因子和平移因子的小波变换也称为双尺度小波变换，它是离散小波变换的一种。

离散小波变换就是将"原始信号 S"变换成"小波系数 $W=[W_a, W_b]$"，W_a 和 W_b 分别是近似系数和细节系数。小波分解就是小波系数 W 的分量和基函数的乘积。

原始信号映射在小波基上的分量定义为离散小波正变换。令 $n=1,\cdots,N$，原始信号为 $S(n)$，小波系数 W_j 为：

$$W_j = [W_{aj}, \quad W_{dj}, \quad \cdots, \quad W_{d1}] \tag{7-44}$$

式中，$W_{aj} = \langle s(n) \cdot A_j(n)\rangle$，$W_{dj} = \langle s(n) \cdot D_i(n)\rangle (i=j,\cdots,1)$。离散小波反变换是所有小波分解合成原始信号，即：

$$s(n) = a_j(n) + \sum_{i=1}^{j} d_i(n) = W_{aj}A_j(n) + \sum_{i=1}^{j} W_{di}D_i(n) \tag{7-45}$$

式中的 $A_j(n)$ 和 $D_i(n)$ 是小波基函数。

从小波分解的实现上看,原始信号通过低通滤波器得到近似系数,通过高通滤波器得到细节系数。然后根据信号频率的分解水平对低频部分重复分解。根据小波分解后的信号,再关注细节信号的谱分析,能够有效提取信号中的相关特征。

(2) 经验模态分解

1998 年,N. E. Huang 等人提出了经验模态分解(Empirical Mode Decomposition,EMD),使 Hilbert 变换赋予了物理意义[13]。由于 EMD 分解是自适应性的,再加上 EMD 建立在信号序列的局部特征时间尺度上,因此特别适合对非线性、非平稳信号进行分析。根据 EMD 特性,既可以用于非平稳信号的预处理,也可以为后续特征的提取提供强有力支持,目前 EMD技术已成功应用于多个领域中的信号处理。

在经验模态分解中,希尔伯特-黄(Hilbert-Huang)变换是关键,它对信号做平稳化处理,即将各个尺度的信号逐级分解成包含不同特征的平稳窄带信号。在物理上,如果瞬时频率有意义,那么函数必须是对称的、局部均值为零,并且具有相同的过零点和极值点数目。在此基础上,Huang 等人提出了固有模态函数(Intrinsic Mode Function,IMF)。IMF 表征了数据的内在振动模式,Huang 等人认为,任意信号序列都可以分解成为若干个 IMF。EMD 的目的就是为了获取 IMF,然后对每个 IMF 进行希尔伯特变换,以得到希尔伯特谱。

EMD 的核心就是产生 IMF 的筛选分解过程。IMF 的约束条件有两个:一是每个固有模态函数的极值点和过零点数目必须相等或只相差一个。二是各时刻具有极值定义的上下包络线的均值为 0。IMF 的求取主要有三个步骤:

① 利用三阶样条插值法对原序列 $X(t)$ 的所有局部极值进行插值处理,得到原序列 $X(t)$ 的上包络序列值 $X_{max}(t)$ 和下包络序列值 $X_{min}(t)$。

② 对每个时刻的 $X_{max}(t)$ 和 $X_{min}(t)$ 取平均值,得到瞬时平均值,即:

$$m(t) = \frac{X_{max}(t) + X_{min}(t)}{2} \tag{7-46}$$

再用原序列 $X(t)$ 减去瞬时平均值 $m(t)$,得到:

$$h(t) = X(t) - m(t) \tag{7-47}$$

③ 对于不同的数据序列 $h(t)$,若满足 IMF 的两个条件,则第一个 IMF 求出。否则,把 $h(t)$ 当作原序列,重复以上步骤,直至满足 IMF 的定义。于是,第一个基本模式被求出,记为 $C_1(t)$,用原序列 $X(t)$ 减去 $C_1(t)$ 得到剩余的序列为:

$$R_1(t) = X(t) - C_1(t) \tag{7-48}$$

将 $R_1(t)$ 作为原序列,根据上述步骤,求出第二个 IMF。以此类推,求出第 n 个 IMF,直至剩余值序列 $R_n(t)$ 小于预设值或成为单调函数,此时信号 EMD 分解完毕,即一个复杂的非平稳信号 $X(t)$ 就被分解为 n 个 IMF$C_i(t)$,每个 IMF 就是一个单分量信号,它们的和就是原始信号序列 $X(t)$,有:

$$X(t) = \sum_{i=1}^{n} C_i(t) + R_n(t) \tag{7-49}$$

图 7.2 所示为 EMD 分解流程图,计算过程和上述描述步骤一致。在实际应用中,可以根据实际情况,在不影响后续结果的前提下,设计算法提前退出的条件,以加快信号处理和实现信号的实时处理。

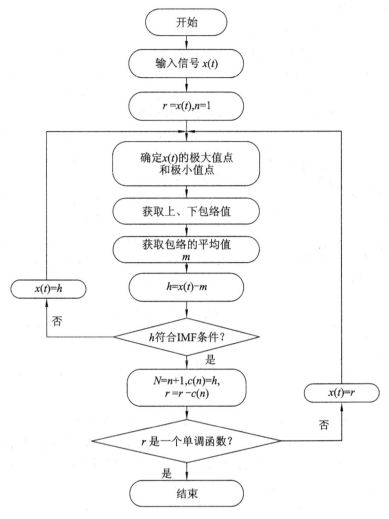

图 7.2 EMD 分解流程图

EMD 方法将原始信号分解成若干个 IMF 之和,各个 IMF 分量把信号的局部特征放大,对其进一步分析即可准确有效地提取原始信号的特征信息。而且,每个 IMF 分量包含的频率成分随信号本身特性变化而改变,因此它是自适应的时频局部分析方法,再加上正交性和完备性,已经成为分析非平稳信号的重要手段。

7.4.3 动态测试与数据处理实例

1. 液压管路动态测试

发动机液压传动系统是一种典型的机、电、液一体化的复杂动力传输装置。在高温、高压、高转速运行状态下,机、电、液、热等各种激励作用往往呈现出时变性、耦合性和非线性,常常引起非平稳振动。对其管路动态测试,就是希望通过测试及其数据分析掌握管路的振动特性,以预防管路故障,为设计管路系统提供技术支撑。下面以发动机滑油管路为对象,分析测试其振动特性。

（1）管路振动特性仿真

ANSYS 是美国 ANSYS 公司研制的大型通用的融结构、流体、电场、磁场、声场分析于一体的有限元分析软件，能与多数计算机辅助设计软件接口，实现数据的共享和交互，如 Creo，NASTRAN，Alogor，I-DEAS，AutoCAD 等，在核工业、汽车和轨道交通、石油化工、航空航天、机械制造、能源、国防军工、电子、土木工程、造船、生物医学、轻工、地矿、水利、日用家电等领域有着广泛的应用，现已成为国际上最流行的有限元分析软件[14]。

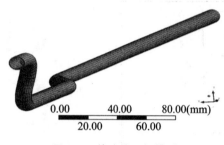

0.00 40.00 80.00(mm)
20.00 60.00

图 7.3 管路的几何模型

在使用 ANSYS 软件进行仿真分析时，首先用 SolidWorks 建立分析对象——"管路"的三维模型，如图 7.3 所示。

管路材料为 1Cr18Ni9Ti，其内径是 15.5mm，壁厚为 1.19mm。将管路几何模型导入 ANSYS 中，网格单元为 SOLID186，约束条件为自由边界。分析得到管路在自由状态下前 6 阶（不考虑刚体模态）频率，如表 7-4 所示。

表 7-4 自由状态下管路的频率

模态阶数	1	2	3	4	5	6
仿真固有频率(Hz)	86.02	109.98	231.61	268.2	436.86	512.95

（2）动态测试

实验测试中，使用 B&K 公司 Type 4580B 加速度传感器和光纤光栅（FBG）应变传感器对管路进行动态检测。振动激励使用的是 B&K 公司生产的敲击锤，由加速度传感器测量的管路振动响应经信号采集装置送入计算机，由光纤光栅应变传感器测量的管路应变响应经光纤光栅波长解调装置送入计算机。管路敲击测量实验系统如图 7.4 所示。

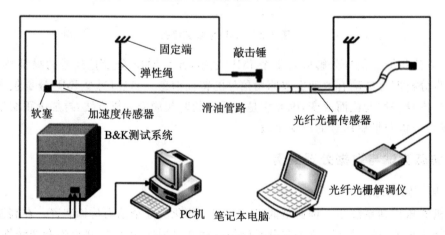

图 7.4 敲击测量实验平台

根据采集得到的激励和管路振动信号，如图 7.5 所示，采用频谱分析对动态数据进行 FFT 变换，并找出管路的各阶固有模态频率，如图 7.6(a)所示，与仿真计算值进行比较，如表 7-5 所示。

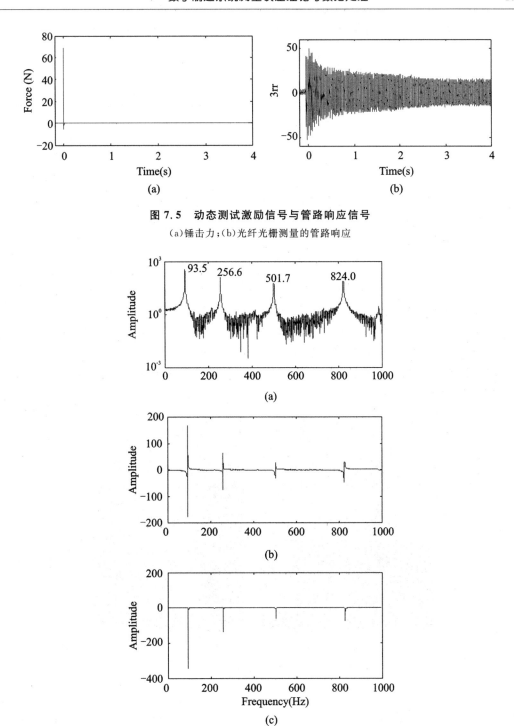

图 7.5 动态测试激励信号与管路响应信号

（a）锤击力；（b）光纤光栅测量的管路响应

图 7.6 管路响应信号的频谱分析结果

（a）频率响应函数；（b）真实的频率曲线；（c）虚频弯曲

从表 7-5 可知，在 1～7 阶固有频率上，光纤光栅传感器、B&K 加速度传感器的测试分析结果与仿真结果都很接近，表明我们的动态测试是有效的。

表 7-5　ANSYS 仿真与 B&K 加速度传感器、光纤光栅传感器测试的频谱对比

阶数	ANSYS 分析（Hz）	B&K 加速度传感器（Hz）		光纤光栅传感器（Hz）	
		1#	2#	1#	2#
1	86.02	93.8	93.8	93.75	93.75
2	109.98	118	117	117.2	117.7
3	231.61	230	230	229.5	230
4	268.20	266	266	266.6	266.1
5	436.86	421	421	420.9	423.3
6	512.95	512	511	500.5	512.2
7	680.84	650	649	648.4	647.5

2. 汽轮机转子轴系的动态测试

图 7.7 所示是某企业生产的汽轮机转子系统及其测试实验平台，为了测试分析该转子轴系的振动，采用电涡流传感器和光纤光栅非接触振动传感器，它们成对布置于转子轴的两端，如图 7.7（b）所示。动态测量时，调节转子轴系的转速，电涡流传感器的测量信号由数据采集卡采集送入计算机，光纤光栅振动传感器的测试信号经光纤光栅波长解调仪解调后送入计算机。

(a)　　　　　　　　　　(b)

图 7.7　汽轮机转子轴系的动态测试

(a)汽轮机转子轴系测试平台；(b)转子轴的振动测试

图 7.8 所示是转子轴系在 300 r/min 转速下，两对电涡流传感器和光纤光栅振动传感器测得的信号。在动态测试过程中，由于电涡流传感器和光纤光栅传感器的不同传感特性及其传感信号的不同传输方式，比较测量结果时应该先对测试数据进行时空配准处理。表 7-6 所示是未对测试信号进行时空配准处理的分析处理结果，即表 7-6 中"幅值"栏下的各栏数据是近似认为同一时刻下的测试数据，可以看到这时两种传感器的测量结果相差较大。

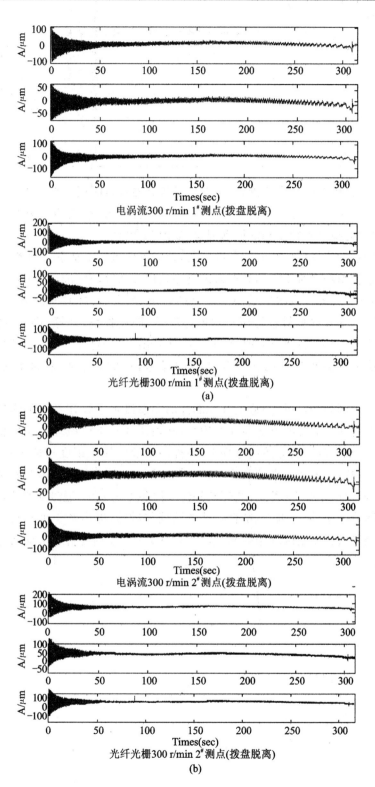

图 7.8 300r/min 转速下的测量信号

(a)1#测点处电涡流传感器和光纤光栅传感器的测量信号;(b)2#测点处电涡流传感器和光纤光栅传感器的测量信号

表 7-6　300r/min 转速下两类传感器的振幅测量结果

测点	传感器	幅值（A/μm）						平均相对差
1#	光纤光栅	9.47	41.37	−1.13	−33.81	−15.8	−29.14	43.31%
	电涡流	3.61	−50.18	13.72	−43.28	−0.38	−32.84	
2#	光纤光栅	−80.59	−38.95	−63.42	−47.78	−60.78	−49.73	29.16%
	电涡流	−67.1	−1.58	−63.48	−21.92	−51.68	−27.81	

因此，为实现多传感器的动态检测，必须对异类传感器进行时间配准处理。为获取这两种传感器之间的测量时间差，通过多次的变速测试试验分析，可知在转子轴从稳定转速到转动停止时，两种传感器均能检测到转子轴的振动现象，如图 7.9 所示。

为解决异类传感器测量信号的时间配准问题，针对汽轮机转子轴系振动测量的实际情况，可以利用转子轴系转动停止时刻作为基点来进行测试信号的时域配准，其算法流程如图 7.10 所示。首先，使用均值法进行检测信号中突变点的修正；其次，选择时间窗 $W = 2s$，平移速度 1s，重叠时间为 $W/2$，对检测信号进行振动幅度标准差（即偏移量）计算；再次，辨识偏移量变化情况确定终点位置，并以此计算两种传感器的时间差用于时间配准。图 7.11 所示为通过配准算法计算后，两种传感器对应的振动位移测量结果，这时它们测量的相对平均差下降为 10%。

通过上述两个实例分析，可见制造系统零部件的动态测量中存在着各种影响因素产生的误差。为了确保系统动态测量的有效性和准确性，必须研究基于机械理论与信息理论的误差处理方法。同样，在研究数字制造系统过程中，为提高系统的加工精度和使用寿命，不可避免地面临其加工工序中产生的加工误差和测量误差等问题。针对不同结构和应用的数字制造系统及其零部件，从误差产生机理、种类、处理及补偿方法各方面入手，通过研究实际系统的材料特性、结构模型、制造工序、误差理论，结合各性能测试与试验，提出基于理论与实践结合的系统性数字制造系统测量误差基础理论与相关信号处理方法，为各类制造系统动态测量提供合理有效的理论基础。

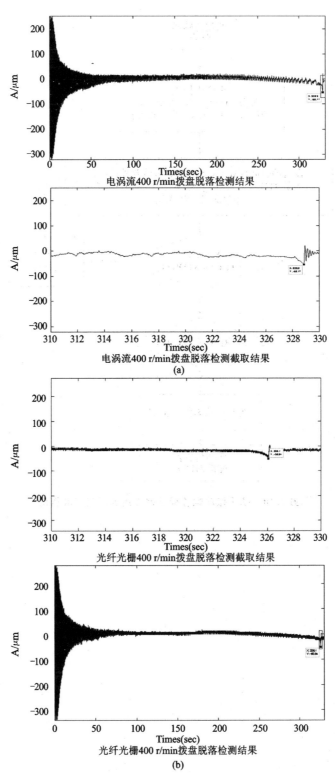

图 7.9　400 r/min 转速下两种传感器在 2# 测点处的测量结果

（a）电涡流传感器的测量结果；（b）光纤光栅振动传感器的测量结果

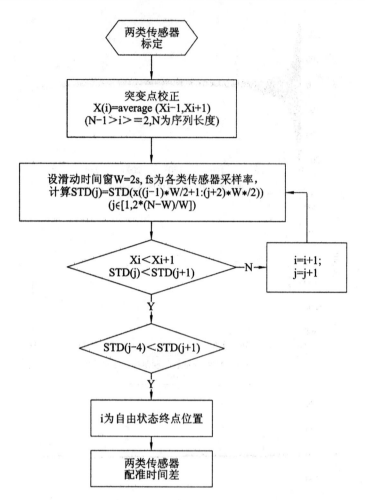

图 7.10 基于振动幅值标准差终点的时间配准算法

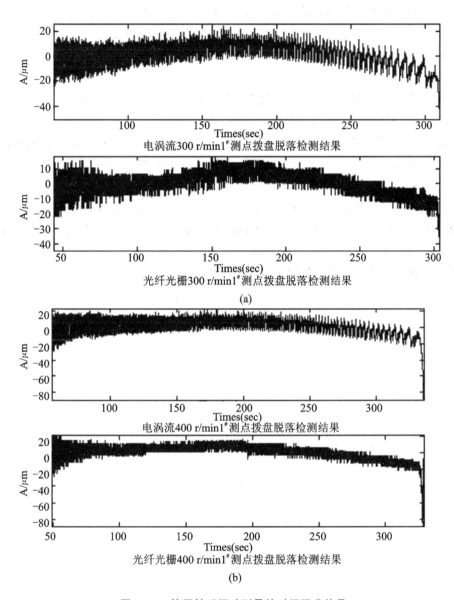

图 7.11　转子轴系振动测量的时间配准信号

（a）300 r/min 转速下 1# 测点的时间配准结果；（b）400 r/min 转速下 1# 测点的时间配准结果

参 考 文 献

［1］胡斌祥.关于测量误差的合成及取代表征［J］.上海计量测试，2000：33-34.

［2］于金华，孙志超，潘东升.物理实验测量误差的合成［J］.沈阳大学学报，1999：91-94.

［3］章渭基.偶然误差与系统误差的合成.南京理工大学学报：自然科学版［J］.1980：60-85.

［4］费业泰.误差理论与数据处理［D］.合肥工业大学，2010.

［5］谭久彬.精密测量中的误差补偿技术［M］.哈尔滨：哈尔滨工业大学出版社，1995.

［6］费业泰，卢荣胜.动态测量误差修正原理与技术［M］.北京：中国计量出版社，2001.

[7] 李晓惠.动态测量误差分解及溯源研究[D].合肥工业大学，2006.

[8] 邢靖虹.动态测量数据处理方法研究[D].西安石油大学，2011.

[9] 许桢英.动态测量系统误差溯源与精度损失诊断的理论与方法研究[D].合肥工业大学，2004.

[10] 李舜酩，郭海东，李殿荣.振动信号处理方法综述[J].仪器仪表学报，2013：1907-1915.

[11] P Schniter. Short-time Fourier Transform. 1915,2:21.

[12] I Daubechies. The Wavelet Transform，Time-Frequency Localization and Signal Analysis[J]. Information Theory，IEEE Transactions on,1990,36:961-1005.

[13] N E Huang，Z Shen，S R Long，et al. The Empirical Mode Decomposition and the Hilbert Spectrum for Nonlinear and Non-stationary Time Series Analysis. In Proceedings of the Royal Society of London A：Mathematical，Physical and Engineering Sciences，1998:903-995.

[14] 曾攀，有限元分析及应用[M].北京：清华大学出版社,2004.

数字制造资源智能管控

数字制造资源智能管控的实质是对企业数字化制造资源需求和供应之间的匹配和管理的过程。数字制造资源的匹配主要是针对企业制造任务的资源的合理选择,而数字制造资源的管理则主要是针对数字制造资源执行过程的监控、评估等一系列过程。为深入理解数字制造资源智能管控的内容和方法,本章主要介绍数字制造资源管控的架构、模型以及评估方法,最后从应用的角度对数字制造资源的智能管控系统进行案例分析。

8.1 数字制造资源智能管控的概念、架构

8.1.1 数字制造资源智能管控的特点

数字制造资源智能管控强调管控过程的智能化,特别是对于资源的优选以及执行过程中资源的智能化管控,主要体现在以下几个方面:

(1) 数字制造资源执行前的智能化优选

对数字制造资源管控的第一步体现为对数字制造资源的选择上,通过一定指标的选取,结合智能优化算法对数字制造资源进行选择。例如,制造资源的使用成本、工期、质量、环境安全等要素指标,针对不同的数字制造资源,选择不同的侧重性指标进行优选。

(2) 数字制造资源执行过程中的智能监控

由于数字制造资源的执行过程是一个动态的过程,在执行过程中会出现设备异常、资源变更等诸多要素导致的数字制造资源异常,对数字制造资源执行过程的监控是必不可少的环节。数字制造资源的智能监控是指对数字制造资源执行过程中可能存在的资源异常进行预警,这里涉及预警的指标对象、预警阈值等的设定,需要通过神经网络、数据分级提取等智能化方法实现智能监控。

(3) 数字制造资源执行后的智能评估

数字制造资源执行的历史数据对于数字制造资源的优选具有重要的指导意义。通过智能化方法提取历史数据中的重要历史信息,通过挖掘数字制造资源管控过程中的关键因素,能够有效地丰富数字制造资源管控知识库。

8.1.2 企业数字制造资源的定义与分类

制造资源有广义和狭义之分,在使用的范围上存在差异性。狭义的制造资源具体到完成某零件加工所需要的物理元素,如加工设备、原材料等,是 CAPP(Computer Aided Process Planning)、CIMS(Computer Integrated Manufacturing Systems)等系统管理中底层的制造资

源。广义制造资源是网络化环境下的所有资源,包括资源的场所、物料、设备、工装、人员、资金、技术数据、信息等各种软、硬件资源。企业数字制造资源是指数字制造企业在产品设计、生产、制造、发运、安装、维护等过程中所涉及的资源和信息的总称,这些资源和信息以数字化的形式存在于企业信息化系统中,辅助完成数字制造企业在产品全生命周期的整个流程。

在数字制造企业中,对制造资源进行分类的目的就是将具有某些共同特征、功能和价值的制造资源划分在一起。对制造资源进行分类是描述制造资源的前提,通过统一的分类方法,使得制造资源的描述更具通用性和一致性。

在网络化环境下,按使用的范围,制造资源主要可分为六大类,如图 8.1 所示。在这六大类资源中,技术资源是核心,包含协同设计与制造、网络管理与营销技术等,而技术资源的设施辅助以相应的物资资源和人力资源。其中,物资资源包含零件加工所需的物资元素以及与加工过程相关的软、硬件资源,人力资源是管理和使用这些物资资源的人员,分为生产层、中间层和管理层三个层次。在以物资资源为中心的资源活动中,伴随大量的信息资源,如技术信息、设计信息、生产信息、统计信息等,这些信息资源的流通以一定的财务资源(如企业资金、销售收入、股票收入等)作为支撑。辅助资源不直接参与企业的生产制造活动,但仍在企业的生产活动中不可或缺,如公共环保设施、后勤保障体系等。

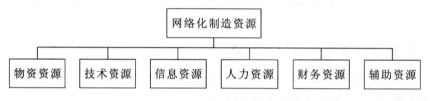

图 8.1　基于使用范围的制造资源划分

按照企业制造环境的物理结构,可将制造资源划分成五个层次,其结构自上而下包括工厂层、车间层、单元层、工作站层和设备层,如图 8.2 所示。各层次的制造资源具有不同的资源属性,用以完成不同的功能。工厂层主要对企业进行生产决策和管理;最底层为设备层,其制造资源用于完成加工任务,每一台设备都有一个控制器,由多台设备组成工作站,控制多台设备完成车、铣、刨、磨、检测及物料传送等工作。单元层实现对工作站层的管理和协调,而车间层则实现对多单元层的调度。

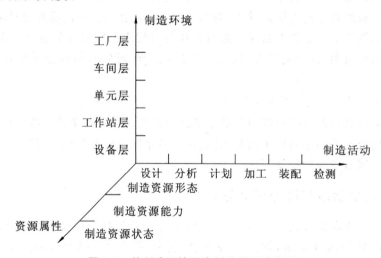

图 8.2　按制造环境层次划分的制造资源

数字制造资源是为客户产品订单提供设计、仿真、工艺、检测和生产等服务的。从数字制造资源提供者的角度，按照资源的用途、使用方式，可将数字制造企业的数字制造资源（Digital Manufacturing Resources，DMR）划分为图纸资源（Drawing Resources，DR）、知识资源（Knowledge Resources，KR）、设备资源（Equipment Resources，ER）、物料资源（Material Resources，MR）、软件资源（Software Resources，SR）、人才资源（Talent Resources，TR）、其他资源（Other Resources，OR）七大类，如图 8.3 所示。各类制造资源间不是孤立的，处在不同层次的制造资源，可能是相同或相近的制造资源，如图 8.3 中的 A-a 及 B-B；也可能是有联系的制造资源，如企业利用某一软件资源和人才资源分析某一设备加工某种物料的过程，如图 8.3 中的关联制造资源 1-2-3-4。

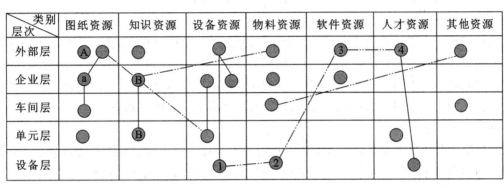

图 8.3　基于类别和环境层次的数字制造资源分类

为了进一步理解各类数字制造资源所包含的具体制造资源，将制造资源进一步细分，分类层次模型如图 8.4 所示。

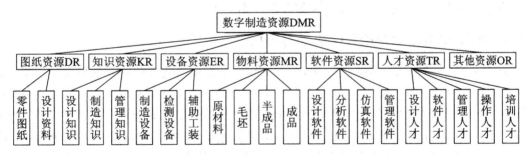

图 8.4　数字制造资源分类模型

（1）图纸资源（DR）

在许多机械制造企业中，零件信息都是以图纸形式呈现的，设计人员通过查询相应的零件图纸和设计手册等完成设计过程。因此，图纸资料的共享是制造企业制造资源共享的重要内容。

（2）知识资源（KR）

知识资源是企业的核心制造资源，也是企业竞争优势的根本性制造资源，包括产品设计，制造过程中具体的原理、方法、实施经验等，也包括企业解决关键难题的技术积累和问题知识库等。通过对知识资源的共享，提高对知识资源的重复利用水平，协助研发和制造人员进行产品的研发和制造,缩短产品的研发和制造时间。

（3）设备资源（ER）

设备资源主要是在设备层上,为制造资源需求者提供制造服务的制造设备、工装,包括数控机床、普通机床、夹具以及生产车间辅助完成产品铆焊、机械加工、热处理、装配等工艺的加工资源。

（4）物料资源（MR）

物料资源是指完成产品制造所需要的原材料、毛坯、半成品、成品等制造资源的集合,可按一定的资源属性和标准进一步细分,如金属材料、非金属材料及复合材料等。物料资源的共享能够降低物料的库存量,减少呆料、滞料,提高物料的利用水平。

（5）软件资源（SR）

软件资源是制造企业产品生产全生命周期过程中与设计、分析、制造和管理等相关的软件资源的集合。从功能属性的角度,可将其划分为设计软件、分析软件、工艺软件和管理软件等。通过这些软件资源的共享,一方面可以减少对软件资源的投资费用,另一方面也可以实现对软件资源信息的共享利用,充分利用闲置的软件资源来提高设计研发效率。

（6）人才资源（TR）

人才资源是指在产品生产的各个阶段进行各专业技术和领域研究的人员和专家。根据产品全生命周期的不同阶段,可将人才资源细分为营销人才、设计人才、分析人才、工艺人才、制造人才、管理人才等。在人才资源共享的基础上,能及时获知各类人才的情况,满足制造企业对特殊领域人才的专门需求。

（7）其他资源（OR）

其他资源是指不直接参与制造资源活动的制造资源的总称,如辅助安全设施、后勤保障、日志信息等与其他六类制造资源不相关的制造资源。

8.1.3　数字制造资源智能管控的架构模型

制造企业以客户订单为驱动进行生产,订单执行过程中制造资源的共享程度决定了企业的订单收益和交付质量。因此,在数字制造环境下,数字制造资源智能管控的实质是对订单执行过程的制造资源的管理,具体体现为与订单相关的一系列制造资源的匹配和共享。通过对与订单相关的数字制造资源进行共享和匹配,组建基于订单的数字制造资源共享的综合方案,在网络环境下实现跨组织的数字制造资源协同与共享。基于以上认识,可建立基于客户订单的数字制造资源共享模型,如图8.5所示。该共享模型的主要特点体现在以下三个方面：

① 体现了以数字制造企业为核心,基于客户订单的制造资源共享过程。数字制造企业获取订单后,结合订单进度计划和产品物料清单（Bill Of Material,BOM）结构对订单任务进行分解,形成订单任务链,同时将任务发布,通过与企业私有制造资源及网络环境下的经过描述和封装的数字制造资源服务进行匹配,组建制造资源链,完成订单的服务过程。

② 对数字制造企业而言,一方面可利用自身的制造资源为客户订单服务,同时也可将自身富余的制造资源进行共享,为其他企业服务；另一方面可利用网络环境下广泛的数字制造资源服务客户订单。这一过程体现了"分散资源集中使用,集中资源分散服务"的思想。

③ 在对订单任务链和制造资源链进行匹配的过程中,拥有广泛的数字制造资源,提供了

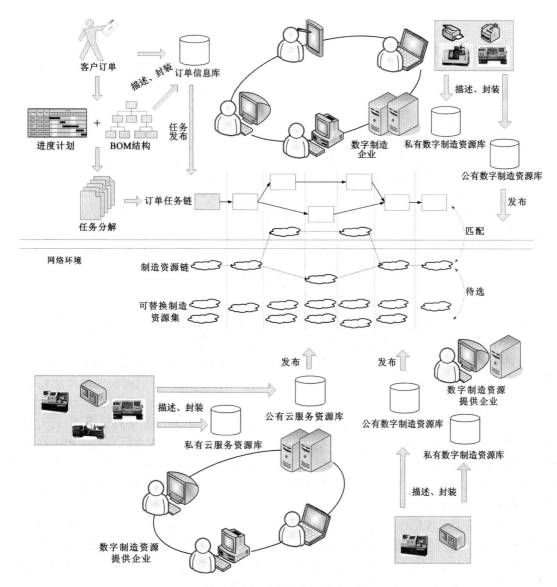

图 8.5　基于客户订单的数字制造资源管控架构

更加灵活的数字制造资源共享途径和手段。

8.2　数字制造资源智能管控模型

8.2.1　数字制造资源智能管控的基本流程

数字制造资源智能管控主要是围绕客户需求所进行的一系列设计、计划、采购、加工、装配、发运等活动[1],图 8.6 表明了某典型数字制造企业在供应链上资源活动的全过程。这些活动集中在企业内部各职能部门及制造车间之间,企业与外部原材料供应商、外协制造商及物流供应商之间,通过需求的传递,完成不同主体、不同阶段对基于客户需求的数字制造资源的转化和实现。

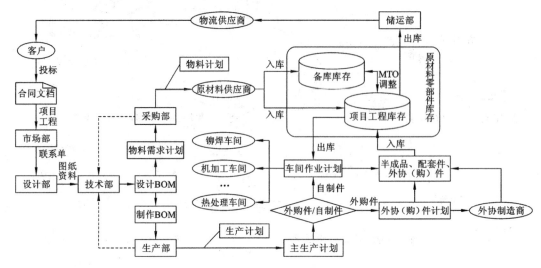

图 8.6　数字制造资源智能管控的基本流程

从图 8.6 中可以看出，数字制造企业通过市场部组织投标，获取客户订单后，客户的订单将以项目工程的形式立项，同时将需求传递至设计部。设计部接收到市场部的联系单后，按已有产品结构，结合客户新的需求对产品进行设计和改进，完成的图纸资料发送到技术部。技术部根据图纸资料对 BOM 进行转化，划分成材料和制作 BOM 主线，分别由采购部完成物料采购、生产部完成产品生产。

采购部的物料采购计划分为两种类型，一种是已有项目工程提交的物料需求计划，入库时进入项目工程库存，另一种是提交的物料备库计划，入库时进入备库库存。项目工程库存和备库库存之间可以通过 MTO(Make To Order) 进行调整，即在项目工程完工后，可将项目工程库存中的物料库存调整至备库，以便其他项目工程占用；备库库存中的物料可调整至项目工程库，以实现物料的占用。

生产部根据制作 BOM 完成主生产计划的编制，对于外协零部件，选择合适的外协制造厂商进行加工；对于自制件，拟定车间作业计划，将计划分配到不同的车间，各车间将按计划从项目工程库存中领用物料进行生产加工。项目工程完工后，储运部将根据发运计划，通过物流供应商将产品交付至客户。

通过对制造资源的智能管控，有助于提升数字制造企业在制造资源管控过程中决策的智能化，主要实现以下几个方面的目标：

(1) 扩展数字制造资源的使用范围

企业的制造活动离不开供应商的参与，这些供应商包括原材料供应商、外协供应商、物流供应商等，企业从供应商处获取相应的数字制造资源完成产品的生产和制造。由于数字制造企业所管理的各类供应商资源是有限的，而每个供应商所能提供的制造资源也是有限的，因此通过对数字制造资源的智能管控，扩展数字制造企业资源的来源范围，从而选取优质的制造资源为企业服务。

(2) 提升数字制造资源信息的传递

车间作为企业经营活动的最底层，担负着企业产品的制造的重任。企业多利用手工单据或电子文档的形式传递生产制造信息，导致制造车间与库房、企业管理层等部门之间共享信息的困难。采用人工台账管理车间制造资源的方式导致车间制造资源信息不透明,对人员的依赖程度高,如信息传递不及时,可能导致企业决策层一系列计划失效。同时在车间生产过程中存在大量的制造资源,种类繁多,并且有部分资源是关键制造资源,信息的闭塞加剧了产品生产过程的不可控,无法高效利用制造资源,削弱了制造资源的使用价值,通过数字制造资源的智能管控可实现信息的高效共享和传递。

(3)减少原材料制造资源库存的积压

原材料资源的积压是数字制造企业所面临的重要问题。对企业而言,原材料积压的原因主要有三种:物料计划取消或变更,在无法退货的情况下导致的库存积压;采购计划变动形成的库存积压;对某些原材料,如钢材、标准件等,设置的安全库存过高导致库存积压。这些库存的积压导致大量的呆滞物料,增加了企业的库存成本。这一部分呆滞物料的处理成为企业的棘手问题。以折扣方式退货给供应商、维持原状或以坏账来处理,都会造成企业的利益损失。而通过对数字制造资源的智能管控,能提前对原材料资源的富余进行提前预警和决策,从而有效减少原材料制造资源库存的积压。

8.2.2 数字制造资源智能管控的可重构模型

对数字制造资源智能管控的可重构问题,关键是数据的集成和流程的可重组。可从数据集成和流程重组的角度来构建数字制造资源智能管控的可重构模型。

(1)基于数据传输中间件的数据集成技术

企业资源智能管控数据的集成是将不同来源、格式、特点的数据在逻辑或物理上进行集中,提供较为全面的信息共享。目前,在数字制造企业的生产经营活动中,使用了多种信息化管理软件,如 PDM、ERP、OA 等,这些系统在物理上分离,但在数据逻辑上关联紧密,由于数据共享程度不高,存在很多重复性工作,这是企业的基本现状。同时数字制造企业在制造过程中的协同迫切需要实现多个系统间的数据集成。在数据集成方面,常用的方式是联邦模式和中间件模型[2-3]。联邦模式能够为用户提供统一的视图,但是需要在统一的数据库架构下同时对多个异构数据库进行访问和控制,因此各系统的封装实施起来比较困难;中间件是独立于异构数据库和应用程序之间的软件,其主要作用是实现信息的传递,在实施上较为容易。为了实现数字制造资源智能管控的数据集成,可以通过可配置的数据传输中间件,来满足数字制造资源智能管控的数据集成需求,该中间件的主要特点是根据用户的需求,通过简单的配置就可以实现数据在不同系统的传递,从而达到信息共享的目的。图 8.7 所示为数据传输中间件的基本工作流程。

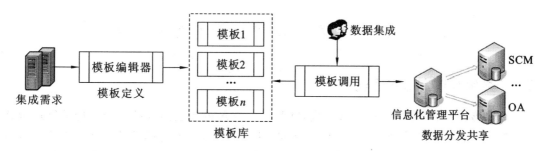

图 8.7 基于数据传输中间件的数据集成过程

（2）基于权限与重构的流程重组技术

由于制造过程中数据的流转在不同的企业、不同的信息系统中存在差异，并且随着时间的推移，企业需要对其流程进行变更、优化和重组。例如，企业在对制造资源进行财务核实时，传统的收票流程是：供应商开票→储运部确认发票和入库单信息→纸质版传递到采购部确认→财务部添加发票信息→财务部钩稽发票。在这一流程中，储运部和财务部存在重复性的工作，储运部已确认发票信息，而财务部还需要重新添加后再审核。优化后的收票流程是：供应商开票→储运部添加发票信息→纸质版传递到采购部确认→财务部审核钩稽发票，这样就减少了储运部和财务部的重复性工作。同时，企业在单据审批时，为了保证审批的合理性和效率，在审批的权限和流程上也存在重组和优化。因此，数字制造企业资源智能管控模型需要具有柔性，能通过简单的配置快速适应流程重组的变化需求，具体的流程如图 8.8 所示。该配置方法的主要特点是权限和流程配置相结合，配置方法柔性化，对于重组或新增的流程，由管理员设置数据的流转模式，如串行、并行、串并综合等，并确定处理人员，每一个人员对应不同的角色和权限。在实际应用中，调用相关的审批流程，按照配置的串行、并行或串并综合的模式实现数据的流转。

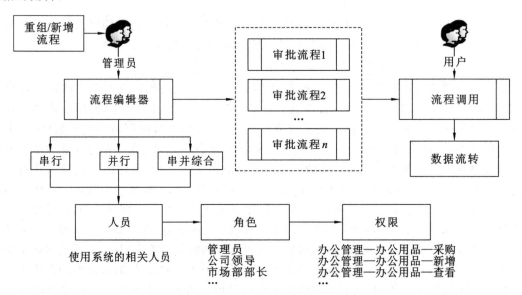

图 8.8 基于权限的流程重构方法

8.3 数字制造资源智能管控建模方法

8.3.1 数字制造资源描述模型

企业的数字制造资源种类多、数量大，并且存在物理范围上的分散性及功能特征的异构性。对数字制造资源的管理、组织、匹配和计划，以及制造资源本身的功能性约束对产品的设计、规划、生产和控制都有重要的影响。通过建立合理的数字制造企业资源智能管控的架构模型，分析最优化的数字制造资源的共享，有利于提高制造资源的检索率和制造资源的优化管理，从而提高对数字制造企业制造资源的共享效率。

为了便于数字制造企业对制造资源管控模型的建立,有必要对数字制造企业相关的制造资源、活动等进行描述。

定义 1:数字制造资源集(Digital Manufacturing Resources Set,DMRS)

数字制造资源集是指企业生产的各个阶段,其内部所拥有的制造资源及与之相关的其他企业制造资源的总和,用于描述与数字制造企业相关的制造资源。假定数字制造资源集 $DMRS$ 中有 n 种资源,资源个体用 R_i 表示,则数字制造资源集合可表述为:

$$DMRS = \{R_i \mid i = 1, 2, \cdots, n\} \tag{8-1}$$

定义 2:环境层次(Environment Level,EL)

环境层次是指数字制造企业的制造资源所处的不同层次。数字制造企业的环境层次可划分为设备层、单元层、车间层、企业层、外部层五个层次递阶系统,其中前四层为企业内部制造环境,第五层为外部制造环境。定义制造环境层次为 cc_j,其中 $j \in \{1,2,3,4,5\}$,依次表述为从第一层至第五层,则环境层次可表述为:

$$CC = \{cc_j \mid j = 1, 2, 3, 4, 5\} \tag{8-2}$$

定义 3:资源活动(Resource Activity,RA)

资源活动是指用以支撑数字制造企业完成产品全生命周期过程的制造资源的不同活动阶段。在数字制造企业中,大多以客户订单需求作为驱动,完成投标、设计、分析、计划、采购、加工、入库、质检、装配、发运、售后等一系列制造活动。定义某一资源活动为 ra_m,假定有 p 种活动,其中 $m \in \{1,2,\cdots,p\}$,依次表述为从第一层至第 p 层,则资源活动可表述为:

$$RA = \{ra_m \mid m = 1, 2, \cdots, p\} \tag{8-3}$$

定义 4:资源漂移(Resource Drifting,RD)

资源漂移用于描述某时段内加入和退出数字制造企业环境的制造资源,是与时间相关的制造资源集合。定义某时段 $[T_1, T_2]$ 内制造资源漂移集合为 $RD(T_1, T_2)$,则资源漂移可表述为:

$$RD(T_1, T_2) = \{R_k ed_k \mid k \in n\}$$
$$rd_k = \begin{cases} 1 & R_{kin} \\ -1 & R_{kout} \end{cases} \tag{8-4}$$

定义 5:活动资源集(Activity Resource Set,ARS)

活动资源集是描述数字制造企业制造活动所需的制造资源的集合。在数字制造环境下,由于需求发布时刻 T_1 与需求确认时刻 T_2 之间存在异步性,即消费方发布需求后,需要经过供需双方的协商才能达成最终协议。由于服务的并发性,在 $[T_1, T_2]$ 时段内,会有相应的数字制造资源加入或退出数字制造资源集。因此,对于某一企业资源活动 ra_m,其可用的数字制造资源集合为:

$$ARS(ra_m) = DMRS - RD(T_1, T_2) \tag{8-5}$$

定义 6:可替代资源集(Replaceable Resource Set,RRS)

可替换资源集是针对某一数字制造资源的特定制造能力,可实现在制造能力上等价替换的制造资源的集合。对于某制造能力,需求资源和可替换资源是一种充要关系,即需求资源和可替换资源之间对于该制造能力可实现互换,图 8.9 表明了二者之间的关系。利用可替代资源集 RRS 可以在某制造资源紧张或冲突时,快速匹配出相应可替换的制造资源,以满足需求资源的制造能力。RRS 可用表示为:

图 8.9　需求资源与可替换资源

$$RRS = \{rr_i, \text{Capacity}, RRS_i\} \qquad (8\text{-}6)$$

其中，rr_i 为需求的制造资源，Capacity 为 rr_i 对应的制造资源能力，RRS_i 为满足 rr_i 制造能力 Capacity 的制造资源的集合。

综合以上定义，可将数字制造企业的制造资源结构表述如图 8.10 所示。图中描述了不同资源活动 RA，不同环境层次 EL 下制造资源 $DMRS$ 的描述、封装、注册及需求的发布和确认。同时数字制造资源不断加入和退出数字制造企业环境，数字制造企业利用企业内部私有数字制造资源及外部环境的公共数字制造资源协同完成不同的资源活动。

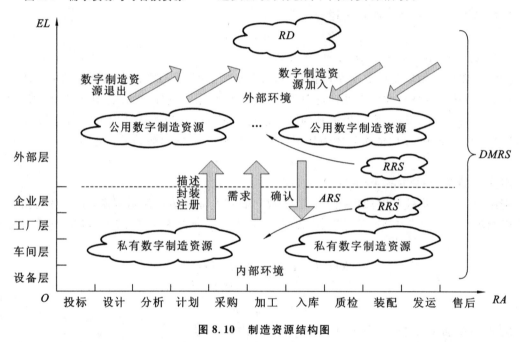

图 8.10　制造资源结构图

8.3.2　数字制造资源智能决策方法

数字制造资源智能决策主要体现在对数字制造资源的选择和匹配上，即基于数字制造资源需求的制造资源组合优化决策。组合优化问题（Combinatorial Optimization）是在建立数学模型的基础上，利用数学方法在模型离散解空间寻求最优组合、分配、次序等。该模型的一般形式可描述为：$\text{Min} F(X)$；$s.t.\ G(X) > 0$，$X \in D$，其中 D 为离散解空间集合，X 为解空间的子集。在求解该模型时，根据解空间 D 的规模，主要分为确定性和启发性两种算法。

对于制造资源组合优化问题而言，其主要目标就是在数学模型的基础上结合某种优化算法对制造资源进行合理组合，以满足某种既定的优化目标。针对组合优化问题，常用分支定界、线性规划、层次分析法、遗传算法、神经网络、粒子群算法等方法进行求解。对制造资源的组合优化问题，在制造资源数量和规模较小时，可采用整数线性规划等一些确定性算法进行求解。在制造资源环境层次扩展的情况下，制造资源组合解空间呈现"组合爆炸"的趋势，确定性算法求解效率低下甚至无法求解，一些启发式算法常用于制造资源组合优化问题。

1. 数字制造资源组合优化的多目标体系

聚类方法的特征指标是进行聚类分析的关键，也是数字制造资源组合优化的目标。在数字制造企业中，成本和工期是企业管理者关注的重点。除此之外，产品质量也是项目最终交付的重要指标，数字制造企业会定期对供应商的信誉、质量等因素进行权衡，以选择最优的供应商提供的制造资源。所有制造资源的使用都伴随着制造资源的消耗，从构建"节约型社会"角度看，企业有责任以最低的制造资源能耗完成客户需求。

综合以上的分析，结合对数字制造资源的分类和描述，确定以使用成本（Cost）、交易期（Time）、信誉度（Prestige）、资源能耗比（Power）四个指标对数字制造资源进行聚类，定义为CTSP多目标体系。

（1）使用成本 C

从数字制造资源提供者的角度，某种制造资源的成本是固定的。因此，从制造资源使用者的角度来看，使用成本 C 可划分成两部分，一部分是与制造资源有关的固定成本，另一部分是与距离 s 有关的可变成本。对于确定的企业来讲，使用某种数字制造资源的成本是固定的。假定数字制造资源 R_i 的固定成本为 $f(R_i)$，需用数量为 $fNum$，可变成本为 $f(R_i,s)$，则数字制造资源 R_i 的使用成本可由式（8-7）描述，即：

$$C(R_i) = fNum * [f(R_i) + f(R_i, S)] \tag{8-7}$$

（2）交易期 T

交易期 T 是指从制造资源的需求方将数字制造资源需求发送给制造资源提供方开始，到需求方能享受数字制造资源服务这一过程的时间。在制造资源使用过程中，更短的交易期一方面能保证资源提供方制造资源的竞争优势，另一方面也便于需求方及时满足对制造资源的需求，完成项目的交付。假定交易期 $T(R_i)$ 是与需用数量 $fNum$ 及资源本身的交易期 $f(T_i)$ 有关，可表示为：

$$T(R_i) = fNum * f(T_i) \tag{8-8}$$

（3）信誉度 S

由于制造资源质量问题以及合同、协议等履行的延误导致的索赔现象在数字制造企业时有发生，这使得三方（数字制造资源需求方、提供方、业主）的利益都可能遭受损失。因此，信誉度是数字制造企业选择数字制造资源时需要考虑的重要指标。这里的信誉度包含多个方面，一是数字制造资源的质量等级，二是供需双方合作的默契程度，可以通过历史合作成功率来考量。信誉度 S 的评价值在 $0\sim1$ 之间，评价值越高，信誉度越好。

（4）资源能耗比 P

资源能耗是指完成某数字制造资源所消耗的资源。可将资源能耗比定义为企业为完成某种制造资源的资源能耗与同类制造资源的平均资源能耗的比值。

2. 数字制造资源组合优化问题建模

数字制造资源的组合优化问题可描述为：在面向客户订单生产的过程中，假定某一订单被分解成相互关联的 n 个原子任务。这 n 个原子任务以并联或串联的方式构成一个链状网络，这里定义为订单任务链，用 Net 表示，如图8.11所示。对于单个的原子任务 N_i，存在对使用数字制造资源的期望使用成本 EC_i、交易期 ET_i、信誉度 ES_i 和资源能耗比 EP_i，共同构成了对

N_i 的数字制造资源期望集合 $\{EC_i, ET_i, ES_i, EP_i\}$。为完成原子任务 N_i,与之相关的数字制造资源集合为 $DMRS_i$,对于其中的制造资源个体 R_{ij},其使用成本为 C_{ij}、交易期为 T_{ij}、信誉度为 S_{ij}、资源能耗比为 P_{ij},同时对 $DMRS_i$ 的聚类形成 m 个聚类中心,用 H_i 表示,其聚类指标为 $\{C_{ij}, T_{ij}, S_{ij}, P_{ij}\}$。优化目标可描述为:在保证满足单个 N_i 使用制造资源期望值 $\{EC_i, ET_i, ES_i, EP_i\}$ 的前提下,使得 Net 的综合数字制造资源使用目标 $\{C_{Net}, T_{Net}, S_{Net}, P_{Net}\}$ 最优。为了便于问题的形式化描述,进一步说明如下。

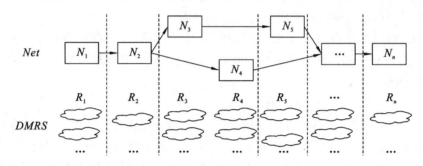

图 8.11　数字制造资源组合优化模型

① 数字制造企业的客户订单被分解成多个不可再分的原子任务,每个原子任务只对应一种数字制造资源需求。

② 对于订单任务链 Net,其使用成本、资源能耗比的评估均以对个体 N_i 的评估进行累加。而在信誉度的评估上,由于订单任务 N_i 之间存在先后关联,每种制造资源的信誉度都会影响整个 Net 的信誉度。因此,采用平均值评估法对 Net 进行评估。交易期不同于使用成本、资源能耗比和信誉度,在订单任务链 Net 的串联分支中,交易期累加,而在并联的支路中,最大交易期决定了并联支路的交易期。因此,对于 T_{Net} 采取"并联取最大,串联相乘"的评估方法。

③ 假设某原子任务存在既定的数字制造资源集合,并且资源充足,不存在某种数字制造资源的短缺,对原始的数字制造资源集合进行基于期望的聚类和初选。

这里描述的数字制造企业的制造资源组合优化问题是基于使用成本、交易期、信誉度和资源能耗比的多目标优化问题,以下是对订单任务链 Net 的子目标分别表述。

使用成本:

$$C_{Net} = \sum_{i=1}^{n} C_i \tag{8-9}$$

交易期:

$$T_{Net} = \sum_{i=1}^{p} (\otimes T_i) + \text{Max}\{\oplus T_j \mid j \in [1,q]\} \tag{8-10}$$

信誉度:

$$S_{Net} = \frac{1}{n} \sum_{i=1}^{n} S_i \tag{8-11}$$

资源能耗比:

$$P_{Net} = \sum_{i=1}^{n} P_i \tag{8-12}$$

以上各式中,C_{Net}、T_{Net}、S_{Net}、P_{Net} 分别表示订单任务链 Net 的使用成本、交易期、信誉度和资源能耗比;C_i、T_i、S_i、P_i 分别表示某订单任务 N_i 使用数字制造资源对应的使用成本、交易期、信誉度和资源能耗比；$\otimes$表示 *Net* 的串联支路，$\oplus$表示 *Net* 的并联支路；p表示串联支路数，q表示并联支路数，这些数目的取值与具体的 *Net* 网络结构有关。

数字制造资源组合优化的目标是基于使用成本、交易期、信誉度和资源能耗比多目标综合最优，如式(8-13)所示。式(8-14)表示选择的数字制造资源不能低于期望值，式(8-15)表示选择的数字制造资源指标渐进于其聚类中心，由于聚类中心表示的数字制造资源可能并不是实际存在的数字制造资源，式(8-16)表示选择的数字制造资源必须限制在已有的数字制造资源集合中。

综合以上的分析，完整的数学模型描述如下：

$$\mathrm{Min}F_{Net} = \sum_{i=1}^{n}\left[f(C_i), f(T_i), f(1-S_i), f(P_i)\right] \tag{8-13}$$

$$\mathrm{s.\,t.}\quad EC_i - C_{ij} \geqslant 0, T_{ij} - ET_i \geqslant 0, S_{ij} - ES_i \geqslant 0, P_{ij} - EP_i \geqslant 0 \tag{8-14}$$

$$R_i\{C_i, T_i, S_i, P_i\} = d(H_i\{CH_i, CT_i, CS_i, CP_i\}) \tag{8-15}$$

$$R_{ij} \subset DMRS_i, i \in [1, n] \tag{8-16}$$

8.3.3　数字制造资源智能监控模型

数字制造企业为了实现制造资源执行过程中状态实时监控，在物联网感知设备和数字制造资源信息采集的支持下，需要执行四个阶段的工作，即生产任务执行过程实时数据获取、实时数据的预处理、生产任务执行过程状态信息融合和制造信息多视图，其框架如图 8.12 所示。通过数据采集、预处理与融合之后，获得生产任务在数字制造企业多主体中从物流、质量，到进度、成本等多样性和从任务执行现场、车间，到部门、企业等多层次的业务数据信息。通过合理地设计多样、多层次的信息显示模型，同时支持多样化的可视化终端以方便不同用户随时随地地对业务信息进行实时、安全的访问。

8.3.4　数字制造企业制造资源智能管控评估模型

数字制造企业制造资源的评估也是制造资源智能管控的重要部分。制造资源的评估主要是指在数字制造资源智能管控的过程中对资源的使用效率和性能的评价。数字制造企业在客户订单的需求下进行企业运作，多个订单同时执行，数字制造资源配置的效率不仅是企业资源使用能力的体现，而且是企业管理水平和运行情况的体现。因此，如何对数字制造企业资源的智能管控的过程进行有效的评价，是一个值得研究的重要课题。

为了实现对数字制造资源智能管控的评估，需要建立针对数字制造企业制造资源智能管控的评估指标体系和模型。从数字制造资源智能管控的过程来看，可从执行前、执行中和执行后这三个方面建立评估指标体系对数字制造资源智能管控的过程进行综合评估。

（1）执行前指标

执行前指标主要指在数字制造资源匹配阶段的指标，包括制造资源使用成本、质量、信誉度、可靠度等制造资源优选匹配指标。

（2）执行中指标

执行中指标主要指在数字制造资源执行过程中的指标，包括进度控制、异常预警、信息传递等制造资源执行控制指标。

（3）执行后指标

执行后指标主要指在数字制造资源执行完毕后的指标，包括实际的完工时间、完工质量、

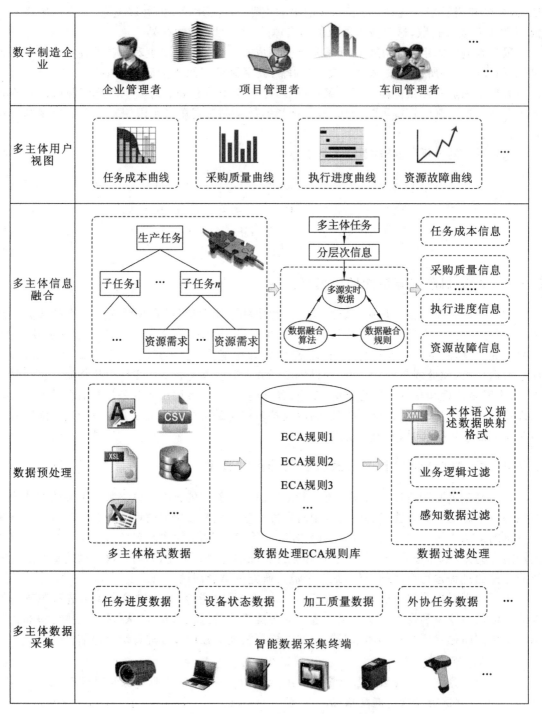

图 8.12　数字制造企业的制造资源监控框架

维护成本等后期指标。

　　在以上评估指标体系的基础上,可建立数字制造企业的制造资源智能管控评估模型,如图 8.13 所示。该评估模型体现了数字制造资源智能管控的过程中,对制造资源全生命周期的综合评估。

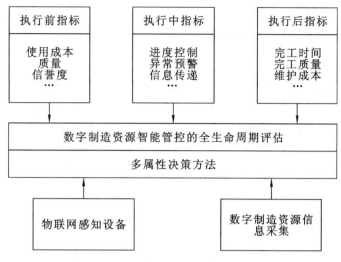

图 8.13 制造资源智能管控的全生命周期综合评估

8.4 数字制造资源智能管控系统

8.4.1 数字制造资源智能管控系统需求分析

近年来,随着制造企业的发展以及行业的整合,制造业市场竞争更加激烈,同时客户对产品的个性化要求更高,产品交货期更短。企业一方面由于制造资源的短缺而导致项目交货期的延误,另一方面又由于制造资源的富余而导致的制造资源闲置,特别是设备的闲置和库存的积压。这两方面的矛盾迫使企业需要实现更高程度的制造资源共享。在数字制造企业中,具有更广泛的制造资源,对数字制造企业的制造资源进行共享和管控,不但利用了更为广泛的制造资源,保证企业对制造资源的需求,而且可以将企业闲置的制造资源进行共享,实现最大化的制造资源利用。为了满足数字制造企业的制造资源管控和共享要求,数字制造资源智能管控系统应满足以下三个方面的需求和目标。

(1) 实现对数字制造资源的共享

对数字制造资源的共享需求主要包括:用户注册,满足不同企业用户对数字制造资源共享系统的使用;数字制造资源的发布,企业用户能够将企业制造资源进行发布;数字制造资源的检索,实现制造资源需求者对制造资源的检索;制造资源的匹配,实现企业对数字制造资源共享系统中制造资源的优化选择。

(2) 满足对数字制造资源执行过程的监控

由于数字制造资源执行过程的异域性,企业内部制造资源执行情况不能完全体现出客户订单的执行情况,制造资源执行过程的进度需要综合企业内和企业外的执行情况。数字制造资源提供者通过数字制造资源共享系统将进度等信息实时反馈给制造资源使用者,实现企业对客户订单进度计划的全面控制。

(3) 实现数字制造企业信息化系统的集成

在数字制造企业制造资源管理和订单执行的过程中,会涉及企业的数字化管理平台、办公自动化等系统。企业信息化系统的集成,有利于实现部门间、企业间信息资源的共享,减少数据的重复工作,保证数据的一致性。

8.4.2　数字制造资源智能管控系统架构

　　Web 服务的数据封装完整、耦合程度低,其标准化的协议为异构信息的共享和信息集成提供了有效的解决方法。Web 服务作为一个标准化的接口,服务使用者无需了解服务的具体结构,只需要将功能需求与 Web 服务的内容相匹配,为数字制造企业资源共享和管控提供有效的途径。根据数字制造企业资源管控的内容,强调基于客户订单的数字制造资源共享过程,提出基于 Web 服务的数字制造企业的制造资源共享系统总体架构,如图 8.14 所示。该体系架构主要分为六个层次,即系统环境层、系统数据层、Web 服务层、WSRF 层、功能配置层和系统表示层。

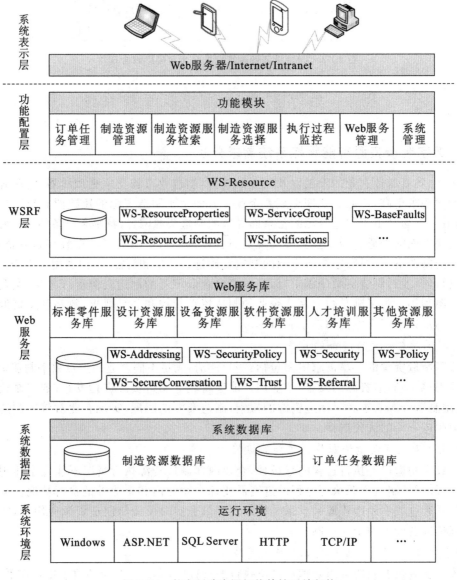

图 8.14　数字制造资源智能管控系统架构

(1) 系统环境层

系统的运行必须建立在一定的运行环境基础上,涵盖支撑系统运行的各种软(硬)件资源,如计算机硬件平台、数据库系统、应用服务器、软件操作系统、用户浏览器等。系统环境层必须为系统的运行提供一个安全可靠的 Web 环境。

(2) 系统数据层

系统数据层主要是对系统的数据进行存储和管理,并提供安全的数据访问机制。该系统中的数据可分为两种主要类型,一种是与制造资源相关的数据,另一种是与客户订单相关的数据。这两种数据都是动态的,记录了数字制造资源与订单任务建立匹配关系后,订单执行全过程的信息。

(3) Web 服务层

Web 服务层提供了不同数字制造资源服务的集合,有效屏蔽了数字制造企业之间异构、复杂的数字制造资源,如标准零件服务、设计资源服务、设备资源服务、软件资源服务、人才培训服务等,这些服务按照 Web 服务规范,主要对 WS-Addressing、WS-SecurityPolicy、WS-Security、WS-Policy、WS-Trust、WS-SecureConversation 和 WS-Referral 等进行描述。服务使用者通过调用相应的服务,就可以满足对数字制造资源的功能需求,并对服务的执行过程进行监控。

(4) WSRF 层

WSRF 层集成了不同 WS-Resource 服务,构成 Web 服务资源框架(Web Services Resource Framework,WSRF)。对于某一 WS-Resource 而言,是无状态的 Web 服务与有状态的资源的组合,从而实现使用无状态的 Web 服务来操作有状态的制造资源。WSRF 标准由 WS-ResourceProperties、WS-ResourceLifetime、WS-ServiceGroup、WS-BaseFaults、WS-Notifications 五部分的规范组成。

(5) 功能配置层

功能配置层作为系统的核心,重点关注基于客户订单的数字制造资源的共享过程,为数字制造企业的制造资源共享过程提供支持。数字制造企业制造资源共享系统围绕客户订单完成一系列制造资源的描述、发布、匹配、选择和监控。因此,制造资源共享系统必须具备以下一些基本功能:

① 订单任务管理。管理制造企业的客户订单,合理组织订单任务链,为数字制造资源服务的匹配提供选择的依据。

② 数字制造资源管理。将分散的制造资源进行集中的管理,方便用户的查询和使用。数字制造资源服务提供者能共享相关的制造资源信息,如设备类型、主要参数、加工范围、加工过程等信息,并能实现制造资源的分类管理、发布和编辑。

③ 数字制造资源服务检索。提供关键词或基于语义的数字制造资源检索功能,用户可以通过多种条件查询所需要的数字制造资源。

④ 数字制造资源服务选择。结合订单任务的制造资源需求,对检索的数字制造资源服务

进行优化选择,以优质的云制造资源完成企业订单任务的交付。

⑤ 数字制造资源执行过程监控。由于数字制造资源的执行在企业内和企业外进行,因此,需要对企业内部和外部的制造资源执行过程进行有效的监控,以满足对客户订单总体进度的控制。

⑥ Web 服务管理。通过 Web 服务的注册,将物理制造资源表述为逻辑制造资源,便于计算机的识别和调用,并利用新一代 Internet 技术标准:通用描述、发现与集成服务 (Universal Description,Discovery and Integration,UDDI)来解决 Web 服务的发布和发现问题,建立数字制造资源的组织与管理方案。

⑦ 系统管理:对制造资源共享系统中的基础信息进行维护,包括系统基础信息的维护、服务的权限更改等。

（6）系统表示层

系统表示层是企业用户与制造资源共享系统进行信息交互的平台。系统采用 B/S 模式,在 Web 客户端的应用程序,用户通过表示层,实现数据信息的录入、查询和修改,并且将不同的角色权限分配给用户,实现不同级别的系统访问需求。

8.4.3　数字制造资源智能管控系统应用案例

为了满足数字制造企业制造资源共享的要求,数字制造企业资源智能管控系统应满足第8.4.1节中提出的三个方面的需求和目标。案例企业为某建材装备制造企业,该企业是国内某知名建材集团企业下属子公司,主要生产各式管磨机、回转窑、立磨、堆取料机、选粉机、辊压机、算冷机、收尘器、水泥冷却器、预热器、回转烘干机等水泥设备以及钢结构,在生产规模方面处于国内同行领先地位。

案例企业的制造资源智能管控系统的功能模块主要按部门划分,主要包括待办事宜、办公管理、考核管理、市场管理、技术管理、采购管理、生产管理、质量管理、储运管理、财务管理、合同管理、安全管理等模块。系统功能结构如图 8.15 所示。

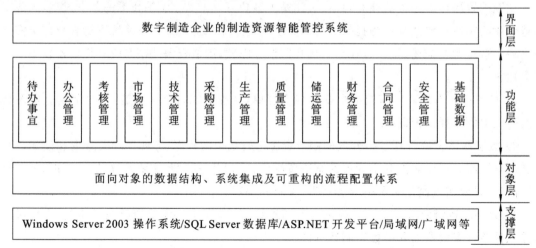

图 8.15　系统功能结构

图 8.16 所示为项目的添加界面,在合同投标完成后,由技术管理人员添加项目信息,包括项目的名称、编号、日期等。

图 8.16 项目创建界面

技术管理人员完成项目的添加后,技术部根据设计院(部)的项目图纸划分任务,添加相应的生产制号,如图 8.17 所示,并将任务分配给相应的技术员。

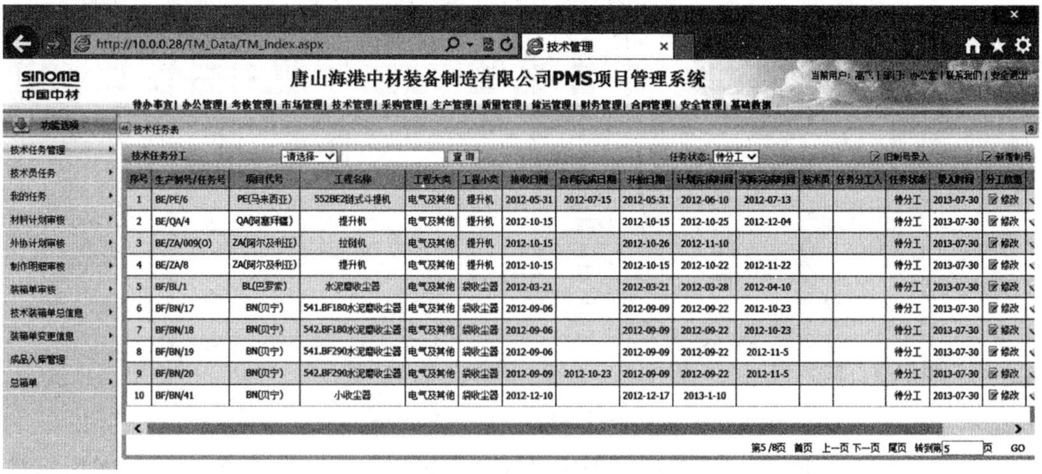

图 8.17 生产制号添加界面

技术员在接收到任务后,进行技术准备工作,包括零件清单的录入(图 8.18)、材料计划的生成和审批(图 8.19)以及装箱单的制作(图 8.20)。

图 8.21 所示为各部门汇总到采购部的物料需用计划,由储运部进行库存的占用和代用后,由采购部进行购买,询比价及订单管理分别如图 8.22 和图 8.23 所示。

图 8.24 所示为生产部月生产进度管理界面,生产部可以根据技术部提交的装箱单及其工程量信息,结合月生产交包对生产制号及项目的进度进行监控。

图 8.18　零件清单录入界面

图 8.19　材料计划的审批界面

图 8.25 所示为质量部报检,各部门提交的报检计划由质量部进行统一质检,对于原材料及成品,需要质检合格后才能入库。

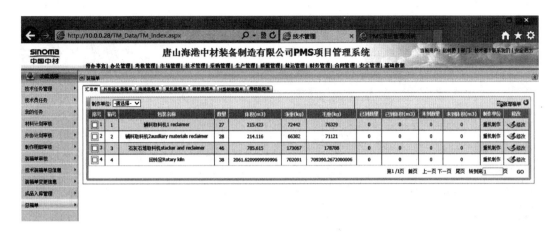

图 8.20 装箱单的制作界面

图 8.21 需用计划汇总界面

图 8.26 所示为储运部库存管理界面,包含物料的基本信息、标识项目归属的计划跟踪号等。储运部根据订单进行入库,按照项目、生产制号进行出库。

图 8.27 所示为合同收支界面,主要包括基于项目的各类合同的金额、收付款比较以及索赔等。

该案例企业中的数字制造资源管控系统以项目为对象,通过对物料流、制作流、资金流的控制,对项目物料的库存、采购、比价、入库、出库等过程进行监控,并应用智能决策的相关方法进行预测和优选,同时严格控制资金的流转,根据项目的执行过程,对资金的异常进行预警,实现了资源管控过程的智能化。

图 8.22　询比价界面

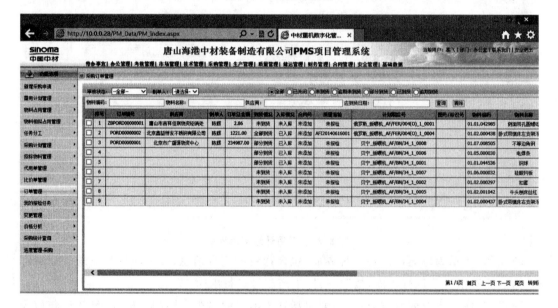

图 8.23　订单管理界面

图 8.24 生产部月生产进度管理界面

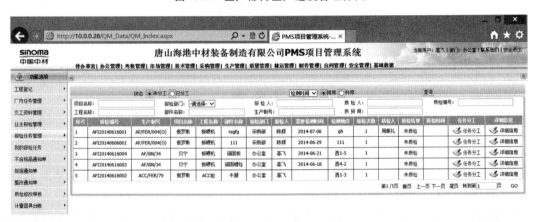

图 8.25 质量部质检界面

图 8.26 储运部库存管理界面

图 8.27　合同收支界面

参 考 文 献

[1] 杜百岗. 云制造环境下的建材装备企业制造资源共享与优化研究[D]. 武汉理工大学, 2013.

[2] 陈小武, 潘章晟, 赵沁平. 网格环境中模式复用的异构数据库访问和集成方法[J]. 软件学报, 2006, 17(11): 2224-2233.

[3] 杨田田, 李世其. 以工作流驱动的 PDM 与 ERP 集成方法研究[J]. 计算机集成制造系统, 2005, 11(11): 1571-1575.

[4] 郭顺生, 杜百岗, 孙利波, 等. 建材装备制造企业数字化管理平台设计与实现[J]. 计算机集成制造系统, 2015, 21(1): 226-234.

[5] 王天日. 云制造模式下建材装备企业制造任务执行关键技术研究[D]. 武汉理工大学, 2013.

9 数字制造的关键技术

数字制造的关键技术涉及的内容包括数字化设计技术、数字产品建模技术、数字化制造工艺技术、数字化控制技术、数字化监测与维护技术、支持产品全生命周期和企业的全局优化运作与管理技术等。

9.1 数字化设计技术

数字化设计技术利用数字化的产品建模、仿真、多学科综合优化、虚拟样机以及信息集成与过程集成等技术和方法，完成产品的概念设计、工程与结构分析、结构性能优化、工艺设计与数控编程。数字化设计的关键技术包括全生命周期数字化建模、基于知识的创新设计、多学科综合优化、并行工程、虚拟样机、异地协同设计等。

9.1.1 数字化产品建模技术

数字建模技术是以计算机能够理解的方式，对实体进行确切定义和数学描述，在计算机内部构造实体模型的技术。

数字建模技术是产品信息化的源头，是在计算机内部表征产品数学模型、数字信息及图形信息的工具，它为产品设计分析、工程图生成、数控编程、数字化加工与装配等提供信息描述与表达方法，是实现 CAD/CAM 技术的前提条件，也是实现 CAD/CAM 一体化的核心内容。产品数字建模技术是基于几何建模技术发展起来的，产品数字模型是以产品几何模型为中心，包含产品全生命周期基本信息的数字化表示。几何建模技术主要有线框建模技术、表面建模技术、实体建模技术和特征建模技术等。

线框建模是利用顶点和边棱线的有限集合来表示和建立物体的计算机内部模型。线框建模是最简单的建模方法。这种建模方法的数据结构简单，信息量小，占用内存空间小，对操作的响应速度快。线框模型的数据结构由一个顶点表和一个棱边表组成，棱边表用来表示棱边和顶点的拓扑关系，顶点表用于记录各顶点的坐标值。由于线框建模只有棱边和顶点的信息，缺少边、面和体等拓扑信息，因此形体信息描述不完整，容易产生多义性，不能正确表达曲面形体的轮廓线。此外，由于没有面和体的信息，不能进行消隐，不能产生剖面视图，不能进行物性计算和求交计算，无法检验实体的碰撞和干涉，无法生成数控加工的刀具轨迹和有限元网格的自动划分。

表面建模是通过对物体各个表面和曲面进行描述的一种三维建模方法。表面建模是将物体分解成表面、边线的有限集合来表示和建立物体的计算机内部模型。表面建模分为平面建模和曲面建模。平面建模是将形体表面划分成一系列多边形网格，每一个网格构成一个小的平面,用一系列的小平面逼近形体的实际表面。曲面建模是把需要建模的曲面划分为一系列的曲面片,用连接条件进行拼接生成整个曲面。相对于线框建模来说,表面建模增加了面、边拓扑关系,因而可以进行消隐处理,剖面图的生成、渲染,求交计算,数控刀具轨迹的生成,有限元网格划分等作业,但表面建模仍缺少体的信息以及体、面间的拓扑关系,无法区分面的哪一侧是体内或体外,也不能进行物性计算和分析。

实体建模是采用基本体素组合,通过集合运算和基本变形操作建立三维立体的过程。实体建模技术是 CAD/CAM 中的主流建模方法。实体建模能够定义三维物体的内部结构形状,完整地描述物体所有几何信息和拓扑信息,包括物体素偶有的点、线、面、体的信息。在实体建模中,面是有界的、不自交的,连通表面,具有方向性,其外法线方向根据右手定则由该面的外环走向确定,其中的环是由有向边有序围成的封闭边界,确定面的最大外边界的环叫外环,按逆时针走向。面中的孔或凸台周界的环叫作内环,按顺时针走向。

特征建模是通过特征及其集合来定义、描述零件模型的过程。特征是指从工程对象中高度概括和抽象后得到的具有工程语义的功能要素。特征建模是建立在实体建模基础上,利用特征的概念面向整个产品设计和生产制造过程进行设计的建模方法。特征建模不仅包含了与生产有关的非几何信息,而且描述了这些信息之间的关系。相对于实体建模来说,特征建模对设计对象具有更高的定义层次,易于被工程技术人员理解和使用,并能为设计和制造过程的各环节提供充分的工程、工艺信息,如材料、尺寸公差和形位公差、粗糙度、装配要求以及工艺、管理等各种属性。

9.1.2　产品数字化协同设计技术

产品数字化协同设计是在计算机技术支持下,由两个或两个以上设计主体(或成员)围绕一个产品设计项目,通过一定的信息交换和相互协同机制并行交互地进行设计工作,最终得到符合要求的产品的设计。协同工作的目标就是要缩短产品开发周期,改善产品质量,降低产品成本,增强产品的竞争能力。协同设计实质上是对并行设计概念的进一步深入,协同设计更注重为协同设计团队或小组提供多种信息交流方式和设计过程监控,强调设计决策过程是一个动态的群体协同行为,注重研究设计活动的动态特性。协同设计体现在各设计实体之间的相互关系:产品过程的协同、设计人员之间的协同、设计人员与计算机系统的协同和计算机系统之间的协同。

协同设计的关键技术主要有协同设计过程规划、协同工作过程控制、信息共享和交流、集成化产品信息模型的建立。协同设计过程规划就是要确定设计子任务之间的时间约束关系和子任务之间的互相依赖关系。子任务的关联性、独立性和协作关系是协同设计过程规划的主要问题。协同工作过程控制是协调设计过程中的各种冲突,管理各个功能小组(或单个设计人员)的活动。它包括项目管理模块、版本管理、通信、冲突解决和存储管理。信息共享和交流是加强各类协同设计人员之间的信息交流,采用多种形式的媒体进行信息表达,如电子邮件、视频、音频、黑板、白板等,在各类设计人员之间建立一个多媒体的协同工作环境。建立集成的产品信息模型的目的在于为产品生命周期的各个环节提供产品的全部信息,它可为设计(包括工程分析和绘图)、工艺、NC 加工、装配和检验等提供共享的产品的全面描述。它不仅包括产品的几何信息,而且包括非几何信息,如制造特征、材料特征、公差标准、表面粗糙度、标准等工艺信息和物性信息,它是产品生命周期中关于产品的信息交换和共享的基础。

9.2 数字化工艺技术

数字工艺是产品工艺过程数字化的一门科学,以工艺过程的知识融合为基础,在数字技术、管理技术及其他相关技术支持下,构建面向企业特定需求的数字工艺系统。其关键技术包括零件特征数据的提取、工艺数据管理以及计算机辅助工艺技术。

9.2.1 零件三维数据提取技术

数字化工艺设计的第一步就是获取零件的特征信息,零件特征是零件开发过程中各种信息的载体,主要包括零件几何特征和工艺特征。几何特征包括零件各基本几何形体的表面特征、结构特征、零件的尺寸、基本几何形体在零件中所处的位置等。工艺特征包括表面粗糙度、形状位置精度要求、形位间的相互位置精度等。特征识别是基于特征信息的系统获取零件特征的最基本方法,其输入是实体模型组件的边界表示,通过特征识别器输出具有某一工程意义的特征,然后应用于下游系统。

1. 零件特征的类别

从设计、加工、制造、管理等不同的角度出发,可以得到零件的多种特征定义。零件特征一般分为以下六类:

(1) 总体特征

总体特征包括标题栏(如零件编号、零件名称、批量、图号等)、车间、选用机床、技术要求、材料等信息,主要用来描述零件在生产管理方面的信息。

(2) 形状特征

形状特征具有某些特定的功能,可以描述具有一定工程意义的几何形状信息,指零件模型上具有一定拓扑关系的一组几何元素所组成的特定形状。零件模型的非几何信息(如材料特征、精度特征等)则作为属性或约束附加在形状特征要素上。所以形状特征是产品特征信息模型中最核心的特征信息。根据形状特征之间的关系又可将其分为主形状特征和辅形状特征。主形状特征简称为主特征,主要用于构造零件的总体形状特征;而辅形状特征,简称为辅特征,则用于对主特征进行局部补充修饰,依附于主特征上。

(3) 精度特征

精度特征一般包括尺寸公差、形状公差、表面粗糙度等,在机加工生产中应用广泛,是实现零件互换和评定产品质量的重要指标。精度特征主要用于定量地描述零件模型几何形状和尺寸的许可变动量和误差。

(4) 材料特征

材料特征主要用来描述零件的一些材料信息,如材料类型,材料的机械、物理、化学等性能以及材料的热处理方式等。

(5) 工艺特征

工艺特征包括零件的表面加工方法、零部件之间的装配及配合关系等,主要用于描述与零件加工制造、装配过程相关的信息。工艺特征使产品模型与制造方法、装配过程关联起来,是形成工艺方案的基础。

(6) 制造特征

制造特征主要包括零件的加工基准、切削用量、加工精度要求、机床、量具、刀具、材料状态等特征信息。制造特征主要用于描述零件制造过程中需要的基本信息,以及加工过程中与制造资源关联的信息。

2. 零件特征的提取

数字化零件可以是通过 Pro/E、SolidWorks、CATIA 等各种三维建模软件建立的零件模型,相关设计信息可以利用软件本身的 API 函数来获取。如采用 SolidWorks 建立的零件模型,其总体信息、尺寸公差信息及其他信息提取方法如下:

(1) 零件总体信息提取

CAD 零件模型的总体信息包括零件名称、材料、质量及体积等,这些信息存储在 CAD 系统的文件属性中,与模型文件关联存在。ModelDoc 对象下 GetTitle 函数可以获取模型自定义属性中的零件名称,GetMassProperties( )方法可以获取模型重量。通过获取自定义属性中 Material 属性可以得到材料名称及密度等参数。

(2) 尺寸公差提取

SolidWorks 中可以输入零件的尺寸公差,公差属性依附于零件模型的尺寸数据中,该软件尺寸对象存储在 Dimension 和 DisplayDimension 两个类中,利用该类的相关方法可以提取模型的尺寸公差信息。用 Dimension 对象中 GetToleranceType()函数可获取尺寸公差类型,GetMaxValue()可提取尺寸公差的上偏差,而 GetMinValue()则可提取下偏差。通过上述函数可以按用户需求提取零件模型的几何尺寸、尺寸公差类型及公差值。

(3) 几何公差提取

几何公差是《产品几何技术规范(GPS)几何公差形状、方向、位置和跳动公差标注》(GB/T 1182—2008)中更改的新术语,即以前的形位公差,包括形状及位置公差。在 SolidWorks 中,可以首先通过 GetSpecificAnnotation()方法获取几何公差对象,再通过 GetFrameValues()函数提取几何公差的基准和公差值,由 GetFrameSymbols()函数提取几何公差符号。

(4) 表面粗糙度等信息

在进行 SolidWorks 建模时,零件表面粗糙度、精度、硬度等信息依附于零件的面上,所以通过提取面上的属性信息就可以得到零件的上述工艺属性。这些信息是以注解的方式添加在零件的面上的,存储在 ISFSymbol 对象中。通过 GetText (i)方法可遍历所有的表面粗糙度信息,通过 GetText(swSFSymbolMaximumRoughness)可以获取最大粗糙度,通过 GetText(swSFSymbolMinimumRoughness)可以获取最小粗糙度值。精度与硬度等信息也可通过相应 API 函数获取。

3. 零件特征技术的应用及发展

零件特征技术主要用于交互式特征定义、自动特征识别、基于特征的设计。交互式特征定义是通过显示屏进行人机交互,人为地选出几何模型元素,其困难在于其结果取决于用户的正确选择,对使用人员有较高的要求,工作量较大。自动特征识别是在不同的应用领域之间进行自动转换,该原理具有多面性,主要取决于特征识别算法的先进性。基于特征的设计,需要用户使用系统预定义的特征进行设计,再使用特征建模方法,这样生成的 CAD 模型就是特征模型,因此在进行信息提取时就要相对容易一些。但是在设计系统中使用的往往是设计特征,而在加工过程中所要使用的是工艺特征,这样即使针对的是特征模型进行特征识别,也存在特征的识别与转换问题,而且用预定义的特征库进行设计会限制设计人员的创造性,造成一些额外的工作量。

特征识别技术的发展对于CAD、CAPP和CAM的系统集成具有巨大的促进作用,已经成了当前的研究热点,其技术水平也正在不断地提高。特征识别是指从描述零件CAD模型的几何数据中自动提取出具有制造意义的几何形状特征,作为后续工艺设计阶段的操作对象。国内外学者提出了多种特征识别的实现方法,简介如下:

① 基于属性邻接图的特征识别方法运用子图匹配的原理,从零件模型的面边图中提取子图,将子图与已定义的特征库的特征进行相似度匹配,最终得到子图所表示的特征类型。

② 基于切削体最大凸分解进行特征识别的方法定义了优先权重系数,可以有效地减少运用传统的基于单元体分解的识别方法所产生的特征解释数量膨胀问题,减少了单元体的数目,提高了搜索效率。

③ 基于痕迹的特征识别方法对零件中的相交特征进行识别,建立相交特征识别算法,其中的痕迹是指利用零件的几何、拓扑以及启发式信息等确定的某个特征的存在迹象。

④ 也有人对特征识别处理器进行了研究,该处理器可以有效地利用从特征造型系统导出的基于STEP文件的CAD模型的信息,在处理器中对特征之间的相互关联进行了描述和处理。这种方法克服了传统特征识别系统效率低、易发生错误的缺点,其后期的特征处理加工评价可以对特征识别结果进行评价,并反馈给特征造型系统用于对前期不合理的设计进行修改。

⑤ 智能特征识别方法主要研究与不同CAD/CAM系统进行通信的特征识别方法,利用中性文件作为系统的输入信息,将其转换为制造信息。

⑥ 运用边界分类技术来实现特征识别,从基于边界空间属性的模型中对特征进行识别,并将该技术应用于圆柱和圆锥特征的识别,取得了较好的效果。

⑦ 基于三角面片形状加权的三维模型特征识别算法综合考虑了对应三角面片的中心点与样本点的距离及其面积,最终建立了特征描述符的直方图,该算法充分利用了模型的曲面信息,计算过程更简单且耗时更少,有效地提高了特征识别的准确度。

⑧ 基于"激发射线"进行特征识别的方法,定义了一个虚拟的平面用于捕捉从零件的表面各点射向该平面的射线,通过计算各射线的距离对不同的特征进行识别。

9.2.2　工艺数据管理技术

工艺数据不仅包含一般关系数据库所能表达的数据类型,还涉及变长数据、非结构化数据、具有复杂关联关系的数据、过程类数据和图形类数据。用一般的关系型数据库较难实现这些复杂数据类型的数据管理,并且在工艺设计过程中各个问题的求解行为必然产生中间及最终的设计结果,这些都是动态工艺数据,必须有相应的动态数据模式支持其处理。工艺数据管理的目的是保证产品工艺数据的有效性、完整性、一致性,实现工艺数据共享。工艺数据管理的主要技术包括以下几种:

(1) 采用面向对象技术

针对产品结构配置资源和工艺配置资源,通过运用面向对象技术将产品对象的属性和方法封装起来,以有效实现产品全生命周期中数据的一致性控制。

(2) 以产品工艺数据为中心

产品工艺数据是产品数据的重要组成部分,也是企业生产信息的汇集处。产品工艺数据的完整性、一致性及企业产品工艺信息的集成与共享对于企业信息化具有重要的意义。在此基础上，产品各个层次（产品层、部件层、零件层）的工装设备、材料、工艺关键件、外协外购件、辅助材料、关键工序、工时定额及材料消耗定额等的统计汇总功能也应由工艺数据管理系统完成，以提高工艺设计效率并减少人为的失误。

（3）全面的工艺数据管理

从企业管理看，工装设备、材料、工艺关键件、外协外购件、辅助材料、关键工序、工时定额、材料消耗定额等的统计汇总及产品工艺文件的更改与归档管理等产品工艺管理工作占有十分重要的地位，工艺人员的很大一部分时间用于工艺数据的统计汇总等重复性劳动工作，不仅工作效率低，而且很难保证工艺结果的准确性、一致性。面向产品的工艺数据管理，不但应对工艺设计结果之一的工艺规程进行管理，更要对各种汇总功能及工艺工作流进行优化处理。

（4）与产品其他阶段数据的集成与共享

企业在推动信息化建设的过程中，如果过分追求单元技术的工具化，从企业长远发展看，势必造成产品各阶段工艺数据的孤立，最终导致企业工艺管理上的不一致和不协调。因此，工艺数据管理应从以零组件为主体的局部应用走向以整个产品为对象的全面应用，建立工艺部门与设计部门、车间、品质部门、采购部门等产品制造其他部门的数据联系，以实现工艺数据在产品全生命周期中的纽带作用，以及产品全生命周期的数据集成与共享。

9.2.3 计算机辅助工艺技术

计算机辅助工艺技术是利用计算机技术辅助工艺人员从设计零件、毛坯到成品的制造方法，是将企业产品设计数据转换为产品制造数据的一种技术。计算机辅助工艺过程设计（CAPP）系统一般具有五个组成部分，即零件信息的获取、工艺决策、工艺数据库/知识库、人机交互界面、工艺文件的管理/输出，其中核心是工艺决策。它是以获取的零件信息为依据，按照预先规定的顺序和逻辑，调用相关的工艺数据和规则，进行必要的计算、比较和决策，生成零件的加工工艺规程。

工艺决策包括特征加工方案决策、定位基准决策、加工资源决策和工艺路线决策。特征加工方案以从零件信息库中获取的加工特征信息为输入，经过已训练好的推理器得到特征加工方案。定位基准决策利用基于定位基准决策的人工神经网络自动为零件选择定位基准。制造资源选择根据前两个模块的决策结果，经过运算推理确定加工相应特征所需要的机床、刀具、夹具等。工艺路线决策用于寻找具有最小加工成本的加工工艺路线。工艺决策完成的各种决策只能通过人工智能技术来实现。

9.3 基于嵌入式的数字化控制技术

嵌入式数字化控制系统包括硬件和软件两大部分。嵌入式技术的硬件，包括微处理器、微控制器、外围芯片和设备，以及基于这些芯片的嵌入式硬件系统。嵌入式技术的软件，包括嵌入式操作系统与应用软件。在嵌入式系统中，操作系统和应用软件常被集成于计算机硬件系统之中，使系统的应用软件与硬件一体化。

9.3.1 基于嵌入式的数字控制系统

一个典型数控系统由中央控制单元、伺服控制/驱动单元、I/O控制（PLC）及人/机交互单元等组成。

中央控制单元是系统的控制核心,负责整个系统的管理、调度、加工代码(G、M、S、T 代码)的编译、人/机交互,以及进给插补运算和完成各类控制命令。伺服控制/驱动则根据中央控制单元发出的进给命令完成加工器具(刀具、砂轮、激光切割头等)的进给驱动和运动控制。PLC 完成各类辅助动作(如换刀、给油)和行程(I/O)控制等。辅助单元用于外部与数控系统的信息交互。

以往数控系统的中央控制单元多采用个人计算机或工业计算机(IPC)系统。因为这类计算机系统功能强大,开发也方便[2]。然而,不论是个人计算机还是工业计算机都主要是针对数据运算、处理和事务管理而设计的通用产品,集成的许多功能实际上是数控系统所不需要的,成本相对较高。基于通用计算机开发数控系统,往往浪费通用计算机的大量硬件和软件资源,而数字控制所需要的很多硬件和软件资源通用计算机又没有。从其操作系统来看,无论是 Windows 还是 Linux 或是其他操作系统,都不是为实时控制而设计的,为了用于实时控制(如实现准确的 8ms 中断)需采用一些额外技术和手段,这样就会增加数控系统开发的复杂性,甚至有时还会牺牲系统性能[3]。

随着计算机技术和嵌入式技术的发展,基于嵌入式技术和系统的数控系统得到了迅速的发展和应用,已经成为当前数控系统发展的一种趋势。

1. 嵌入式数控系统的硬件体系结构

一般来说,嵌入式数控系统的硬件体系结构如图 9.1 所示,它主要包括以下部分:

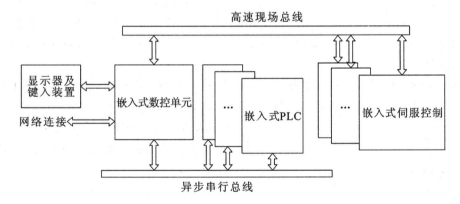

图 9.1　嵌入式数控系统的硬件结构

(1) 显示器及键入装置

实现现场人机交互,可使用工业显示、键入装置(本身也是一种嵌入式系统)。

(2) 嵌入式数控单元

嵌入式数控单元采用 ARM+DSP 结构。ARM 运行嵌入式操作系统,除插补以外的其他数控程序在 ARM 上运行。ARM 与显示、键入装置相连,负责人机交互,并将编译后的插补代码发给 DSP;ARM 还负责 M、S、T 等指令执行,通过异步串行总线将逻辑控制指令发给 PLC;通过总线数据传送,负责对系统的监控(如监控 PLC 和伺服控制系统);另外,ARM 还负责与外部网络连接,实现整个数控系统的网络化开发、调试、运行、管理、监控和诊断等。

DSP 主要负责插补运算,相当于一个插补协处理器。DSP 通过高速现场总线将插补进给量发给伺服控制系统。

（3）嵌入式 PLC

完成数控系统的各种逻辑控制，具有工业的 PLC 功能。该模块通过异步串行总线与数控单元相连，并可以通过异步串行总线接受控制命名（如对控制逻辑的内部触点状态置位/复位，计数器置位/复位），也可通过异步串行总线报告状态（内外触点状态、计数器值）。嵌入式 PLC 既可以由多个独立的 PLC 模块组成，也可以由一个 PLC 主模块加数个扩展模块组成。

（4）嵌入式伺服控制模块

嵌入式伺服控制模块模块通过高速现场总线接受插补进给命令，通过控制伺服电机完成加工位置的控制。该模块通常包含位置环和速度环控制。一个模块可以控制多个轴，一个嵌入式数控系统可以有一个到多个相同或不同的嵌入式伺服控制模块，各嵌入式伺服控制模块都与高速同步现场总线相连。

（5）高速现场总线

高速现场总线主要用于传送实时性要求很强的数据和命令（如伺服进给量），也可以传送位置和状态信息到数控单元，其数据传送率在 1Mb/s 以上。

（6）异步串行总线

异步串行总线主要用于数控单元与 PLC 模块间，以及 PLC 模块间的命名和数据传送。

嵌入式技术数控系统采用 ARM＋DSP 的结构，具有运算能力强、结构灵活、成本低廉等特点，其最大特点是中央控制单元不再是一个通用的计算机系统，而是一个嵌入式控制系统[4]。嵌入式数控系统的其他单元（如伺服控制单元、PLC 单元、通信单元、显示单元等）也可以是不同结构和不同层次的嵌入式系统（但不一定采用 ARM＋DSP 结构）。

嵌入式数控系统是由一系列的组态嵌入式控制单元或模块组成，这些单元或模块按通用的目标设计，而非针对特定的对象和环境，如嵌入式中央控制单元、嵌入式伺服控制单元（或嵌入式运动控制系统）、嵌入式 PLC 单元、嵌入式显示键入单元等（或人/机交互单元）。通过选择适当的单元或模块可以组成一个针对特定对象和环境的数控系统，就像用不同 PLC 的 I/O 模块可以很方便地组合成针对不同控制对象和环境的控制系统一样[5]。

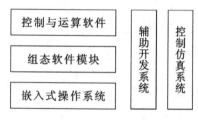

图 9.2　嵌入式数控系统的软件体系结构

2. 嵌入式数控系统的软件体系结构

嵌入式数控系统的软件体系结构如图 9.2 所示，一般包括以下部分：

（1）嵌入式操作系统

适合于嵌入式控制的嵌入式操作系统，如 UCOS。对于数控单元一般需要嵌入式操作系统，对于其他单元则不一定需要。

（2）组态软件模块

组态软件模块针对特定的功能而设计，按标准接口和约束开发的通用性软件模块，如加工代码编译模块、插补计算模块、人/机交互模块、运动控制模块、网络通信模块等。

（3）控制与运算软件

如数控程序、PLC 程序、伺服运动控制软件等都属于控制与运算软件。

（4）辅助开发系统

用于数控单元、PLC 单元，以及伺服控制单元软件和代码的辅助开发，甚至代码的自动生成。对于数控单元、PLC 单元和伺服控制单元，分别有相应的辅助开发系统。

数控软件辅助开发系统包括数控系统定义、软件自动生成及软件下载三个部分,其开发过程如图9.3所示。

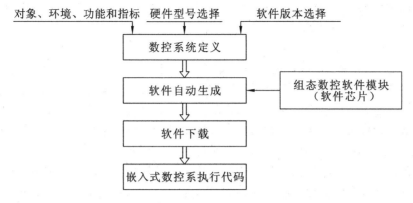

图 9.3 嵌入式数控软件辅助开发过程

① 数控系统定义是指通过专门开发设计的数控描述语言(Numerical Control Description Language,NCDL)对加工对象、环境、功能(如插补算法等)和指标(加工精度)进行描述,对相应的嵌入式控制模块型号及组态软件模块版本进行选择。选择嵌入式控制模块型号,是因为实现同样功能的硬件模块可能有不同功能结构,并且有多种型号。同样地,需要进行组态软件模块版本的选择,是因为实现同样功能软件模块可能有不同功能结构和特定要求,并且有多种版本。

② 数控软件自动生成是根据 NCDL 描述的数控系统定义,自动生成相应的最佳组合和匹配的数控软件。

③ 数控软件下载,将生成的数控软件下载到对应的嵌入式数控系统中。

整个开发过程与现场可编程门阵列 FPGA (Field-Programmable Gate Array,FPGA)的开发非常相似。在 FPGA 中,用户根据需求选择适当的 FPGA 硬件,定义控制逻辑,FPGA 代码生成软件根据控制逻辑自动生成 FPGA 烧断代码,然后通过 FPGA 烧断系统完成 FPGA 硬件内部逻辑的组合[6]。

嵌入式 PLC 辅助开发系统主要是包括 PLC 指令或 T 型图编写、运行指令编译、运行代码下载。嵌入式伺服控制辅助开发系统的内容和过程如图9.4所示。

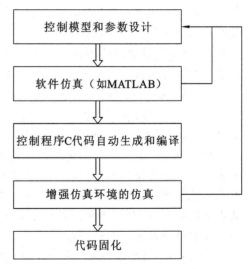

图 9.4 嵌入式伺服控制辅助开发系统

(5)控制仿真系统

为嵌入式控制模块提供增强现实仿真环境,换言之就是将控制硬件模块嵌入到虚拟的,或虚拟与现实混合的环境进行仿真[7]。这种仿真系统既接近现实,又调试方便。数控单元、PLC 单元和伺服控制单元有相应的控制仿真系统。对于数控单元、PLC 单元和伺服控制单元分别有相应的增强现实仿真环境。

9.3.2　基于嵌入式的数字控制技术及其在数字制造装备中的应用

嵌入式控制技术与数字制造有着密不可分的关系,嵌入式数字控制技术在数字制造中的应用可以从以下两方面来说明。

(1) 数字装备智能化与自动化

在很多情况下,中国数字装备的品质与先进水平相比工业发达国家仍有很大差距,高、精、尖产品较少,智能化和性能监控等先进技术应用不多,大型、高速、连续、自动化机械装备的安全运行和可靠性急需加以解决或完善。在产品出口和国际大型工程投标中,装备产品的智能化程度与自动化程度是投标成功与否的一个关键因素。重视数字机电装备的智能化与自动化程度,有助于提高数字装备产品的质量,有助于提高其市场竞争力[8]。

嵌入式控制技术与系统可以为数字制造装备和产品提供一个有效的解决途径和办法。嵌入式控制技术不仅可以提高数字制造装备的自动化水平,提升中国数字制造装备自主创新的能力,同时为加快中国数字制造装备的网络化和智能化创造条件,使中国的数字制造产品跃上一个台阶,使每一个数字制造产品通过嵌入式技术都能成为网上的一个节点。

(2) 数字企业智能化与自动化

嵌入式技术是先进制造企业智能化与信息化的核心技术之一。嵌入式技术是现代装备制造业所必需的技术手段。应用嵌入式技术将信息技术完全融入设计、制造与维护和管理,以及市场运作等制造产品全生命周期过程中,从而大大增强传统企业的竞争能力,使其从整体上实现数字化、智能化和网络化,可以提高效益,真正实现数字企业的智能化与自动化。

制造业发展到今天,种类繁多且日新月异的嵌入式技术正在形成巨大的推动力,推动着传统产品的更新换代。就目前机电装备制造业的形势而言,在世界范围内都呈现出蓬勃发展的态势,而其中先进制造技术显得越来越重要。信息技术是传统装备产品提升改造、升级换代的有效途径。应用嵌入式技术,将信息技术真正"嵌入"到装备产品中,增强传统设备的性能水平,使其具有数字化、智能化、网络化的功能,已成为提高产品竞争力的有效和成功的模式。

嵌入式系统已经应用到制造业的各个方面,从嵌入式与智能化电机、嵌入式与智能化水泵、嵌入式与智能化机床到嵌入式与智能化汽车等,嵌入式系统已成为现代制造业不可缺少的一个重要部分。我国非常重视嵌入式技术的研究,对国家高技术发展计划"863计划"投入了大批资金用于开发具有中国自主版权的嵌入式操作平台和数据库。但是,由于我国当前的各种嵌入式智能化设备的开发主要都集中在高科技产品和家电方面,在国外大量智能化设备都涌现的情况下,我国装备制造业中的大多数企业仍然采用传统的单一模式产品,与国外同类产品的差距越来越大。因此,装备制造业产品的智能化是急需解决的问题。

目前,国内外机电装备发展的总体趋势是发展快、水平高、产品更新换代频繁。机械装备制造商为了提高产品的质量和竞争力,都开始注重高新技术的运用,各种带有高新技术含量的嵌入式机械装备已经开始展露,极大地延长了机械装备的使用寿命,提高了机械装备的可靠性、可维修性、精密性、兼容性、易操作性和可发展性,使嵌入式机械装备的发展呈现出了前所未有的面貌。在军工方面,开始将嵌入式技术广泛应用在武器装备和制造装备上,用最少的精力和材料快速完成装备的升级换代[10]。

嵌入式技术与系统在制造装备的应用上主要体现在以下几个方面。

(1) 在数字制造装备控制方面的应用

任何一种数字制造装备都是由功能子模块构成,各个功能子模块之间有着非常严密的配合关系。因此,数字制造装备都有一个系统控制器。在过去的数字制造装备中这类控制器一般都是由 PID 控制器或模拟控制器来担当。在计算机出现以后,这类控制器功能一般由计算机完成[11]。随着嵌入式技术的成熟,这类控制器一般可由嵌入式计算机系统来实现,从而使控制器具备更加准确和可靠等优点,这将是嵌入式系统在数字制造装备系统中的最广泛应用。例如数字控制机床中的各种控制信号、传感信号,可以经过传感器送入机床主控制器计算机,各种信号经过嵌入式计算机运行计算得到机床的工作状态,从而控制机床的运行。

如果一个产品能够较好地满足结构性能、工作性能,以及工艺性能这三方面要求,那么该产品一般会具有优良的功能质量水平和较强的竞争力,嵌入式控制系统是满足这三个方面要求的重要手段。

(2) 在机电装备故障诊断方面的应用

将嵌入式技术引入故障诊断系统,可以构造一种新颖的,具有极高应用价值的智能故障诊断技术,对保证机电装备系统正常、安全、稳定地运行有着非常重要的意义。目前,生产和生活中的各种装备、仪器、机器,以及各类电子产品越来越趋于智能化,越来越多地依赖自身所携带的故障诊断系统。而目前通常的故障诊断系统是基于 PC 机和嵌入式两种环境(智能化程度较高的大型设备,会带有专用的硬件环境),使用 PC 机技术的故障诊断系统不利于微型化,而使用嵌入式技术的故障诊断系统向着微型化的方向发展,而且将嵌入式技术与故障诊断有机地结合起来,构成一个高度集成的嵌入式故障诊断系统,在数字制造装备系统的应用中起着重要的保证作用[12]。

(3) 在机电装备的远程通信和状态监测方面的应用

数字制造装备系统,特别是一些重要的机电装备,一般都应用于重要场合的长期工作中。因此,对数字制造装备系统的状态监测显得十分重要。同时,系统的状态信号可以为系统的故障诊断提供重要信息。随着分布式网络化制造系统的发展,数字制造装备系统一般也成为并属于网络化系统的一个组成单元,因此状态参数测量及与制造系统的通信将非常重要。一般来说,装备系统在设计时就已经考虑到这方面的预算。嵌入式系统有着体积小、成本低、准确性高、实时性好等特点,非常适用于对机电装备的通信和状态监测方面。这方面的典型应用包括发电站与大型发电机组监测和通信。在中国,金山电力公司的风力发电站,对各个风轮机的状态监测和多个风轮机的通信,采用嵌入式监测器,将各个设备的状态信号及时反馈给控制室,有利于控制人员对这些风轮机进行监测和通信[13]。

(4) 在机电装备的智能化方面的应用

在计算机信息技术高速发展的带动下,机电装备朝着智能化的方向发展,各类大型与特大型工程、口岸、矿山、机械、交通等行业的大型装备与系统监控,开发与之配套的智能化专用控制装置,都广泛地使用了嵌入式技术。嵌入式技术重点应用在智能故障诊断技术、智能节能控制技术、指导与操作控制技术、智能操纵控制技术和发动机燃烧控制技术等方面,以及机、电、液高度综合的硬件技术,形成公用工程机电装备智能化专用控制装置等。在机电装备的智能人机接口方面,嵌入式技术也有着广泛的应用,可充分发挥嵌入式系统的安全可靠、成本低、稳定性好等特点[14]。

(5) 代替传统机电装备的部分功能单元。

嵌入式技术是计算机技术成熟的一个标志,是计算机技术在工业上的广泛应用。传统机电装备的许多功能是一些基本的电气技术、机械技术所形成的技术模块(产品)的组合。随着嵌入式技术的成熟,这些模块完全可以用嵌入式产品替代,并且要比原来的技术模块更加可靠和准确,同时还大大减少了原来模块的体积。

例如,电气控制箱由多个继电器组成,大多数控制的都是强电部分。嵌入式技术代替这些模块后由弱电来控制强电,提高了装备的安全运转程度和可靠性,延长了装备的寿命,并使装备朝着小型化发展[15]。

9.4 数字化加工与3D打印技术

零件加工过程就是零件结构和表面的成型过程,主要有通过材料的成型工艺、通过切削加工去除多余材料的成型工艺、通过材料累加的成型工艺。通过数字化控制技术实现工具和加工零件之间的相对运动,实现零件结构和表面的成型就是数字化加工技术,包括数字化材料结构变形成型工艺技术、数字化切削加工技术和数字化3D打印技术。

9.4.1 数字化加工技术

切削加工技术是用切削工具把坯料或工件上多余的材料层切去成为切屑,使工件获得规定的几何形状、尺寸和表面质量的加工方法。任何切削加工都必须具备三个基本条件,即切削工具、工件和切削运动。数字化加工技术就是采用数字化控制技术对切削加工过程中的运动和加工过程进行控制的加工技术,用数字化控制技术实施加工控制的装备就是数控机床。因此,采用数控机床进行切削加工的技术就是数字化控制加工技术,简称数控加工技术。

数控机床是一种用计算机控制的机床,用来控制机床的计算机系统,不管是专用计算机系统,还是通用计算机系统都统称为数控系统。数控机床的运动和辅助动作均受控于数控系统发出的指令。而数控系统的指令是由程序员根据工件的材质、加工要求、机床的特性和系统所规定的指令格式(数控语言或符号)编制的。数控系统根据程序指令向伺服装置和其他功能部件发出运行或终断信息来控制机床的各种运动。

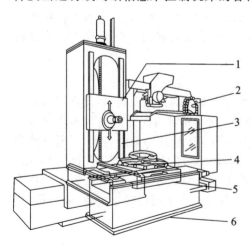

图 9.5 数控机床的一种机械本体结构
1—主轴头;2—刀库;3—立柱;4—立柱底座;
5—工作台;6—工作台底座

数控技术是利用数字化的信息对机床运动及加工过程进行控制的一种方法。机床,或者说装备了数控系统的机床称为数控(NC)机床。数控系统包括数控装置、可编程控制器、主轴驱动器及进给装置等部分。

数控机床加工与传统机床加工的原理从总体上说是一致的,没有发生明显的变化。数控加工技术主要是解决传统切削加工技术中,工具与工件之间的切削运动控制方法问题,实现零件品种多变、批量小、形状复杂、精度高等运动控制和高效化和自动化加工。数控加工技术主要包括数控机床的机械本体结构、切削运动及各种辅助运动的实现方法、数控加工工艺分析以及数控编程技术。图9.5所示是数控机床的一种机械本体结构。

尽管数控机床的机床本体基本构成与传统的机

床十分相似,但数控机床在功能和性能上的要求与传统机床存在着巨大的差距。由于采用了伺服驱动与调速控制技术,数控机床的机械结构与传统切削加工机床相比在总体布局、结构、性能上有许多明显的差异,出现了许多适应数控机床功能特点的完全新颖的机械结构和部件。数控机床的主要的特点是:广泛采用高效、无间隙传动装置,具有较高的机床静、动刚度和良好抗震性,具有较好的热稳定性,具有较高的运动精度和良好的低速稳定性。

切削运动是实现切削加工的核心,其运动的形式和准确性直接影响加工零件的精度。采用数字化控制技术使数控机床实现各种空间复杂运动成为可能。复杂的切削加工运动都是通过简单运动的复合而形成的,数字化控制技术能够实现多达十几甚至几十个简单运动的联动控制,实现任意复杂的空间运动,加工出复杂的零配件。

9.4.2　3D 打印技术

1. 3D 打印原理概述

3D 打印技术是指由计算机辅助设计(CAD)模型直接驱动的,运用金属、塑料、陶瓷、树脂、蜡、纸、砂等材料,在快速成型设备上分层制造任何复杂形状的物理实体的技术。基本流程是先用计算机软件设计三维模型,然后把三维数字模型离散为面、线和点,再通过 3D 打印设备分层堆积,最后变成一个三维的实物。

3D 打印层层印刷的原理和喷墨打印机的类似,打印机内装有液体或粉末等"打印材料",在计算机的控制下,通过分层固化或层叠加工成型的方式来"造型"所需要的产品。这实际上就是将设计产品分为若干薄层,每次用原材料生成一个薄层,一层一层叠加起来,最终将计算机上的蓝图(或模型)变为实物。

3D 打印技术是一种数字化快速成型制造技术,发展到现已经形成了许多不同的 3D 打印成型方式,这些成型方式的不同之处在于材料及其使用方式。但是,一般来说,都需要经历三维建模、切片处理和打印成型这三个基本过程。

2. 3D 打印机的打印过程

三维打印的一般过程是先由计算机建模软件建立产品的三维模型,再将建成的三维模型"切割"成逐层的截面(即切片),用于指导打印机逐层打印。

(1)三维建模

这是对产品结构进行数字化三维设计,可使用计算机辅助设计软件来完成,如 Pro/E、SolidWorks 等。也有通过 GoScan 之类的专业 3D 扫描仪或是 Kinect 之类的 DIY 扫描设备来获取产品的三维数据,并用重构方式建立产品的三维模型。还可直接使用已建立的产品三维模型。

(2)切片处理

由于描述方式的差异,3D 打印机并不能直接操作产品的三维模型。当三维模型输入计算机后,需要通过打印机配备的专业软件做进一步处理,即将三维模型切分为一层层的薄片,每个薄片的厚度由喷涂材料的属性和打印机的规格决定。这就是针对建立的产品三维模型,按一定方式切割成多个截面(即切片)。

(3)打印成型

这是根据产品三维模型的切片处理结果和由打印材料属性决定的打印叠加方式,计算机以相适应的控制模式来控制 3D 打印机顺次读取各个截面信息,并控制相应的打印材料将这些截面逐层地叠加打印出来。打出的截面厚度分辨率一般用毫米表示,常见的分辨率是 0.1 mm。

　　(4)后期处理

　　产品 3D 打印结束后,一般需要对打印物进行后期加工处理,如固化处理、剥离、修整、上色等,才能最终完成所需要的产品制作。

9.4.3　3D 打印成型技术

　　一般来说,根据打印所用材料及切割片层方式的不同,实现 3D 打印成型的方法也不同。主要的打印成型方法有:熔化或软化材料方法、液体材料凝固方法、层压板制造方法(将纸、聚合物、金属等材料薄层剪裁成一定形状并粘接在一起的方法)。这些 3D 打印成型技术由不同公司研发倡导,主要区别在于打印速度、成本、可选材料及色彩能力等。

　　1. 工艺熔融沉积制造(Fused Deposition Modeling,FDM)

　　FDM 技术可以说是最早的 3D 打印技术,它由 Stratasys 公司于 19 世纪 80 年代中后期发明。该成型技术采用成卷的塑料丝或金属丝作为材料,打印时将材料供应给挤压喷嘴,喷嘴加热融化材料,并在计算机辅助制造软件的控制以及控制电机的驱动下,沿着水平和垂直方向移动将打印材料挤出,形成层并迅速硬化,如图 9.6 所示。打印完成后,拿掉固定在打印产品外部的支撑材料即可。整个成型过程需要恒温环境,以避免熔融材料挤出后骤然受冷造成翘曲和开裂的问题。保持一定环境温度可最大限度地减小这种造型缺陷,提高成型质量和精度。由于 FDM 工艺不用激光,使用、维护简单,成本较低,同时兼具成型材料种类多,成型件强度和精度较高的特点,使该工艺可以直接制造功能性零件。

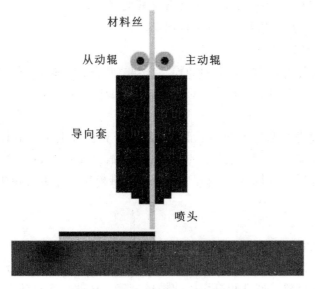

材料丝

从动辊　　主动辊

导向套

喷头

图 9.6　基于 FDM 的 3D 打印技术

　　目前,FDM 技术可以打印的材料包括 ABS、聚碳酸酯、PLA、聚苯砜等。与其他的 3D 打印技术相比,FDM 是唯一使用工业级热塑材料作为成型材料的积层制造方法,打印出的物件具有可耐受高热、腐蚀性化学物质、细菌和强烈的机械应力等特性,可被用于制造概念模型、功能模型,甚至直接制造零部件和生产工具。

FDM 技术被 Stratasys 公司的 Dimension、uPrint 和 Fortus 全线产品以及惠普大幅面打印机作为核心技术所采用。由于具有其成型材料种类多,成型件强度和精度高,表面质量好,易于装配、无公害,可在办公室环境下进行打印等特点,使得该工艺发展极为迅速。目前,基于 FDM 技术的 3D 打印机在全球市场中的份额大约占 30%。2012 年 3 月,Stratasys 公司发布的超大型快速成型系统 Fortus 900mc,代表了当今 FDM 技术的最高成型精度、成型尺寸和产能,成型尺寸高达 914.4 mm×696 mm×914.4 mm,打印误差为每毫米增加 0.0015~0.089 mm,打印层厚度最小仅为 0.178 mm,被用于打印真正的产品级零部件。

2. 粒状物料成型技术

(1) 激光烧结

激光烧结是用激光对粉末压坯进行烧结的技术,如图 9.7 所示。在这种方法中未融化的材料作为生成物件的支撑薄壁,从而减少了对其他支撑材料的需求。激光烧结技术主要包括两种类型:一种是选择性激光烧结(Selective Laser Sintering,SLS)技术,主要采用金属和聚合物为打印材料,具体包括尼龙、添加玻璃纤维的尼龙、刚性玻璃纤维、聚醚酮、聚苯乙烯、尼龙及铝粉等混合材料、尼龙及碳纤维的混合材料、人造橡胶等,3D Systems 公

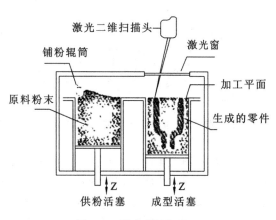

图 9.7　激光烧结打印

司的 sPro 系列 3D 打印机就是采取 SLS 技术;另一种是直接金属激光烧结(Direct Metal Laser Sintering,DMLS)技术,已经实现几乎任何金属合金的打印,具有代表性的设备是德国 EOS 公司的直接金属激光烧结设备。

(2) 电子束熔炼(Electron Beam Melting,EBM)

电子束熔炼是一种金属部件的积层制造技术,可打印钛合金等材料。电子束熔炼技术是通过高真空环境下的电子束将融化的金属粉末层层叠加,与直接金属激光烧结技术低于熔点的生产环境有所不同。电子束熔炼技术生产出的物件密度高、无空隙且非常坚固。采用电子束熔炼技术的代表设备为瑞典 ARCAM 公司的电子束熔炼系统。

(3) 粉末层喷头 3D 打印

粉末层喷头 3D 打印是在每次喷一层石膏或者树脂粉末,并通过横截面粘合进行的 3D 打印方法。打印机不断重复这个过程,直到打印完每一层。此技术允许打印全色彩原型和弹性部件,可将蜡状物、热固性树脂和塑料加入粉末一起打印。采用此打印技术的代表设备为 3D Systems 公司的 ZPrinter 系列 3D 打印机。

3. 光聚合成型技术

(1) 立体平版印刷(Stereo Lithography Apperance,SLA)

立体平版印刷也就是立体光固成型法,主要实现途径是用特定激光聚焦于光固化材料使之固化,在激光聚焦扫描完成一个层面的成型作业后,调节升降平台移动一个扫描层面的距离,再进行激光聚焦扫描,这样层层叠加最后构成一个三维实体。SLA 技术最早由美国 3D

Systems 公司成功实现商业化,其生产的 Projet 系列和 iPro 系列 3D 打印设备均采用了 SLA 技术。该技术由于具有成型过程自动化程度高、制作原型表面质量好、尺寸精度高以及能够打印比较精细的成型尺寸等特点,因而成为广泛应用的快速成型工艺方法。但 SLA 系统的缺点是对液态光敏聚合物进行操作的精密设备工作环境要求苛刻,同时成型件多为树脂类,强度、刚度和耐热性有限,不利于长期保存。

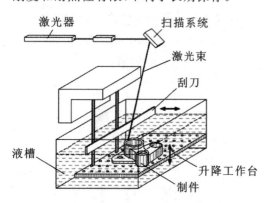

图 9.8　立体平版印刷(SLA)

SLA 技术的原理类似于将一根黄瓜切成很薄的薄片,再拼成一整根,如图 9.8 所示。先由软件把 3D 数字模型"切"成若干个平面,这就形成了很多个剖面,在工作的时候,有一个可以升降的平台,这个平台周围有一个液体槽,槽里面充满了可用紫外线照射固化的液体,紫外线激光会从底层做起,固化底层,然后平台下移,固化下一层,如此往复,直到最终成型。其优点是精度高,可以表现准确的表面和平滑的效果,精度可以达到每层厚度 0.05~0.15 mm。缺点则是可以使用的材料有限,并且不能多色成型。

Objet 公司的 Poly Jet 系统是一种喷头打印技术,目前已实现 16~30 μm 的超薄层喷射光敏聚合物材料,并层层构建到托盘上,直至部件制作完成。每一层光敏聚合物在喷射时即采用紫外线光固化,打印出的物件即为完全凝固的模型,无需后固化。被设计用来支撑复杂几何形状的凝胶体支撑材料,通过手剥和水洗即可除去。

(2) 数字光处理(Digital Light Processing,DLP)

在数字光处理技术中,大桶的物体聚合物被暴露在数字光处理投影机的安全灯环境下,暴露的液体聚合物快速变硬,然后设备的构建盘以较小的增量向下移动,液体聚合物再次暴露在光线下。这个过程不断重复,直到模型建成。最后排出桶中的液体聚合物,留下实体模型。采用 DLP 技术的代表设备是德国 Envision Tec 公司的 Ultra 3D 打印数字光处理快速成型系统。

DLP 激光成型技术和 SLA 立体平版印刷技术比较相似,也是采用光敏树脂作为打印材料,不同的是 SLA 的光线是聚成一点在面上移动,而 DLP 在打印平台的顶部放置一台高分辨率的数字光处理器(DLP)投影仪,将光打在一个面上来固化液态光聚合物,逐层的进行光固化,因此速度比同类型的 SLA 立体平版印刷技术速度更快。DLP 的应用非常广泛,该技术最早是由德州仪器开发的,它至今仍然是此项技术的主要供应商。最近几年该技术用作 3D 打印,利用机器上的紫外光(白光灯)照出一个截面的图像,把液态的光敏树脂固化。该技术成型精度高,在材料属性、细节和表面光洁度方面可匹敌注塑成型的耐用塑料部件。

4. 三维喷绘打印技术(Three-Dimensional Printing,3DP)

3DP 是一种基于微喷射原理(从喷嘴喷射出液态微滴),按一定路径逐层打印堆积成形的打印技术,这种技术和平面打印非常相似。3DP 打印机主要部件为储粉缸和成形室工作台。打印时首先在成形室工作台上均匀地铺上一层粉末材料,接着打印头按照零件截面形状,将黏结材料有选择性地打印到已铺好的粉末层上,使零件截面有实体区域内的粉末材料粘接在一起,形成截面轮廓,一层打印完后工作台下移一定高度,然后重复上述过程。如此循环逐层打印直至工件完成,再经后处理,得到产品制件。

同立体印刷、叠层实体制造和选择性激光烧结快速成型技术相比,3DP 不需要昂贵的激光系统,具有设备价格低、运行和维护成本低的优势。与熔融沉积快速成型技术相比,3DP 可以在常温下操作,具有运行可靠,成型材料种类多和价格低的优势。此外,与其他 RP 系统相比,3DP 还有操作简单、成型速度快、制件精度高、成型过程无污染,适合办公室环境使用等优点。

9.5 数字化资源共享技术

企业制造资源是企业完成产品整个生命周期所有生产活动的物理元素的总称。企业数字化资源包括了企业数字化设计、数字化加工、数字化控制中涉及的各种制造资源,实现资源在企业全部生产过程的共享是企业资源管理的关键技术。

9.5.1 数字化制造资源的特点及类型

制造资源是企业完成产品整个生命周期所有生产活动的物理元素的总称,是企业中的设备、材料、人员与产品生命周期所涉及的硬件和软件的总和。数字制造资源则是用数字化描述和表达的制造资源。产品开发过程涉及两类重要信息,一类是开发活动作为输入、输出的信息;另一类是支持产品制造和控制的信息,其中最重要的是制造资源信息。制造资源作为制造活动的重要因素,贯穿了产品生产全过程。

现代制造系统中的制造资源有如下一些特点:

（1）分布性与共享性

制造资源可以是生产设备资源、设计计算资源、管理资源等,这些资源往往在企业之间甚至企业内部,分布在地理位置互不相同的多个地方,而不是集中在一起。同时企业为了完成产品生产,除需要自己已有的制造资源外,还可能需要不属于自己的制造资源才能完成产品的制造。因此,制造资源又必须是可以充分共享的,共享是数字制造资源管理的目的。

（2）自治性与多重性

由于构成数字制造系统的制造资源通常属于不同企业或机构,各企业或机构对自己所拥有的资源具有自主的管理能力,但另一方面又要求各制造资源必须接受数字制造系统的统一管理,以便在不同资源之间建立相互联系,并实现共享和互操作,作为一个整体为更多的用户提供方便的服务。

（3）动态性与多样性

制造资源的动态性包括制造资源的动态增加和动态减少两个方面的含义。原来的制造资源可能因为种种原因而消失,而原来没有的制造资源也会随时间的推移而增加。在传统的制造系统中,制造资源是独占的,系统的行为是可以预测的。而在数字制造系统中,由于制造资源的共享造成系统行为和系统性能经常变化。

在数字化制造之前,传统制造资源一般分为设备资源和人力资源两类。资源的分类相对简单。而数字化制造资源种类繁多,在异地协同制造的背景下,制造资源的内涵和所包括的内容得到了延伸,制造资源既包括企业本身生产系统内部资源要素,还包括企业本身生产系统以外的其他诸多要素,这样就使得制造资源的种类变得更加繁多、分类更加复杂。要对制造资源进行管理,对制造资源进行合理分类就显得非常重要。

对数字化制造资源分类,从不同的角度就有完全不同的结果。由于数字制造资源的集成共享是为制造企业提供制造资源共享利用,且具有现代制造系统中的制造资源的特点。因此,我们从资源提供者的角度,按照资源的属性、用户需求、使用方式以及在制造活动中发挥的作用,将制造资源分为人力资源、制造设备资源、技术资源、物料资源、应用系统资源、服务资源、用户信息资源、计算资源和其他相关资源。

9.5.2　数字化制造资源的共享模型

大量的调研表明,制造资源的分布总体上来说不是完全均匀的,对制造资源的需求与制造资源的分布不会是平衡的,这就必然造成有些地区制造资源不足,而有些地区同样的制造资源却大量闲置。制造资源在一定区域内分布不均衡产生了区域制造资源共享的需求。一方面,一些大型企业经过多年的投资和建设,拥有大量软件资源、装备资源、技术资源和设计资源,但却因生产任务不足而导致资源利用率低下;另一方面,许多中小企业产品和市场发展势头好,却缺少开发新产品、提高产品质量和扩大生产规模所需的各种资源。

如何快速响应不断变化的市场和客户需求,是企业成功的关键。现代制造企业必须解决的一个巨大问题就是制造资源的巨大投入和制造资源的合理高效利用,以及如何解决异地、异构制造资源能被安全、高效、准确地共享和应用。因此,为达到企业资源的优化配置,不断提高企业管理的效率和水平,进而提高企业经济效益和核心竞争能力,就必须使企业设计、制造、装配、销售、管理等各个环节的资源集成和共享。制造技术研究与开发的全球化合作趋势加强,信息网络技术的广泛运用加速了制造业企业的全球化步伐,也促进了制造资源共享的需求。

制造资源共享的目的是使企业在正确的地点、正确的时间得到需要的制造资源,并能够在分布式、异构的区域环境下有效组织和调度具有自治性的、不同供应商拥有的制造资源,实现资源优化配置。

"资源共享"的意义是指互惠,是一种每个成员都拥有一些可以贡献给其他成员的有用事物,并且每个成员都愿意和能够在其他成员需要时提供这些事物的伙伴关系。"资源集成"则是把各种类型的制造资源集结到一个整体系统中,并通过这种有机的集合,使整体比各单个制造资源发挥更大作用的过程。在数字化制造资源共享的研究中,使用了这两个概念的共同含义,即把制造资源通过数字技术、网络技术在逻辑上集结在一起,形成一个强大的数字制造系统,共同使用制造资源的制造功能,以更好完成加工制造的过程。

数字制造系统可以更好地管理数字化资源,将整个系统资源虚拟成为一个空前强大的一体化信息系统,在动态变化的网络环境中共享资源和协同解决问题,从而让用户从中享受可灵活控制的、智能的、协作式的信息服务,并获得前所未有的使用方便性和超强制造能力。因此,寻找一个合适的数字化制造资源的共享模型具有重要的意义。

1. 对数字化制造资源共享模型的需求

数字化制造资源共享模型应满足的需求主要包括功能、行为和结构三方面,对这三方面需求的具体内容主要有以下几个方面。

(1) 功能方面

① 企业对内部制造资源具有自主权,可以自主维护其拥有的制造资源。

② 企业内部制造资源可以被企业内部用户访问,外部用户只能访问对外共享的制造资

源,系统需要提供安全的权限管理机制。

③ 授权的制造资源供应商应可以在制造资源共享系统中注册、修改和删除属于自己的制造资源,未授权的供应商可以向系统提出制造资源信息发布请求和制造资源注册请求。

④ 授权的制造资源用户可以查找、集成和共享系统中提供的各种制造资源。

⑤ 提供有效的资源集成机制和制造资源信息管理机制,以解决分布式、异构环境下的资源管理和配置问题。

⑥ 制造资源的共享和冲突并存,因此系统需要提供制造资源用户、制造资源供应商与制造资源代理之间的协商机制来处理资源冲突。

(2) 行为方面

① 互操作性。不同制造企业使用的软、硬件平台差异很大,要保证在不同信息平台下实现资源共享,必须具有与异构计算机软、硬件平台互操作的能力。

② 安全性。制造资源共享需要制造资源用户、制造资源供应商和制造资源代理之间共享相关信息。因此,必须采取适当的安全措施,既不泄露彼此的商业机密,又能满足相互之间的信息交换及资源共享的需求。

③ 可靠性。制造资源共享涉及许多分布在不同地理位置的企业,必须保证异地企业间随时可以通过 Internet 相互共享制造资源。

④ 进展性。不能出现死锁,并且所有制造资源用户的资源共享请求都能得到及时响应。

(3) 结构方面

① 开放性。应提供与其他应用系统集成的开放的接口,以保证与用户应用系统间的紧密集成。

② 标准化。根据制造资源分布式的特点,必须使制造资源共享过程和服务标准化、规范化,应遵循有关国际、国家和行业标准,如可扩展标记语言(eXtensible Markup Language,XML)、简单对象访问协议(Simple Object Access Protocol,SOAP)、Web 服务描述语言(Web Service Description Language,WSDL)、Web 服务资源框架(Web Service Resource Framework,WSRF)等,这些标准与制造资源信息的表达和交换紧密相关。

③ 可扩展性。支持分布式、异构环境下的制造资源集成与共享,制造资源可以动态加入和退出系统,实现制造资源的"即插即用"。

2. 数字化制造资源共享模型的模式

根据系统论思想,资源共享模型有集中式[图 9.9(a)]、分布式[图 9.9(b)]和集中分布式[图 9.9(c)]三种控制模式。

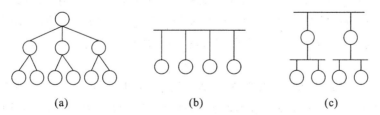

    (a)   (b)   (c)

图 9.9   资源共享模型的控制模式

(a)集中式控制模式;(b)分布式控制模式;(c)集中分布式控制模式

(1) 集中式控制模式

如图 9.9(a)所示,集中式控制模式是对资源进行递阶控制的方式。集中式控制模式将各被控制对象及其外部相关信息都集中在一个控制中心,由中央控制器对任务和资源进行统一调度和分配。根据系统状态和控制任务的信息,控制中心产生控制信号,并将这些控制信号发送给各个受控对象。

集中式产品资源共享的特点是使用单一的产品资源库,对各个子系统产生的资源进行集中管理和控制。在产品生命周期中,产品开发、工艺工装设计、采购、加工装配、销售和服务等各个业务活动产生的有关产品数据都集中存放在中央产品资源库中,由 PDM 系统统一管理。

集中式控制模式进行单一资源管理,相对来说系统结构比较简单,具有较好的稳定性,而且便于资源的组织。因此,到目前为止集中控制系统结构仍然被广泛采用,现有的企业以下级的 PDM 和 ERP 系统均采用该模式。集中式控制也有明显的缺点,主要是存在可修改性、可扩展性和容错性差,难以适应环境的变化,系统响应速度慢,尽管整个系统结构较为简单,但增加了中央控制器的负荷和复杂性。因此,集中式控制模式只适合中小型企业或部门内部等小范围的资源共享,对于企业间(异地、异构)的分布式资源共享并不适合。

(2) 分布式控制模式

如图 9.12(b)所示,分布式控制结构由具有松耦合关系的若干分布式系统组成,所有的系统都是平等的、自治的,没有主从关系,通过一致的协议来相互操作,在一定的控制机理下运行。分布式控制结构是完全开放的,各系统可以自由加入或退出。例如一个面向虚拟企业的分布式产品资源共享系统,企业 A、B、C 是完全自治的,各自拥有自己的核心能力和资源,它们通过 Internet 联系到一起,形成一个逻辑整体,协同开发某一产品,其中企业 A 使用 CAPP 系统负责工艺编制,企业 B 使用 CAD 系统负责设计工作,企业 C 使用 CAE 系统进行工程分析。各系统产生的数据均由本地 PDM 系统进行管理和维护,相互之间通过 WM(Workflow-Management,工作流管理)系统,按一定的规则交换信息。

分布式控制模式的优点主要是网络相对分散,组合比较自由,分散控制,可维护性强。但分布式控制也有局限性,最明显的缺点是协调问题。为了完成整个任务而进行全局资源配置,实现整体优化,需要使分散的各个系统相互协调,紧密协作。这只能通过各个系统间的相互通信来完成,这种协调较为困难。由于各个系统是独立的,如果没有固定的协作机制,难以发现可共享的资源,再加上客观存在的利益壁垒、信用保证和知识产权保护等问题,又使资源共享渠道不畅。

(3) 集中分布式控制模式

集中分布式控制模式是将集中式和分布式相结合的控制模式,如图 9.12(c)所示。各子系统保持自治性,有自己的控制中心,通过中央控制器对它们进行总体协调,而子系统内部事务由其自己的控制中心来处理。这种有分有合的控制,既可以实现局部系统优化,又可以达到全局优化的目的。

在采用了集中分布式结构的产品资源共享模型中,企业 A、企业 B 和企业 C 组成战略联盟,A 为盟主。联盟中的每个成员均有本地的 PDM 系统和 Web 服务器,本地 PDM 系统负责本企业的产品资源管理和控制,Web 服务器承担向外发布信息和数据通信的任务。设在企业 A 的中央服务器对整个联盟内的产品资源发布和更改起集中管理、转换和协调作用,而产品资源仍分布在各个企业,不影响企业各自的自主性。

资源共享的集中分布式控制模式克服了集中控制和分散控制的若干缺点,是异地、异构分布式环境下比较好的资源共享解决方案。目前,基于集中分布式控制模式的制造资源共享模型在国内外还处于不断探索之中,其中基于 P2P 的集中分布式制造资源共享模型(NMS-P2P),是利用资源虚拟重组及 P2P 网络技术的各自优点来解决资源共享问题[16]。

在 NMS-P2P 模型中,各个制造节点(企业)拥有不同制造资源可供其他制造节点所利用。假设整个制造资源空间存在有限个分类,以资源社区作为制造资源组织的基本单位,不同类别的制造资源组织在不同的资源社区内。制造节点之间根据制造资源固有的各种资源属性及其特征相似度决定划分关系,通过相似度计算,当相似度大于给定的阈值时归为同类关系,并以此逐步汇聚形成资源社区。同时,在每个资源社区内选取性能较强(如在线时间比较长、运算能力较强、宽带资源较多等)的制造节点作为本资源社区内的管理节点,由管理节点统一管理社区内的制造资源。不同资源社区管理节点之间在逻辑上存在一定的邻接与交互关系,负责对外通信及社区之间消息转发,使得资源请求能够在整个网络范围内传播。通过对 P2P 技术特点的详细分析,P2P 技术具有良好的扩展性、健壮性的网络结构、负载均衡等特点,而且还拥有良好的数据传输性能。将 P2P 技术引入到所设计的共享模型中,将制造资源重新虚拟组织与 P2P 技术优点相互融合,底层节点连接采取分布式网络结构,高层管理节点以 P2P 方式连接并进行数据的传输,从而提高整个网络模型的健壮性和可靠性,形成具有一定组织划分的覆盖拓扑结构。

NMS-P2P 模型网络拓扑结构如图 9.10 所示,它是一种三层次的网络结构,分别是物理层(节点层)、汇聚层(资源社区层)、P2P 层(管理层)。模型把资源社区内部的集中式和 P2P 原各管理节点的分布式结合起来,这样可满足系统扩充性的要求,同时又减缓了完全分布式机制下产生的大量网络消息,并且动态自组织的参与模式使得资源可自由地加入或离开,完全支持间歇性的参与,具有较好的可扩展性和健壮性。

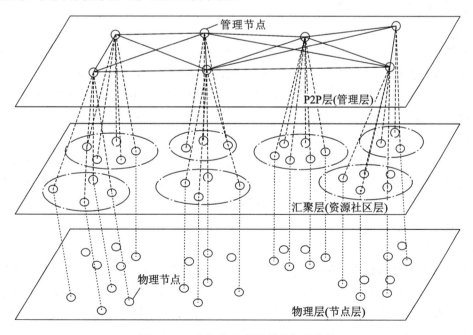

图 9.10 NMS-P2P 模型网络拓扑结构

9.5.3 数字化制造资源共享服务技术

制造资源的快速有效集成与共享离不开各种先进技术的支持与服务,具体说是离不开先进制造技术的支持、组织创新的支持、市场机遇信息的获取和合作伙伴的选择、分散网络化生产系统的组建及其成员企业之间的远程信息交互、具体制造活动的指挥、调度与控制的改变等。

为支持网络化制造环境下联盟企业之间的资源共享和协同工作,保证制造资源的高效合理的利用,我们仍然需要很多数字化制造资源共享服务技术,如储存技术、传输技术、资源封装技术、数据库管理技术、公共接口技术、安全与保密技术、资源动态共享技术和资源优化配置技术等。较为核心的是安全与保密技术、动态共享技术和优化配置技术。

1. 安全与保密技术

制造资源共享的信息安全与保密技术是指采用相关信息安全技术为共享用户和共享系统提供安全信任的环境,保证企业和用户对资源服务的安全调用和访问,实现身份认证和授权访问,确保数据交换的安全性,实现单点登录,建立共享安全基础设施,作为解决跨企业的资源共享安全性方案。

制造资源的计算环境对安全的要求比 Internet 的安全要求更为复杂。制造资源计算环境中的用户数量、资源数量都很大且动态可变,一个计算过程中的多个进程间存在不同的通信机制,资源支持不同的认证和授权机制且可以属于多个组织。正是由于这些资源独有的特征,使得它的安全性要求更高,具体包括支持在资源计算环境中主体之间的安全通信,防止主体假冒和数据泄密,支持跨虚拟组织的安全,支持制造资源计算环境中用户的单点登录,以及跨多个资源和地点的信任委托和信任转移等。

在制造资源共享的过程中,要想保证产品信息的安全就必须解决机密性、完整性、认证和授权、抗抵赖性、产权保护等问题。

(1) 机密性

网上传送的产品信息尽管是电子的形式,然而它却具有极强的规律性,很容易被人截获并通过信息反编码得到可以识别的信息。研究产品信息共享安全的机密性就是研究一种方法,通过这种方法使得发送方的信息在传输途中不易被截获,或即使被截获也无法知道信息的真实内容,它是信息共享的最基本的要求。

(2) 完整性

顾名思义就是要保证信息在传送的过程中是完整的,没有被修改,任何人都不可能用另外一条错误的信息代替传送信息。产品的开发是一个系统工程,其中很多环节,如加工过程的数据应是连续的,这时如果一个数据出错或数据不准确都会造成整个开发过程失败。因此,完整性是产品信息共享的关键。

(3) 认证和授权

制造企业的产品信息是多种多样的,其安全等级各不相同,必须确定访问者的权限。在现实生活中这一点是很容易做到的,可以要求来访者出示身份证、工作证或其他有效证件。从这些证件中不但可以对来访者的身份加以验证,同时也可以确定来访者是否被授权访问这些信息。然而,在产品信息共享系统中,这种验证方式就完全行不通,这时必须采取另外的途径验证他所表明的身份。

（4）抗抵赖性

抗抵赖性是指发送方事后不能虚假地否认他发送的消息。产品信息共享是支持产品协同开发的基础，而产品开发过程是一个完整的体系，在产品开发的整个过程中存在着事前分析、任务的分解完成和事后的评价等几个环节。为了在事后的评价过程中，正确评价每个环节的得失，确保任务的每个成员无法否认他曾发送过的信息，该系统必须有相应的机制来保证事后的抗抵赖性。

（5）产权保护

随着网络的日益普及，信息交流达到了前所未有的深度和广度，同时使得对产品信息的侵权更加容易，篡改更加方便。由于制造企业的产品信息（包括文档、设计图纸、产品关键数据、产品模型等）的知识产权保护问题关系到制造企业的切身利益。因此，如何保护产品信息的产权受到了制造企业的高度重视。

以上是产品资源信息共享在信息安全性方面面临的几个主要问题。目前来看，安全与保密技术最核心的还是应用密码技术。应用密码技术主要是由加密技术和密码分析技术两个既相互独立又相互依存的分支组成。加密技术是研究安全有效的加密算法，实现对信息保密的技术。而密码分析技术则是研究破译密码，以窃取保密信息的技术。这里所指的应用密码技术主要是指前者，对应用密码技术的研究主要是指对加密技术的研究。按照密码的体制，加密技术可以分为对称密钥加密技术、非对称密钥加密技术和不可逆加密技术。另外，用非对称密钥加密技术和不可逆加密技术组合可实现数字签名，数字签名技术在信息安全（包括身份认证、数据完整性、不可抵赖性），以及匿名性等方面有重要应用。

2. 动态共享技术

动态共享技术是指在动态变化的虚拟组织中协调资源共享的一种技术。在分布式环境下，各实体的相对独立导致了共享关系的动态性。动态性表现在用户数量的动态可变、资源数量的动态可变、系统对资源的动态使用等。资源共享系统必须支持资源的适应性、可延展性和可扩展性，在保持站点资源自治的同时允许具有不同管理策略的系统之间的互操作、协同分配资源，并具有很好的容错性和稳定性。

对于处在制造资源共享系统上的用户而言，所有连在同一系统之上的制造资源（计算中心、CAD中心、加工中心、检测中心等）都是可以透明使用的，而不需要了解资源的具体位置和所有者。当用户为完成某个产品，向制造资源共享系统请求计算资源、设计资源、制造资源、检测资源、运输资源、销售资源、服务资源等时，所有响应资源就临时组成一个虚拟组织。这个组织将随这个产品的产生而产生，随着产品的变化而变化，随着资源可使用情况的变化而变化。

假设某种原因致使CAD资源不能被用户使用（设备故障、停电、正常检修等），而同时用户又正在使用该类资源，这时制造资源共享系统中的资源管理系统会重新寻找最佳可使用资源，安排该用户使用，对该用户而言，他并没有发现正在使用的资源已经发生了变化。而动态共享技术旨在解决类似情况。

为实现动态共享制造资源，就必须在资源的各种动态变化中，根据制造业对资源需求的特点，快速动态定位资源，预留、分配资源。因此，在制造资源管理系统中，加入制造资源分配管理中间件技术，实现制造资源在系统中按制造业需求的共享方式进行控制是一种较为有效的方法。

制造资源服务中间件处理与协同预留代理和协同分配代理之间的通信较为重要，中间件向代理发出资源请求,并处理从代理返回的结果。协同预留代理请求操作创建预留,该操作与本地资源管理进行交互,确保所请求的资源数量和质量在请求的开始能使用,并能在所希望的持续时间内可用。如果资源不能得到这种保证,协同预留代理请求失败。如果协同预留代理请求成功,返回预留句柄,通过预留句柄能监控和控制预留的状态。数字化制造系统允许制造资源动态加入共享、动态退出共享、随负载情况动态分配资源使用等。从制造系统应用角度来看,仅仅和资源服务中间件通信,所看到的制造资源共享系统上的所有制造资源都是透明的,并且是完全可以控制的。

同时,在数字制造资源共享系统主接点和制造节点的制造资源管理模块中各自维护一张动态共享的制造资源的链表,该资源链表记录了对主接点和制造节点而言可共享资源的当前状态的映射。资源动态状态检测服务负责对该链表进行维护,在需要时可以从链表中快速查找可用资源。

制造节点的资源动态状态检测服务会对该表中的资源进行状态更新。对每阶段的制造资源,使用频率高的资源会调整到最前面,而使用频率低的资源会自然往后移。很少使用的资源在链表的长度太大时会被系统移出链表,表示该资源不再是本制造节点的热资源。有制造任务时会首先使用热资源,热资源不够使用时才会发布制造任务,重新搜索可共享的制造资源。

3. 优化配置技术

制造资源优化配置技术是指根据用户的需求,从资源发现服务中得到满足条件的资源队列,然后从满足条件的资源队列中根据策略选择一个合适的资源,将任务合理或优化地分配到资源中。利用数字化制造共享资源优选算法,得到最佳调度结果,选择最合适的资源,从而使资源的配置达到最优化,实现企业制造资源的合理分配和有效利用,使资源的使用达到最高效率。

为实现有效的资源服务优化配置,必须解决以下几个问题:如何对任务进行分解;如何根据任务分解的各子任务对资源服务的需求,从系统资源服务信息库中搜索到符合相应子任务需求的所有资源服务,并生成待选资源服务集;如何从待选资源服务集中选出符合子任务需求的最佳资源服务;如何从每个子任务对应的待选资源服务集中挑选一个资源服务,按照一定的顺序组合起来执行任务;如何从所有可能的组合中选择最优组合。

在解决以上问题的同时,人们实现制造资源服务优化配置的一般思路是,在制造资源发现机制的基础之上,为不同类型的制造资源(如设备资源、软件资源、知识资源等)建立各自的评价体系,定义相应的指标,将评价体系进行量化,即给制造资源的优劣情况进行打分。分值越高说明该制造资源越优秀,更符合用户的需要和企业的目的。在此基础之上再建立最终的目标评价函数,进而借助于数学和系统工程中的优化算法来解决。

制造资源的优化配置问题就是找出最优动态资源服务链。一般来说,制造资源优化配置过程分为三个步骤:

第一步是预选制造资源。用户通过制造系统发布制造任务需求,制造系统根据任务分解机制,将制造任务分解成若干个子任务。然后根据制造资源属性,搜索相关资源,获得预选资源集合。

第二步是初选。根据资源需求以及用户对制造资源评价指标的重要性,构建基于时间、成本、质量、服务、信誉度、可靠度的评价指标体系,求解各指标对于总目标的相对权重因子。这是一个多目标决策问题,运用模糊层次分析算法,将多目标转为单目标问题,为每个制造子任务选择合适的 5～10 个制造资源。

第三步是优选。制造资源的优选不但要考虑单个制造资源的相对重要性,还要从资源服务链的整体性出发,充分考虑所有资源整体的最优性。为了对各种可能的资源组合进行综合评价和优化,使用基于总成本的主目标优化方法,将其他指标作为次要目标,并转为约束条件,求解最优动态资源服务链。

通过上述三步的分析计算后,若依旧没有获得满足任务要求的制造资源,则应该扩大预选步骤中功能信息的限制条件以及优选过程中的约束范围,以放大可选服务资源的范围。重复上面步骤,最终得到使资源需求方满意的服务资源,形成最优动态资源服务链。

最优化标准是客户依据自身特点与需要对于各种矛盾价值的取舍,客户可以按任意的权重来单一或综合地考虑各种价值,得到具体的最优化标准。客户对资源节点的要求包括交货期(T)、质量(Q)、成本(C)、服务(S),客户只需给出这个多目标决策问题中对各个不同目标的权重即可。然而,在现实问题中,客户往往只有一些感性的认识,如服务最重要或时间要快,钱不是问题等,如果把钱不是问题翻译成成本的权重是零,并确定成最优化标准,最后找到的节点很有可能不会令客户满意,甚至是客户无法负担的。因此,需要一个科学的手段,通过客户的感性认知得出较精确的符合客户真实愿望的最优化标准。

考虑到制造资源服务质量(Quality of Service,QoS)的资源优化配置方法是目前研究的主流方向。从资源使用的角度而言,实现资源的合理有效利用是目标,从用户的角度而言,以服务质量为导向和目标,二者是不矛盾的,满足用户的 QoS 需求也意味着找到了合适的资源为用户服务。在某个目标函数的约束下,通常采用了如遗传算法、演化计算、神经网络、模糊决策、Agent 等方法,实现制造资源服务优化配置。此外,资源的动态分配与调度、资源的联合分配、基于资源预约的优化配置算法也成为资源服务优化配置的重要方向。

9.6 数字化监测技术

随着现代制造业及制造科学和技术的迅速发展,机械装备在国民经济和工业生产中的重要地位已显得十分突出,机械装备的健康状况和安全运行在生产中的重要作用也是人所共知的,大型机械设备因故障所造成的直接和间接经济损失及其对整个社会的影响是巨大的,也是难以精确估算的。因此,深入研究机械装备的在线状态监测和故障诊断的科学和技术问题,进一步提升机械装备运行状态监测和故障诊断的科学技术水平是摆在我们面前的头等重要任务。

9.6.1 数字化监测系统的发展

随着机械装备朝着大型化、集成化、高速化、自动化和智能化方向的发展,如何保证机械装备,特别是重大关键机械装备的安全、可靠运行,直接关系到机械制造业和国民经济的发展以及国防建设计划的具体实施。现代机械装备或机械系统具有复杂性和集成性的特点,一旦发生故障,所造成的损失将是十分巨大的,这就是在最近一个时期机械系统状态监测与故障诊断技术得到科学技术界和产业部门广泛重视的根本原因。机械系统状态监测与故障诊断经过几十年的发展,已初步形成了较为完整的学科体系。尽管如此,一些新的原理、新的技术或新的方法仍还处于不断研究和发展的过程中。

纵观机械系统监测和诊断技术的发展历史,早在第二次世界大战期间,由于大量军事装备缺乏监测和诊断技术及维修手段,造成大量非战斗性损坏,使人们意识到监测技术和故障诊断的重要性。美国是最早开展机械系统监测和故障诊断技术研究的国家。英国、瑞典、挪威、丹麦和日本等国紧随其后。1960年以来,由于半导体的发展、集成电路的出现以及电子技术和计算机技术的快速发展,特别是1965年数字信号处理的快速傅里叶变换(Fast Fourier Translation,FFT)方法获得突破性进展后,出现了数字信号处理和分析技术的新分支,从而为机械系统监测和故障诊断技术的发展奠定了重要的基础。自20世纪60年代,美国故障诊断预防小组和英国机器保健中心成立以来,故障诊断技术逐步在世界范围内推广和普及,全球科研和工程领域的广大科技工作者在信号获取与传感技术、故障机理与征兆联系、信号处理与特征提取、识别分类与智能决策等方面开展了积极的探索,取得了丰硕的成果[17-19]。

机械系统动态监测与故障诊断系统目前形成了既有传统理论、具体方法,又有现代检测手段和先进分析技术,既能应用于工程实际,又与高技术密切相关的学科体系。从前面所述的重点研究方向看,机械系统动态监测与诊断系统主要研究内容有传感器及系统、状态监测及系统、智能诊断系统、监测与诊断系统四部分,不断吸收数学、信息、力学和材料等领域的新发现和新发明,引导机械故障诊断研究向深度、广度扩展。

机械系统光纤光栅分布动态监测是一种新的分布式动态监测技术,按波分复用布置的光纤光栅分布监测系统的基本原理如图9.11所示。这种新的分布式动态监测技术用于机械装备动态监测,尤其是用于旋转机械装备动态监测,应该说还是近几年的事。这里的关键问题,一是针对测量参数如何制备相适应的光纤光栅(Fiber Bragg Grating,FBG)传感器,二是适于机械系统多参数测量的多通道高速光波长的解调,三是分布测量数据的分析处理及其特征分析与故障诊断[20]。光纤光栅分布动态监测为机械系统的监测和诊断提供了一种崭新的技术和方法。

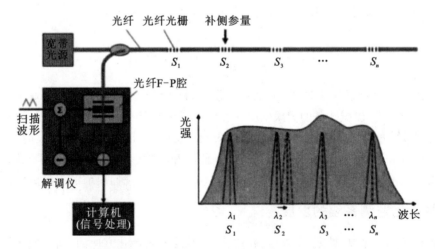

图9.11 光纤光栅分布动态监测系统的基本组成

9.6.2 数字化监测系统的传感技术

光纤光栅传感器技术的发展十分迅速,已出现温度、压力、位移、速度、加速度、气敏等各类光纤光栅传感器产品,与之配套使用的波长解调仪在国内外也已形成规模生产,其解调频率一般可达到200~300 Hz,基本满足了结构工程状态和安全监测的需要。随着光纤光栅传感技术的广泛应用,对高精度和适用范围更广的光纤光栅传感器的要求越来越突出。工业发达国家正在组织研制高速高精度的各类光纤光栅传感器,如美国已研制出测量精度在 0.01% 以上,其解调速度可达到 1000~2000 Hz 以上的光纤光栅传感器及其解调装置。在国外,适用于水下探测、结冰探测和核辐射检测的新型光纤光栅传感器产品也正在逐步推入市场。

在国内,清华大学、重庆大学、武汉理工大学等高校在光纤光栅传感器的研究方面做了很多工作,取得了不少的成果。如黄尚廉教授提出了基于 Bragg 光纤光栅传感器的位移和温度同时测量的新方法,并应用集成式 FBG/EFPI 传感器实现了静态应变、温度及振动三参数同时测量。欧进萍教授将光纤光栅传感检测技术应用于工程结构的安全监测,在钢筋混凝土结构地震损伤和海洋平台结构安全保障等方面取得了突破。武汉理工大学在光纤光栅传感器制作和工程结构安全监测等方面也取得了显著的成绩,尤其是在桥梁、隧道、大坝、石化等重大工程安全监测方面取得了突出的成绩,在光纤光栅制备及调制解调技术方面处于国内领先地位,尤其是光纤光栅的工业化生产处于国际先进行列。

近几年来,光纤传感技术得到了快速的发展,为机械系统的状态监测与故障诊断提供了一种新的原理和方法。光纤光栅传感器具有许多优点,如体积小、具有防爆特性、可对电绝缘及抗电磁干扰能力强、可靠性高、环境适应性强,而且可以在单根光纤上布设多个针对不同参数的传感器形成分布传感的优点,从而可实现"无源多场、一线多点"的机械系统运行状态的实时测量[21-22]。

目前,在机械系统动态监测与故障诊断领域中,传感技术和诊断方法是两个最为活跃的研究方向。在传感技术研究方面,重点是突破传统电磁类传感器技术的不足,研究和开发新型传感器及其系统,光纤光栅传感器技术是其中的典型代表。目前的重点研究方向是新型传感器、多传感器系统和信息融合技术。由于大型机械装备或复杂机械系统常常是强非线性、时变、强耦合、多输入多输出、多种损伤和故障并存的,要对机械部件及系统进行动态监测与诊断,必须采用新型传感装置和多传感器融合分布检测。提取多点、分布式和强耦合的动态信息,同时与信息融合技术进行有机地结合和分析处理,这是确保机械系统故障诊断准确、迅速、可靠的前提。

9.6.3   数字化监测系统的数据处理

(1)光纤光栅高速光电转换的实时检测与高速解调计算[23]

在基于 F-P 滤波器的高速高精度光纤光栅解调系统中,如何高速实时检测布拉格光栅反射光波长是关键技术。传统的解调设备常常采用微控制器来进行检测,所能达到的速度和精度都不高,而且微控制器主要是面向控制的,运算能力难以做到实时计算。

为了克服传统解调器存在的问题,可采用在数字信号处理领域新兴的 DSP 技术,配合高速可编程逻辑器件来代替传统的微控制器进行光纤光栅信号的检测,如图 9.12 所示。新型的数字信号处理器(DSP)具有传统单片机十倍以上的工作频率、四级以上的流水线,使得综合处理速度是单片机的几十倍以上。数字信号处理器带有专门用于数学计算的硬件单元和专用的运算指令,以及 40 位以上的运算寄存器,使得不仅计算速度较单片机有大幅提高,而且计算精度也大幅的提高。可编程器件(FPGA)的引入满足了高速数字信号处理器对外围高速时序逻辑和组合逻辑的要求,并对信号进行预处理,可减轻 DSP 的工作量,使 DSP 芯片可以在不受时序约束的情况下在以最高工作频率运行。采用 DSP 在 F-P 滤波器扫描上升沿,进行波分复用光纤光栅的实时检测,用 DSP 在 F-P 滤波器扫描下降沿,进行光纤光栅中心波长的解调算法,可充分利用 DSP 资源和 F-P 滤波器的作用,实现的解调器最大解调速度超过 200 Hz,波长解调分辨率达到 1 pm,解调器典型误差在 ±1 pm,系统最大误差小于 ±4 pm。

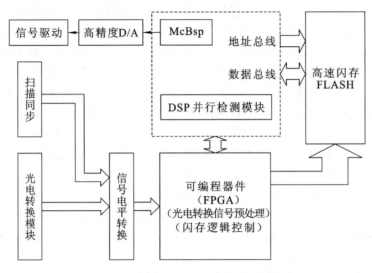

图 9.12　光纤光栅信号高速检测模块

（2）大量实时数据的传输与联网

在实际工程应用中,解调器往往要解调多路多个光纤布拉格光栅信号,由此会产生大量的检测数据,如何实时地将各个光纤光栅波长数据传送到 PC 机,而不产生系统阻塞是研制高速解调器面临的另一个新问题。

为不影响 DSP 分配给解调部分的资源,可采用当前先进的 32 位 ARM 微控制器来进行解调数据的调度与传输,如图 9.13 所示。首先,ARM 微控制器和高速 DSP 的数据传输通道采用高速双口 RAM 完成。同时,ARM 控制器配合最新的第三代嵌入式快速以太网芯片实现 10M/100M 自适应的以太网卡,并用软件设计嵌入式 TCP/IP 协议栈实现解调器的网络化功能。解调器通过以太网可以实时将大量解调数据准确无误地传输到指定 IP 地址的计算机上。为了增强系统的适应性,系统同时扩展了两个备用通信口,即 USB 口和 RS232 口。研发的 BGD-4M40 型高速光纤光栅解调仪,通过长期连续运行证明能有效可靠地进行网络数据传输,完全达到了设计的目的和工程应用的要求。

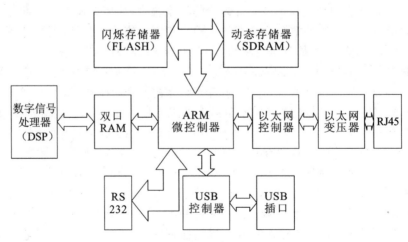

图 9.13　解调数据传输原理图

（3）解决多参数、多测点的分布监测

对于多参数、多截面、多点的监测，研制了 BGD-4M40 高速解调器，可以同时监测 80 个以上的传感光栅，这就要求解调器要有高速的数据传输功能。当一个系统中有多台解调器时就要求能与计算机联网，以实现系统的网络化。

采用当前流行的 32 位高速微控制器实现 10M/100M 的快速自适应以太网功能，并配合高速的双向存储器来完成解调数据的调度。可以将多台仪器联网同时向服务器计算机传输现场数据，进而实现了远程监测的网络化。另一方面，通过对多路复用技术的实施技术和整个监测系统的可靠性（即传感器、光路或者解调仪失效对系统运行的影响）等研究（具体包括光纤光栅传感系统的布设、安装和保护工艺，系统的设计、调试、检验和评价），能有效地保证在多测点分布监测中保持各传感器性能长期的一致和稳定；通过对健康监测中的传感器的封装，光纤光栅传感系统的布设、埋入、粘接以及安装保护工艺，传感及通信光路的布设、保护，监测系统的调试和评价进行了深入的研究，提高了传感器的成活率和系统的可靠性。

参 考 文 献

[1] 邹思轶. 嵌入式 Linux 的设计与应用[M]. 北京：清华大学出版社，2002.

[2] 严隽琪. 数字化制造与网络化制造[J]. 工业工程与管理，2000，24(1)：8-11.

[3] 何大勇，查建中，姜义东，等. 面向网络制造的网络结构设计方案研究[J]. 制造业自动化，2004，11(5)：20-23.

[4] 赵荣泳，张浩，樊留群，等. ARM 嵌入式系统在数控磨床故障诊断中的应用研究[J]. 机电一体化，2004，10(3)：87-90.

[5] 孙恺，王田苗，魏洪兴. 基于 ARM 的嵌入式可重构数控系统的设计与实现[J]. 机床与液压，2003，6：116-118.

[6] 牛玉广，戈志华，李如翔，等. 分布式汽轮发电机组在线检测与故障诊断系统[J]. 中国电机工程学报，1998，18(4)：302-304.

[7] 罗云飞，张昆仑. 嵌入式 DSP 在电机控制中的应用[J]. 电子元器件应用，2004，6(3)：48-50.

[8] 周祖德，魏仁选. 开放式控制系统的现状、趋势与对策[J]. 中国机械工程，1999，10(10)：1090-1093.

[9] 朱国力，段正澄. 现代数控系统的特点和发展方向[J]. 机械与电子，2001(1)：52-54.

[10] 左静，魏仁选. 数控芯片的研制和开发[J]. 中国机械工程，1999，10(4)：424-427.

[11] Zhao D Z, Shi Y J, Gregory M. Joint Optimal Output of Members in Global Virtual Network System. In: International . The Proceedings of the 6th Research Symposium on International Manufacturing. Global Integration, Churchill College, Cambridge, 2001.

[12] James B, Ashok J. Organizational Learning and Inter-Firm Partnering in the UK Construction Industry[J]. The Learning Organization, 1998, 15(2)：86-98.

[13] 杨叔子，吴波，胡春华. 网络化制造与企业集成[J]. 中国机械工程，2000，11(1)：45-48.

[14] 周祖德，陈幼平，余文勇. 数字制造概念和相关科学问题[J]. 中国机械工程，2001，12(1)：100-104.

［15］ Lee W B，Lau H C. Multi-Agent Modeling of Dispersed Manufacturing Networks[J]. Expert System with Application,1999,16(8):297-306.

［16］ 罗炜.网络化制造环境下基于元数据和 P2P 的资源共享机制研究[D].浙江工商大学,2013.

［17］ 王国彪,何正嘉,陈雪峰,等. 机械故障诊断基础研究"何去何从"[J].机械工程学报,2013,49(1):63-72.

［18］ Keith W，Charles R F，Jonathan H Keith，et al. A Review of Nonlinear Dynamics Applications to Structure Health Monitoring[J]. Structure Control and Health Monitoring, 2008, 15(4):540-567.

［19］ 熊诗波.大型复杂机械系统的状态监测和故障作诊断[J]. 振动、测试与诊断,2000,20(4):233-235.

［20］ Andrzej W，Domanski. Application of Optical Fiber Sensors in Mechanical Measurements[C]//IEEE Instrumentation and Measurement Technology Conference. May 19-21,Ottawa,Canada,1997,New York :IEEE,1997:19-21.

［21］ Zhou Zude，Liu Quan，Ai Qingsong，et al. Intelligent Monitoring and Diagnosis for Modern Mechanical Equipment Based on the Integration of Embedded Technology and FBGS Technology[J]. Measurement,2011, 44(9):1499-1511.

［22］ Zhou Z D，Jiang Desheng，Zhang Dongshen. Digital Monitoring for Heavy Duty Mechanical Equipment Based on Fiber Bragg Grating Sensor[J]. Science in China Series E-Technological Sciences, 2009, 52(2):285-293.

［23］ 李政颖,周祖德,童杏林,等.高速大容量光纤光栅解调仪的研究[J].光学学报,2012,32(3).

［24］ 刘泉,蔡林均,李政颖,等.高速度高精度光纤布拉格光栅解调的寻峰算法研究[J].光电子.激光,2012,32(7):1233-1239.

10 数字制造的前沿与应用前景

自美国未来预测大师杰里米·里夫金在 2011 年出版的《第三次工业革命》一书和英国杂志《经济学人》的编辑保罗·麦基里在 2012 年 4 月发表的《制造和创新:第三次工业革命》一文以来,"第三次工业革命"已经引起了人们较普遍的关注,许多学者认为互联网技术与可再生能源系统相结合,将为第三次工业革命奠定坚实的基础,而新材料和 3D 打印技术等数字化制造将引领第三次工业革命[1]。数字化的制造业将从五个方面推进,一是更聪明的计算机软件,二是新材料的出现,三是更灵巧的机器人,四是基于网络的制造业服务商,五是新的制造方法——3D 打印技术。这一观点表明工业生产方式将从大规模生产向个性化生产转变,很大一个特点就是"就地化生产",数字化、智能化是新工业革命的核心技术。

10.1 3D 打印——世界制造业革命

3D 打印技术又称"快速成型技术",诞生于 20 世纪 80 年代,是一种综合了数字建模技术、机电控制技术、激光技术、信息技术、材料科学与化学的先进制造技术。3D 打印技术是"增材制造"的主要实现形式,它是一种典型的数字制造方式,借助 CAD/CAM 等软件将产品结构数字化,驱动机器设备加工制造成产品,其数字化文件还可借助网络进行传递,实现异地分散化制造的生产模式。

3D 打印已成为近几年热门的科技概念,小到杯子、鞋子,大到汽车、飞机部件,3D 打印的产品种类越来越多,从生产到生活,从工业到民用,从高端到大众,3D 打印正在将"所想即所得"变成现实。著名的英国杂志《经济学人》将 3D 打印技术称为改变未来世界新的创新性科技,认为 3D 打印技术将"与其他数字化生产模式一起推动实现第三次工业革命"。

3D 打印改变了通过对原材料进行切削、组装来进行生产的加工模式,节省了材料和产品的设计制造时间,使制造工艺发生深刻变革。3D 打印技术的不断成熟将推动新材料技术和智能制造技术实现大的飞跃,从而带动相关产业的发展。3D 打印技术将可能改变第二次工业革命产生的、以装配生产线为代表的大规模生产方式,使产品生产向个性化、定制化转变。3D 打印机的推广应用将缩短产品推向市场的时间,消费者只要简单下载设计图,在数小时内通过3D 打印机就可将产品"打印"出来,从而不需要大规模生产线,不需要大量的生产工人,不需要库存大量的零部件,即所谓的"社会化制造"。"社会化制造"的另一优势是通过制造资源网和互联网,快速建立高效的供应链、市场销售和用户服务网,这是实现敏捷制造、精益制造和可持续发展的一种生产模式。综合来看,3D 打印技术的应用将从根本上改变传统制造业形态,使制造模式发生革命性变化。

10.1.1　3D 打印工艺及材料

3D 打印的材料可分为块体材料、液态材料和粉末材料等。针对这些不同的打印材料,按照美国材料与试验协会(ASTM) 3D 打印技术委员会(F42 委员会) 的标准,目前共有七类 3D 打印工艺,本书 9.4.3 节已有详细介绍,3D 打印工艺所用材料如表 10-1 所示[2]。

表 10-1　3D 打印工艺及材料

工艺	材料	应用
光固化成型	光敏聚合材料	成型制造
材料喷射	聚合材料、蜡	成型制造、铸造模型
黏结剂喷射	聚合材料、金属、铸造砂	成型制造、压铸模具、直接零部件制造
熔融沉积制造	聚合材料	成型制造
选择性激光烧结	聚合材料、金属	成型制造、直接零部件制造
片层压	纸、金属	成型制造、直接零部件制造
定向能量沉积	金属	修复、直接零部件制造

材料是目前制约 3D 打印技术广泛应用的关键因素。目前已研发的材料主要有塑料、树脂和金属等。然而,3D 打印技术要实现更多领域的应用,就需要开发出更多的可打印材料,根据材料特点深入研究加工、结构与材料之间的关系,开发质量测试程序和方法,建立材料性能数据的规范性标准等。此外,在一些关键产业领域,寻找合适的材料也是一大挑战,例如空客概念飞机的仿真结构,要求机身必须透明且有很高的硬度。为符合这些要求就需要研发新型的复合材料。最近,以色列 Objet 公司宣布为 Connex 系列多材料 3D 打印机新开发 39 种"数字材料",可供客户选择的基本材料已多达 107 种。这些材料的质地、韧性、刚度、强度都各不相同。该公司目前可提供 90 种"数字材料",这些材料都是由公司提供的基本材料复合而成,这样可使设计师、工程师和制造商能够非常精确地模拟其最终产品的材料性能。此外,目前对金属材料进行 3D 打印的需求尤为迫切,如工具钢、不锈钢、钛合金、镍基合金、银和金等,但目前这些打印技术尚未完全突破。

目前,3D 打印技术还不具备规模经济的优势,价格方面的优势尚不明显,在一段时间里还无法全面取代传统制造技术。但是在单件小批量、个性化订制和网络社区化生产方面,对于大多数产品来说,不管打印 1 件还是 100 件,价格都相差无几,因而 3D 打印技术具有无可比拟的优势。

10.1.2　应用领域与趋势

3D 打印机的应用对象可以是任何行业,只要这些行业需要模型和原型。目前,3D 打印技术已在工业设计、文化艺术、机械制造(汽车、摩托车) 、航空航天、军事、建筑、影视、家电、轻工、医学、考古、雕刻、首饰等领域都得到了应用。随着技术自身的发展,其应用领域将不断拓展。这些应用主要体现在以下方面[3-6]:

① 设计方案评审。借助 3D 打印的实体模型,不同专业领域(设计、制造、市场、客户) 的人员可以对产品实现方案、外观、人机功效等进行实物评价。

② 制造工艺与装配检验。3D 打印可以较精确地制造出产品零件中的任意结构细节,借助 3D 打印的实体模型结合设计文件,就可有效指导零件和模具的工艺设计,或进行产品装配

检验,避免结构和工艺设计错误。

③ 功能样件制造与性能测试。3D 打印的实体原型本身具有一定的结构性能,同时利用 3D 打印技术可直接制造金属零件,或制造出熔(蜡)模,再通过熔模铸造金属零件,甚至可以打印制造出具有特殊要求的功能零件和样件等。

④ 快速模具小批量制造。以 3D 打印制造的原型作为模板,制作硅胶、树脂、低熔点合金等快速模具,可便捷地实现几十件到数百件数量零件的小批量制造。

⑤ 建筑总体与装修展示评价。利用 3D 打印技术可实现模型真彩及纹理打印的特点,可快速制造出建筑的设计模型,进行建筑总体布局、结构方案的展示和评价。

⑥ 科学计算数据实体可视化。计算机辅助工程、地理地形信息等科学计算数据可通过 3D 彩色打印,实现几何结构与分析数据的实体可视化。

⑦ 医学与医疗工程。通过医学 CT 数据的三维重建技术,利用 3D 打印技术制造器官、骨骼等实体模型,可指导手术方案设计,也可打印制作组织工程和定向药物输送骨架等。

⑧ 首饰及日用品快速开发与个性化定制。利用 3D 打印技术制作蜡模,通过精密铸造实现首饰和工艺品的快速开发和个性化定制。

⑨ 动漫造型评价。借助于动漫造型评价可实现动漫等模型的快速制造,指导和评价动漫造型设计。

⑩ 电子器件的设计与制作。利用 3D 打印技术可在玻璃、柔性透明树脂等基板上设计制作电子器件和光学器件,如 RFID、太阳能光伏器件、OLED 等。

根据美国技术咨询服务协会发布的 2012 年年度报告,全球 3D 打印行业在 2011 年销售额为 17.14 亿美元,当前该技术的市场渗透度为 8%。因此,报告保守估计 3D 打印市场机会为 214 亿美元。乐观者则认为当前市场渗透度仅为 1%,从而 3D 打印市场机会为 1700 亿美元。目前,3D 打印技术市场的年增长率为 29.4%。据预测,该行业的市场规模到 2019 年将增长到 65 亿美元。目前来看,3D 打印技术的产值在全球制造业中所占份额仍然微不足道。但是,技术革命不会因为新技术的出现而立刻发生。高效低成本的传统制造业在大批量制造方面具有无可比拟的优势,而 3D 打印技术在单件小批量、个性化、网络化生产模式上发展潜力巨大,最终将给工业生产和经济组织模式带来颠覆式的改变。受制于材料、成本、制造精度等多方面因素,3D 打印技术不可能替代传统制造业,只是传统制造业的一个完美补充。3D 打印产业的路也许还很远,但前景一片光明。

10.2 面向服务的数字制造

在 20 世纪 90 年代末,"制造即服务"作为一个制造业内的新概念,在科技不断进步以及制造关系发生巨大变化的形势下,逐渐为越来越多业内人士接受,但是受到当时互联网以及相关技术限制,比如数据传输在速度、距离等方面还十分受限,在新世纪以前,"制造即服务"蓝图并没有真正在制造业中得以实现。

在现今经济、文化、生产、商业等各领域全球一体化进程中,用户需求呈现大量、个性化、变化快、地域广等特点,制造者竞争对象越来越少地受到地域通信等限制,市场竞争的激烈程度日益增加。以网络化技术为基础的面向服务的制造,如云制造[7-11],目的是面向用户特定需求的制造系统,并在该系统支持下,突破空间地域对服务供应者经营范围和方式的约束,开展覆盖产品全生命周期部分或全部环节的制造业务活动,如产品设计、制造、销售、采购、管理等,实现用户与服务供应方的协同和各种社会资源的共享与集成,高效、高质量、低成本地为市场提供所需的制造服务,从而提升服务供应方的核心竞争力,同时取得预期经济效益,为用户提供符合要求的定制化、低成本服务。

从系统结构来说,面向服务的制造需要面对的关键问题就是处理好用户、服务提供方以及服务管理平台之间的关系。通过服务管理平台的操作,服务提供方提供的服务或服务组合能够满足用户需求,三方面的关系以及操作原理可以由图 10.1 简单说明[12,13]。一种面向服务的制造系统结构如图 10.2 所示,该系统结构体现出面向服务的制造关键技术,包括制造资源的感知、数据汇聚、制造资源的虚拟化和服务化、制造能力评估以及制造服务管理优化等,将制造系统进一步划分为十个层面分别予以分析[14]。

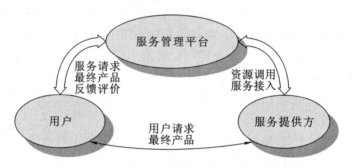

图 10.1　用户、服务提供方、服务管理平台关系

用户可能遍布各个不同区域,可能是单个客户,也可能是或大或小的客户群体或组织,或者其他任何具有制造需求的参与者,他们不具备制造装备和能力,也可能具有制造能力但是不具备市场竞争力。用户通过与服务管理平台的交互,提出制造需求,包括需求的产品、需要满足的条件等。

服务管理平台在面向服务的制造中发挥诠释与调度作用,一方面将用户需求以数据形式对所需产品以及约束条件进行描述,比如用数值模型将用户所需产品描述成一系列子任务集合,另一方面根据注册服务资源使用自动感知、调度与定序技术,在大量注册服务与用户任务间完成匹配,定位匹配服务并发起制造命令,并对服务中断等意外情况实现灵活任务调度。服务提供方拥有制造设备和操作能力,拥有一定制造技术支撑比如加工、过程监控、测试、包装等。他们在网络化制造中不再受地域等传统约束条件的束缚,完成基于知识的产品最优化生产,执行高效、节能、环保的制造进程。在面向服务的制造中,服务提供方代表市场环境中具备众多类型的制造能力,通过服务管理平台为用户提供接入服务。服务管理平台为服务提供方输入制造数据,服务提供方输出符合用户需求产品的最终形式。如果情况允许,比如地域和资金符合条件,少数用户还可以与服务提供方直接完成制造交互。

10.2.1　关键使能技术

1. 制造资源的感知与数据汇聚

面向服务的制造资源分为软件资源和物理资源:软件资源通过接入和封装提供给用户使用,并配置相应的运行环境;物理资源采用感知数据与制造资源相关联的虚拟化方法呈现制造资源的各种状态。制造资源的感知是制造资源的虚拟化和制造资源服务评估的基础。物理资

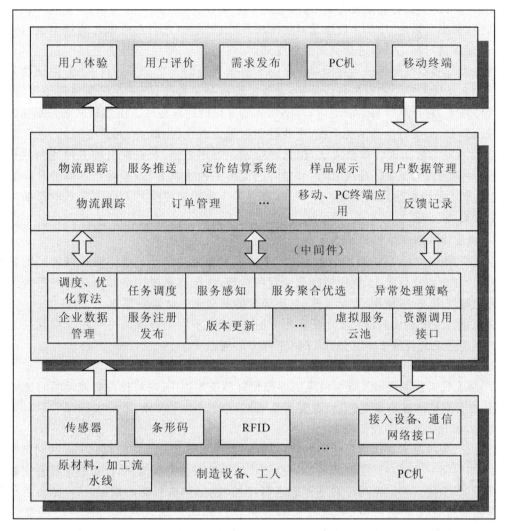

图 10.2 面向服务的制造系统结构

源的状态感知可以分为运行状态感知、加工状态感知、任务状态感知和能耗状态感知。物理资源主要指加工装备及其附属系统,加工状态的运行状态主要指其相关部件的工作状态,如应力状态、温度状态、振动状态等,主要通过各类型传感器进行感知。近年来新型光纤光栅传感器逐步在机械装备监测中得到越来越多的应用[15],它们具有体积小、重量轻、长期稳定性好、传输距离远、抗电磁干扰能力强、易在单根光纤布设多个针对不同参数的传感器形成分布传感的特点。

物理资源的加工状态是指相关的工艺参数状态,例如主轴转速、进给速度、切削深度等。对于广泛应用于制造领域的数控机床的工艺参数,主要是基于嵌入式装置或者在数控单元上进行二次开发。通过开发嵌入式装置,可以将伺服系统的转速等信息接出,传输到数据处理系统。RFID 标签相对条形码来说有较大的优势[16],它支持大量的唯一性的 ID。RFID 阅读器能够在较远的距离读到 RFID 标签的信息,通过该技术可实现车间物料、在制品和成品的跟踪,从而实时掌握车间的生产状态。

能耗状态反映了制造资源的可持续制造能力,制造业占据了工业总能耗的绝大部分,能耗降低是如今可持续制造的重要方面,对其监测十分必要。对于加工装备而言,能耗不仅指切削能耗,还包括润滑系统、冷却系统以及其他附属系统的能耗,它们在机床总能耗中也占有一定比例,因此需要对加工装备进行全面能耗感知。

将各类传感器数据传输到存储器中是感知数据利用的一个必要条件,数据传输的方式有有线传输和无线传输。相对于有线传输,无线传输避免了接线,便于在车间现场使用,同时节约了接线成本,并且具有自组织能力,对感知环境变化的适应性好。由感知网络采集到的海量数据种类繁多,且实时性强易受干扰,可能存在数据录入错误、缺失、冗余等问题,因此需要对制造现场采集的数据进行数据清洗,包括剔除错误噪声数据、补充缺失和去掉冗余数据。目前,针对异构多源数据统一建模,国内外学者已提出多种建模方法,如基于本体的产品数据建模[18, 19],基于元模型的集成产品建模[20, 21],产品全生命周期建模[22]以及基于域的产品全生命周期数据模型[23]等。

2. 制造资源的虚拟化和服务化

制造资源虚拟化,是指通过虚拟化技术来实现物理制造资源到逻辑制造资源的抽象和映射,有利于对企业进行统一、集中智能化经营和管理,并能够通过网络和制造服务平台为用户提供可随时获取、按需使用、安全可靠、优质廉价的制造全生命周期服务。

虚拟化技术能够使制造系统中子源更方便的封装,不同制造资源可利用虚拟化技术将其封装进制造系统资源池中,从而解决了以下几方面问题:

① 更有效应对制造资源的异构性;

② 系统只需要调度所需资源对应的虚拟化资源或虚拟机,便可提高资源调度的灵活性;

③ 需要对资源进行变更时,只需要调整需对应的虚拟化资源,系统中资源的原有关系不需要改变,提升了系统的应变能力。

为简化、规范制造资源虚拟化描述,可以对同类资源包含的信息抽取其中的共同属性和本质属性,来定义一个针对该类资源的描述模型。以制造设备资源为例,针对制造设备资源虚拟化需求,可以采用 UML 类图对制造资源进行描述,建立制造资源的模型[24]。目前还有相关研究提出制造资源的层次模型,从资源的静态属性和动态属性两方面对制造资源进行建模[25]。此外对制造资源建模方式还包括使用 OWL 从生命周期、应用图书和聚合粒度三个方面进行多维度建模[26],使用 XML 对网络化制造环境下的制造资源建模[27],使用基于元模型的统一制造资源框架对制造资源多角度描述与建模[28],在面向对象基础上加入资源语义信息采用本体建模[29]和基于知识的建模[30]等。

在完成各类制造资源以及制造能力虚拟化的基础上,实现虚拟化资源的服务化封装形成云服务,发布到服务注册中心,供服务请求者查询和使用的过程称为制造资源的服务化。运用 Web 服务的相关技术,可以对不同提供商提供的制造资源和制造能力进行 Web 服务封装,通过标准的 WSDL 描述语言对所有的制造服务进行统一描述,使得每个制造服务以 Web 服务的方式实现。Web 服务具有封装性、可重用性、互操作性、自制性、松散耦合性、位置透明性、开放性等特点,为制造服务的服务化封装提供良好的支持。制造资源 Web 服务化封装实现首先基于统一描述的虚拟制造资源把服务接口和操作抽象出来生成 WSDL 文件,对其访问接口和操作方法进行定义,并用相应的编程语言实现访问接口;根据生成的可执行的制造服务实现及制造服务的 WSDL 文件,进行制造服务的部署,并把制造服务在制造企业的服务注册中心进行注册,供服务请求者查询和使用。

3．制造能力的动态评估

制造能力由成本、质量、交付时间等要素及各要素之间的关系组成[31]，而后此概念又增加了对柔性、创新、服务及环境等构成要素，制造能力的分类和构成要素尚未有明确定义，主要从宏观战略角度和微观实践角度两个方面分析[32]：宏观战略角度主要阐述制造能力与企业绩效之间的关系，认为制造能力反映企业或制造系统实现预期任务目标的能力，相关目标要素包括成本、质量、柔性等，制造能力要素确定为低成本控制、质量改进、技术和产品集成、制造柔性和交货柔性、创新能力等。微观角度主要分析制造能力形成过程，认为制造能力是企业运行过程中所涉及的各类资源的集合，包括设备、软件、人力等资源，充分发挥各类资源的作用，从而产生新的价值并最终体现在产品中。

在面向服务的制造模式中，制造能力可以分为能力层次结构、能力需求以及能力组成三类。根据制造能力的存在形式及粒度，可以将制造能力分为资源级（单元级）、业务级、流水线级和产业级四个层次。目前制造业最广泛关注的是企业级的制造能力，主要体现为终端产品的生产能力，包括产品质量、用户满意度、企业文化、组织制度和创新意识等。资源级的制造能力评估是业务级、企业级以及产业级评估的基础；流水线级制造能力是资源级制造能力的组合与协同；产业级制造能力主要从国家宏观战略角度来考虑，反应国家产业领域的制造能力特性。

目前建立制造服务能力的综合评价模型常采用的方法包括层次分析法、模糊评价法、灰色关联分析法、遗传算法、熵值法、基于 Pareto 的算法等。为使评价结果更准确，许多学者将熵值法与层次分析法相结合，或将层次分析法与模糊评价法相结合等多种算法组合来达到评估的快捷性和准确性[33]。

4．制造服务的管理优化

在服务管理平台中按照一定规则聚合所形成的动态服务中心称为制造云，即一个大的云服务资源池。随着计算机技术和制造业信息化的不断发展，企业与企业之间的分工越来越细，协作越来越广泛，制造外包越来越普遍，云服务资源池中制造服务的管理优化技术成为提高资源利用率、节能减排、优化生产以实现服务型制造和实现制造资源的可持续发展需要解决的问题。服务聚合技术是面向服务的制造中实现资源优化配置的关键使能技术，对于制造企业提高制造资源利用率、降低制造成本、降低制造能耗、更高质量地完成制造任务有着至关重要的意义。制造环境中的服务聚合过程，是针对用户各种任务请求模式，从服务资源云池中调用相应云服务，并按一定规则将功能单一的服务聚合起来，形成具有内部逻辑的制造组合云服务，供资源需求者按需租用。服务管理平台中的服务聚合从接受制造任务到获得组合云服务执行路径，要经历制造任务分解、云服务发现和云服务组合优选三个环节。

当前有关制造云服务聚合的相关方法主要有：基于 HTNHTN 规划器 SHOP2（Simple Hierarchical Ordered Planner2）的服务组合、基于图论思想的服务组合、基于智能体的动态服务组合、基于 QoS 评价的服务组合。各组合方法侧重点不同，基于智能体、基于人工智能和规划、基于图搜索的服务组合等服务组合方法的研究重点多放在制造任务分解上[34]，而基于 QoS 的服务组合方法关注的焦点在组合与优选问题上。对于服务优选问题，目前大多采用智能优化算法的实现，无需将问题模型归结到经典的数学问题上，可利用智能优化算法中的问题无关特性，予以方便地求解。

5. 面向制造服务的信息安全保障机制

随着访问服务管理平台的用户数量和平台服务云池注册服务数量增加,越来越多的大、中、小系统以互联网为桥梁接入平台,或迁移到面向服务架构,公共云服务供应商或者用户将成为不良用户供给目标,比如数据篡改、供应方和用户隐私数据窃取等,数据安全性将成为制造服务供应方与服务用户共同关注的焦点问题。以云计算技术为基础发展而来的云制造模式为例,该模式自提出以来关于其服务信息等数据安全性的质疑就一直没有平息。安全性主要包括两个方面:一是自己的信息不会被泄露,可避免不必要的损失,二是在需要时能够保证准确无误地获取这些信息[35]。与制造服务相关的安全风险包括服务数据传输安全、存储安全、制造网络抵御攻击能力等。

面向制造服务的安全风险管理主要体现在用户、企业和服务数据的私密性、完整性和可用性上,对应地需要一些安全风险管理措施。数据访问需要权限控制,能够控制自己哪些数据被哪方访问,并进行分级管理,对每次数据访问需要用户认证和授权,并对访问过程做日志记录。服务管理平台中存储有关信息采用数据隔离、加密、切分等方式保护重要数据,或者采用存储映射技术确保数据的隔离。在数据传输方面,可以借鉴电子商务金融领域已经得到广泛应用的传输层加密技术。另外,提高用户与服务提供方之间的信任关系也是一种非常有效的手段,服务管理平台以中介的形式对双方进行约束,以累积的历史交易经验和用户反馈评价为依据,提升服务交易双方的可信度。此外,有关于网络化制造环境的信息安全风险评估机制、以虚拟化为技术支撑的安全防护体系等配套安全防范措施需要进一步完善。

10.2.2　典型应用案例

1. 工业设计

对于制造资源和制造能力相对匮乏的中小企业,在电子服务(E-service)基础上利用云制造服务环境寻求灵活有效的制造服务,通过面向服务和需求的、用户参与的制造,降低制造资源和能力方面的成本,从而可以集中精力进行产品设计和研发,提高产品核心竞争力。文献[36]以中小企业产品研发体系中工业设计为研究对象,在云制造环境的支持下,研究并提升了面向灯具产品设计和制造水平。面向灯具产品的工业设计开发了一个 E-service 系统,如图10.3 所示。云制造服务环境在该系统中发挥设计需求传递和设计过程支持的作用,一方面,通过云制造服务环境导入相关企业对灯具产品的工业设计需求,方便灯具设计企业及时制定和调整产品设计战略,细化设计需求;另一方面,通过云制造服务环境进行三维原型设计的集成与嵌入,提供灯具产品三维圆形加工服务,支持设计方案的快速验证与产品转化,结合客户提供的技术指标、工期进度、报价等具体需求进行筛选和匹配,最终完成相关协作成员的服务资源接入,进行相应的加工作业调度、规划和具体实施,在第三方支付平台的支持下,客户通过设计服务分配子系统进行费用支付。实践表明该系统能缩短灯具设计方案和模型的生成周期,增加备选设计方案到最终产品的转化率,降低企业设计成本,有效提升企业的产品设计效率和创新水平。

2. 供应链管理

在面向服务的制造环境中,闭环供应链再制造过程能够盘活存量再制造资源,走绿色可持续制造之路,从而使得企业在市场竞争中占据优势。文献[37]针对云制造服务平台中面向再制

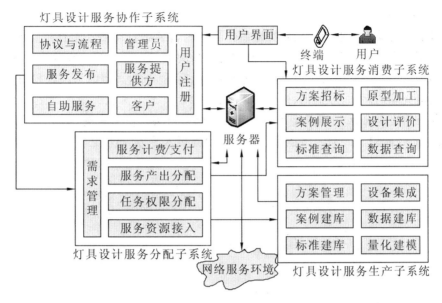

图 10.3　灯具工业设计系统结构

造的闭环供应链展开研究,并以天津子牙循环经济产业区为例,展示了借助云制造服务平台的面向再制造的闭环供应链的可行性和可推广性,如图 10.4 所示。园区部分企业的生产和经济规模较小,再生处理方式相对粗放,信息资源获取和交流相对原始。结合园区云制造平台的主要功能框架,当客户通过身份验证登录云制造服务平台,并发布大量再制造服务的服务需求数据时,服务管理平台会对需求信息的数据挖掘进行再制造企业选择,按照闭环供应链的信息流动情况选择原材料供应方式、拆解加工企业和回收企业等,与云制造服务管理平台数据库形成数据存储、挖掘和融合等数据循环处理体系,最终提供满足客户需求的再制造服务,提高园区闭环供应链的运行水平。目前在该平台支持下初步实现了政府、企业和消费者之间再制造资源的整合。

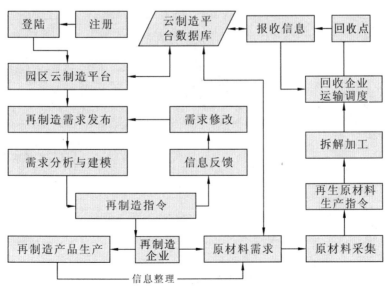

图 10.4　园区再制造服务系统运行流程

3. 装备监测与诊断

　　装备监测与诊断一般指采用各类监测仪器对制造装备资源各项指标进行监测,以达到保障安全使用的目的,尤其需要实时在线监测与诊断的装备资源包括一些涉及生命安全、危险性较大的锅炉、压力容器、压力管道、电梯、起重器械、客运索道、大型游乐设施和场内专用机动车辆等。制造资源的感知、虚拟化、接入技术、信息融合技术是实现网络化制造资源实时在线监测与诊断的核心。文献[38]以典型制造装备资源感知与接入适配为例,从对原型系统制造装备资源的感知、物联以及面向云制造服务管理平台的接入等方面,阐述了原型系统以及其中的关键技术,如图 10.5 所示。

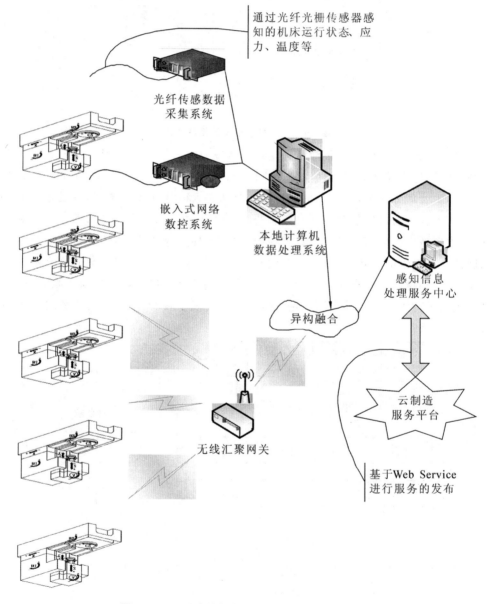

图 10.5　云制造装备资源感知、数据融合与处理

　　通过在铣床上的弹性体安装光纤光栅传感器,测量刀具的应力/应变,实现加工过程动态监测,从而预报刀具磨损、断裂等状况,优化加工系统,提高加工质量,降低生产成本。采用光纤光栅传感技术与嵌入式监控系统感知获取的多类型多态信息,针对监测信息传输的不同需求,对大数据量、实时性要求高的数据信息利用以太网方式接入物联网络环境,数据量小且实时性要求不高的数据信息采取无线射频通信方式接入网络,根据制造车间的制造装备部署方式与位置等特点,再选择相应的无线网络类型,进行装备感知数据的传输、融合与处理,从而为装备运行状态的监测和诊断服务提供支持。

10.3 生物制造与生物机电一体化

随着人们生活水平的不断提高,人们对自身的健康产生了极大的关注,科技的发展使人们对生命的机理和结构有了更深入的认识。人们越来越认识到人类的制造过程与自然界的生命过程之间存在着深刻的内在相似性。在制造业日趋信息化,而生命科学走向工程化的今天,这种相似性更加显得明显和突出。人作为一个生物体不可避免地要受到伤害,因此在体外构建具有一定生物功能的组织和器官,用于病损组织和器官的修复和替代便成了令人瞩目的科学前沿。在这样的背景和需求下,生物制造工程的概念一经提出就成为科学界研究的热点,并得到了快速发展[39]。

生物制造工程的概念在 20 世纪 70 年代就有人提出,但是直到最近几年,随着生命科学和制造科学的快速发展,尤其是快速成型技术在生命科学领域的日益广泛应用,其定义也逐渐清晰明确,即将生命科学和材料科学的知识融入制造技术中,在各种交叉技术(信息技术、生物智能等)的支持下,运用先进的制造模式和方法来生产具有一定生物功能的组织和器官。因此,生物制造工程是制造科学和生命科学相结合的新兴学科,以研究各类人工器官和组织的制造为最终目标,它集成了快速成型技术、生物材料学、细胞分子生物学和发育生物学研究的最新进展,是制造科学与生命科学的新发展。

生物制造工程的主要研究内容包括以下几个方面[39,40]:

(1)仿生 CAD 建模的研究

建模是制造一个复杂零件的基础,在生物制造中仿生建模也是核心内容。生物制造涉及的优化设计和建模问题主要是人体器官建模理论及方法学、生物建模的数据处理和传输、相应软件开发,以及人体器官及组织解剖学数据的压缩、处理和重构等。

(2)材料学的研究

新材料既是当前高技术的重要组成部分,又是高技术得以发展和应用的物质基础。生物制造中加工的对象是各类生物材料,一方面需要通过合成和改性获得具有所需性能的生物材料。另一方面还要研究成型过程对于生物材料性能的影响。

(3)生物制造工艺的研究

目前,用于生物制造的主要方法是快速成型技术。利用医用 CT 机获取断层数据,根据所得数据建立精确的生物实体模型,利用生物打印技术实现加工。

(4)生物技术的运用

传统成型是金属和非金属等无生命特征的材料,而在生物制造所生产的"零件"必须具有生物学性能,因此生物制造工程必须要融入一定的生物技术,特别是细胞组装技术,这是生物制造工程的核心技术。生物制造主要是指在体外大量培养具有各种生物活性细胞,然后在计算机的直接操作和间接控制下,将各种细胞按照特定的结构,根据设计进行装配,从而使"零件"具有活性。

生物制造是制造科学和生命科学的高度交融。随着人类探索的深入,学科的整合与技术的集成将显示出重要性。社会与自然本来是多因素交织的复杂体系,生长与制造的界限将不会那么明显。一方面,现代制造技术运用于生命科学中,使人体器官和组织的人工制造变得越来越容易。另一方面,随着医学的不断发展和生物工程研究的不断深入,将生物技术运用于传统的制造业,也必将推动制造技术的更新,比如我们可以利用生物体本身的巨大生命力(如细胞的繁殖等)来丰富我们的传统加工制造方法。

10.4　数字制造的新材料科学和技术

新材料是指新近发展或正在发展之中的具有比传统材料的性能更为优异的材料,在各个行业都有非常广泛的应用。新材料产业作为基础性和支柱性战略产业,是现代高新技术和产业的基础和先导。在正在来临的第三次工业革命中,新材料将起到无可替代的重要作用。因此,从目前来看,国家的政策导向对新材料的发展是巨大的机遇。新材料涉及领域非常广泛,按照材料的属性划分,可分为金属材料、无机非金属材料、有机高分子材料和先进复合材料四类;按照材料的使用性能可分为结构材料和功能材料两大类。

新材料技术的发展在第三次工业革命中会产生深远的影响,具体表现在三个方面:一是新材料技术本身作为一种高新技术,又是其他高新技术突破的前提。如高性能碳纤维复合材料对于航空工业的变革性发展具有重要意义。二是新材料在一定程度上会与现代科学技术深度融合,如在第三次工业革命中,新能源、信息技术等会与新材料相结合,互相影响。三是新材料对实现可持续发展至关重要。资源、能源问题日益引起人们的重视,如何保证可持续发展,其中新材料起着非常重要的作用。如新能源材料在新能源、可再生能源开发利用中将发挥重要作用,生物医用材料可有效地提高人类的生活质量和健康水平。

新材料产业在发展高新技术、改造和提升传统产业、增强综合国力方面起着重要的作用,世界各发达国家都非常重视新材料的发展。随着社会和经济的发展、全球化趋势的加快,新材料产业的发展呈现出以下主要特点和趋势[41,42]。

(1) 新材料多学科交叉发展,促进产业进一步融合

随着新材料在信息工程、能源产业、医疗卫生行业、交通运输业、建筑产业中的应用越来越广泛,材料科学工程与生物学、医学、电子学、光学等领域交叉合作研发日益扩大,世界各国都致力于跨越多个部门,把新材料的开发纳入到产、学、研、政府一体化的研发平台,以满足各个部门对新材料的种种需求,因而助推了新材料产业的超前发展。

(2) 新材料发展驱动力向经济需求转变

从20世纪来看,国防和战争的需要、核能的利用和航空航天技术的发展是新材料发展的主要动力。而在21世纪,生命科学技术、信息科学技术的发展和经济持续增长将成为新材料发展的最根本动力,工业的全球化更加注重材料的经济性、知识产权价值与商业战略的关系,新材料在发展绿色工业方面也会起着重要作用。未来新材料的发展将在满足军事需求的同时,在很大程度上围绕如何提高人类的生活质量展开。

（3）创新性是新材料发展的根本所在

在 21 世纪，新材料技术的突破将在很大程度上使材料产品实现智能化、多功能化、环保、复合化、低成本化、长寿命及按用户需求进行订制。这些产品会加快信息产业和生物技术的革命性进展，也能够给制造业、服务业及人们的生活方式带来重要影响。新材料的发展正从革新走向革命，开发周期正在缩短，创新性已经成为新材料发展的灵魂。新材料的开发与应用联系更加紧密，针对特定的应用目的，开发新材料可以加快研制速度，提高材料的使用性能，便于新材料迅速走向实际应用，并且可以减少材料的"性能浪费"，从而节约了资源。

（4）高性能、低成本及绿色化发展趋势明显

在 21 世纪，新材料技术的突破将使新材料产品实现高性能化、多功能化、智能化，从而降低生产成本、延长使用寿命、提高新材料产品的附加值和市场竞争力，如新型结构材料主要通过提高强韧性、提高温度适应性、延长寿命以及材料的复合化设计等来降低成本，功能材料以向微型化、多功能化、模块集成化、智能化等方向发展来提升材料的性能。面对资源、环境和人口的巨大压力，生态环境材料及其相关产业的发展日益受到关注。短流程、低污染、低能耗、绿色化生产制造，节约资源以及材料回收循环再利用，是新材料产业满足经济社会可持续发展的必然选择。

在某种程度上，没有新材料技术与产业的出现与繁荣，就没有现代制造业的兴起与发展，新材料技术与产业决定着现代制造业发展的方向、规模、速度和水平，新材料产业在现代制造业发展的过程中扮演着发动机、催化剂、加速器和方向盘的角色。

未来新材料将更加注重可持续发展，绿色、高效、低能耗、可回收再利用以及适应先进的数字化制造技术是新材料的重要发展方向之一。

10.5　数字制造的极端制造

极端制造（Extreme Manufacturing）是指在极端条件或环境下，制造极端尺度（特大或特小尺寸）或极高功能的器件和功能系统。它重点研究微型机电系统、微型制造、超精密制造、巨系统制造与强场制造相关的设计、制造工艺和检测技术。简单地说，极端制造就是在制造尺寸方面极大或极小，在制造环境方面极强或极弱，在制造系统方面实现新效应、新工艺、新装备、新技术，用多种技术极限构造制造技术与能力极限[43]。

当代极端制造具有丰富的内涵和时代特征。极小尺寸微纳制造，能够通过机械加工将硅片切成芯片并实现封装，完成如此高精度、如此小的线宽的制造任务。几万吨水压机所进行的极大尺寸制造，是制造大型飞机精密模锻框架这一高强度、超大构件的前提。

此外，还有极高能量密度和极小时空制造、极高效高洁净制造与极多参变复杂巨系统制造这三个方面的"极端制造"。如以激光、电子束、离子束刻蚀等强能束制造为代表的激光加工中心，生物矿石破碎、微生物冶金技术等生物制造，飞机制造与热连轧机组制造等复杂巨系统制造等。

目前，极端制造的基础问题、制造技术突破的科学先导与突破的焦点，主要集中在四个方面，一是强场制造的多维、多尺度演变与制造目标，超强加工能场与被加工系统之间能量的传递与转化，超强能场诱导下物质的多尺度演变与制造目标的实现。例如大型构件制造的能量传递与演变，芯片高密度倒装界面能量传递与转化。二是微结构精密成形、选择性性能演变与

制造目标,包括微去除、微生长、微成形、微改性等制造界面处的物理、化学作用,能量与物质的输运等。三是微系统的组装与功能形成,包括在微驱动、微操纵、微连接、微装配等过程中运用量子力学、微动力学规律与流体动力学、分子动力学规律等。四是复杂功能系统创成与功能状态的确定性。例如大型水压机动态运行精度,其制造追求是高阶、多元运动的稳定性、唯一性。此外,还有"极端制造"环境的多场耦合、随机扰动与过程稳定问题,例如,高速切削的颤振与热位移、高速轧制的颤振与恶性发散等技术问题,至今仍是未解决的难题[43]。

极端制造代表着一个国家强大的制造能力,其影响并非只在经济领域,它也对一个国家的安全起着至关重要的作用。从全球看,大量的极端制造产生于军事领域。2015 年 8 月,美国军方研制的时速超过 1 万千米的超音速飞行器试飞,虽然这次试验以失败告终,但美国军方向极端领域进行的尝试令世界各国不容小觑。此外,全球大量武器和装备的研制,都是在不同时期不断突破现有技术的极端制造,而极端制造在军事领域一旦取得突破,就会使国家在某个军事方面处于领先地位,摆脱受制于人的局面。

如果把极端制造比作金字塔塔尖,那么支撑极端制造的各种技术以及实现能力,就是金字塔塔尖下面的基石。在各种各样的技术当中,极端制造作为一种重兵器,将给我们的经济生活带来诸多意想不到的改变。早在 2006 年,国务院发布《国家中长期科学和技术发展规划纲要》,将"极端制造"纳入其中,极端制造作为具有前瞻性、先导性和探索性的重大技术,也是未来高技术更新换代和新兴产业发展的重要基础。

目前许多专家都在关注极端制造,并提出了极端制造的方向,即高、大(或微)、精、专(或柔)等[44]。现代机械向极端制造方向发展,这是必然的趋势。高效化和高速化的主要目标是提高产品的功效,几乎绝大多数产品都要求有较高的功效,产品的高速化是提高产品功效的主要手段之一。大型化是目前机械装备的一个主要发展方向。许多工艺过程及工程施工需要采用更大的机械设备。此外,某些设备的大型化可以显著提高产品的工效。微型化也是许多设备的发展趋向,微机电系统(MEMS)是一些科学技术先进国家所高度关注的技术方向。由于工作的需要,不少微型机器人必须做得很小;许多电子设备,如分子存储器、原子存储器、量子阱光电子器件、芯片加工设备也必须随着芯片尺寸减小及单位面积内元件数量的增加而缩小它的尺寸。精密化是时代发展的需要,对机械产品精度的要求一方面是由于产品工作的需要。没有足够精度的产品,对它的结构性能(工作寿命等)、工作性能(工作稳定性等)和工艺性能(装配性等)都会产生不同程度的不良影响。另一方面,由于有些机器的零部件尺寸愈来愈小,没有足够的精度,就无法完成所要求的工作。专用化是某一类机械产品的基本趋向,生产某种专用零件,如标准件等,只有在专用化的条件下,才会有较高生产率和工效。因此,专用化自然是某一类设备的发展方向。柔性化是另一类机械产品的基本要求,对于一般个别或小批量生产的零件,自然采用具有柔性化的机床更为适宜,一种机床可以生产许许多多不同形状和不同规格尺寸的零件。在某一种机械中只要对其中的个别机构略加改变,就能实现多种功能,完成多种工作,这当然是机械产品的发展方向之一。

信息技术等新技术与制造业的完美融合,使"极端制造"前沿的领地客观、神奇地展现在我们面前。哪个国家能够更多地抢占这个领地,这个国家就是制造强国。因此,科学家应在微尺度物质结构性态上挖掘与寻求制造技术的新突破,在极强的能量与物质的交互中探索与创造新结构、新功能产品。

10.6 数字制造的可持续制造

为了应对人类面临的日益严峻的资源、环境和人口压力,联合国于 1987 年发布了 Brundtland 报告——《我们共同的未来》,正式提出了可持续发展的概念。可持续发展是一种既能满足人类当前需求,又不牺牲人类后代的利益的发展模式[45]。制造业在可持续发展中占有重要地位。据调查,制造业占据了 90% 的工业领域能耗[46]。1992 年,在巴西里约热内卢举行了联合国环境与发展会议,提出了可持续制造的概念,以更好地帮助企业和政府转向可持续的发展模式[47]。许多国家将可持续制造作为降低能源和资源消耗以及提高本国制造业竞争力的重要途径。美国先进制造全国委员会(National Council for Advanced Manufacturing, NCFAM)旨在帮助本国制造业向可持续制造转型[48]。欧盟委员会发起的 IMS(Intelligent Manufacturing System) 2020 智能制造路线图将可持续制造和能量有效的制造作为智能制造中的两个关键领域[49]。中国 2009 年发布的先进制造路线图也将智能制造和绿色制造作为中国制造业未来的发展方向[50]。

从体系结构上来看,可持续制造包括三个方面——经济、环境、社会,它的目标是实现这三个方面的平衡,如图 10.6 所示。

可持续制造的体系结构可以更详细地划分为图 10.7 所示的层次。它将可持续制造按照定义从具体到抽象、测量方法从简单到复杂分为废弃物排放最小化、提高材料有效性、提高资源有效性和提高制造的生态有效性四个层次[52]。可持续制造的最终目标是实现制造的生态有效性,

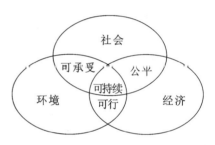

图 10.6 可持续制造的三个内涵[51]

既满足人类生活质量的要求、为社会提供服务,又有效使用资源、减小对环境的损害。

可持续制造的运行模式是全生命周期的,包括可持续设计、可持续生产和可持续维护等。可持续设计是指在产品的设计阶段考虑设计对环境的影响。由于设计的可持续性体现在它对产品生命周期其他阶段的影响,因此需要结合其他生命周期考虑设计的可持续性,包括考虑产品如何回收、再制造和废弃处理等。可持续生产的运行可以从设备或单元工艺层级、多设备或生产线层级、工厂层级、多工厂层级以及全球供应链层级等层次来实现[53]。在设备或单元工艺层级进行工艺参数的优化、在其他生产层级进行生产调度都能有效地提高生产的可持续性。可持续维护是针对产品的使用和回收再利用而言的。它包括产品的使用阶段的状态维护、使用后的回收、再制造、再使用和废弃等处理。其中,再制造是一种提高制造的可持续性的有效手段。

10.6.1 关键使能技术

1. 制造系统的可持续状态监测

状态监测为可持续制造的实施提供必要的决策依据。可持续制造状态监测涉及产品的全生命周期阶段,在产品生产过程中可利用的状态信息及相应的监测方法如表 10-2 所示。

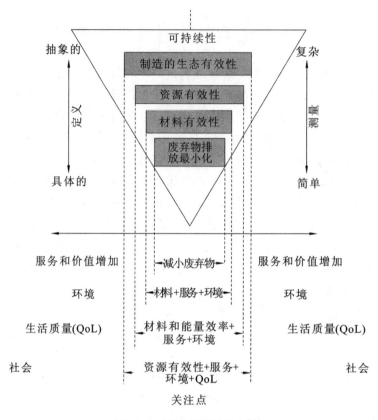

图 10.7 可持续制造层次[52]

表 10-2 可持续制造多状态监测[54]

监测对象	具体指标	监测方法
能耗状态	电能、工作状态	智能电表
物理运行状态	应力/应变、温度、振动	光纤光栅传感器
生产任务状态	时间、位置	RFID
排放	固体、液体和气体排放	多类型传感器
环境状态	温度、有害气体、细微颗粒物	多类型传感器

　　能量有效性是可持续制造的重要方面,因此,制造系统的能耗监测十分必要。通常的能源形式有电能、气压能和液压能。由于在工业现场,液压系统的压力是由电动马达产生的,液压系统的能耗可以通过电动马达的能耗获得。虽然气压也是由电动马达产生的,但气压管路中存在储能器,机床在一定时间内消耗的气压能并不能由电动马达的能耗来反映。这是因为只有在储能器的压力低于某一设定值时电动马达才会工作,而其他时间处于不工作的状态。气压和液压系统的功耗都可以通过压力传感器和流量传感器获得的数据计算得到。对于电能感知,主要的传感装置有功率计、电流传感器和智能电表等(图 10.8)。功率计虽然测量精度高,但价格昂贵,对于需要大量使用的工业现场而言不太合适。电流传感器价格低廉,但需要进行补偿或者标定来克服传感器的非线性[57]。智能电表是基于电流或电压互感装置进行电能参

数的获取,并采用了微处理器和通信技术,具有自动测量、数据处理、远程和局域网通信的功能,并可扩展功能[56],是一种十分有前景的电能智能感知技术。

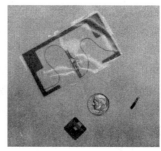

图 10.8 光纤光栅、RFID 标签[55]和智能电表[56]

2. 可持续制造能力评估

可持续制造能力是在传统制造能力概念的基础上,以可持续发展理念为指导,以实现资源、能效、环境等综合效益最优为目标,对传统制造能力要素进行了扩充,除了包含成本、质量、交付时间等要素,还增加了环境、资源等要素,以实现制造业在经济、社会、环境三维和谐可持续发展。

目前国内外学者在建立制造能力的评价模型时采用的方法较多[58-60],比如基于用户提交的评价信息进行评估,以模糊理论为基础,采用参照物比较判断法来确定指标权重。以及针对分布在不同地域的制造资源评价和选择问题,建立制造资源评价指标体系,采用熵值法和层析分析法为代表的主客观赋权法分别进行评价,最后利用组合模型进行综合评价。

装备资源可持续制造能力是企业和车间制造服务评估的基础,在具体的制造任务下,主要从待加工零件的加工时间(T)、加工成本(C)、加工质量(Q)、能耗(W)、资源消耗(R)和环境影响(E)方面来考虑(图 10.9)。在实际生产中,产品加工往往需要多个装备的组合协同,这样形成了车间可持续制造能力,原先孤立的个体装备集成后形成 1+1>2 的整体效应,能够系统地满足制造需求。

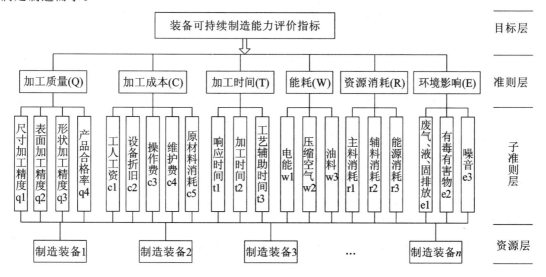

图 10.9 装备可持续制造评价指标

3. 能量有效的制造工艺规划

对于切削加工而言,工艺参数的选择(例如:主轴转速、进给速度、切削深度、切削宽度、刀具前角、斜角等)对加工过程的能量有效性具有显著的影响。加工过程能耗模型可以将工艺参数和加工能耗关联起来,用于估计切削能耗,是能量有效的制造工艺规划的基础。与此同时,虽然特定的工艺参数可以明显降低加工所需的能耗,但产品的加工质量(如零件表面质量降低)、生产效率、刀具寿命和生产总成本可能会因此受到影响。而能量有效的制造不应以牺牲产品质量和增加总的生产成本为代价,因此能量有效的制造工艺规划需要对能耗、加工质量、刀具磨损、生产效率、生产成本等因素进行综合权衡,是一个典型的多目标优化问题,可以通过寻优算法对制造工艺参数进行优化。

机床外围设备的能耗占机床总能耗的重要部分,如油压泵、冷却器、集雾器能耗等。据统计,对于特定机床而言,该部分能耗约达 85%[61]。这说明外围设备也应该纳入提高制造能量有效性的考虑范畴。干式切削或最小润滑切削是不使用或减小切削液使用的加工工艺,通过这种切削工艺,能够避免或减小加工过程冷却所需的切削液,从而降低能耗。

4. 能量有效的车间调度

能量有效车间调度(Energy Efficient Shop Scheduling)是在车间制造实施过程中通过生产调度对制造系统的批量及其加工排程进行优化,形成节能的生产计划方案,以及在生产过程中通过改变机器的工作能耗状态对系统能耗进行总体控制,实现节能生产[62]。近年来很多学者都对此进行了研究[63-65]。从概念上看,它属于可持续制造范畴,研究内容侧重于制造系统的能量消耗效率(主要包括电、水、煤、气等能量类型的消耗)问题。依靠车间现有制造设备实现能量有效的车间调度主要有以下两种方法:

一是在工艺和系统层对制造车间的批量及其加工排程进行优化,生成节能生产的计划方案。车间加工过程中,选用不同的生产工序和装备会影响整个制造过程的能耗,把能耗量作为车间优化调度目标之一,通过多目标调度优化算法减少机器的空闲时间或者选择能耗小的加工机器进行加工操作,从而实现能量有效的调度。考虑能耗指标的多目标优化生产调度增大了调度问题的时间复杂度,离散事件系统建模与仿真方法在能耗预测、评估与管理方面日益得到重视,基于仿真的制造系统能耗优化调度方法是充分发挥调度和仿真特点的有效技术途径。这种方法是一种能耗管理的事先措施,通过预先设定的车间加工方案进行能耗优化往往可以取得较好的节能效果,但这种方法计算复杂度高、计算量大,需要预先设置的数据和参数较多,同时,该方法忽略了生产过程中的动态随机因素(如机器故障和零件批次的不同到达模式等),在实际生产车间中由于加工规模较大且动态扰动因素多,应用该方法进行节能调度仍需要进行更深入的研究。

二是在设备层对生产过程中通过改变机器的工作能耗状态对车间能耗进行总体控制,实现节能生产。在生产系统中,因为生产过程的不稳定性造成了很多非瓶颈机器存在较多的空闲时间,通过实时控制策略改变机器的工作状态,在空闲时把机器关掉或者使之转入低能耗空闲状态,达到减少车间总能耗的目的。车间设备节能调度研究侧重于对设备的实时能耗状态进行感知,通过分析设备的生产状态来做出节能生产调度决策,根据生产过程的变化调整机器设备的工作状态,从而改变能耗实现节能目的。以制造系统整体为依托,通过感知系统状态,研究生产制造过程中机器设备工作能耗状态的实时节能控制,使机器设备从高度动态变化的生产过程中发现节能时机,是实现未来智能化主动节能生产的重要研究方向。

10.6.2　典型应用案例

1. 产品加工工艺规划[66]

高速切削是一种采用比常规切削速度快得多的切削速度的切削技术,如图 10.10 所示。在高速切削中,切削速度达到特定的速度以上时,切削温度会降低,切削力也会大幅下降。这种切削方式能大幅度减小切削时间,从而能够提高生产效率。从能耗的角度来看,单位功率的金属切除率增加,因此降低了切削的总能耗,提高了加工的能量有效性。此外,高速切削还将带来其他的好处。高速切削时,机床的激振频率远远高于"机床—刀具—工件"工艺系统的固有频率,工作平稳,加工出来的零件非常精密和光洁。对于难加工材料,高速切削还能够有效地减小刀具磨损。由于高速切削的以上优点,它在制造业中得到了许多应用。在汽车制造业中,高速切削被用在高速、高效的加工中心,用于形成高速柔性生产线。例如美国通用汽车发动机总成工厂的生产线上采用了高速加工中心来加工发动机缸体、缸盖和曲轴等零件。通过高速切削加工中心的使用,实现了很高的生产效率并由此增强了生产线的敏捷制造能力和柔性,对于小规模生产而言,高速加工的效益更加明显。

此外,在航空航天领域,高速切削被用来加工薄壁、细筋结构以及难加工材料等,还在模具工业以及其他加工领域得到了广泛应用。

图 10.10　高速切削[67]

2. 车间调度优化

作为全球领先的自动化控制及电子设备解决方案提供商,欧姆龙于 2009 年专门成立了从事低碳环保节能事业的环境业务部门,通过前瞻性的技术研发和系统的生产实践,提出了"可持续制造"车间调度解决方案[68]。欧姆龙开发出了"能源可视化"系统,针对工厂生产流程中的能源消耗进行系统化的监测和调控,利用"传感与控制"核心技术,对生产设备、流程进行管理和调度,有效降低空闲时段的能源消耗,节省了生产过程中的能源耗损,有效降低了二氧化碳排放量,实现最佳的社会效益。上海欧姆龙控制电器有限公司安装了"能源可视化"系统后,通过车间调度来减少清洗和干燥工序中不必要的工时,月耗电量下降了 10%(图 10.11)。

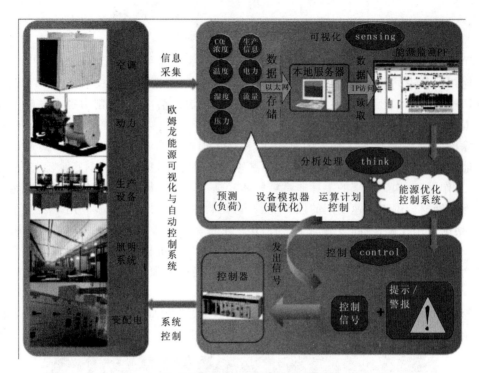

图 10.11　欧姆龙能源优化方案

　　汽车装配工厂中喷涂车间由于需要进行有效的供热通风与空气调节（HVAC）而消耗了大量能量,同时,喷涂作业产生的大量挥发性有毒有害气体被释放到空气中造成了空气污染。威斯康星大学密尔沃基分校的研究人员在汽车喷涂车间生产调度中通过控制设备开关机降低了生产能耗和污染物排放量[69]。汽车喷涂车间调度中,不同工位喷涂设备的开机时刻直接影响了车间的能耗和喷涂效率,研究人员建立了有限容量伯努利串行生产线模型,利用贪婪搜索获得优化的设备开机时刻。结果表明,调度优化后的喷涂车间能耗能够降低 5％。

参 考 文 献

[1] 杰里米·里夫金. 第三次工业革命,新经济模式如何改变世界[M]. 北京:中信出版社,2012.

[2] 刘铭,张坤,樊振中. 3D 打印技术在航空制造领域的应用进展[J]. 装备制造技术,2013. 12:232-235.

[3] 陈立,陈胜迁. 3D 打印——未来制造业的新模式[J]. 轻工科技,2013.9:66-67,101.

[4] 李小丽,马剑雄,李萍,等. 3D 打印技术及应用趋势[J]. 自动化仪表,2014,35(1):1-5.

[5] 刘厚才,莫建华,刘海涛. 三维打印快速成型技术及其应用[J]. 机械科学与技术,27(1):1184-1186,1190.

[6] 王忠宏,李扬帆,张曼茵. 中国 3D 打印产业的现状及发展思路[J]. 经济纵横,2013.1:90-93.

[7] 李伯虎,张霖,王时龙,等. 云制造——面向服务的网络化制造新模式[J]. 计算机集成制造系统,2011,16(1):1-7.

[8] Xun Xu. From Cloud Computing to Cloud Manufacturing[J]. Robotics and Computer-

Integrated Manufacturing, 2012, 28(1): 75-86.

[9] Zude Zhou, Quan Liu, Wenjun Xu. From Digital Manufacturing to Cloud Manufacturing [J]. International Journal of Engineering Innovation and Management, 2011, 1(1): 1-14.

[10] Wu Dazhou, Greer Matthew John, Rosen David W, et al. Cloud Manufacturing: Strategic Vision and State-of-the-Art[J]. Journal of Manufacturing Systems, 2013, 32(4): 564-579.

[11] Ren Lei, Zhang Lin, Tao Fei, et al. Cloud Manufacturing: From Concept to Practice [J]. Enterprise Information Systems, 2015, 9(2): 186-209.

[12] Zhang Lin, Luo Yongliang, Tao Fei, et al. Cloud Manufacturing: A New Manufacturing Paradigm[J]. Enterprise Information Systems, 2012, DOI: 10. 1080/17517575. 2012. 683812.

[13] Laili Yuanjun, Tao Fei, Zhang Lin, et al. A Study of Optimal Allocation of Computing Resources in Cloud Manufacturing Systems[J]. International Journal of Advanced Manufacturing Technology, 2012, 63: 671-690.

[14] Tao F, Zhang L, Venkatesh V C, et al. Cloud Manufacturing: A Computing and Service-oriented Manufacturing Model, in Proceedings of the Institution of Mechanical Engineers Part B-Journal of Engineering Manufacture, 2011, 225: 1969-1976.

[15] 周祖德, 谭跃刚. 机械系统的光纤光栅分布动态监测与损伤识别[M]. 北京: 科学出版社, 2013.

[16] Li Suhong, Visich John K, Khumawala Basheer M, et al. Radio Frequency Identification Technology: Applications, Technical Challenges and Strategies[J]. Sensor Review, 2006, 26(3): 193-202, DOI: 10. 1108/02602280610675474.

[17] Wang Sitong, Zhou Hui, Yuan Ruiming, et al. Concept and Application of Smart Meter[J]. Power System Technology, 2010, 34: 17-23.

[18] Bellatreche L, Nguyen Xuan D, Pierra G, et al. Contribution of Ontology-based Data Modeling to Automatic Integration of Electronic Catalogues Within Engineering Database[J]. Computer in Industry, 2006, 57(8): 711-724.

[19] Matsokis A, Kiritsis D. An Ontology-based Approach for Product Lifecycle Management[J]. Computer in Industry, 2010, 61(8): 787-797.

[20] Eynard Benoit, Gallet Thomas, Roucoules Lionel. PDM System Implementation Based on UML[J]. Mathematics and Computers in Simulation, 2006, 70(5): 330-342.

[21] 章翔峰. 支持产品全生命周期的产品数据框架研究[J]. 中国机械工程, 2004, 15(9): 803-805.

[22] 舒启林, 王成恩. 产品全生命周期信息模型研究[J]. 计算机集成制造系统, 2005, 11(8): 1051-1056.

[23] 李玉梅, 万立, 熊体凡. 产品全生命周期数据信息的域建模方法[J]. 计算机辅助设计与图形学学报, 2010(2): 336-343.

[24] 廖伟智, 孙林夫. 网络化资源配置中的制造资源模型研究[J]. 电子科技大学学报, 2005,

34(5):657-660.

[25] 盛步云,李永锋,丁毓峰,等. 制造网格中制造资源的建模[J]. 中国机械工程,2006,17(13):1375-1380.

[26] 房亚东,何卫平,杜来红,等. 基于多维度分析的制造资源集成与共享[J]. 计算机集成制造系统,2006,12(7):1047-1053.

[27] 于强,张海盛,梁丽. 网络化制造环境下一种面向能力的制造资源模型[J]. 计算机工程,2006,32(15):236-238.

[28] 刘威,乔立红. 基于元模型的统一制造资源模型框架[J]. 计算机集成制造系统,2007,13(10):1603-1608.

[29] Dong Ming, Yang Dong. Ontology-based Service Product Configuration System Modeling and Development[J]. Expert Systems with Applications, 2011, 38(9): 11770-11786.

[30] Lin L F, Zhang W Y, Lou Y C,et al. Developing Manufacturing Ontology for Knowledge Reuse in Distributed Manufacturing Environment[J]. International Journal of Production Research, 2011, 49(2): 343-359.

[31] 李伯虎,张霖,任磊,等. 再论云制造[J]. 计算机集成制造系统,2011,17(3):449-457.

[32] Swink M, Hegarty W H. Core Manufacturing Capabilities and Their Links to Product Differentiation[J]. International Journal of Operation & Production Management, 1998, 18(4):374-396.

[33] 潘伟杰,谢庆生,李少波. 基于 Pareto 的制造资源能力评价[J]. 制造业自动化,2011,04:91-93.

[34] 张霖,罗永亮,陶飞,等. 制造云构建关键技术研究[J]. 计算机集成制造系统,2010,16(11):2510-2520.

[35] Subashini S, Kavitha V. A Survey on Security Issues in Service Delivery Models of Cloud Computing[J]. Journal of Network and Computer Application, 2011, 34(1): 1-11.

[36] 程时伟,刘肖健. 云制造环境下活动驱动的工业设计电子服务系统[J]. 计算机集成制造系统,2012,18(7):1510-1517.

[37] 唐燕,李健,张吉辉. 面向再制造的闭环供应链云制造服务平台设计[J]. 计算机集成制造系统,2012,18(7):1554-1562.

[38] 李瑞芳,刘泉,徐文君. 云制造装备资源感知与接入适配技术研究[J]. 计算机集成制造系统,2012,7:1547-1553.

[39] 颜永年,熊卓,张人佶,等. 生物制造工程的原理与方法[J]. 清华大学学报:自然科学版,2005,45(2):145-150.

[40] 林岗,许家民,马莉. 生物制造-制造技术和生命科学的完美组合[J]. 机械制造,2005,44(500):46-48.

[41] 徐匡迪. 飞速发展中的现代科学与工程技术[J]. 外交学院学报,2005,4:5-12.

[42] 王曦悦. 新材料带动现代制造[J]. 新材料产业,2008,3:6-7.

[43] 钟掘. 极端制造:当代制造科学与技术的前沿[J]. 机械工人,2005,11:23-24.

[44] 闻邦椿. 浅论先进制造技术的新发展[J]. 河北科技大学学报,2008,29(1):1-6,14.

［45］Brundtland G H. Report of the World Commission on Environment and Development：our common future［M］. United Nations，1987.

［46］Schipper M. Energy-related Carbon Dioxide Emissions in US Manufacturing［J］. Energy Information Administration，2006，8-10.

［47］Rosen M A，Kishawy H A. Sustainable Manufacturing and Design：Concepts，Practices and Needs［J］. Sustainability，2012，4(12)：154-74.

［48］National Council for Advanced Manufacturing. Available from：〈http://www. nacfam. org/Policy Initiatives/Sustainable Manufacturing/tabid/64/Default. aspx〉；20 December 2014.

［49］European Commission. IMS2020. Available from：〈http://www. ims2020. net/〉；20 December 2014.

［50］王天然. 中国至 2050 年先进制造科技发展路线图［M］. 北京：科学出版社，2009.

［51］Garetti M，Taisch M. Sustainable Manufacturing：Trends and Research Challenges［J］. Production Planning & Control，2012，23(2-3)：83-104.

［52］Abdul Rashid S，Evans S，Longhurst P. A Comparison of Four Sustainable Manufacturing Strategies［J］. International Journal of Sustainable Engineering，2008，1(3)：214-29.

［53］Duflou J R，Sutherland J W，Dornfeld D，et al. Towards Energy and Resource Efficient Manufacturing：A Processes and Systems Approach［J］. CIRP Annals - Manufacturing Technology，2012，61(2)：587-609.

［54］Xu W，Yao B，Fang Y，et al. Service-oriented Sustainable Manufacturing：Framework and Methodologies. Proceedings of the Innovative Design and Manufacturing (ICIDM)，Proceedings of the 2014 International Conference on，F，2014［C］. IEEE.

［55］Want R. An Introduction to RFID Technology［J］. Pervasive Computing，IEEE，2006，5(1)：25-33.

［56］王思彤，周晖，袁瑞铭，等. 智能电表的概念及应用［J］. 电网技术，2010，34(4)：17-23.

［57］Zhou Y，Orban P，Nikumb S. Sensors for Intelligent Machining——A Research and Application Survey［C］. Systems，Man and Cybernetics，1995. Intelligent Systems for the 21st Century，IEEE International Conference on. IEEE，1995，2：1005-1010.

［58］罗永亮，张霖，陶飞，等. 云制造模式下制造能力建模关键技术［J］. 计算机集成制造系统，2012，18(07)：1357-67.

［59］曹华军，刘飞，李智勇. 面向绿色制造的机床设备选择模型及其应用［J］. 机械工程学报，2004，40(03)：26-30.

［60］姚倡锋，张定华，卜昆，等. 基于物理制造单元的网络化制造资源建模及信息集成［J］. 计算机集成制造系统，2008，14(04)：667-674.

［61］Gutowski T，Murphy C，Allen D，et al. Environmentally Benign Manufacturing：Observations from Japan，Europe and the United States［J］. Journal of Cleaner Production，2005，13(1)：1-17.

［62］王峻峰，李世其，刘继红. 能量有效的离散制造系统研究综述［J］. 机械工程学报，

2013，49(11)：89-97.

[63] Mouzon G，Yildirim M B. A Framework to Minimise Total Energy Consumption and Total Tardiness on a Single Machine [J]. International Journal of Sustainable Engineering，2008，1(2)：105-16.

[64] Fang K，Uhan N，Zhao F，et al. A New Approach to Scheduling in Manufacturing for Power Consumption and Carbon Footprint Reduction [J]. Journal of Manufacturing Systems，2011，30(4)：234-40.

[65] Bruzzone A A G，Anghinolfi D，Paolucci，et al. Energy-aware Scheduling for Improving Manufacturing Process Sustainability：A Mathematical Model for Flexible Flow Shops [J]. CIRP Annals - Manufacturing Technology，2012，61(1)：459-62.

[66] 张伯霖，杨庆东，陈长年. 高速切削技术及应用 [M]. 北京：机械工业出版社，2003.

[67] iMachining. Available from：⟨http：//www. inventorcam. com/uploads/tx_news/emo_ 2011_01. jpg⟩；5 January，2015.

[68] Paralikas J，Salonitis K，Chryssolouris G. Robust Optimization of the Energy Efficiency of the Cold Roll Forming Process [J]. The International Journal of Advanced Manufacturing Technology，2013，69(1-4)：461-81.

[69] Guorong C，Liang Z，Arinez J，et al. Energy-Efficient Production Systems Through Schedule-Based Operations [J]. Automation Science and Engineering，IEEE Transactions on，2013，10(1)：27-37.